GETRIEBE
KUPPLUNGEN
ANTRIEBSELEMENTE

SPRINGER FACHMEDIEN WIESBADEN GMBH

SCHRIFTENREIHE ANTRIEBSTECHNIK
Band 18

Herausgegeben von der
Fachgemeinschaft Getriebe und Antriebselemente
im
Verein Deutscher Maschinenbau-Anstalten e. V.
(VDMA)

Vorträge und Diskussionsbeiträge
der
Fachtagung „Antriebselemente", Essen 1956
Mit 272 Abbildungen

ISBN 978-3-663-00586-5 ISBN 978-3-663-02499-6 (eBook)
DOI 10.1007/978-3-663-02499-6

Springer Fachmedien Wiesbaden 1957
Ursprünglich erschienen bei Friedr. Vieweg & Sohn Braunschweig 1957
Softcover reprint of the hardcover 1st edition 1957

Inhaltsverzeichnis

Verzeichnis der Vortragenden

Dr.-Ing. A. BARTEL
Institut für Erdölforschung, Hannover

Dr. F. T. BARWELL
Lubrication Division, Mechanical Engineering Research Laboratory, Department of Scientific and Industrial Research, Glasgow, Schottland

Prof. Ir. H. BLOK
Gebouw voor Werktuig- en Scheepsbouwkunde, Technische Hogeschool Delft, Holland

Dr. A. CAMERON
Mechanical Engineering Department, City and Guilds College, University of London, England

J. A. COLE, M. Sc.
Lubrication Division, Mechanical Engineering Research Laboratory, Department of Scientific and Industrial Research, Glasgow, Schottland

Dr.-Ing. O. DITTRICH
P. I. V. Antrieb Werner Reimers K. G., Bad Homburg v. d. H.

Obering. A. EBERHARD
Daimler-Benz A.G., Stuttgart-Untertürkheim

Dr.-Ing. E. h. W. JUST
Deutsche Studiengemeinschaft Hubschrauber e. V., Stuttgart-Flughafen

B. W. KELLEY, Staff Engineer
Research Department, Caterpillar Tractor Co., Peoria, Illinois, USA

Dipl.-Ing. S. G. KLEMMING
Allmänna Svenska Elektriska Aktiebolaget (ASEA), Stockholm, Schweden

Prof. Dr.-Ing. K. KOLLMANN
Institut für Maschinen-Konstruktionslehre und Kraftfahrzeugbau, Technische Hochschule Fridericiana, Karlsruhe

Prof. Dr.-Ing. G. MADELUNG
Technische Hochschule Stuttgart

Prof. Dr.-Ing. G. NIEMANN
Forschungsstelle für Zahnräder und Getriebebau, Technische Hochschule München

R. PEDERSEN, Research Engineer
Research Department, Caterpillar Tractor Co., Peoria, Illinois, USA

Dipl.-Ing. F. POHL
W. Ferd. Klingelnberg Söhne, Hückeswagen/Rhld.

Obering. H. STRELOW
Schoppe & Faeser G.m.b.H., Minden

Dipl.-Ing. H. Frh. von THÜNGEN
Zahnradfabrik Friedrichshafen A.G., Friedrichshafen

Dr.-Ing. H. WINTER
Forschungsstelle für Zahnräder und Getriebebau, Technische Hochschule München

Verzeichnis der Diskussionsredner

Dr.-Ing. A. BARTEL
Institut für Erdölforschung, Hannover

Dr. F. T. BARWELL
Lubrication Division, Mechanical Engineering Research Laboratory, Department of Scientific and Industrial Research, Glasgow, Schottland

Prof. Ir. H. BLOK
Gebouw voor Werktuig- en Scheepsbouwkunde, Technische Hogeschool Delft, Holland

Prof. Ir. G. BROERSMA
Kon. Mij. ,De Schelde', Vlissingen, Holland

Obering. H. BRUGGER
Zahnradfabrik Friedrichshafen A.G., Friedrichshafen

M. BURCKHARDT
Daimler-Benz A.G., Stuttgart-Untertürkheim

Dr. A. CAMERON
Mechanical Engineering Department, City and Guilds College, University of London, England

Dr.-Ing. G. DIETRICH
Zahnradfabrik Friedrichshafen A.G., Schwäbisch-Gmünd

Obering. A. EBERHARD
Daimler-Benz A.G., Stuttgart-Untertürkheim

Prof. Dr.-Ing. E. vom ENDE
Lenggries/Obb.

Dipl.-Ing. G. FISCHER
Bischoffswerke K. G., Recklinghausen

Ing. E. FUNKE
Paul Ferd. Peddinghaus, Gevelsberg

Dipl.-Ing. P. GAUER
Loesche Hartzerkleinerungs- u. Zementmaschinen K. G., Düsseldorf

Dr.-Ing. H. GLAUBITZ
Wolfsburg

Dr. R. B. HEYWOOD
Camberley, Surrey, England

M. A. JACOBSON
Austin Motor Co. Ltd., Birmingham, England

Dipl.-Ing. K. KIRSCHKE
Bundesanstalt für Materialprüfung (BAM), Berlin

Prof. Dr.-Ing. K. KOLLMANN
Institut für Maschinen-Konstruktionslehre und Kraftfahrzeugbau, Technische Hochschule Fridericiana, Karlsruhe

Dr. J. LEIN
Schaerer-Werke G.m.b.H., Karlsruhe

Dr.-Ing. W. LINDNER
Staatl. Ingenieurschule für Maschinenwesen, Hagen

Dipl.-Phys. D. LÖBELL
Institut für Werkzeugmaschinen, Technische Hochschule München

Dipl.-Ing. H. M. LOESCHBART
Ludw. Loewe & Co. Aktiengesellschaft, Berlin

Prof. Dr.-Ing. K. LÜRENBAUM
Institut für Maschinen-Gestaltung und Maschinen-Dynamik, Rhein.-Westf. Technische Hochschule, Aachen

Prof. Dr.-Ing. habil. O. LUTZ
Institut für Maschinenelemente und Fördertechnik, Technische Hochschule Braunschweig

Prof. Dr.-Ing. G. NIEMANN
Forschungsstelle für Zahnräder und Getriebebau, Technische Hochschule München

Prof. Dr.-Ing. A. OPPITZ
Germanischer Lloyd, Hamburg

Prof. Dr.-Ing. A. I. PETRUSEVICH
London, England

Ir. J. W. POLDER
Werf Conrad en Stork Hijsch N. V., Haarlem, Holland

Dr.-Ing. H. RETTIG
Forschungsstelle für Zahnräder und Getriebebau, Technische Hochschule München

Ing. R. RITTER
Maag-Zahnräder A.G., Zürich, Schweiz

Obering. H. STRELOW
Schoppe & Faeser G.m.b.H., Minden

Dipl.-Ing. H. Frh. von THÜNGEN
Zahnradfabrik Friedrichshafen A.G., Friedrichshafen

Prof. Dr.-Ing. G. TRÄNKNER
Technische Hochschule Dresden

A. WEGENER
MaK Maschinenfabrik Kiel Aktiengesellschaft, Kiel

Dipl.-Ing. W. WERNITZ
Institut für Maschinenelemente und Fördertechnik, Technische Hochschule Braunschweig

Dr.-Ing. H. WINTER
Forschungsstelle für Zahnräder und Getriebebau, Technische Hochschule München

A. WITT
BMW Studiengesellschaft für Triebwerksbau G.m.b.H., München

A. EBERHARD

Die Drehschwingungsverhältnisse von Doppelmotorenanlagen mit mechanischer Kupplung durch Sammelgetriebe

Es ist eine bekannte Tatsache, daß der schnellaufende Dieselmotor mehr und mehr Eingang findet im heutigen Schiffbau. Zwar zögernd, aber vollkommen klar zeichnet sich der Weg ab, die erforderliche Gesamt-Antriebsleistung weitgehend zu unterteilen und an Stelle von Langsamläufern eine größere Zahl von kleineren schnellaufenden Dieselmotoren als Antriebsquelle zu verwenden. Diese Bauweise hat den Vorteil einer erheblichen Gewichts- und Raumersparnis. Man kann die Motorenanlage aus dem Mittelteil des Schiffes herausnehmen und im Achterschiff unterbringen. Die Wellenleitungen werden kurz und leicht, der Wellentunnel durchschneidet nicht mehr die hinteren Laderäume. Der ruhige Raum mittschiffs wird für andere Verwendungszwecke frei. Außerdem rückt der Schwerpunkt der Maschinenanlage etwas tiefer, was sich auf die Stabilität des Schiffes vorteilhaft auswirkt.

Ein weiterer Gesichtspunkt für die Wahl von Schnelläufern ist das günstige Betriebsverhalten einer solchen Anlage in den verschiedenen Laststufen. Bei Teillastbetrieb kann man einen oder mehrere Motoren abschalten und die übrigen im Bereich des optimalen Wirkungsgrades arbeiten lassen. Sollte ein Motor ausfallen, so wird er abgekuppelt, wodurch die Fahrleistung des Schiffes nur wenig beeinflußt wird. Es ist auch möglich, einen Ersatzmotor an Bord mitzuführen, der in einer kurzen Hafen-Liegezeit gegen den schadhaften Motor ausgetauscht werden kann. Überhaupt wird das Bordpersonal wesentlich von Überholungsarbeiten entlastet. Überholungsbedürftige Motoren können im Heimathafen ausgewechselt und in Ordnung gebracht werden.

Es gibt also eine ganze Reihe von Gesichtspunkten, die für die Verwendung mehrerer Schnelläufer an Stelle eines Langsamläufers sprechen. Die nachfolgenden Betrachtungen beziehen sich hauptsächlich auf schnellaufende 4-Takt-Dieselmotoren, wie sie von mehreren Firmen im In- und Ausland in Form von 6-, 8- und 12-Zylinder-Motoren in der Leistungsklasse von 500 bis 1500 PS gebaut werden. Darüber hinaus interessieren noch Motoren mit 16, 20 und 24 Zylindern und einer Leistung von 1500 bis 3000 PS, von denen heute mehrere Typen hergestellt werden bzw. in Entwicklung stehen.

Je nach Verwendungszweck und Größe des Schiffes werden zwei oder mehr Motoren auf eine Welle gekuppelt und ins Langsame untersetzt. Dabei ist es im Hinblick auf den Propulsionswirkungsgrad vorteilhaft, möglichst wenige Propeller zu benutzen und diese im Gebiet günstigen Nachstromes arbeiten zu lassen. Die Zusammenfassung der Motoren zu Antriebsgruppen kann dieselelektrisch oder dieselmechanisch geschehen.

Es sollen hier vor allem die Verhältnisse der letztgenannten Ausführung beleuchtet werden. Von ausschlaggebender Bedeutung sind hierbei die mannigfaltigen Drehschwingungsmöglichkeiten solcher Anlagen, ihre Auswirkung auf den Betrieb und ihre Beeinflussung durch konstruktive Maßnahmen.

Bild 1 zeigt schematisch den Aufbau einer Doppelmotorenanlage in der einfachsten Form. Es sind zwei 6-Zylinder-Motoren dargestellt, welche über Kupplungen auf das Sammelgetriebe arbeiten, von dem aus die Propellerwelle mit Propeller angetrieben wird.

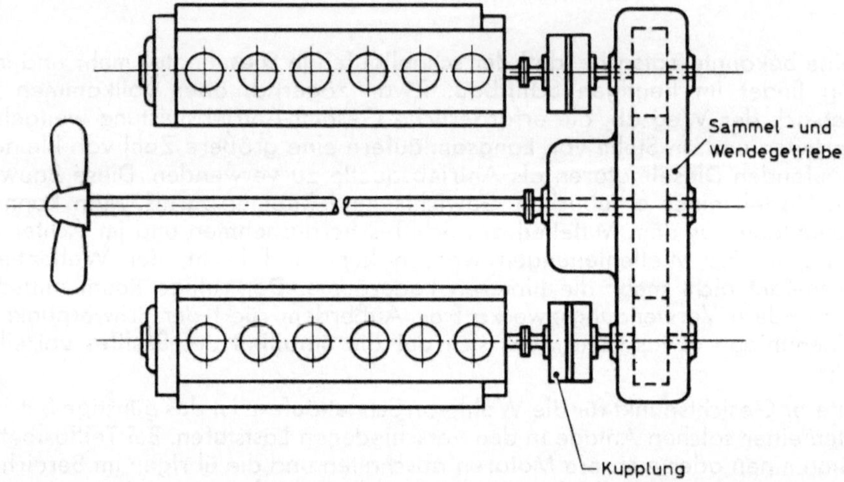

Bild 1. Schema einer symmetrisch aufgebauten Doppelmotorenanlage mit Sammelgetriebe

Bedingt durch den periodisch schwankenden Drehkraftverlauf der beiden Motoren werden Drehschwingungen erregt, die in folgender Form auftreten können:

a) Ein Motor schwingt gegen den anderen. Propellerwelle und Propeller bleiben in Ruhe.

b) Beide Motoren schwingen phasengleich gegen den Propeller.

Jede dieser Schwingungsformen kann in verschiedenen Graden auftreten, entsprechend der Zahl der Knoten im gesamten Schwingungssystem. Und jeder dieser Grade kann durch eine mehr oder weniger große Zahl von Harmonischen der Drehkräfte der beiden Motoren erregt werden, die sich je nach dem Kupplungswinkel der beiden Motoren in ihrer Wirkung addieren oder subtrahieren können. Handelt es sich um 3 oder 4 Motoren, die auf ein Sammelgetriebe arbeiten, so ist die Zahl der möglichen Schwingungsformen noch weit größer, vor allem wenn man berücksichtigt, daß ja im allgemeinen die Forderung besteht, einzelne Motoren wahlweise abschalten zu können.

Bevor näher auf diese verwickelten Verhältnisse eingegangen wird, sollen kurz einige Begriffe der Drehschwingungstheorie erläutert und anschließend die Schwingungsverhältnisse einiger Standard-Typen von 4-Takt-Dieselmotoren aufgezeigt werden. Dabei wird sich Gelegenheit geben, auf interessante Arbeiten,

Erkenntnisse und Erfahrungen einzugehen, die bei Daimler-Benz im diesem Zusammenhang gemacht wurden.

In **Bild 2** ist eine Schwungmasse mit dem Massenträgheitsmoment Θ dargestellt, die über eine elastische Welle mit der Federkonstante c an einer unendlich großen Masse eingespannt ist. Oben ist das Ersatzschwingungssystem gezeichnet. Die Drehschwingungseigenfrequenz dieses Systems ist $\omega_e = \sqrt{c/\Theta}$. Die Erregung erfolgt

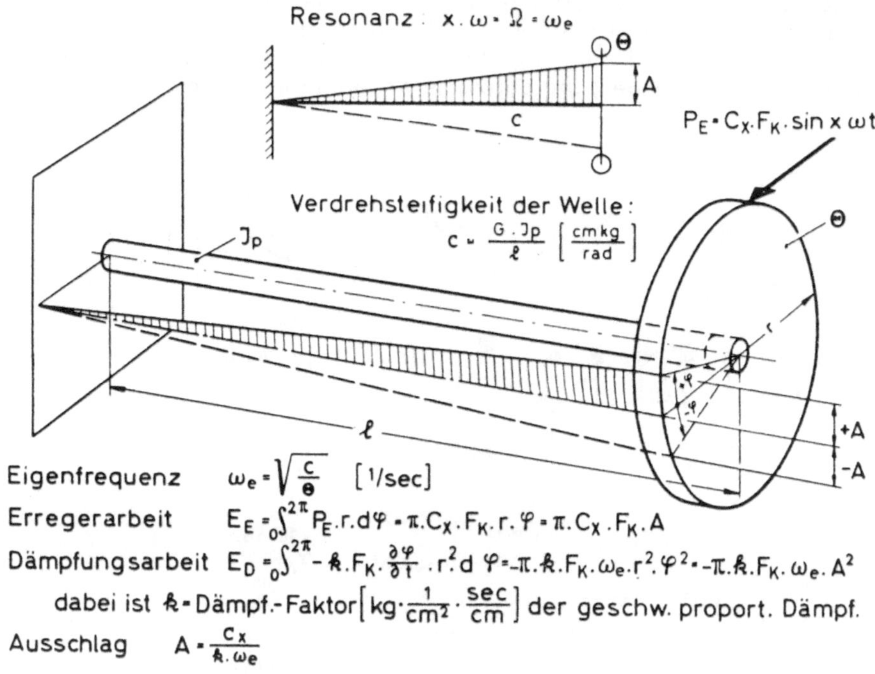

Bild 2. Drehschwingungen einer federnd eingespannten Masse

durch eine periodische Kraft $P_E = C_x \cdot F_K \cdot \sin x \cdot \omega t$. Hierbei ist x die Ordnungszahl, das ist die Anzahl der sinusförmigen Kraftimpulse pro Umdrehung. Wir denken uns als Masse diejenige einer Kröpfung, P_E als Tangentialkraft eines Zylinders, am Kurbelradius r wirkend, F_K sei die Kolbenfläche und C_x die harmonische Erregerkraft x-ter Ordnung, bezogen auf einen Quadratzentimeter Kolbenfläche. Die Erregerarbeit pro Schwingung beträgt dann

$$E_E = \int_0^{2\pi} P_E \cdot r \cdot d\varphi = \pi \cdot C_x \cdot F_K \cdot A,$$

wobei A der Ausschlag der Masse Θ ist. Die Dämpfung sei geschwindigkeitsproportional und gekennzeichnet durch den Dämpfungsfaktor k, der die Dämpfung pro Quadratzentimeter Kolbenfläche bei einer Schwingungsgeschwindigkeit von 1 Zentimeter pro Sekunde darstelle. Die Dämpfungsarbeit pro Schwingung ergibt sich damit zu

$$E_D = \int_0^{2\pi} -k \cdot F_K \cdot \frac{\partial \varphi}{\partial t} \cdot r^2 \cdot d\varphi = -\pi \cdot k \cdot F_K \cdot \omega_e \cdot A^2.$$

Durch Gleichsetzen der Erregerarbeit mit der Dämpfungsarbeit errechnet sich der Ausschlag der Masse Θ zu: $A = \frac{C_x}{k \cdot \omega_e}$.

B i l d 3 zeigt die Schwingungsverhältnisse eines 6-Zylinder-Viertakt-Dieselmotors allein, ohne Abtrieb. Oben ist die normale Kröpfungsanordnung der Kurbelwelle zu sehen, darunter das Schwingungsschema mit der Ausschlagskurve. Es sind 6 Kröpfungsmassen vorhanden, die durch die Kröpfungselastizitäten voneinander

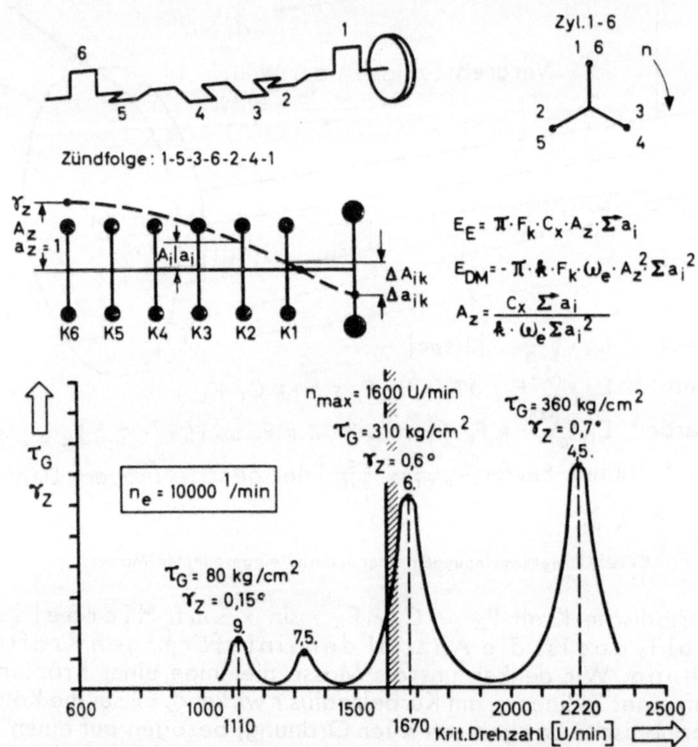

B i l d 3. Schwingungsschema und Resonanzbild eines 6-Zylinder-Viertakt-Dieselmotors in Reihenbauart

getrennt sind, sowie die Masse des Schwungrades. Der Ausschlag am freien Kurbelwellenende betrage A_Z, entsprechend dem Winkel γ_Z, der Bezugsausschlag sei $a_Z = 1$. Zwischen der Kröpfung K 1 und dem Schwungrad befindet sich der Knoten, das ist die Stelle mit dem größten Schwingungswechselmoment. Dieses Schwingungswechselmoment ist direkt proportional zu dem Differenzausschlag ΔA zwischen Kröpfung 1 und Schwungrad. Die Erregungsarbeit E_E einer bestimmten Ordnung x ist proportional zu C_x mal Vektorsumme a_i der Kröpfungsausschläge, wobei die

Phasenlage der Erregerkräfte x-ter Ordnung entsprechend der Zündfolge zu berücksichtigen ist. Die Dämpfungsarbeit ist proportional zur Summe der Quadrate der Kröpfungsausschläge a_i. Der Ausschlag A_Z am freien Kurbelwellenende errechnet sich damit zu

$$A_Z = \frac{C_x \cdot \Sigma a_i}{k \cdot \omega_e \cdot \Sigma a_i^2}.$$

Unten ist das Resonanzbild dargestellt. Über der Kurbelwellendrehzahl ist die Beanspruchung im Grundzapfen der Kurbelwelle, und zwar an der Stelle des Knotens, sowie der Ausschlag γ_Z am freien Kurbelwellenende aufgezeichnet. Die Eigenfrequenz des Systems betrage 10000 Schwingungen pro Minute. Dies entspricht etwa den Verhältnissen eines 500-PS-Motors.

Erregt werden die Schwingungen durch die Harmonischen der Tangentialkräfte der verschiedenen Zylinder, wobei sowohl die Gaskräfte als auch die oszillierenden Massenkräfte zu berücksichtigen sind. Beim Viertaktmotor, bei dem sich das Arbeitsspiel über 2 Umdrehungen erstreckt, ist die Grundschwingung von der 0,5. Ordnung, die Oberschwingungen sind ganz- oder halbzahlig. Ordnungszahl mal Drehzahl ist gleich der Erregerfrequenz und im Resonanzfall gleich der Eigenfrequenz.

Aus dem Resonanzbild geht hervor, daß beim 6-Zylinder-Viertakt-Reihenmotor hauptsächlich die 4,5. und 6. Ordnung von Bedeutung sind. Die 4,5. Ordnung kommt auf 2222 U/min zu liegen, die 6. Ordnung auf 1667 U/min. Die Ausschläge am freien Kurbelwellenende betragen 0,7° bzw. 0,6°, die maximalen Torsions-Wechselbeanspruchungen im Grundzapfen der Kurbelwelle 360 kg/cm² bzw. 310 kg/cm². Dieses Resonanzbild gilt im Prinzip für alle schnellaufenden 6-Zylinder-Viertaktmotoren. Immer sind es die 6. Ordnung und, sofern die Zündfolge 1—5—3—6—2—4—1 verwendet wird, die 4,5. Ordnung, welche die Hauptschwingungsbeanspruchungen liefern, und es ist nur die Frage, wie die kritischen Drehzahlen im Vergleich zum Betriebsdrehzahlbereich liegen. Im vorliegenden Fall ist die maximale Drehzahl 1600 U/min, d. h. die Hauptkritischen treten gar nicht in Erscheinung. Bei größerem Schwungrad oder bei weicherer Kurbelwelle können diese Kritischen jedoch in den Drehzahlbereich fallen, und es ergibt sich dann die Aufgabe, ihre Ausschläge und Beanspruchungen durch schwingungsdämpfende Maßnahmen in erträglichen Grenzen zu halten.

Bild 4 zeigt die Schwingungsverhältnisse eines 8-Zylinder-Viertakt-Dieselmotors mit einem Zylinder-V-Winkel von 90°. Oben ist die Anordnung der Kröpfungen zu sehen; es handelt sich um die auch im Automobilbau übliche Kreuzwelle, die über einen günstigen Massen- und Momentenausgleich verfügt.

Das Ausschlagsbild zeigt, daß der Knoten etwa in Kröpfung K 1 zu liegen kommt. Die Eigenfrequenz ist infolge der gedrungenen Bauweise hoch, nämlich 12000 Schwingungen pro Minute. Damit kommt die Hauptkritische 4. Ordnung auf 3000 U/min zu liegen, also weit über die maximale Betriebsdrehzahl. Im Betriebsdrehzahlbereich ist lediglich die 8. Ordnung von Bedeutung, die bei 1500 U/min auftritt und einen Ausschlag $\gamma_Z = 0{,}2°$ am freien Kurbelwellenende entsprechend einer maximalen Beanspruchung τ_G im Grundzapfen der Kurbelwelle von 130 kg/cm² erzeugt. Dieses Resonanzbild kann als außerordentlich günstig bezeichnet werden.

In Bild 5 sind die Schwingungsverhältnisse eines 12-Zylinder-Viertakt-Dieselmotors mit einem Zylinder-V-Winkel von 60° zusammengestellt. Oben die normale 6fach gekröpfte Kurbelwelle, übliche Reihenzündfolge 1—5—3—6—2—4—1, darunter das Ausschlagsbild mit dem Knoten zwischen K 2 und K 1. Hauptkritische sind wieder die 4,5. und 6. Ordnung, wobei nun infolge der niedrigeren Eigenfrequenz von $n_e = 8600$ Schwingungen pro Minute die 6. Ordnung in den Drehzahlbereich fällt. Mit einem Ausschlag am freien Kurbelwellenende von 0,7° und einer maximalen Beanspruchung im Grundzapfen von 350 kg/cm² ist sie schon recht unangenehm und verlangt vielfach besondere schwingungsdämpfende Maßnahmen.

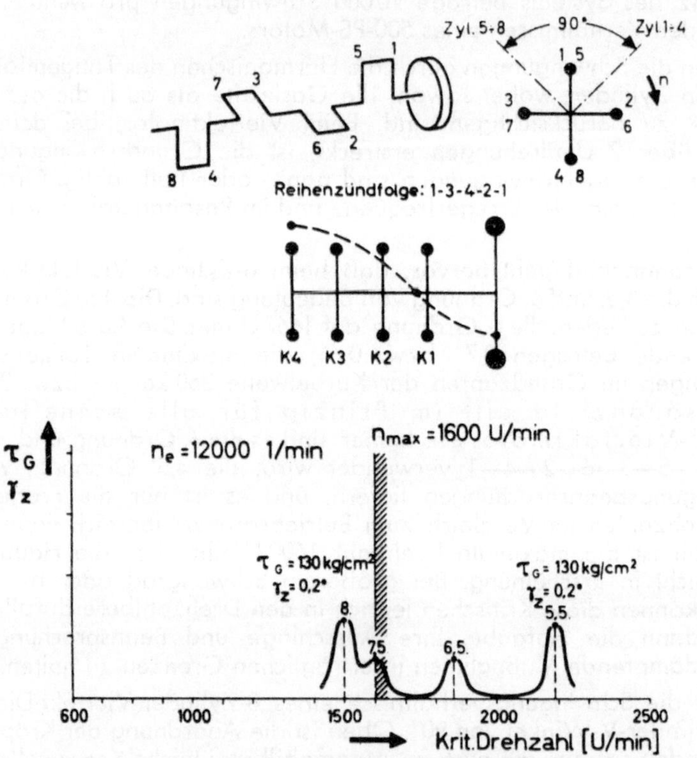

Bild 4. Schwingungsschema und Resonanzbild eines 8-Zylinder-Viertakt-Dieselmotors in V-Form

Bild 6 zeigt die Schwingungsverhältnisse eines 16-Zylinder-Viertakt-Dieselmotors mit einem Zylinder-V-Winkel von 45°. Dabei ist eine normale Kreuzwelle mit der Reihenzündfolge 1—6—2—4—8—3—7—5—1 zugrunde gelegt. Der Knoten kommt zwischen K 3 und K 2 zu liegen, die Eigenfrequenz beträgt $n_e = 6160$ Schwingungen pro Minute. Das Resonanzbild ist ungünstig, obwohl die Hauptkritische 4. Ordnung infolge des Zylinder-V-Winkels von 45° vollständig verschwindet. Bei 1120 U/min tritt die 5,5. Ordnung mit 0,7° Ausschlag am freien Kurbelwellenende und einer maximalen Grundzapfenbeanspruchung von 450 kg/cm² auf, bei 1370 U/min die

4,5. Ordnung mit 0,5° bzw. 320 kg/cm². Kurz über der maximalen Betriebsdrehzahl befindet sich die 3,5. Ordnung, ebenfalls mit beträchtlichen Schwingungsausschlägen und Beanspruchungen.

Schließlich sind in Bild 7 die Schwingungsverhältnisse eines 20-Zylinder-Viertakt-Dieselmotors mit einem Zylinder-V-Winkel von 40° und damit etwas ungleichen Zündabständen, nämlich 32° und 40°, dargestellt. Die Eigenfrequenz beträgt hier $n_e = 6300$ Schwingungen pro Minute. Die stärksten Kritischen sind die 3,5. und 4,5. Ordnung, beide mit $\gamma_Z = 0{,}8°$ und $\tau_G = 320$ kg/cm². Erstere liegt noch über der maximalen Betriebsdrehzahl von 1600 U/min, letztere darunter.

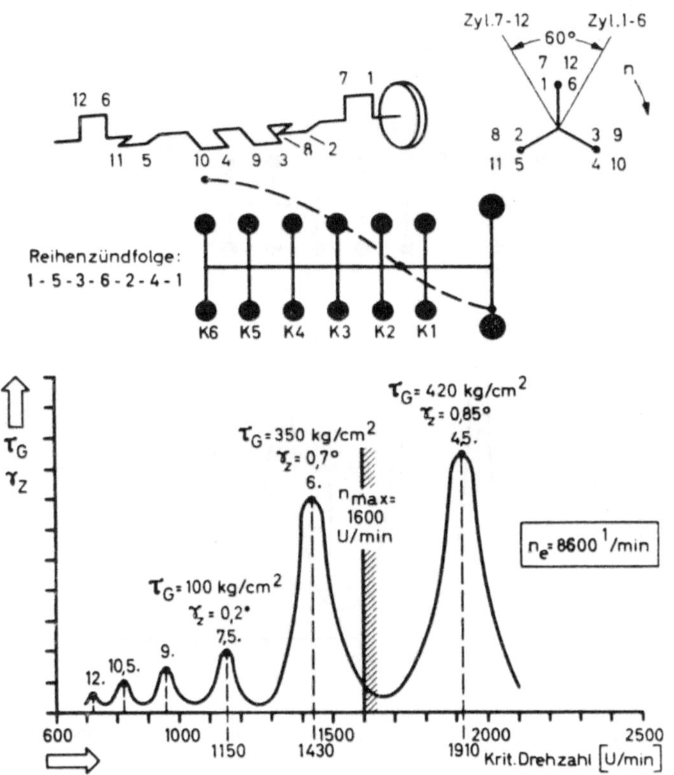

Bild 5. Schwingungsschema und Resonanzbild eines 12-Zylinder-Viertakt-Dieselmotors in V-Form

Es soll nun noch etwas genauer auf die Dämpfung von Drehschwingungen in Kolbenmaschinen eingegangen werden. Jeder, der in der Praxis mit der Vorausberechnung von Drehschwingungen zu tun hat, weiß, daß man im allgemeinen die Eigenfrequenzen von Kolbenmaschinen und ganzen Triebwerksanlagen mit genügender Genauigkeit errechnen kann, daß jedoch die Genauigkeit bei der Berechnung der Drehschwingungsausschläge und Beanspruchungen manchmal zu wünschen übrig läßt. Dies liegt an der mangelhaften Kenntnis der dämpfenden

Kräfte des Kolbenmotors bzw. ihrer verschiedenen Einflußfaktoren. Die einfache Theorie, nach der die Dämpfung proportional der Schwinggeschwindigkeit ist, genügt nicht. Dies geht schon daraus hervor, daß sich die Dämpfung aus mehreren Faktoren zusammensetzt, die verschiedenen Gesetzen folgen. Genannt seien hier: Kolbenreibung, Lagerreibung, Werkstoffdämpfung, Energieverluste durch Stöße infolge Spiels an Kolben und Lagern, Luftwiderstand der Kurbeln und Pleuelstangen usw. Bei der Auswertung von gemessenen Torsiogrammen hat sich immer wieder

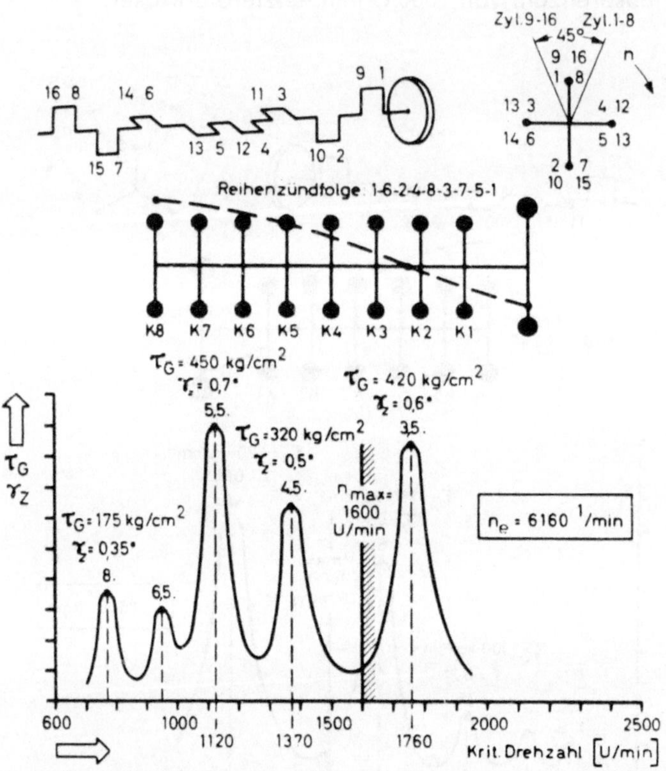

Bild 6. Schwingungsschema und Resonanzbild eines 16-Zylinder-Viertakt-Dieselmotors in V-Form

gezeigt, daß der Dämpfungsfaktor eines Motors sehr stark von der Schwungradgröße abhängig ist. Dabei ist selbstverständlich berücksichtigt, daß die Schwingungsausschläge der einzelnen Kröpfungen und damit die Erregerarbeiten der verschiedenen Zylinder verschieden groß sind, und daß die Erregerarbeiten entsprechend der Phasenlage der Erregerkräfte der verschiedenen Zylinder vektoriell zu addieren sind. Einen ebenso großen Einfluß auf den Dämpfungsfaktor hat auch eine am freien Kurbelwellenende angebrachte Zusatzmasse. Diese verändert einerseits das Schwingungsbild und damit auch die Erregerarbeit, die ja von der Größe der Schwingungsausschläge an den einzelnen Kröpfungen abhängt. Aber darüber hinaus ändert sich auch der Dämpfungsfaktor des Motors selbst, und zwar im günstigen Sinne, wie aus Bild 8 hervorgeht.

An einem 12-Zylinder-V-Motor mit Zusatzmasse Θ_Z am freien Kurbelwellenende und mit Schwungrad Θ_{S+K} wurden Torsiogramme aufgenommen, und zwar für verschiedene Θ_Z und Θ_{S+K}. Aus den gemessenen Ausschlägen und Frequenzen wurde der Dämpfungsfaktor k unter Zugrundelegung geschwindigkeitsproportionaler Dämpfung errechnet und für 2 Schwungradgrößen über dem Massenträgheits-

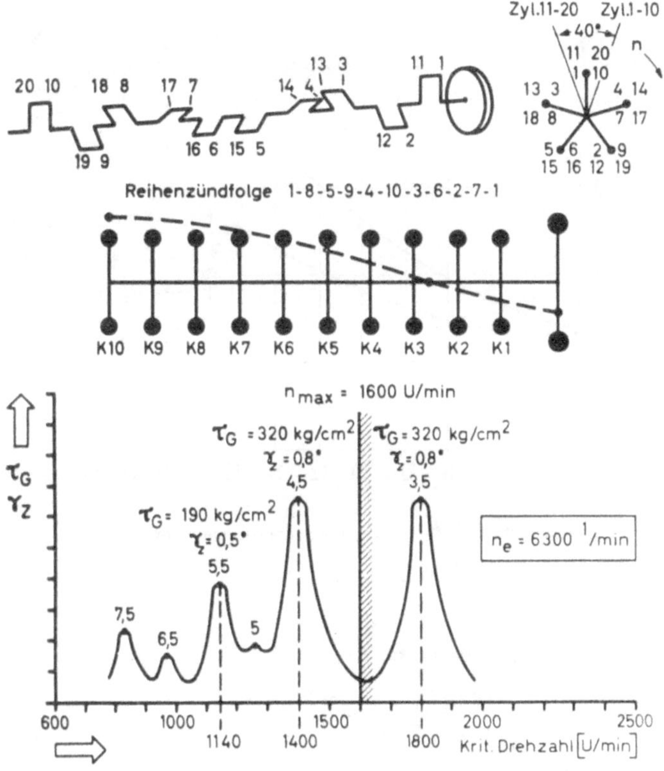

Bild 7. Schwingungsschema und Resonanzbild eines 20-Zylinder-Viertakt-Dieselmotors in V-Form

moment der Zusatzmasse aufgetragen. In Bild 8 sind die Verhältnisse für die 6. Ordnung dargestellt.

Daraus geht hervor, daß von einem konstanten Dämpfungsfaktor überhaupt nicht die Rede sein kann. Je größer die Zusatzmasse am freien Kurbelwellenende und je kleiner das Schwungrad ist — ausgehend von den heute üblichen Verhältnissen —, desto größer ist der Dämpfungsfaktor, und desto kleiner sind also die Drehschwingungsausschläge und Beanspruchungen. Man sieht aus dem Bild, wie gefährlich es ist, von den gemessenen Schwingungsverhältnissen eines Motors auf die

Verhältnisse desselben Motors mit anderem Schwungrad oder anderen Zusatzmassen zu schließen. Dies gilt auch, wenn vom freien Kurbelwellenende aus ein zusätzlicher Antrieb erfolgt, z. B. ein Generator angetrieben wird. Ja selbst das Schwungmoment der Kupplung hat auf den Dämpfungsfaktor schon einen gewissen Einfluß.

Erwähnt sei noch, daß der Dämpfungsfaktor für die verschiedenen Ordnungen im allgemeinen verschieden groß ist, sich jedoch mit veränderlichem Massensystem im Prinzip auch stets in dem geschilderten Sinne verändert.

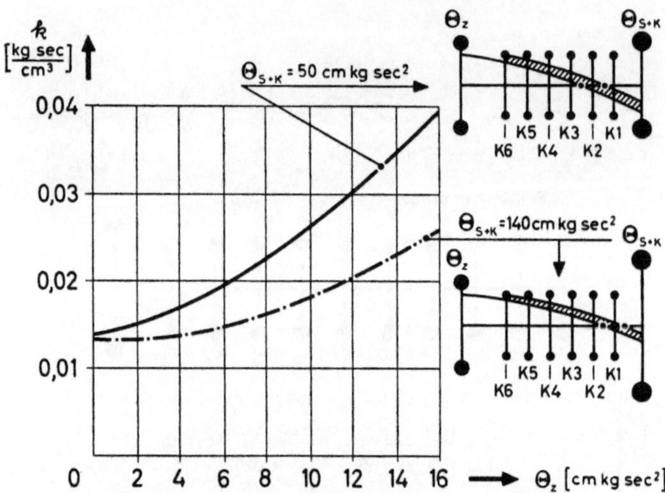

Dämpfungsfaktor k bei geschw. proportionaler Dämpfung:

$$k = \frac{C_x \cdot \sum a_i}{\frac{\pi \cdot r \cdot \gamma_z}{180} \cdot \omega_e \cdot \sum a_i^2} \quad \text{(Wydler)}$$

Ausschlag der Masse Θ_z :

$$\gamma_z = \frac{C_x \cdot \sum a_i}{\frac{\pi \cdot r}{180} \cdot \omega_e \cdot k \cdot \sum a_i^2} \quad [\sphericalangle^\circ]$$

Bild 8. Dämpfungsfaktor k der Hauptkritischen 6. Ordnung eines 12-Zylinder-V-Motors in Abhängigkeit von den Schwungmassen an den Kurbelwellenenden

Die Annahme einer geschwindigkeitsproportionalen Dämpfung gestattet also vielfach nicht, von den auf dem Prüfstand gemessenen Schwingungsausschlägen auf die Schwingungsverhältnisse in irgendeiner Anlage zu schließen. Um der Wirklichkeit näher zu kommen, kann man die Dämpfung in eine geschwindigkeitsunabhängige und eine geschwindigkeitsabhängige unterteilen. Zu ersterer gehört bekanntlich die Dämpfung durch trockene Reibung. Die beiden dazugehörigen Dämpfungsfaktoren können zu einem einzigen Ersatzdämpfungsfaktor k_E so zusammengefaßt werden, daß die pro Schwingung vernichtete Energie gleich bleibt. Voraussetzung für die Wahl des betreffenden Exponenten n der geschwindigkeitsabhängigen Dämpfung ist, daß der Ersatzdämpfungsfaktor bei Änderung der Schwungmassen an den Enden der Kurbelwelle konstant bleibt, was bei Annahme geschwindigkeitsproportionaler Dämpfung nicht der Fall ist. Am besten wird, wie zahlreiche Schwingungsmessungen bewiesen haben, diese Forderung mit einem Exponenten n = 0,5 für die geschwindigkeitsabhängige Dämpfung erfüllt.

In Bild 9 ist der Ersatzdämpfungsfaktor k_E für die Hauptkritische 6. Ordnung eines 12-Zylinder-V-Motors in Abhängigkeit von den Schwungmassen an den Kurbel-

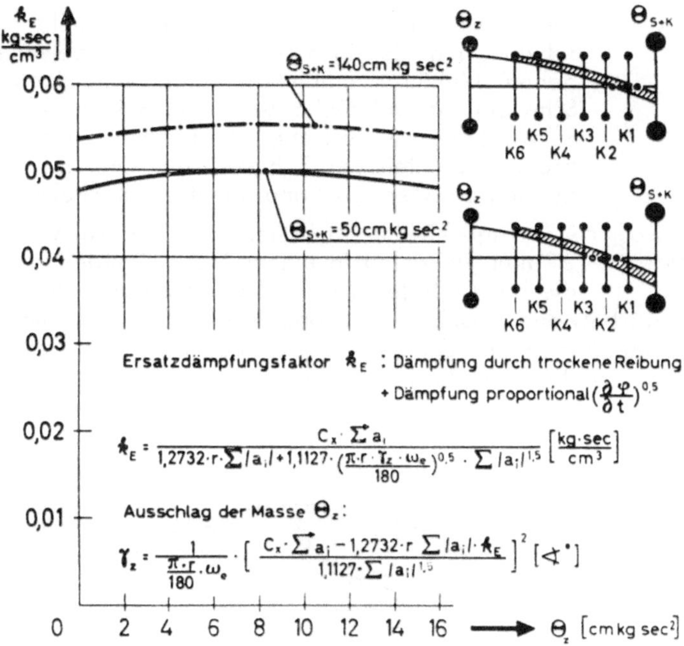

Bild 9. Ersatz-Dämpfungsfaktor k_E der Hauptkritischen 6. Ordnung eines 12-Zylinder-V-Motors in Abhängigkeit von den Schwungmassen an den Kurbelwellenenden

wellenenden aufgezeichnet. Die Dämpfung setzt sich zusammen aus dem geschwindigkeitsunabhängigen Teil $1{,}2732 \cdot r \cdot \Sigma |a_i|$ und dem geschwindigkeitsabhängigen Teil

$$1{,}1127 \left(\frac{\pi \cdot r \cdot \gamma_Z \cdot \omega_e}{180}\right)^{0,5} \cdot \Sigma |a_i|^{1,5}.$$

$r \cdot \gamma_Z \cdot \omega_e$ ist proportional zur Schwinggeschwindigkeit, die nun also mit der 0,5. Potenz eingeht.

Man sieht, daß der Ersatzdämpfungsfaktor k_E weitgehend die Forderung erfüllt, eine Konstante des Motors darzustellen, welche unabhängig ist von den Massen, die sich an die Kurbelwelle anschließen. Kennt man k_E aus Prüfstandsmessungen, so kann man diesen Faktor auf alle sonstigen Anlagen dieses Motors übertragen und wird damit verhältnismäßig genaue Schwingungsvorausberechnungen erhalten.

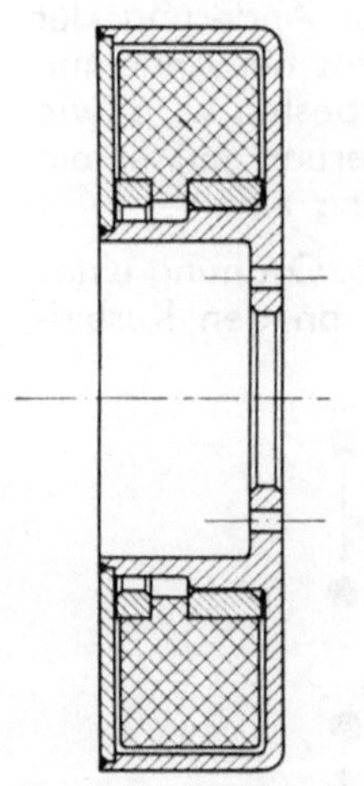

Bild 10. Holset-Dämpfer

Noch kurz einige Worte über die Dämpfung von Drehschwingungen durch besondere Dämpfer oder Tilger. Während man mit Reibungsschwingungsdämpfern und mit Gummischwingungsdämpfer im allgemeinen nicht wesentlich über eine Dämpfung der Motorkritischen von 50 bis 60 % hinauskommt, ergab sich bei dem Holset-Dämpfer wie auch bei Anwendung eines Tilgers eine solche von 70 ÷ 80 %.

Der Holset-Dämpfer (Bild 10) besteht aus einem Schwungring, der in einem mit der Kurbelwelle verbundenen Gehäuse umlaufen kann. Der Spalt zwischen Schwungring und Gehäuse ist mit Silicon-Öl gefüllt. Der Schwungring ist bestrebt, gleichförmig umzulaufen, und bremst vermittels der Zähigkeit des Öles die Drehschwingungen des Gehäuses und damit der Kurbelwelle ab.

Der Tilger (Bild 11) besteht aus Massen, welche über je 2 Rollen pendelnd in einem Träger aufgehängt sind, und die bei Auftreten von Drehschwingungen starke Rückstellkräfte auf die Kurbelwelle ausüben. Es handelt sich hier um mathematische Pendel, deren Pendellänge gleich der Differenz des Bohrungsdurchmessers und des Rollendurchmessers ist. Jeder Punkt des Pendels beschreibt also einen Kreisbogen

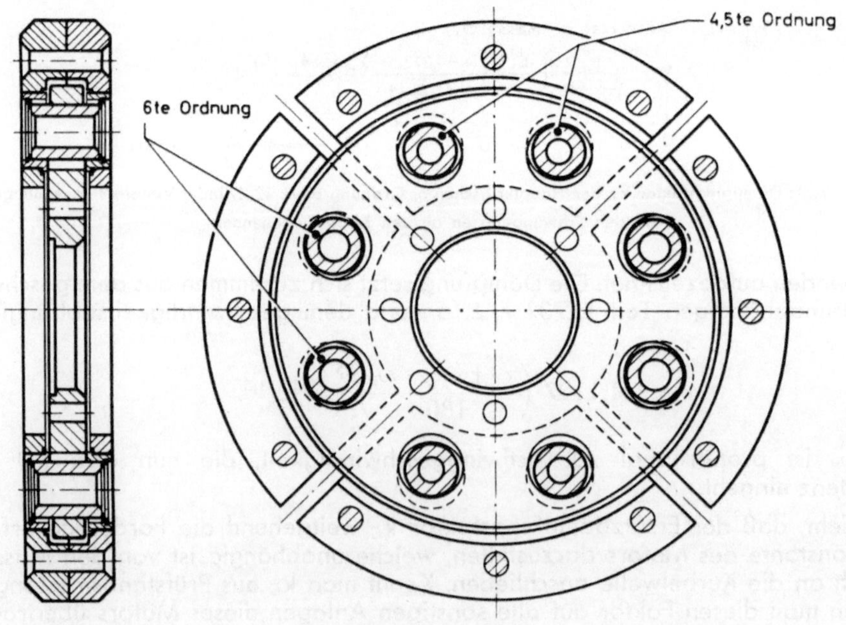

Bild 11. Tilger mit Fliehkraftpendeln 4,5. und 6. Ordnung

mit gleichem Radius. Die Pendel werden auf die Hauptkritischen abgestimmt, die sie dann über den ganzen Drehzahlbereich tilgen.

Bild 12 zeigt den Einfluß eines Gummischwingungsdämpfers und eines Tilgers auf das Resonanzbild eines 12-Zylinder-Viertakt-Dieselmotors in V-Form, wie es eingangs gezeigt wurde. Der Gummischwingungsdämpfer zieht die Eigenfrequenz von 8600 Schwingungen pro Minute auf 6600 Schwingungen pro Minute herunter, wodurch die 4,5. Ordnung in den Drehzahlbereich hereinrückt. Die Schwingungsbeanspruchungen und Ausschläge werden auf die Hälfte reduziert.

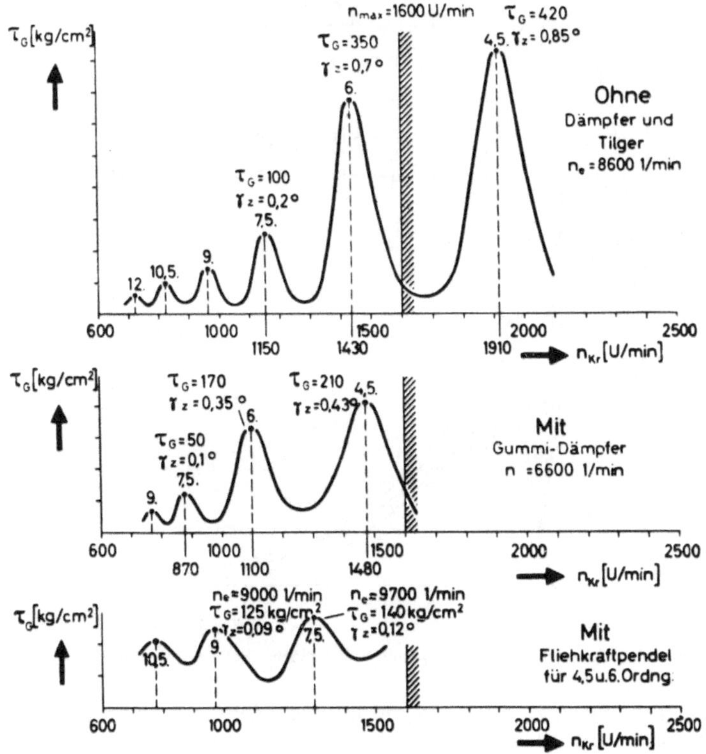

Bild 12. Resonanzbild eines 12-Zylinder-Viertakt-Dieselmotors in V-Form ohne und mit Schwingungsdämpfer und Tilger

Wesentlich wirksamer ist der Schwingungstilger, wie aus dem unteren Teil des Bildes hervorgeht. Die Ausschläge sind auf ein Siebentel zurückgegangen, die Beanspruchungen auf ein Drittel. Dieser unterschiedliche Abbau von Schwingungsausschlag und Beanspruchung hängt von der Ausschlagform ab, die nunmehr durch einen Knoten in der Nähe des Fliehkraftpendels gekennzeichnet ist.

Was die Erregung der Drehschwingungen anbelangt, so liegen hier die Verhältnisse wesentlich klarer. Man kann Gasdruckdiagramme des Motors bei verschiedenen Belastungszuständen und Drehzahlen aufnehmen, kann dieselben harmonisch analysieren und mit den Erregerkräften der oszillierenden Massen kombinieren.

In **Bild 13** sind die Erregerkräfte der verschiedenen Ordnungen, bezogen auf 1 Quadratzentimeter Kolbenfläche, für verschiedene Belastungszustände aufgetragen. Man erkennt, daß der Einfluß der Belastung im allgemeinen nicht sehr groß ist. Dagegen gehen die Massenkräfte sehr stark in die ganzzahligen niedrigen Ordnungen ein.

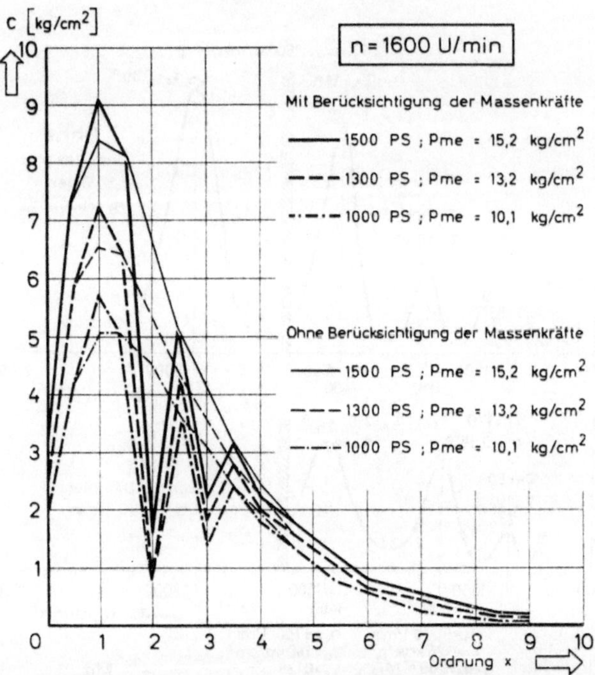

Bild 13. Harmonische Erregerkräfte pro cm² Kolbenfläche bei verschiedenen Belastungen

Und nun betrachten wir uns die Schwingungsverhältnisse einer Doppelmotorenanlage für den Fall, daß zwischen Motor und Sammelgetriebe eine hydraulische Kupplung geschaltet ist. Im allgemeinen kann man sagen, daß diese das Schwingungssystem vollständig unterbricht und keine Schwingungen auf die anschließenden Getriebe und Wellen überträgt. Die Schwungmassen des Motors werden also um den Primärteil der hydraulischen Kupplung vergrößert, wodurch einerseits die Eigenfrequenz des Systems ein wenig sinkt, andererseits, wie vorher schon ausgeführt wurde, die Dämpfung verringert wird. Es empfiehlt sich also, die Masse des Schwungrades zu verkleinern, so daß das Gesamtschwungmoment erhalten bleibt. Dann ergeben sich die vorhin gezeigten Schwingungsverhältnisse, die üblicherweise durch Schwingungsdämpfer oder Tilger noch verbessert werden können.

Bei starrer Kupplung zwischen Motor und Getriebe sind die Verhältnisse wesentlich ungünstiger, wie am Beispiel einer einmotorigen

Anlage (6-Zylinder-Motor) gezeigt wird. Durch die Getriebemassen entstehen neue Schwingungsgrade, die sogenannten Getriebekritischen, deren Eigenfrequenzen unter der Frequenz der Motorkritischen liegen, und die also im Drehzahlbereich eine ganze Anzahl von Kritischen erzeugen.

Statt der Motorkritischen mit $n_e = 10000$ Schwingungen pro Minute sind nun vier Eigenfrequenzen mit 1680, 5400, 8800 und 11500 Schwingungen pro Minute vorhanden. In der Nähe der Leerlaufdrehzahl tritt die Anfahrkritische 3. Ordnung I. Grades auf mit einem Ausschlag von 3,8° am freien Kurbelwellenende und einer maximalen Kurbelwellenbeanspruchung von 90 kg/cm². Darüber liegen mehrere Kritische der höheren Grade, vor allem 6. Ordnung, die verhältnismäßig große Kurbelwellenbeanspruchungen erzeugen (Bild 14).

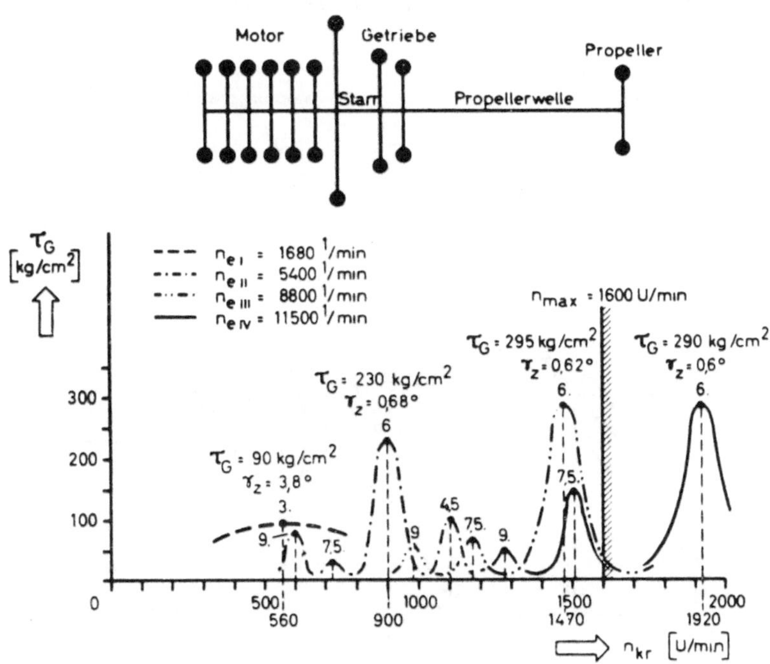

Bild 14. Schwingungsschema und Resonanzbild einer 6-Zylinder-Motorenanlage mit starr gekuppeltem Getriebe

Besonders ungünstig wirken sich diese Verhältnisse jedoch auf die Getriebe aus, die Drehschwingungswechselmomente erhalten können, welche weit größer sind als das mittlere Drehmoment. Die erste Folge sind starke Getriebegeräusche infolge des beidseitigen Abhebens der Zahnflanken. Darüber hinaus sind erhebliche Abnützungserscheinungen an den Zahnrädern und Schaltkupplungen zu erwarten. Bei leichten Getrieben, z. B. Flugmotorengetrieben, sind diese Schwingungsbeanspruchungen noch tragbar, bei Bootsgetrieben können sie jedoch gefährlich werden. Eine Beeinflussung dieser Getriebekritischen am Motor, etwa durch Schwingungsdämpfer oder Tilger, ist ziemlich unwirksam, da die Ausschläge der Getriebekritischen hier klein sind. Man müßte diese Dämpfungseinrichtungen in das Getriebe einbauen und sie von Fall zu Fall entsprechend bemessen und abstimmen. Diese Komplikation ist in der Praxis nicht tragbar.

Hier kommt ein Maschinenelement zu Hilfe, das im heutigen Schiffbau sehr viel angewendet wird, die gummi-elastische dämpfende Kupplung. Sie beeinflußt gerade die Getriebekritischen sowohl frequenz- als auch ausschlagmäßig sehr stark.

Das erste Kennzeichen dieser Kupplung ist ihre außerordentlich große Elastizität. Es gibt Kupplungen mit einem maximalen Verdrehwinkel von 10 Grad, ja bis zu 20 Grad. Das zweite Kennzeichen ist ihre große innere Dämpfung.

In Bild 15 ist die dynamische Verdrehcharakteristik eines statisch vorbelasteten Gummielementes dargestellt, wie sie z. B. in der Röhlig-Maschine gewonnen

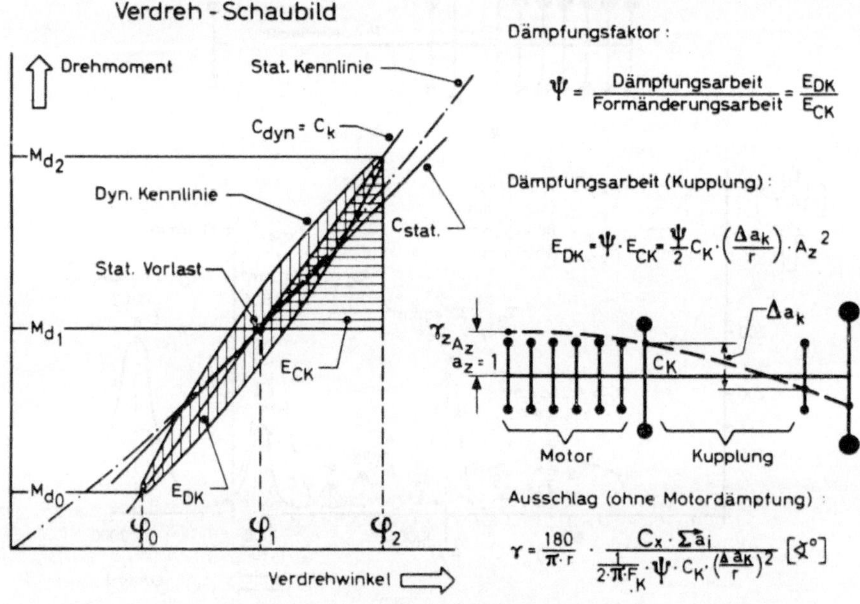

Bild 15. Dämpfung einer elastischen Kupplung

wird. Der Inhalt der Hysteresischleife stellt die Dämpfungsarbeit E_{DK} pro Schwingung dar, der Inhalt des Dreiecks die Formänderungsarbeit E_{CK}. Der Dämpfungsfaktor ψ ist definiert als Verhältnis von Dämpfungsarbeit zu Formänderungsarbeit. Die Dämpfungsarbeit der Kupplung ist

$$E_{DK} = \psi \cdot E_{CK} = \frac{\psi}{2} \cdot c_K \cdot \left(\frac{\Delta a_K}{r}\right) \cdot A_Z^2,$$

wobei c_K die dynamische Federkonstante ist, Δa_K der Kupplungsdifferenzausschlag, bezogen auf den Ausschlag $a_Z = 1$ am freien Kurbelwellenende, r der

Kurbelradius und A_Z der wirkliche Ausschlag am freien Kurbelwellenende. ψ hängt ab von dem Gummiwerkstoff und liegt zwischen 0,6 und 1,5.

Ein großer ψ-Wert bedeutet starke Dämpfung der Schwingungen, jedoch auch Erwärmung des Gummis. Bei zu großer Temperaturerhöhung werden die Elemente je nach Mischung hart und rissig oder weich und teigig. Diese Grenze zu kennen, ist von großer Wichtigkeit. Im allgemeinen verfügen die Herstellerfirmen von elastischen Kupplungen über gute Unterlagen betreffs statischer und dynamischer Federkennlinien, Dämpfungsfaktoren, mittlerer übertragbarer Drehmomente und statischer Bruchdrehmomente. Es fehlen jedoch vielfach Unterlagen über die zulässigen Schwingungswechselmomente der Gummikupplungen in Abhängigkeit von der Schwingungsfrequenz. Für Kupplungen, welche aus einer größeren Anzahl von gleichartigen Gummielementen aufgebaut sind, ist eine solche Prüfung, die ja an den einzelnen Gummielementen durchgeführt werden kann, mit mäßigem Aufwand auszuführen; bei Kupplungen mit einem geschlossenen Gummikörper, der für jede Kupplungsgröße verschieden ist, ist der Prüfaufwand natürlich wesentlich größer, aber es werden sich auch hier solche Dauerprüfungen nicht umgehen lassen.

In Bild 16 sind noch einmal die verschiedenen Formeln zur Berechnung des Schwingungsausschlages γ_Z am freien Kurbelwellenende unter stufenweiser Berücksichtigung der Dämpfungseinflüsse zusammengestellt. Neben der Motor- und Kupplungsdämpfung ist noch die Propellerdämpfung von Interesse, die ebenfalls geschwindigkeitsabhängig ist. Sie wirkt vor allem auf die niedersten Schwingungsgrade, bei denen der Relativausschlag a_P des Propellers groß ist. Der Ansatz ist nach Holzer gemacht und ergibt gute Übereinstimmung mit den Messungen.

Motor-dämpfung	Dämpfungsfaktor	Ausschlag γ_z [∢°]
proportional: $\frac{\partial\varphi}{\partial t}$	$k = \frac{C_x \cdot \sum \vec{a}_i}{\frac{\pi \cdot r \cdot \gamma_z}{180} \cdot \omega_e \cdot \sum a_i^2} \left[\frac{kg \cdot sec}{cm^3}\right]$	$\gamma_z = \frac{180}{\pi \cdot r} \cdot \frac{C_x \cdot \sum \vec{a}_i}{k \cdot \omega_e \cdot \sum a_i^2}$
proportional: $u \cdot (\frac{\partial\varphi}{\partial t})^0 + v \cdot (\frac{\partial\varphi}{\partial t})^{0,5}$	$k_E = \frac{C_x \cdot \sum \vec{a}_i}{1{,}2732 \cdot r \cdot \sum \lvert a_i \rvert + 1{,}1127 \cdot (\frac{\pi \cdot r \cdot \gamma_z \cdot \omega_e}{180})^{0,5} \cdot \sum \lvert a_i \rvert^{1,5}}$ $[kg \cdot sec \cdot cm^{-3}]$	$\gamma_z = \frac{180}{\pi \cdot r \cdot \omega_e} \cdot \left[\frac{C_x \cdot \sum \vec{a}_i - 1{,}2732 \cdot r \sum \lvert a_i \rvert \cdot k_E}{1{,}1127 \cdot \sum \lvert a_i \rvert^{1,5}}\right]^2$
Kupplungs-dämpfung	$\psi = \frac{\text{Dämpfungsarbeit}}{\text{Formänderungsarbeit}} [-]$ (nach Verdreh-Diagramm)	$\gamma_z = \frac{180}{\pi \cdot r} \cdot \frac{C_x \cdot \sum \vec{a}_i}{\frac{1}{2 \cdot \pi \cdot F_K} \cdot \psi \cdot c_K \cdot (\frac{\Delta a_K}{r})^2}$
Propeller-dämpfung	$p = \frac{2 \cdot i^2}{r^2 \cdot F_K \cdot \frac{\omega_e}{x}} \cdot M_{max} \cdot (\frac{n_{kr}}{n_{max}})^2 \left[\frac{kg \cdot sec}{cm^3}\right]$ dabei ist: M_{max} [cm kg] = Motordrehmoment bei Drehzahl n_{max}; $i = n_{KW} : n_W$ = Untersetzungsverh.	$\gamma_z = \frac{180}{\pi \cdot r} \cdot \frac{C_x \cdot \sum \vec{a}_i}{p \cdot \omega_e \cdot a_p^2}$ dabei ist: a_p = Relativausschlag des Propellers

Ausschlag unter Berücksichtigung von k bzw. k_E, ψ und p: $\frac{1}{\gamma_z} = \frac{1}{\gamma_{z\,k(E)}} + \frac{1}{\gamma_{z\,\psi}} + \frac{1}{\gamma_{z\,p}}$

Bild 16. Formelzusammenstellung

Insgesamt gesehen, ist der dämpfende Einfluß des Propellers jedoch erheblich geringer als der einer gummi-elastischen Kupplung.

In Bild 17 ist der Einfluß der Kupplungselastizität und Dämpfung auf den Schwingungsausschlag γ_Z am freien Kurbelwellenende eines 6-Zylinder-Viertaktmotors dargestellt. Die mit D_M bezeichneten Kurven beziehen sich auf den Motor mit starr gekuppeltem Getriebe unter Berücksichtigung der Motordämpfung allein. Die mit $D_M + D_K$ bezeichneten Kurven beziehen sich auf den Motor mit elastisch gekuppeltem Getriebe, wobei zwei verschiedene Kupplungssteifigkeiten berücksichtigt wurden, eine verhältnismäßig kleine Steifigkeit c_{K1}, entsprechend einer weichen Kupplung, und eine größere Steifigkeit c_{K2}, entsprechend einer etwas härteren Kupplung. Der Dämpfungsfaktor der beiden Kupplungen sei gleich. Im unteren Drehzahlbereich ist die Hauptkritische 3. Ordnung untersucht, im oberen die 6. Ordnung. Unter Zugrundelegung des in Bild 14 gezeigten Schwingungssystems mit starrer Kupplung liegt die Anfahrkritische 3. Ordnung bei 560 U/min und hat einen Ausschlag von 3,8 Grad. Bei Verwendung einer hochelastischen Kupplung zwischen Motor und Getriebe rückt die Anfahrkritische auf 400 U/min und hat noch einen Ausschlag von 1 Grad am freien Kurbelwellenende. Hinzu kommt allerdings noch eine zweite Anfahrkritische bei 616 U/min mit einem Ausschlag von 0,26 Grad. Verändert man die Getriebemassen, so wandert die 3. Ordnung bei starrer Kupplung auf der oberen Kurve, bei elastischer Kupplung auf den unteren Kurven. Immer ist der Ausschlag der Anlage mit elastischer Kupplung wesentlich kleiner als ohne elastische Kupplung. Je weicher die elastische Kupplung ist, desto kleiner sind die

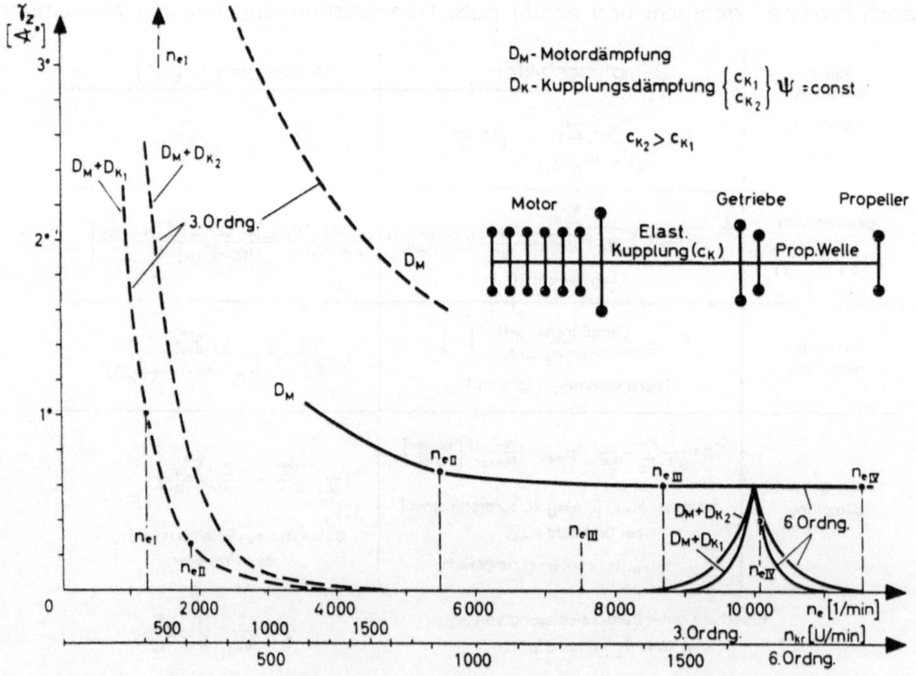

Bild 17. Einfluß der Kupplungselastizität und Dämpfung auf den Schwingungsausschlag γ_Z

Schwingungsausschläge und desto niedriger im Drehzahlbereich liegen die Anfahrkritischen.

Noch größer ist der Einfluß der elastischen Kupplung im mittleren Frequenzbereich, das ist der Bereich der Getriebekritischen. Die Ausschläge 6. Ordnung des II. und III. Grades, die bei starrer Kupplung etwa 0,6 Grad betragen, verschwinden bei elastischer Kupplung praktisch vollständig. Die Kröpfungsausschläge sind hier verschwindend klein im Vergleich zum Differenzausschlag der Kupplung, so daß fast keine Erregerarbeit geleistet wird. Im Bereich der Motorkritischen wird jedoch der Differenzausschlag in der elastischen Kupplung und damit die Kupplungsdämpfung klein; man erhält ein Ansteigen des Schwingungsausschlages in diesem Bereich. Bei unendlich weicher Kupplung würde man die Motorkritische des Motors allein erhalten, wobei die Kupplungsdämpfung Null wäre. Bei endlich weicher Kupplung erhält man eine Motorkritische, die nur ganz wenig über der des Motors allein liegt, und deren Amplitude durch die Kupplungsdämpfung schon etwas abgebaut ist.

In Ergänzung zu Bild 17 sind in Bild 18 die maximalen Kurbelwellenbeanspruchungen bei starrer und elastischer Kupplung aufgezeichnet. Links ist der Bereich der Anfahrkritischen, in der Mitte der Getriebekritischen und rechts der Motorkritischen. Die oberen Kurven gelten für starre Kupplungen, die unteren für elastische Kupplungen. Auch hier dasselbe Bild wie vorher: Im Bereich der Anfahrkritischen erhält man eine wesentliche Verbesserung der Schwingungsbeanspruchungen durch die elastische Kupplung, die gefährlichen Getriebe-

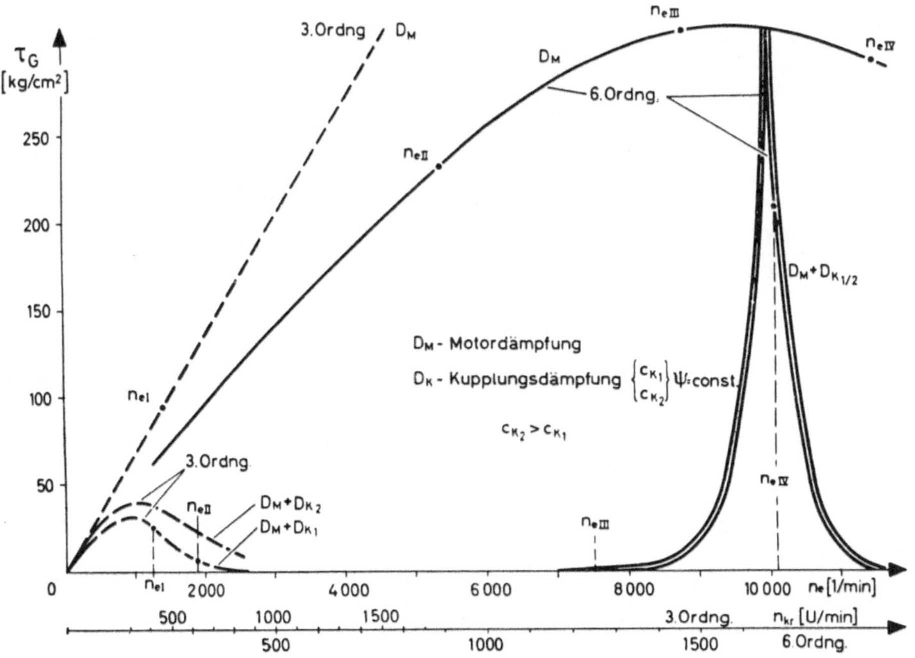

Bild 18. Einfluß der Kupplungsdämpfung auf die maximale Kurbelwellenbeanspruchung τ_G

kritischen fallen vollständig weg, während die Motorkritische nur unwesentlich gedämpft wird.

Von besonderem Interesse ist, wie hierbei die elastische Kupplung selbst beansprucht wird.

In *Bild* 19 ist — wiederum für die 6-Zylinder-Motorenanlage — das Schwingungswechselmoment in der Kupplung aufgetragen, und zwar links für die Anfahrkritische 3. Ordnung, rechts für die Motorkritische 6. Ordnung. Die obere Kurve gilt jeweils für die härtere Kupplung, die untere für die weichere. Man ersieht daraus, daß die erste Anfahrkritische recht bedeutende Schwingungswechselmomente in der Kupplung erzeugt, die um so größer sind, je härter die Kupplung

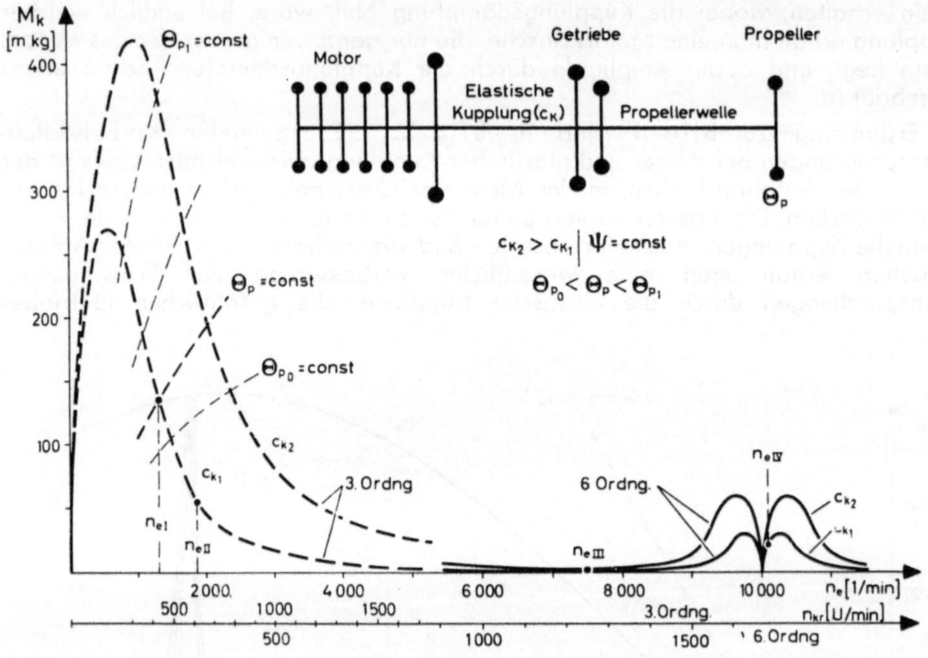

Bild 19. Kupplungsbeanspruchungen

ist. Dazu kommt, daß mit weicherer Kupplung die kritische Drehzahl entsprechend den Kurven Θ_P = const sinkt. Die Kupplung kann und soll so weich sein, daß die Anfahrkritische I. Grades unter die Leerlaufdrehzahl zu liegen kommt. Die Anfahrkritische II. Grades ist im Hinblick auf die niedrige Frequenz im allgemeinen unschädlich. *Im Frequenzbereich der Getriebekritischen ist auch die Kupplungsbeanspruchung sehr gering.* Sie steigt erst wieder an im Bereich der Motorkritischen, um im Falle der unendlich weichen Kupplung, für den sich wieder $n_e = 10000$ Schwingungen pro Minute ergibt, auf Null herabzusinken. *Bei endlich weicher Kupplung, bei der die Motorkritische nur ganz wenig über der des Motors allein liegt, erfährt die Kupplung ein nennenswertes Wechselmoment, das im vorliegenden Falle je* nach Kupplungsweichheit zwischen 30 und 50 mkg liegt. Wenn dies auch nur ein Bruchteil des mittleren Kupplungsdrehmomentes ist, so kann dieses Wechseldrehmoment infolge der hohen Frequenz für die Kupplung gefährlich werden.

Es gibt Kupplungs-Bauarten, die sehr anfällig sind in bezug auf so hochfrequente Schwingungen und in wenigen Stunden zerstört werden können; es gibt andere, die diese Schwingungswechselmomente auf die Dauer einwandfrei ertragen können.

Die gummi-elastische Kupplung ist also ein äußerst wirksames Mittel, um die Schwingungsverhältnisse vor allem von Getriebeanlagen wesentlich zu verbessern. Die Anfahrkritischen werden verringert, die Getriebekritischen praktisch beseitigt, während die Motorkritische, die im wesentlichen die Kurbelwelle beansprucht, sowohl der Frequenz als auch der Amplitude nach gegenüber den Verhältnissen des Motors allein nur unwesentlich geändert wird. Schwingungsdämpfende Maßnahmen, die auf dem Prüfstand erprobt worden sind, gelten auch für alle Anlagen, sofern sie mit elastischen Kupplungen ausgerüstet sind. Die schwingungsdämpfende Wirkung der gummielastischen Kupplung ist um so besser und ihre eigene Beanspruchung um so geringer, je elastischer sie ist.

In Bild 20 ist das Resonanzbild der 6-Zylinder-Motorenanlage mit elastisch gekuppeltem Getriebe dargestellt. Bis auf die beiden sehr schwachen Anfahrkritischen 3. Ordnung erhält man praktisch das gleiche Resonanzbild, wie es für den Motor allein gezeichnet wurde.

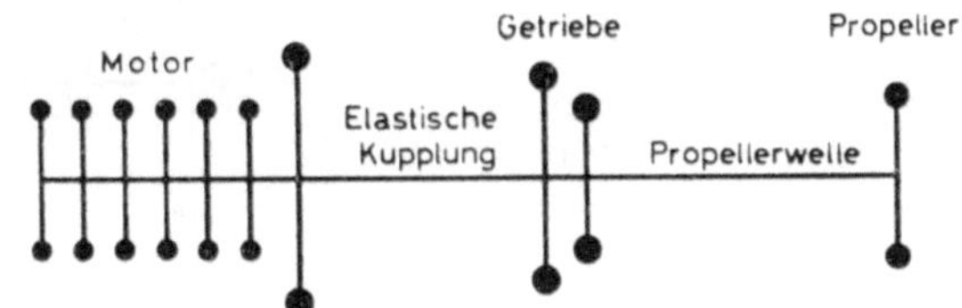

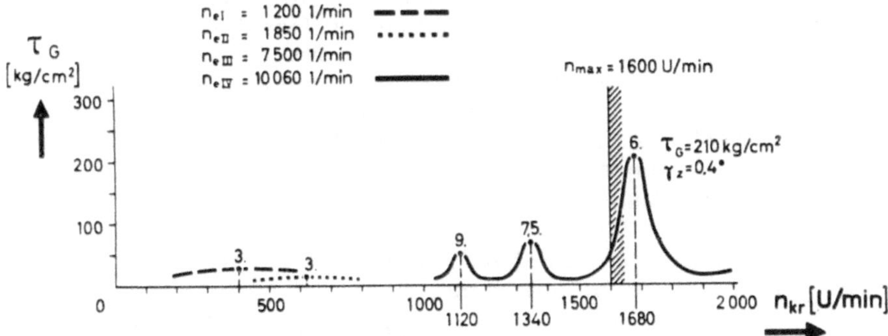

Bild 20. Schwingungsschema und Resonanzbild einer 6-Zylinder-Motorenanlage mit elastisch gekuppeltem Getriebe

Grundsätzlich gelten diese Gedanken auch für Doppelmotorenanlagen. Die elastische Kupplung schaltet den Motor, schwingungsmäßig gesehen, mehr oder weniger von den Getrieben ab und schützt die Getriebe weitgehend vor Schwingungswechselmomenten.

Bild 21 zeigt die Schwingungsformen einer Doppelmotorenanlage ohne elastische Kupplung. Im I., III. und V. Grad schwingen beide Motoren phasengleich gegen den Propeller, im II. und IV. Grad schwingen sie gegeneinander, wobei der Propeller in Ruhe bleibt. Die Eigenfrequenzen sind ganz anders als bei der entsprechenden Einmotorenanlage. Im Getriebe entstehen vor allem im II. Grad hohe Wechselmomente. In Bild 22 sind die Schwingungsformen derselben Doppelmotorenan-

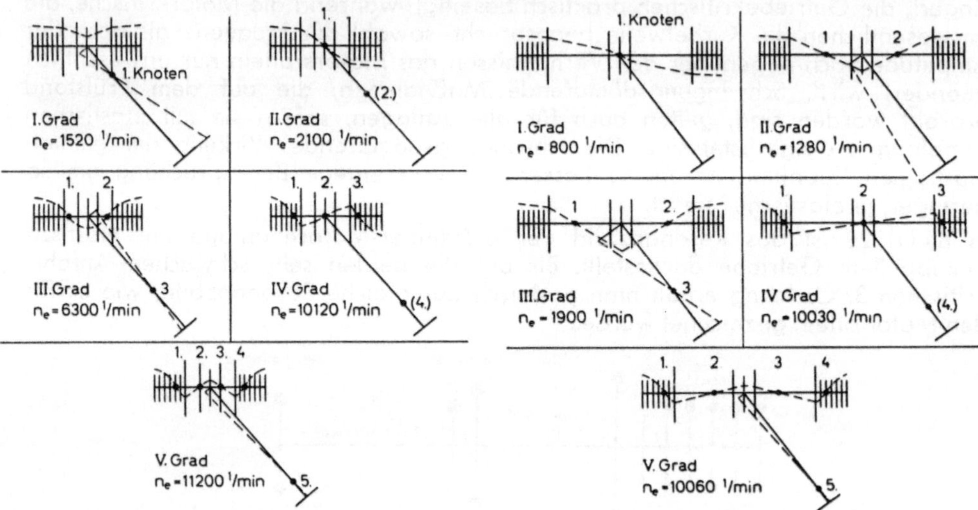

Bild 21: Schwingungsformen einer Doppelmotorenanlage ohne elastische Kupplungen

Bild 22. Schwingungsformen einer Doppelmotorenanlage mit elastischen Kupplungen

lage mit elastischen Kupplungen dargestellt. I. und IV. Grad gehören der Schwingungsform „Motor gegen Motor“ an, die übrigen Grade der Schwingungsform „beide Motoren gegen Propeller“. Interessant sind die Eigenfrequenzen: 2 Anfahrkritische mit n_e = 800 und 1280 Schwingungen pro Minute, eine Kritische mit n_e = 1900 Schwingungen pro Minute, die durch die Kupplungsdämpfung praktisch vollständig unterdrückt wird, und 2 Motorkritische mit n_e = 10 030 und 10 060 Schwingungen pro Minute. Eine davon gehört der Schwingungsform „Motor gegen Motor“ an, die andere der Schwingungsform „beide Motoren gegen Propeller“. Je nach dem Kupplungswinkel der beiden Motoren wird die eine oder andere Schwingungsform erregt.

Praktisch treten also, wie bei der Einmotorenanlage mit elastischer Kupplung, 2 Anfahrkritische und die Motorkritische auf.

In Bild 23 ist der Verlauf der Eigenfrequenzen einer 6-Zylinder-Doppelmotorenanlage in Abhängigkeit von der Kupplungselastizität 1/c im logarithmischen Maßstab dargestellt. Die gestrichelte Linie links enthält die Eigenfrequenzen ohne elastische Kupplung — als Elastizität tritt lediglich die Wellenelastizität auf —, die rechts mit elastischer Kupplung. Man sieht, wie die beiden Motorkritischen mit wachsender Kupplungselastizität zusammenlaufen. Man sieht die Getriebekritische III. Grades und ihre starke Abhängigkeit von der Kupplungselastizität, ferner den Verlauf der Anfahrkritischen.

Bild 24 zeigt die Schwingungserregung der Hauptkritischen 4,5. und 6. Ordnung der 6-Zylinder-Doppelmotorenanlage in Abhängigkeit vom Kupplungswinkel der

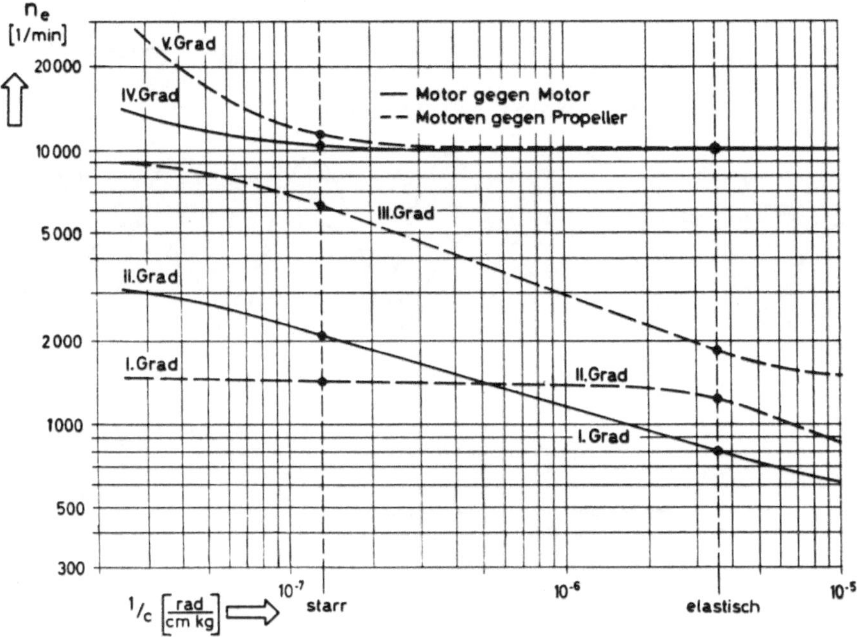

Bild 23. Eigenfrequenzen einer Doppelmotorenanlage in Abhängigkeit von der Kupplungselastizität 1/c

beiden Motoren. Während sich für die Schwingungsform „Motor gegen Motor" die günstigsten Schwingungsverhältnisse für den Kupplungswinkel von Null Grad, 240 Grad oder 480 Grad ergeben, sind dies für die Schwingungsform „Motoren gegen Propeller" die schlechtesten Kupplungswinkel. Für diese wären 30 Grad bzw. 690 Grad oder 270 Grad bzw. 450 Grad wesentlich besser.

Da beide Schwingungsformen im Falle der elastischen Kupplung praktisch dieselbe Frequenz haben, spielt die Frage des Kupplungswinkels eine untergeordnete Rolle. Man kann ohne weiteres die Motoren abschaltbar machen, beispielsweise durch eine Reibungskupplung, und braucht keine Vorkehrungen zu treffen, um einen bestimmten Kupplungswinkel zu verwirklichen.

Etwas anders sind die Verhältnisse ohne elastische Kupplung, da ja hier die beiden Motorkritischen frequenzmäßig wesentlich auseinanderliegen.

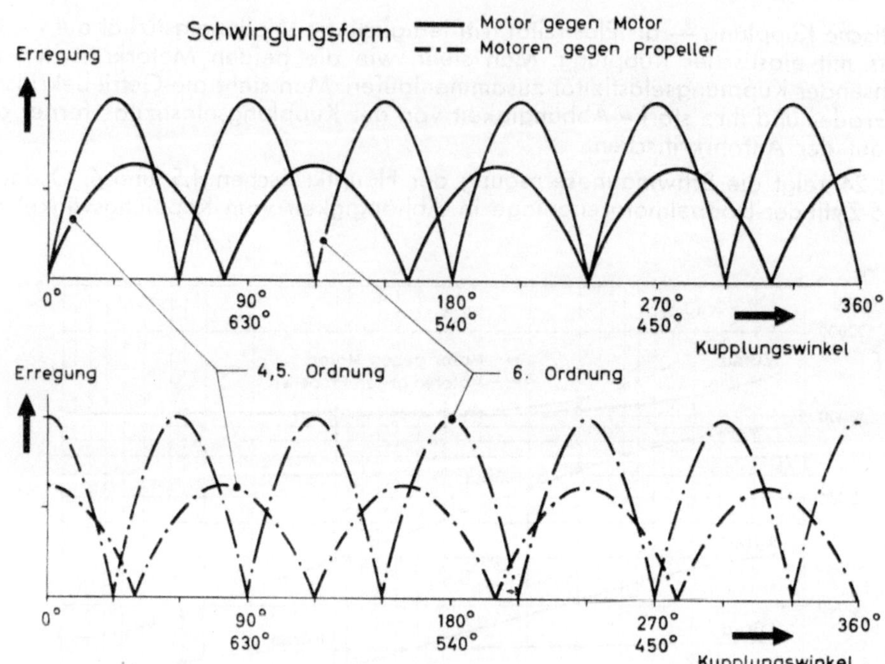

Bild 24. Schwingungserregung einer 6-Zylinder-Doppelmotorenanlage in Abhängigkeit vom Kupplungswinkel der beiden Motoren

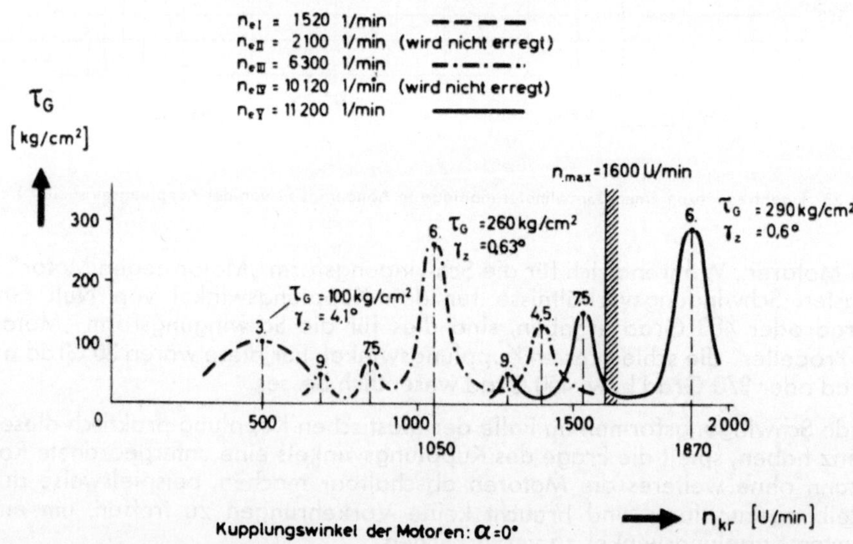

Bild 25. Resonanzbild einer Doppelmotorenanlage ohne elastische Kupplungen

In Bild 25 ist das Resonanzbild einer Doppelmotorenanlage mit starrer Kupplung der Motoren unter einem Winkel von Null Grad dargestellt. Die Schwingungsformen „Motor gegen Motor" fallen weg. Sowohl die Anfahrkritische mit $n_{eI} = 1520$ Schwingungen pro Minute als auch vor allem die Getriebekritische erzeugen bedeutende Wechselbeanspruchungen in der Kurbelwelle und außerordentlich hohe Getriebewechselmomente.

Bei elastischer Kupplung sehen die Verhältnisse wieder sehr viel günstiger aus und entsprechen etwa denen des Motors allein (Bild 26).

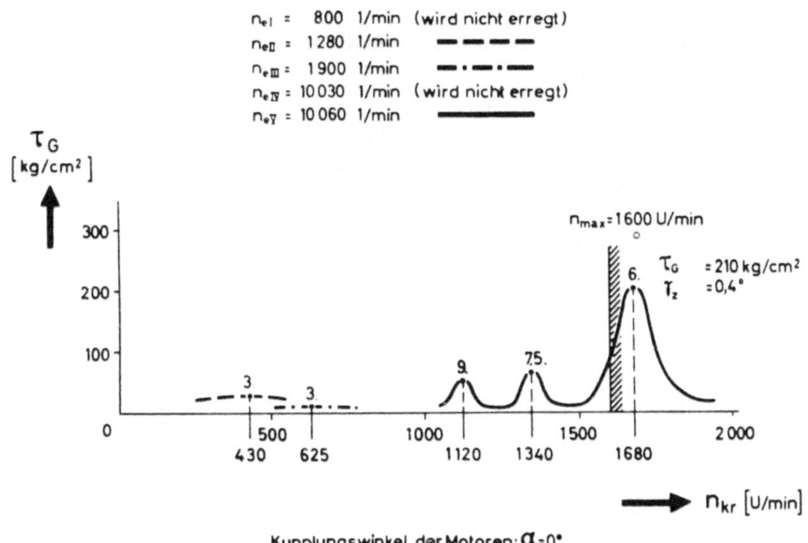

Bild 26. Resonanzbild einer Doppelmotorenanlage mit elastischen Kupplungen

Von Interesse sind noch unsymmetrische Doppelmotorenanlagen, z. B. solche mit einem großen und einem kleinen Motor. Hier fällt die Schwingungsform „Motor gegen Motor, Propeller bleibt in Ruhe" fort, und an ihre Stelle tritt eine unsymmetrische Schwingungsform, die sich über die gesamte Anlage erstreckt. Es gelingt auch nicht mehr, durch eine bestimmte Kurbelversetzung der beiden Motoren die Erregung einzelner Ordnungen zu eliminieren. Auch hier ist es günstig, die Motoren durch hydraulische oder gummi-elastische Kupplungen drehschwingungsmäßig vom Sammelgetriebe zu trennen und damit Getriebe und Propellerwelle weitgehend zu entlasten. Dies gilt erst recht für Mehrmotorenanlagen.

Zum Schluß sei noch ganz kurz auf die Frage der Synchronisierung der Motoren eingegangen.

Neben der Drehzahlsynchronisierung muß noch eine Leistungssynchronisierung erfolgen. Die einfachste Lösung hierbei ist wohl die, nur einen einzigen Regler für beide Motoren zu verwenden und die Füllungseinstellungen der Einspritzpumpen durch ein möglichst starres Gestänge miteinander zu verbinden. Beläßt man jedem

Motor seinen Regler, dann sind Regler mit großer statischer Drehzahlabweichung, jedoch kleiner Toleranzabweichung untereinander erforderlich.

Eine andere Möglichkeit ist, ein Differentialgetriebe zwischen die beiden Motoren zu legen, wobei dann der Kräftefluß im umgekehrten Sinne wie beim Kraftfahrzeug geht. Diese Anordnung hat den großen Vorteil, daß die Schwingungsform „Motor gegen Motor" überhaupt nicht auftreten kann. Entgegengesetzten Momenten in den Motorwellen gibt das Differentialgetriebe einfach nach, ohne daß ein Rückstellmoment entsteht. Bleibt hingegen ein Motor in der Leistung zurück, d. h. liefert er ein niedrigeres Drehmoment als der andere, so wird er in seiner Drehzahl von dem stärkeren Motor zurückgedrückt, worauf dessen Regler anspricht und eine größere Füllung einstellt. Durch Anwendung von Bremsen oder Kupplungen ergeben sich die verschiedensten Betriebsmöglichkeiten, z. B. auch Einmotorenbetrieb.

Bei Schlupfkupplungen, z. B. hydraulischen Kupplungen, zwischen den Motoren und dem Sammelgetriebe wird vielfach empfohlen, zwecks Vermeidung von Schwebungserscheinungen auch noch eine Phasensynchronisation durchzuführen. Dies bedeutet jedoch einen erheblichen Bauaufwand.

K. KOLLMANN

Beitrag zur Konstruktion und Berechnung von Überholkupplungen

Die Freilauf- oder Überholkupplung stellt eine in einem Drehsinne wirkende automatische Kupplung dar, die zwei Teile bei Synchronlauf miteinander verbindet und die Übertragung eines Drehmomentes zuläßt. Bleibt der treibende Teil gegenüber dem getriebenen Teil zurück, nimmt also der getriebene Teil eine höhere Geschwindigkeit an, als der treibende Teil hat, dann löst sich die Kupplung automatisch.

Bei dem breiten Anwendungsgebiet, für das derartige Überholkupplungen verwendet werden und das von den kleinsten bis zu großen Drehmomenten reicht, haben sich die verschiedenartigsten Konstruktionen eingeführt. Sie lassen sich aber auf wenige charakteristische Merkmale zurückführen. Obwohl es auch Überholeinrichtungen mit rein formschlüssiger Kraftübertragung gibt, sollen in folgendem nur Überholkupplungen mit reinem Kraftschluß besprochen werden. Für diese lassen sich zwei wesentliche Bauarten unterscheiden:

a) Überholkupplungen mit Kraftschluß in axialer Richtung

b) Klemmsperren mit Kraftschluß in radialer Richtung.

Die in Bild 1 gezeigte Konstruktion entspricht der Ausführung a), also einer Freilaufkupplung mit axialem Kraftschluß, bei der die kuppelnde Kraft aus dem zu übertragenden Drehmoment über ein Gewinde oder einen oder mehrere Schrägnocken auf eine Reibkupplung mit konischen oder parallelen Flächen übertragen wird.

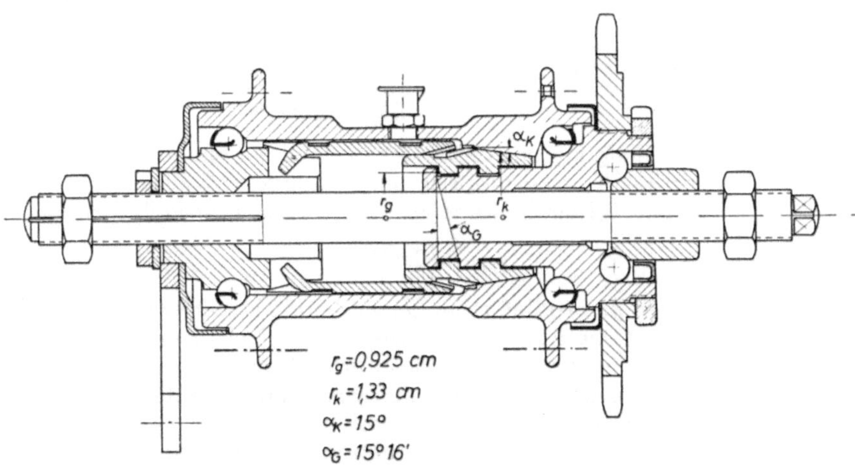

Bild 1. Freilauf Komet-Super (Fichtel & Sachs A.G., Schweinfurt)

Bei der Konstruktion derartiger Freiläufe ist man bei der Wahl der konstruktiven Kenngrößen von der Größe des an den Reibflächen zur Verfügung stehenden Reibwertes μ abhängig.

Betrachtet man zunächst die einfachste Form der Übertragung des Drehmomentes über eine einfache Konuskupplung, wie sie z. B. bei dem bekannten Fahrradfreilauf (Komet) der Firma Fichtel & Sachs A.G., Schweinfurt, verwendet ist, so ergeben sich folgende Zusammenhänge (Bild 2):

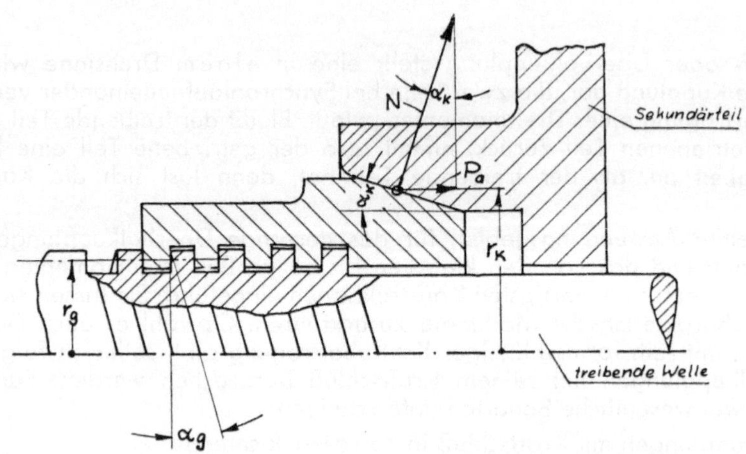

Bild 2. Schema des Komet-Freilaufes (Konus-Kupplung)

1. Bei Berücksichtigung der im Gewinde des treibenden Teiles (mit der Neigung α_g) und beim Einrücken der an der Konusfläche (mit der Neigung α_k) auftretenden Reibarbeit ist für die Übertragung des Drehmomentes über die Konuskupplung ein Reibwert μ_k erforderlich, der von den Abmessungen der Kupplung einerseits und den gewählten Winkeln α_g und α_k andererseits eindeutig abhängig ist.

$$\mu_k = \frac{r_g}{r_k} \cdot \frac{\text{tg}\,(\alpha_g + \varrho_g) \cdot \sin \alpha_k}{1 - r_g / r_k \cdot \text{tg}\,(\alpha_g + \varrho_g) \cdot \cos \alpha_k} \tag{1}$$

Wählt man für die Steigung des Gewindes und für die Neigung der Kegelfläche einen Winkel von je 15°, so ergibt sich unter Berücksichtigung eines Reibwertes im Gewinde von $\mu = 0{,}1$ ein im Kegelkonus erforderlicher Reibwert von

$$\mu_k = 0{,}0918,$$

wenn sich die beiden Reibradien r_g im Gewinde und r_k der Konuskupplung, über die das Drehmoment übertragen wird, wie $r_g/r_k = 1 : 1{,}44$ verhalten. Man sieht zunächst aus der Beziehung, daß bei derartigen Konstruktionen die Größe der Kraft bzw. die Größe des zu übertragenden Drehmomentes gar keine Rolle spielt. Die Grenze des zu übertragenden Drehmomentes ist also nur eine Frage der Festigkeit der verwendeten Konstruktionselemente bzw. der zulässigen Beanspruchung des verwendeten Materials.

2. Bei Vernachlässigung der Reibung innerhalb des Gewindes bzw. der Schrägflächen, durch die aus dem zu übertragenden Drehmoment die axiale Kraft zur Wirkung kommt, verringert sich der erforderliche Reibwert in der Konuskupplung nach der Beziehung:

$$\mu_k = \frac{r_g}{r_k} \cdot \frac{\operatorname{tg} \alpha_g \cdot \sin \alpha_k}{1 - r_g/r_k \cdot \operatorname{tg} \alpha_g \cdot \cos \alpha_k} \tag{2}$$

Für das in Bild 1 gezeigte Beispiel erhält man den Zahlenwert

$$\underline{\mu_k = 0{,}0604.}$$

3. Vernachlässigt man auch die Reibkräfte, die beim Einrücken der Konuskupplung zu überwinden sind, so vereinfacht sich die Beziehung für den Reibwert auf die Formel

$$\mu_k = \frac{r_g}{r_k} \cdot \operatorname{tg} \alpha_g \cdot \sin \alpha_k. \tag{3}$$

Für das gegebene Beispiel reduziert sich nach dieser Formel der erforderliche Reibwert auf den Wert

$$\mu_k = 0{,}049.$$

Diese drei Werte zeigen deutlich, daß bei der Dimensionierung derartiger Freilaufkupplungen die Vernachlässigung der Reibkräfte nicht zulässig ist, da der tatsächlich erforderliche Reibwert unter Berücksichtigung der Reibung im Gewinde und Konus etwa doppelt so hoch liegt wie bei Vernachlässigung der Reibung.

Die Abhängigkeit des erforderlichen Reibwertes vom Schrägungswinkel α_g des Gewindes und dem Neigungswinkel α_k der Konuskupplung ist in Bild 3 und 4 in einer räumlichen Darstellung gezeigt. Bei reibungsbehafteten Konstruktionen ist mit einem um so kleineren Reibwert auszukommen, je kleiner einerseits die Gewindesteigung α_g und je kleiner andererseits die Neigung α_k des Kegelkonus ist. Da jedoch Selbsthemmung des Gewindes und des Konus vermieden werden muß, müssen für beide Winkel Werte genommen werden, die wesentlich über dem dem Reibwert entsprechenden Winkel ϱ liegen.

Bei dem Kraftschluß am Konus der Kupplung muß jedoch noch auf einen weiteren Gesichtspunkt geachtet werden, nämlich darauf, daß durch die Axialkraft, die beim Einschalten der Konuskupplung ausgeübt wird, Reibkräfte zu überwinden sind, die senkrecht zur Umfangskraft an der Kupplung wirken.

Unter der Annahme, daß der Reibwert der Konuskupplung in Umfangsrichtung gleich dem in Axialrichtung ist, kann nach Bild 5 bei einer derartigen Kupplung in Umfangsrichtung ein Reibwert $\mu_{\text{tatsächlich}}$ übertragen werden, der das $1/\sqrt{2}$fache von dem in dieser Richtung allein zur Verfügung stehenden Reibwert ist, also

$$\mu_{\text{tats}} = \frac{\mu_{\text{erf}}}{\sqrt{2}}.$$

Als $\mu_{\text{erforderlich}}$ muß deshalb der aus den Gleichungen (1) bis (3) gefundene Wert μ_k mit dem Faktor 1,41 multipliziert werden.

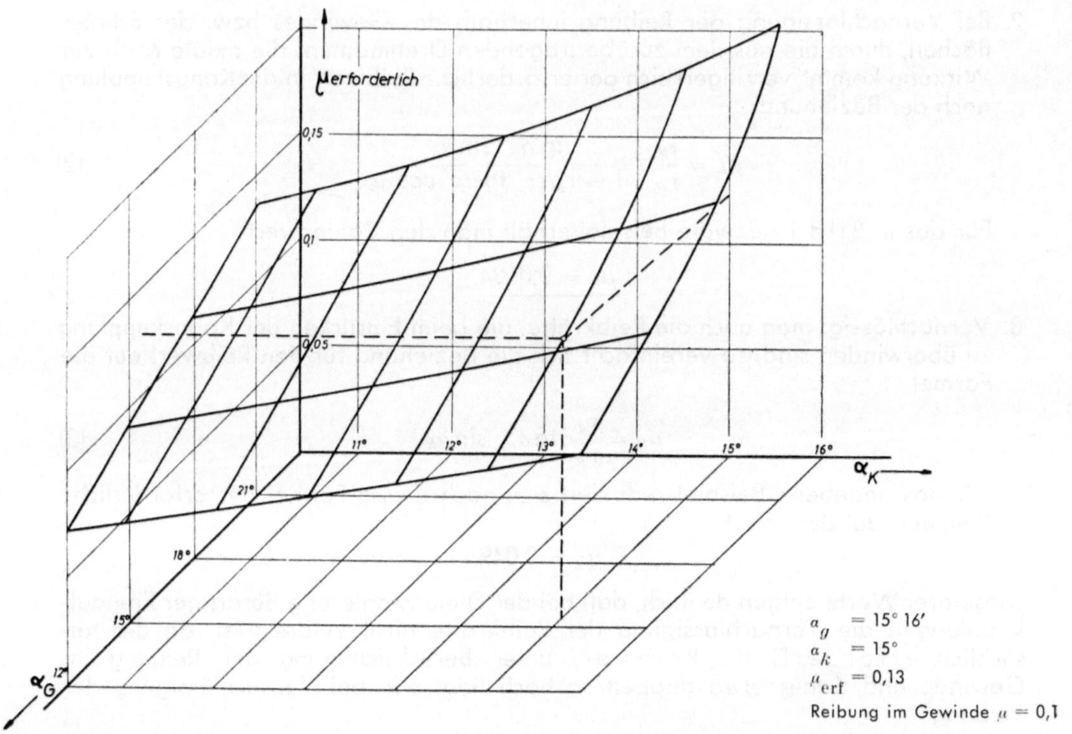

μ erforderlich
0,15
0,1
0,05
11°
12°
13°
14°
15°
16°
α_K
21°
18°
15°
12°
α_G
α_g = 15° 16′
α_k = 15°
μ_erf = 0,13
Reibung im Gewinde μ = 0,1

α_K
N
α_K
α_K
R = μ N
P_a

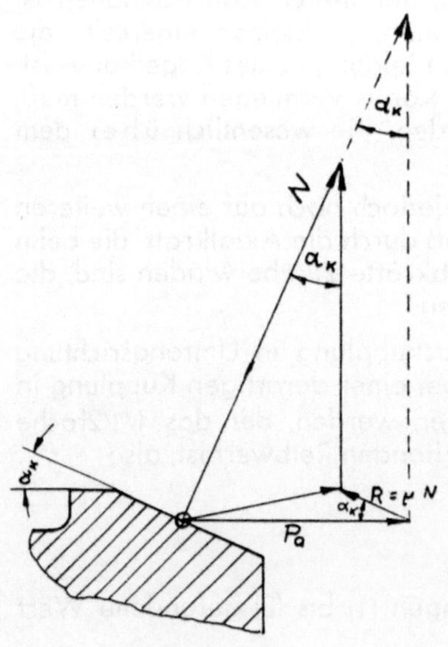

Bild 3.
Räumliche Darstellung der Abhängigkeit des erforderlichen Reibwertes μ_k von Gewindesteigungswinkel α_g und Kegelwinkel α_k für Fichtel & Sachs Komet-Super (mit Reibung im Gewinde)

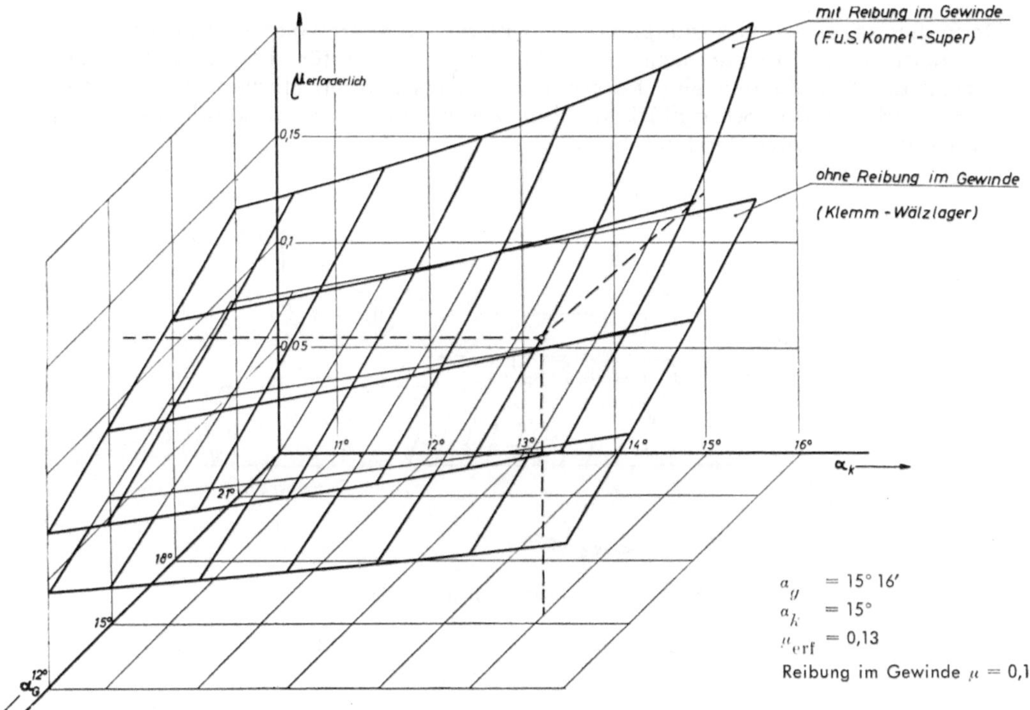

Bild 4. Räumliche Darstellung der Abhängigkeit des erforderlichen Reibwertes μ_k von Gewindesteigungswinkel α_g und Kegelwinkel α_k für Fichtel & Sachs Komet-Super (mit Reibung im Gewinde) und Klemmwälzlager (ohne Reibung im Gewinde)

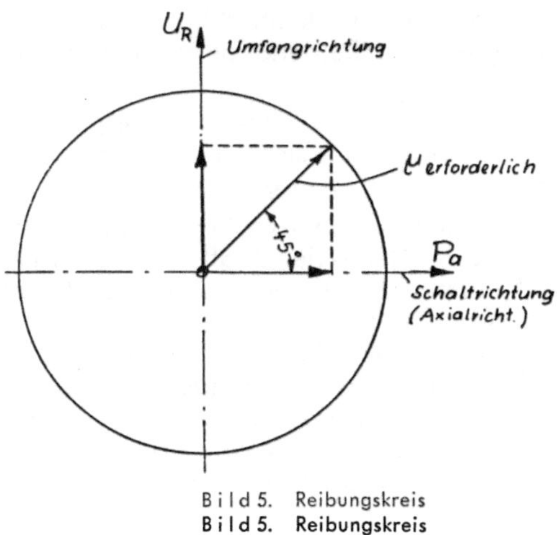

Bild 5. Reibungskreis
Bild 5. Reibungskreis

Da in den gezeigten Gleichungen die Größe des zu übertragenden Momentes bzw. der auftretenden Kräfte nicht in Erscheinung tritt, ist für die zulässige Belastbarkeit der Kupplungen eine Kontrolle der herrschenden Flächendrücke und der Beanspruchung der Schrägflächen, über welche die axial wirkende Kupplungskraft ausgelöst wird, durchzuführen.

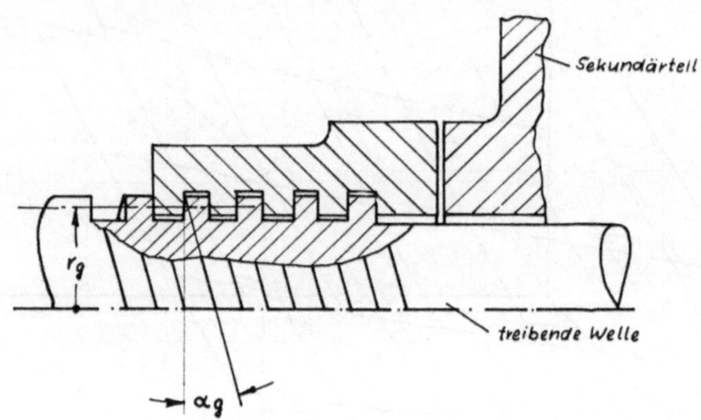

Bild 6. Freilaufkupplung mit Planflächen

Werden an Stelle der Konuskupplungen Planflächen (Bild 6) wie bei Lamellenkupplungen verwendet, so vereinfacht sich die Gleichung für den erforderlichen Reibwert auf

$$\mu_k = \frac{r_g}{i \cdot r_m} \cdot \mathrm{tg}\,(\alpha_g + \varrho_g), \qquad (\text{wobei } \mu_g = \mathrm{tg}\,\varrho_g) \qquad (4)$$

in der nur der Anstellwinkel α_g für die Axialkraft und als wesentliche Einflußgröße die Anzahl i der Reibflächen enthalten sind.

In beiden Fällen kommt man jedoch zu optimalen Konstruktionen, wenn man die Reibung in dem Gewindeabschnitt im kraftschließenden Teil so klein wie möglich macht bzw. die gleitende Reibung durch Wälzreibung ersetzt (siehe auch Bild 4).

Eine derartige Konstruktion [1]) ist in Bild 7 und 8 gezeigt. Der Freilauf, der mit „Klemmwälzlager" bezeichnet wird, lehnt sich an die Abmessungen der normalen Kugellagerreihe 63 an und soll als Fertigteil geliefert werden.

Bei den Freilaufkonstruktionen mit radialem Kraftschluß (Bild 9) werden im allgemeinen Klemmstücke verwendet, die den Kraftschluß zwischen dem treibenden und dem getriebenen Teil herstellen. Die bekannteste und wohl am häufigsten angewendete Konstruktion zeigt Bild 9, in dem die Konstruktion eines Rollenfreilaufes für Fahrräder dargestellt ist. Bei der Dimensionierung derartiger Freilaufkupplungen richtet man sich zweckmäßigerweise nach der Größe der Hertzschen Pressung an den Kraftschlußstellen, die bei Verwendung von Rollen oder Kugeln zwischen dem Innenring und den Klemmkörpern am größten ist. Bei Verwendung von Kugellagerstahl können dabei für die Hertzsche Pressung Werte von 200 bis

[1]) Die Entwicklung stammt von dem Schweizer Ingenieur Grünbaum, Binningen (Schweiz).

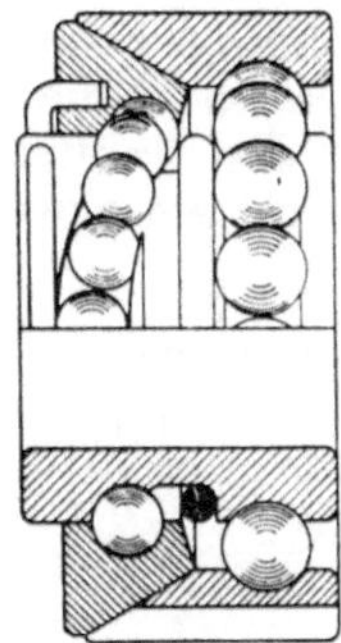

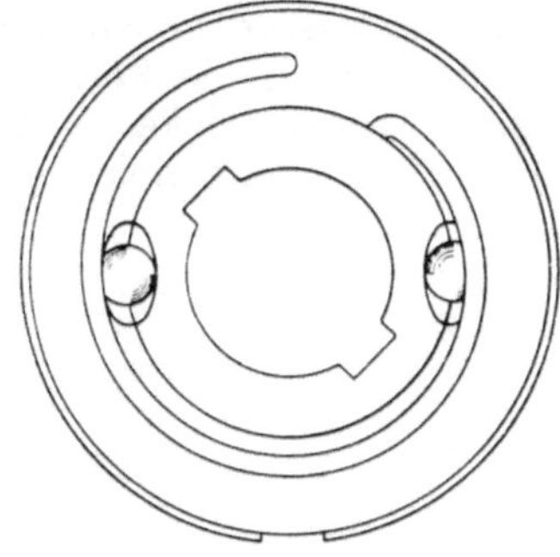

Bild 7. Klemmwälzlager (Ing. Grünbaum, Binningen/Schweiz)

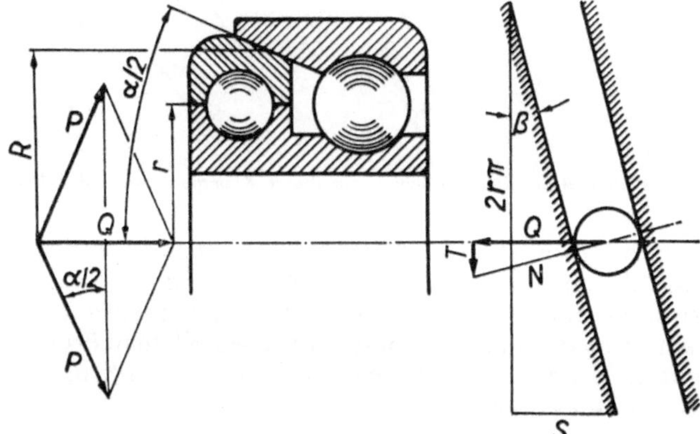

Bild 8. Kräfteverhältnisse am Klemmwälzlager

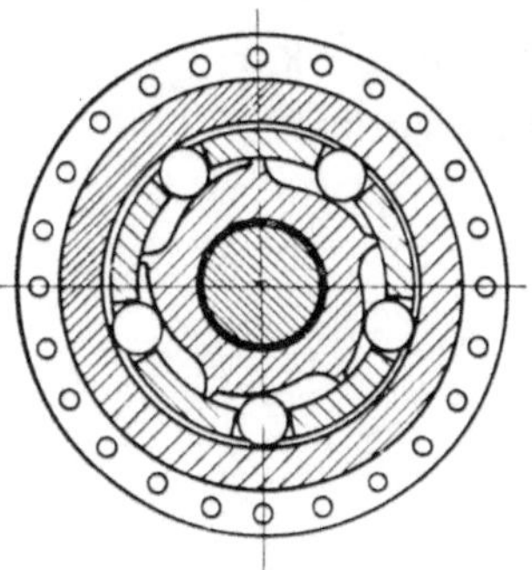

Bild 9. Torpedo-Klemmrollenfreilauf

450 kg/mm² zugelassen werden. Werden diese zulässigen Werte für die Hertzsche Pressung überschritten, so treten bleibende Verformungen der Klemmflächen ein, was dazu führt, daß die Kraftübertragung im Überlastfall über Formschluß erfolgt.

Während bei den zuerst besprochenen Konstruktionen der Anstellwinkel a_g der Kupplung größer sein muß als der Reibwinkel ϱ_y, verlangt die Konstruktion des Klemmfreilaufes einen Klemmwinkel ε zwischen den kraftschlüssigen Teilen (Bild 10), der kleiner als der Reibwinkel ϱ ist, da sonst ein einwandfreies Fassen

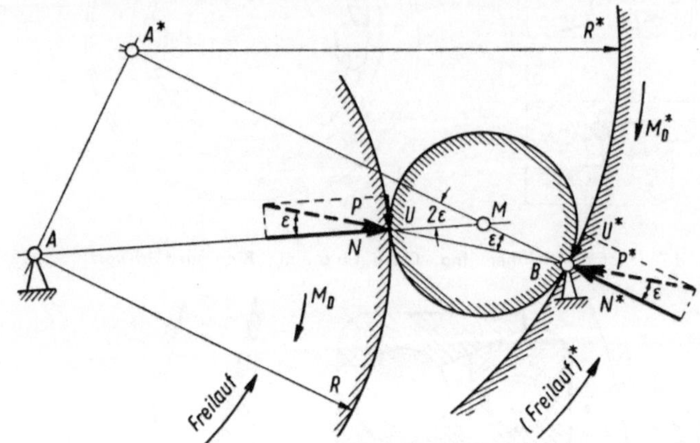

Bild 10. Kräfteverhältnisse am Klemmrollenfreilauf (beide Klemmbahnen sind Zylinderbahnen)

des Freilaufes nicht möglich ist. Die auftretende Hertzsche Pressung hängt aber von der Größe des Klemmwinkels ε einerseits und den Abmessungen der gekrümmten Klemmflächen andererseits ab. Um die Belastbarkeit derartiger Klemmfreiläufe zu erhöhen, strebt man deshalb an, möglichst viele Klemmkörper zwischen den Klemmflächen unterzubringen, um die Schmiegung der unter Kraftschluß stehenden Flächen möglichst günstig zu gestalten.

Die Hertzsche Pressung läßt sich aus der Gleichung

$$p_{\mathrm{Hertz}} = 0{,}418 \sqrt{\frac{E}{l} \cdot \frac{M}{R} \operatorname{cotg} \varepsilon \cdot \frac{1}{\eta \cdot z} \cdot \frac{R+r}{R \cdot r}} \qquad (5)$$

ermitteln, die sich für gerade Klemmflächen auf die Formel

$$p_{\mathrm{Hertz}} = 0{,}418 \sqrt{\frac{E}{l \cdot r} \cdot \frac{M}{R} \operatorname{cotg} \varepsilon \cdot \frac{1}{\eta \cdot z}} \qquad (6)$$

vereinfacht.

In den Gleichungen (5) und (6) ist:

E	= Elastizitätsmodul	(kg/cm²)
M	= Drehmoment	(cmkg)
R	= Klemmbahnhalbmesser	(cm)
r	= Klemmrollenhalbmesser	(cm)
l	= Klemmrollenlänge	(cm)
z	= Anzahl der Klemmrollen	
η	= Lastverteilungsbeiwert	
ε	= Klemmwinkel	

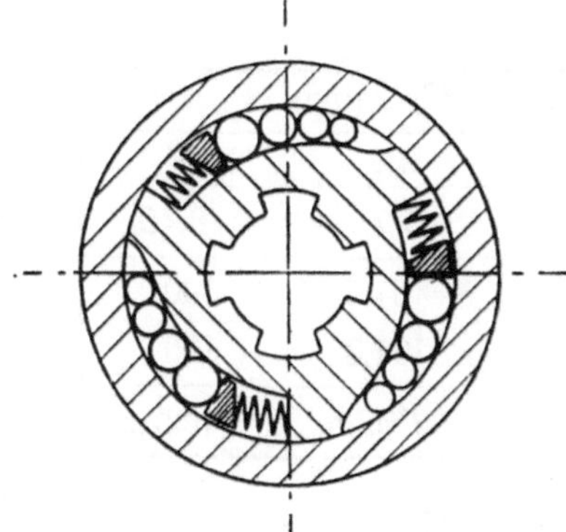

Bild 11. Studebaker-Klemmrollenfreilauf

Betrachtet man die Konstruktion (Bild 11), bei der mehrere Rollen auf einer Kurvenbahn den Kraftschluß übernehmen, so ergeben sich dafür folgende Beanspruchungsverhältnisse (Bild 12).

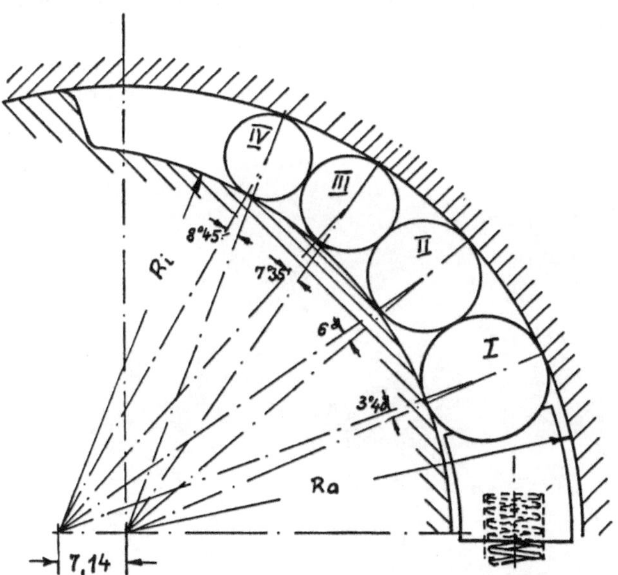

Bild 12. Geometrische Verhältnisse beim Studebaker-Klemmrollen-Freilauf

Nimmt man an, daß sämtliche 4 Rollen tatsächlich gleichmäßig tragen, also jede der 4 Rollen $^1/_4$ der Umfangskraft übernimmt, so liegt die Beanspruchung der Rolle I um 35% über der der Rolle IV, während die der Rollen II und III um 32 bzw. 1,5% darüber liegt (Tafel 1). Die verschiedene Höhe der Hertzschen Pressung hängt mit der Änderung des Klemmwinkels und der Verkleinerung des Rollenradius r zusammen, die sich aus der Wahl des Krümmungsradius der Klemmbahn R_i ergeben.

Tafel 1

R_A = 45,15 [mm]		R_i = 39,92 [mm]		
	I	II	III	IV
r (mm)	11,92	10,97	9,75	8,45
$p_{Hertz\,i}$ (%)	135	132	101,5	100
$p_{Hertz\,a}$ (%)	134,4	108,5	101,3	100
	1°50′	3°	3°47,5′	4°22,5′

Das Zahlenbeispiel beweist, daß bei gleichmäßiger Kraftaufnahme aller 4 Rollen die größte Rolle am höchsten beansprucht ist. Die Belastung derselben vergrößert sich nur auf den doppelten Wert, wenn die volle Umfangskraft jeweils nur von einer einzigen Rolle übertragen wird und die anderen 3 Rollen keine Last aufnehmen. Da aber keinesfalls damit gerechnet werden kann, daß alle 4 Rollen gleichmäßig zum Tragen kommen, ist die Entlastung des Freilaufes durch die Konstruktion mit z. B. 4 Rollen nur gering und der Freilauf zweckmäßigerweise so zu berechnen, als würde nur die Rolle I tragen.

Ersetzt man die gekrümmte Klemmfläche der Innenbahn durch eine gerade Fläche (Bild 13 und 14), so sind die Beanspruchungsverhältnisse stark abhängig von den

Bild 13. Borg-Warner-Klemmrollenfreilauf mit gerader Innenklemmfläche

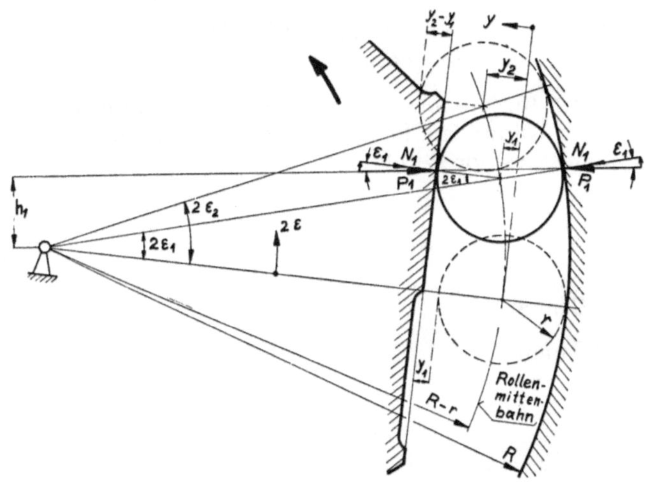

Bild 14. Kräfteverhältnisse des Klemmrollenfreilaufes mit gerader Innenklemmfläche

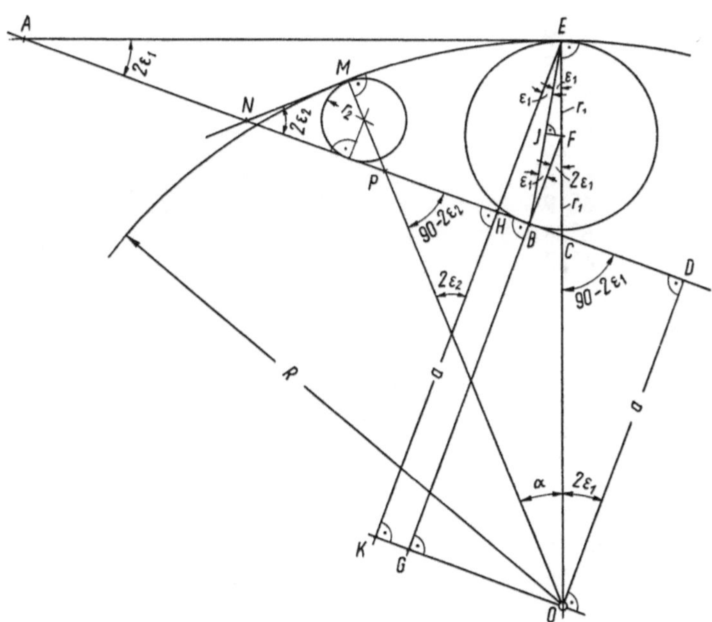

Bild 15. Schema des Klemmrollenfreilaufes (gerade Fläche für Innenklemmbahn)

gewählten Rollendurchmessern. Aus Bild 15 geht hervor, daß bei kleinen Maßunterschieden der Rolle relativ starke Veränderungen im Klemmwinkel eintreten. Die Änderung des Klemmwinkels in Abhängigkeit von der Rollenabnützung ($\Delta r = r_1 - r_2$) kommt durch nachstehende Beziehung zum Ausdruck

$$\frac{\cos \varepsilon_2}{\cos \varepsilon_1} = \sqrt{\frac{R - r_1}{R - r_2}},$$

worin der Radius der Außenklemmbahn mit R und der Radius der Klemmrolle mit r bezeichnet wird. Im folgenden Beispiel wird der Klemmwinkel als Funktion des Klemmrollenhalbmessers dargestellt:

Tafel 2

$R = 100$ (mm)

$r_1 = 20$ (mm)

$\varepsilon_1 = 3°$

r_2	ε_2
20,0	3°
19,9	3°59′
19,8	4°13′
19,7	4°39′
19,6	5° 4′
19,5	5°26′
19,4	5°47′
19,3	6° 9′
19,2	6°28′
19,1	6°47′
19,0	7° 4′
18,5	8°22′
18,0	9°29′
17,5	10°29′
17,0	11°23′
16,0	12°58′
15,0	14°21′
14,0	15°35′
10,0	19°43′
5,0	23°46′
0	26°44′

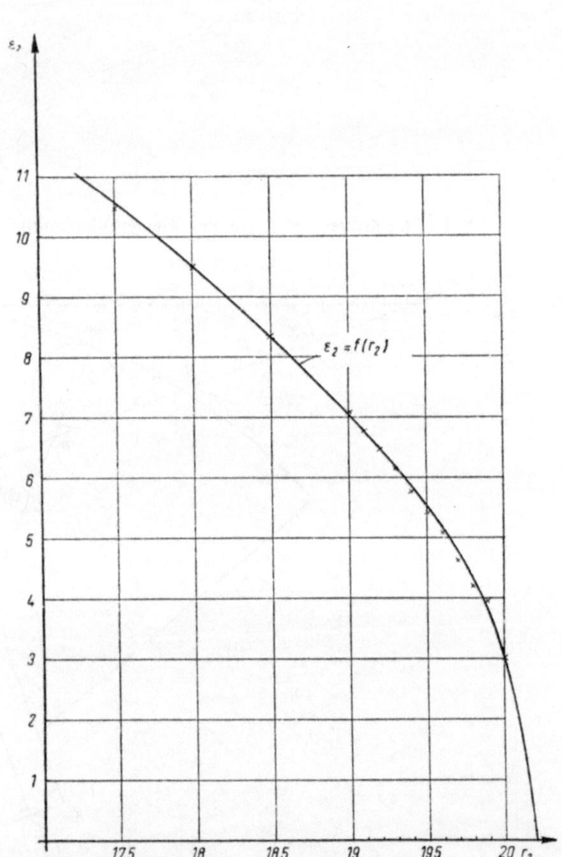

Aus der Kurve in Tafel 2 ist ersichtlich, daß schon bei einem relativ geringen Verschleiß der Rolle der Klemmwinkel ε sehr schnell anwächst. Da die Hertzsche Pressung vom Cotangens des Klemmwinkels abhängt, wird mit größerem Klemmwinkel ε bei gleichem Drehmoment die Hertzsche Pressung kleiner. Das bedeutet, daß mit zunehmendem ε bei gleicher Hertzscher Pressung ein größeres Drehmoment übertragen werden kann. Der Klemmwinkel muß aber immer, auch bei

B i l d 16. Klemmstückfreilauf

B i l d 17. Klemmstückfreilauf

größter zulässiger elastischer Verformung aller Teile, kleiner sein als der an der Berührungsstelle vorhandene Reibwinkel ϱ, um mit Sicherheit ein Durchrutschen zu vermeiden.

Durch Übergang auf eine große Zahl unter gleichgünstigen Bedingungen arbeitender Klemmkörper (Bild 16, 17, 18) konnte die Belastbarkeit von Freiläufen erheblich gesteigert werden.

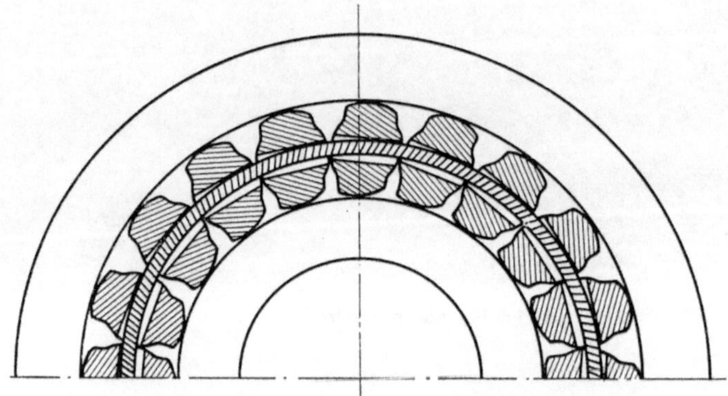

Bild 18: Klemmstückfreilauf, System Maurer

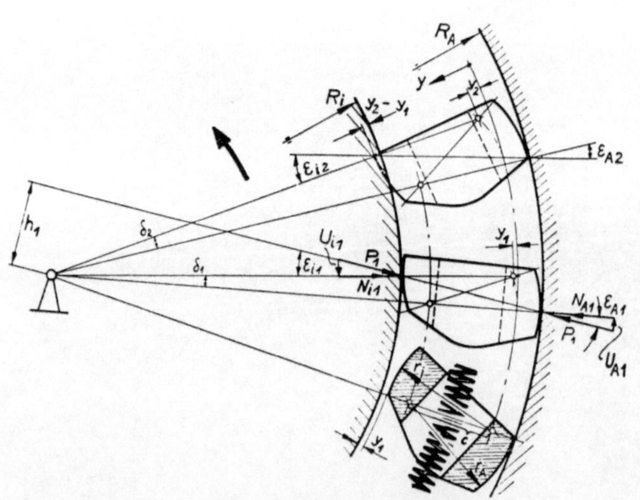

Bild 19. Kräfteverhältnisse des Klemmstückfreilaufes

Betrachtet man die geometrischen Verhältnisse (Bild 19), so sieht man, daß man durch die besondere Art der Klemmstücke in der Lage ist, die Radien in der Berührungslinie der Klemmstücke so zu wählen, daß die Beanspruchung der Innen- und Außenlaufbahn gleich gehalten werden kann, und zwar unabhängig von der Größe des Klemmraumes; der Freilauf ist zweifellos eine absolut folgerichtige Konstruktion, die als weiteren Vorteil in sich einschließt, daß beide Klemmbahnen als konzentrische, zylindrische Laufbahnen ausgebildet sind und deshalb einfach hergestellt werden können. Die Klemmstücke sind mit Ringfedern leicht in Klemmstellung angelegt. Sie liegen also beim Überholvorgang nur leicht an den Klemmbahnen an, so daß die Reibverluste nur gering sind.

Borg-Warner (Bild 20) hat neuerdings die Klemmstücke verändert, mit Einzelfedern gespreizt und an zwei Blechkäfigen geführt, so daß der Klemmkörpersatz als geschlossenes Bauelement eingebaut werden kann.

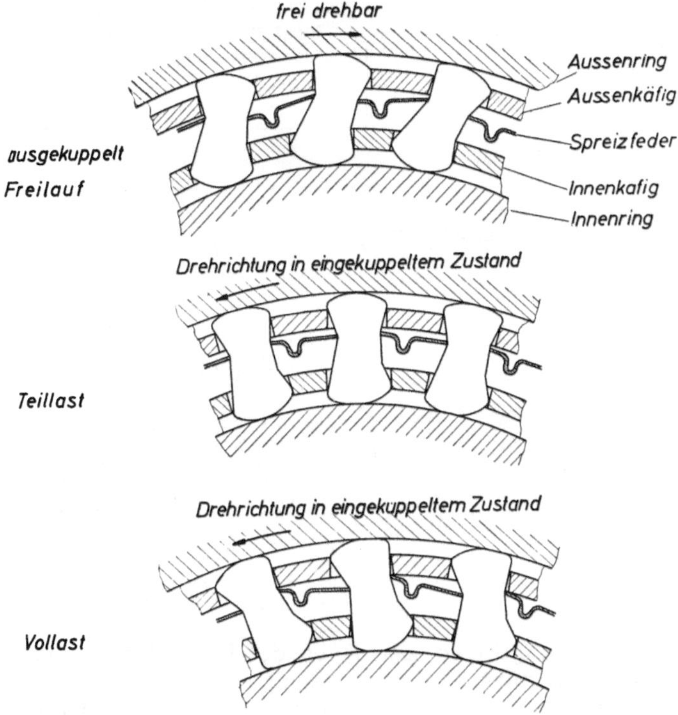

Bild 20. Borg-Warner-Freilauf mit Klemmstücken, die durch Einzelfedern gespreizt und in zwei Blechkäfigen geführt werden

Auch in Deutschland hat eine sinngemäße Weiterentwicklung [1]) dieser Freilaufausführung Eingang gefunden, wobei die Klemmstücke so ausgeführt werden, daß die Schwerpunktslage unabhängig von der Schwenklage des Klemmstückes erhalten bleibt und auch die bei der ursprünglichen Form der Klemmstücke eintretende Vergrößerung der Distanz zwischen den einzelnen Klemmstücken (Bild 21) bei Vergrößerung der Schräglage ausgeschaltet ist. Damit soll nach den bisherigen Versuchen die Reibarbeit beim überholenden Betrieb wesentlich herabgesetzt und der Arbeitsbereich der Klemmstücke vergrößert worden sein.

[1]) Nach Ing. Giese der Firma Ringspann Albrecht Maurer K.G., Bad Homburg v. d. H.

Eine interessante Lösung eines im Überholbereich berührungsfrei arbeitenden Freilaufes der Firma Stieber Rollkupplung K.G., Heidelberg, zeigt Bild 22.

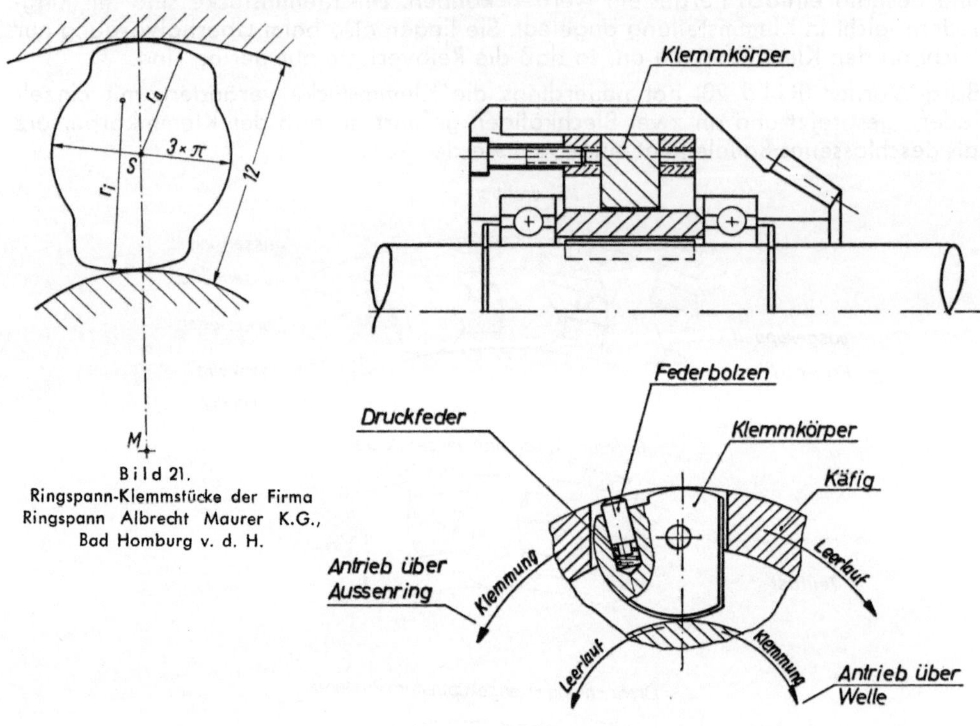

Bild 21.
Ringspann-Klemmstücke der Firma Ringspann Albrecht Maurer K.G., Bad Homburg v. d. H.

Bild 22.
Klemmstückfreilauf der Firma Stieber Rollkupplung K.G., Heidelberg (berührungsfreier Lauf im Überholbetrieb)

Bei bestimmten Anwendungsfällen, bei denen der Freilauf nur selten, z. B. bei Ausfall einer Antriebsmaschine, in Klemmstellung kommt, ist es wichtig, die Leerlaufverluste, d. h. die Reibverluste beim Überholvorgang, so klein wie möglich zu machen. Bei der in Bild 22 gezeigten Konstruktion der Firma Stieber Rollkupplung K.G., Heidelberg, wird durch entsprechende Abstimmung der zwischen Außenring und Klemmstück angeordneten Feder erreicht, daß sich die Klemmstücke bei einer bestimmten Drehzahl des überholenden Teiles von der Außenlaufbahn des Innenringes abheben, so daß überhaupt keine Reibverluste mehr eintreten.
Auf die Behandlung von Freilauf-Konstruktionen, die unter Last lösbar sind, wird verzichtet, da diese in der Automobiltechnischen Zeitschrift vom Januar 1957 ausführlich behandelt wurden.

Aussprache

Lutz: Herr Prof. Kollmann hat erwähnt, daß es sich um ein Maschinenelement handelt, dem bislang gerade in unseren Bezirken eigentlich zu wenig Beachtung geschenkt worden ist. Selbstverständlich kennen es viele vom Freilauf im Fahrrad her, aber seine sorgfältige Ausbildung hat es doch wohl erst mehr im Zusammenhang mit den großen Getriebeaufgaben gefunden, seien es vollautomatische oder halbautomatische Getriebe. Jedes Fahrzeug, jeder Kraftwagen in Amerika besitzt mehr oder weniger nicht bloß einen, sondern mehrere Freiläufe. Daß auf diesem Gebiet noch vieles zu machen ist, und daß vor allem hier auch die Forschung richtig angesetzt werden muß, unterliegt keinem Zweifel.

Burckhardt: Sind in Zusammenhang mit Untersuchungen über die Reibwerte von Metallen aufeinander genauere Werte bekannt, z. B. für Stahl auf Stahl?

Kollmann: Leider sind mir aus der Literatur noch keine bekannt. Wir müssen uns darauf beschränken, die an Lamellen gefundenen Werte zu übertragen.

In diesem Zusammenhang möchte ich noch einen wichtigen Hinweis bringen: Wenn wir an die Verhältnisse bei einem Kraftfahrzeug denken, ist es bekannt, daß die von der Reibung auf der Straße übertragenen Kräfte in Fahrtrichtung der Größe nach abhängig sind von den Seitenkräften, die gleichzeitig auf das Fahrzeug wirken. Wenn zwei in Reibschluß stehende Elemente in zwei Richtungen beansprucht werden, also wie in nebenstehender Skizze in einer z-Richtung und gleichzeitig in einer x-Richtung, dann kann die volle Größe des Reibwertes, die sich aus einem Versuch ergeben hat, natürlich nur in einer (z) Richtung ausgenützt werden. Das heißt, wenn dieser Reibwert z. B. die Größe $\mu = 0{,}1$ in der einen Richtung hat, dann hat er dieselbe — sofern die Konstruktion nicht besondere Bedingungen dafür schafft — natürlich auch in der anderen (x) Richtung. Der μ-Wert würde also auch in der anderen Richtung maximal nur 0,1 betragen können. Wenn nun die Konuskupplung eingerückt wird, dann ist einerseits eine Reibkraft in axialer Richtung zu überwinden, andererseits soll aber in Umfangsrichtung eine Kraft übertragen werden. Wenn z die axiale Richtung wäre und x die Umfangsrichtung, dann kann während des Kupplungsvorganges keinesfalls der volle Reibwert in Umfangsrichtung (x-Richtung) in Anspruch genommen werden.

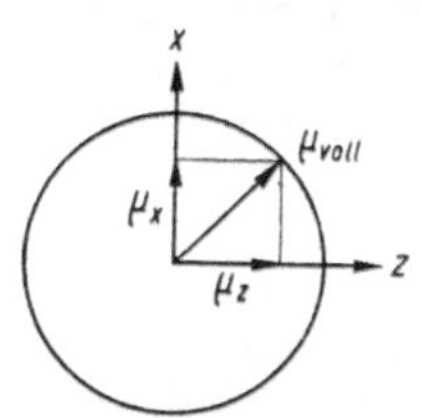

Burckhardt: Praktische Versuche, die ich ausführte, haben zu meiner Überraschung die Ansicht von Herrn Prof. Kollmann nicht ganz bestätigt. Es zeigte sich, daß der Reibwert in Umfangsrichtung voll ausnützbar ist, ein Reibwert in Axialrichtung aber bei Hereinrücken des Konus überhaupt nicht in Erscheinung tritt. Die Kraft zum Hereinrücken des Konus kann berechnet werden aus dem Sollwert des Winkels und der vollen Reibung als Umfangskraft. Ich war überrascht, wie weit der Konus sich einziehen ließ, wobei allerdings der nun ausnutzbare Reibwert noch zu untersuchen bleibt.

Kollmann: Ihre Feststellung bedeutet, daß Sie noch nicht in den Bereich der Grenzreibung gekommen waren. Wenn man die Reibarbeit in der z-Richtung vernachlässigen kann, dann kann selbstverständlich in der x-Richtung der volle Reibwert ausgenutzt werden.

vom Ende: Der Reibwert der Kupplung ändert sich, oder alle Verhältnisse ändern sich, je nachdem, ob man den Kegel in Ruhe oder in Bewegung einrückt. Wenn man ihn in Bewegung einrückt, dann faßt er natürlich sehr viel schärfer und leichter. Wenn man ihn in Ruhe einrückt, dann faßt er nicht so stark, und dann erscheint die Reibungszahl natürlich nicht so hoch. Die Reibungszahlen sind im neuen Band der Hütte zu finden.

von Thüngen: Für das Greifen des Freilaufs ist der Reibwert nicht allein oder genau nur zum geringen Teil maßgebend, denn fast alle oder alle Freiläufe laufen ja unter Öl. Viel wichtiger für das Greifen ist die Eigenschaft des Öls und das rasche Herausbringen des Öls zwischen den beiden Flächen. Bei dünnem Öl wird ein Freilauf also immer viel rascher greifen als bei dickem Öl. Bei dickem Öl wird u. U. ein Greifen überhaupt nicht eintreten. Das Öl ist also von viel größerer Bedeutung als der Reibwinkel.

Tränkner: Die Gründe, die Herr von Thüngen nannte, sind ja wohl auch der Grund dafür, daß sich die Freilaufkupplungen für Schaltwerke nicht genügend einführen. In der Inhaltsangabe zu dem Referat wird von einer stoßfreien Übertragung gesprochen. Das kann man aber vor allem dann nicht, wenn periodische Bewegungen auftreten, bei denen sich die Stöße schädlich auswirken. Jeder Kraftfahrer weiß, daß bei diesen Kupplungen eben nicht stoßfrei gearbeitet wird. Auch bei stufenlos verstellbaren Getrieben, die auf diesem Prinzip arbeiten, macht sich ja dieser Stoß unangenehm bemerkbar durch die Abnutzung und den Verschleiß dieser Kupplungen. Man sollte vielleicht einmal untersuchen, wie man diesen Schaltstoß, der auch bei den kraftschlüssigen Kupplungen unbedingt auftreten muß, vermindern könnte, um auch experimentell die Verhältnisse zu klären.

Kollmann: Der Schaltstoß kann natürlich nur entstehen, wenn die Schaltung nicht genau bei Synchronismus erfolgt. Theoretisch dürfte kein Schaltstoß vorkommen. Wenn aber, wie Herr von Thüngen schon ausführte, z. B. infolge Vorhandenseins von Öl, die Reibwertbedingungen stark verändert sind, dann kann das Fassen des Freilaufes so verzögert werden, daß gewisse Differenzgeschwindigkeiten auftreten, ehe er faßt.

Eberhard: Es werden hier zwei verschiedene Dinge behandelt. Es wird einmal gesprochen von einem stufenlos verstellbaren Schaltgetriebe, das über verschiedene, nebeneinander phasenverschoben arbeitende Freiläufe nur mit einzelnen Hebeln betrieben wird, wobei der eine Freilauf wirksam in den anderen mit einer endlichen Geschwindigkeitsdifferenz übergeführt wird. Daneben wird gesprochen von einem einzelnen Kupplungsvorgang, zu dem ein Freilauf meistens sogar in Kombination mit einer Konuskupplung benutzt wird.

Tränkner: Es ist im Prinzip das gleiche. Wenn man bei einer stetig umlaufenden Bewegung kuppelt, dann ergibt sich ein Stoß. Wenn man mit einem Schaltgetriebe kuppelt und einen Freilauf verwendet, bekommt man auch einen Stoß. Nur wird er sich hier wahrscheinlich schädlicher auswirken, weil er häufiger eintritt. Im übrigen aber ist auch nicht allein das Öl von Einfluß, sondern es wirken sich auch die Elastizitäten aus. Man muß deswegen von vornherein bei der Konstruktion darauf hinwirken, daß ein möglichst kurzer Kraftschluß entsteht, daß eine vollkommen starre Verbindung eintritt. Das wird leider bei vielen Konstruktionen versäumt. Infolgedessen treten dann Schwierigkeiten auf, und ein stoßfreies Schalten wird nicht gewährleistet.

Loeschbart: Bei diesen Reibgetrieben sind immer der Reibwert der Ruhe und der Reibwert der Bewegung zu unterscheiden. Der Stoß, von dem hier gesprochen wird, dürfte auch zu einem Teil von diesem Unterschied der Reibungswerte herkommen. Es wäre interessant, einmal genauere Diagramme aufzunehmen, die den Einfluß der Reibungswerte in Abhängigkeit von der Geschwindigkeit aufzeigen. In der Literatur wird eine Reihe von Versuchen dieser Art behandelt, aber sie haben noch nicht die allgemeine Bestätigung in der Technik gefunden.

Lürenbaum:

Schwingungsprobleme eines Triebwerks mit Doppelmotoren und Fernwelle

Um das Jahr 1930 wurden von der deutschen Luftfahrtindustrie verschiedene Projekte eines Langstreckenflugboots für den Transatlantikverkehr ausgearbeitet. Eines dieser Projekte sah ein Triebwerk vor, wie es in Bild 1 skizziert ist: Zwei im Bootsrumpf zugänglich und wartbar untergebrachte 12-Zylinder-V-Motoren (je etwa 650 PS) arbeiteten auf ein Sammelgetriebe, von wo die Leistung über eine längere gewinkelte Wellenleitung mit Kegelradgetriebe auf eine 4flügelige Druckschraube übertragen wurde. Die Motoren sollten während des Fluges vom Sammelgetriebe zu- und abschaltbar sein, um gegebenenfalls kleinere Reparaturen während des Fluges durchführen zu können. Die Anlage mußte daher auch bei Betrieb mit nur einem Motor flugfähig bleiben.

Bei der Projektierung und späteren Erprobung des Triebwerks ergaben sich einige auch heute noch interessante konstruktive und schwingungstechnische Teilprobleme, von denen hier nur die letzteren besprochen werden sollen, da sie für die Dimensionierung der Wellenleitung, die Aufteilung der Untersetzung und die Gestaltung der Einzelteile von ausschlaggebender Bedeutung waren. Im Vordergrund aller Überlegungen stand die Forderung nach ausreichender Betriebssicherheit, die sich dahin zusammenfassen läßt, daß innerhalb des Betriebsdrehzahlbereichs keine Störungen und Beanstandungen durch Schwingungen (Biegeschwingungen, Drehschwingungen und Erschütterungen) auftreten durften.

Bild 2 zeigt nochmals die Anordnung der Triebwerkanlage. Durch den Bauentwurf waren vorgegeben die zu übertragende Leistung, die Abstände zwischen dem Sammelgetriebe, dem oberen Umlenkgetriebe und der Luftschraube sowie

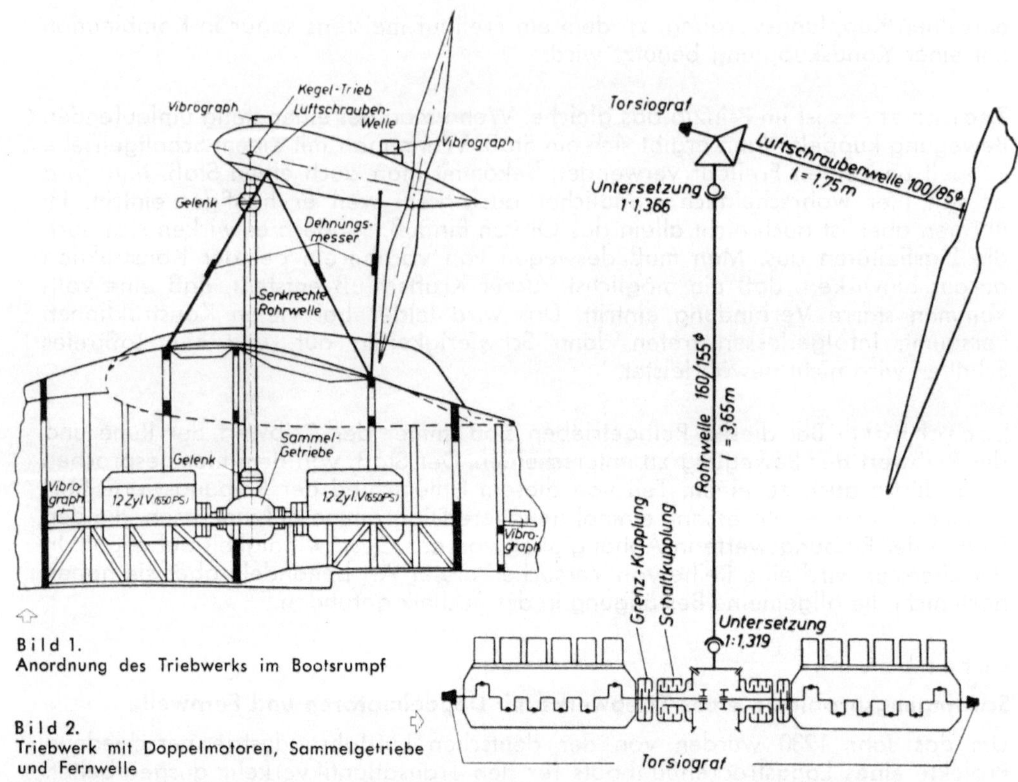

Bild 1.
Anordnung des Triebwerks im Bootsrumpf

Bild 2.
Triebwerk mit Doppelmotoren, Sammelgetriebe und Fernwelle

das Gesamt-Untersetzungsverhältnis (i = 1 : 1,8). Erwünscht war die Überbrückung der Entfernung vom unteren zum oberen Getriebe durch eine freitragende Welle ohne Zwischenlager, die im Hinblick auf die Nachgiebigkeit des gesamten Aufbaus als Doppelgelenkwelle ausgeführt wurde.

Beherrschung der Biegeschwingungen

Bei dieser Aufgabenstellung ergab sich zunächst die Frage nach Bemessung und Drehzahl der senkrechten Welle zwischen unterem und oberem Getriebe. Mit Rücksicht auf Biegeschwingungen waren hierfür drei grundsätzlich verschiedene Lösungen in Betracht zu ziehen:

a) Aufteilung des Wellenstranges in zwei unterkritisch laufende Teilgelenkwellen mit einem festen Mittellager (Bild 3a),

b) durchgehende, überkritisch laufende Welle mit einem federnden und dämpfenden Fanglager in der Mitte, um ein gefahrloses Durchfahren der Biegegrundfrequenz zu ermöglichen (Bild 3b),

c) freitragende, unterkritisch laufende Rohrwelle ohne Mittellager (Bild 3c).

Der Vorschlag a) schied aus Gewichtsgründen (4 Gelenke und Mittellager) aus.

Die Lösung b) führte zu einer Welle mit folgenden Kennwerten:

Höchstdrehzahl n_{max} = 2200 U/min (Übersetzung 1 : 1,44 im unteren Getriebe, Untersetzung 1 : 2,6 im oberen Getriebe).

Höchstdrehmoment bei n_{max}:	$Md_{max} = 416$ mkg
Außendurchmesser:	$d_a = 61$ mm
Innendurchmesser:	$d_i = 49$ mm
Verdrehspannung bei Md_{max}:	$\tau = 16$ kg/mm²
Biege-Grundfrequenz:	$n_0 = 728$ 1/min
1. Oberfrequenz:	$n_1 = 4 \cdot n_0 = 2900$ 1/min
Wellengewicht:	G = 27 kg (ausschließlich Fanglager)

Der wesentliche Betriebsdrehzahlbereich dieser Welle würde somit zwischen der Grund- und der 1. Biege-Oberfrequenz liegen. Die Grundfrequenz, deren Ausbildung durch das Fanglager verhindert wird, wird im Betrieb nur kurzzeitig durchfahren.

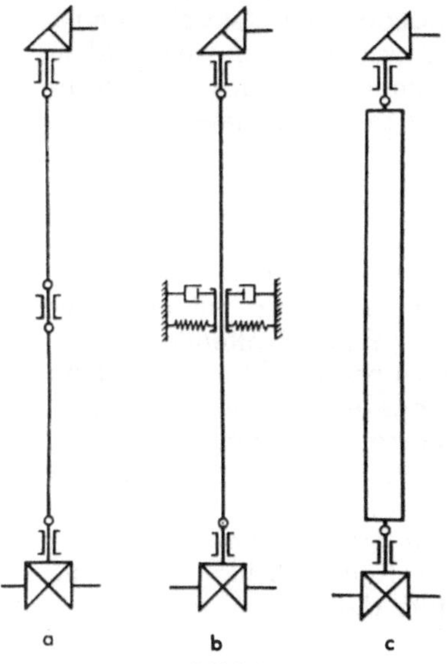

Bild 3. Gestaltungsmöglichkeiten der Fernwelle mit Rücksicht auf Biegeschwingungen

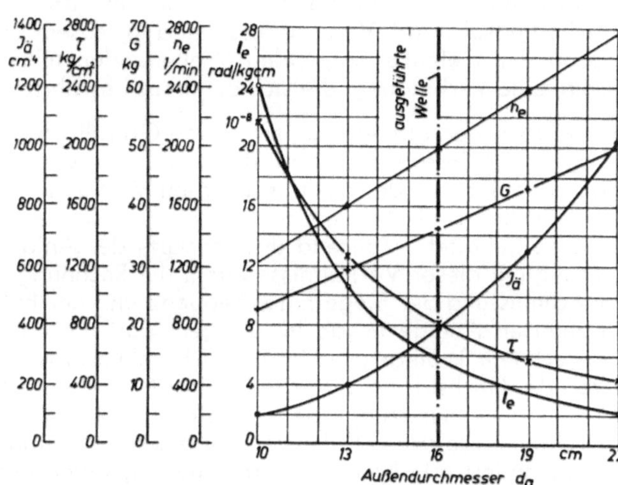

Bild 4. Kennwerte der Fernwelle gemäß Bild 3c

Für die Lösung c) kamen folgende Kennwerte in Betracht (Bild 4):

Höchstdrehzahl: n_{max} = 1156 U/min (Untersetzung 1 : 1,319 im unteren Getriebe, Untersetzung 1 : 1,366 im oberen Getriebe)

Höchstdrehmoment bei n_{max}:	$Md_{max} = 792$ mkg
Außendurchmesser:	$d_a = 160$ mm
Innendurchmesser:	$d_i = 155$ mm
Wandstärke:	s = 2,5 mm
Verdrehspannung bei Md_{max}:	$\tau = 8{,}2$ kg/mm²
Biege-Grundfrequenz:	$n_0 = 1990$ 1/min
Wellengewicht:	G = 36 kg

Die Höchstdrehzahl dieser Welle liegt somit bei $\sim 58\,\%$ ihrer Grundfrequenz in einem ausreichendem Sicherheitsabstand.

Ein Gewichtsvergleich der Lösungen b) und c) zeigt, daß die unterkritisch laufende Hohlwelle kaum ungünstiger abschneidet, wenn man das Gewicht des für die überkritische Welle erforderlichen Fanglagers zum Wellengewicht zurechnet. Vorteile der Lösung c) sind die günstigere Verteilung der Untersetzungen sowie der Fortfall eines Mittellagers. Die Bauentscheidung fiel daher zugunsten der unterkritischen freitragenden Hohlwelle (Bild 3c).

Die Herstellung einer derartigen Welle brachte allerdings einige Schwierigkeiten mit sich. Statischer Schlag, Wandstärkeschwankungen und Inhomogenität des Werkstoffes bedingten eine sorgfältige dynamische Wuchtung, die durch zusätzliche Auswuchtgewichte in den Endebenen der Welle befriedigend erreicht wurde. Mit Rücksicht auf die geringe Wandstärke wurde die Welle ferner auf Sicherheit gegen Torsionsknickung nachgerechnet. Hiernach liegt ihre kritische Torsionsknicklast bei $\tau_{kr} = 0{,}75 \cdot 36 = 27$ kg/mm². Demgegenüber steht eine Beanspruchung durch das Betriebsdrehmoment von $\tau = 8{,}2$ kg/mm² in ausreichendem Sicherheitsabstand. Von Interesse mag in diesem Zusammenhang noch die Befestigung der Gelenke an beiden Wellenenden mittels weich aufgelöteter Flansche sein, eine Verbindung, die sich durchaus bewährte.

Bezüglich der obengenannten Biege-Grundfrequenz $n_0 = 1990$ 1/min ist noch zu sagen, daß ihre Berechnung, die in üblicher Weise als Welle auf 2 Gelenkstützen durchgeführt wurde, die tatsächlichen Verhältnisse nur angenähert berücksichtigt. Tatsächlich sind die Auflager nicht fest, sondern nachgiebig und mit endlicher Masse behaftet. Während des Entwurfs der Anlage war eine zutreffende Berücksichtigung dieser Verhältnisse durch die Rechnung jedoch noch nicht möglich. Eine Nachmessung der Biege-Eigenfrequenz und der Federungsverhältnisse an der ausgeführten Anlage ergab im übrigen, daß die unter starren Auflagebedingungen berechnete 1. Biegekritische in Wirklichkeit etwa 6 bis 8 % tiefer lag. Ihr Abstand von der Höchstdrehzahl ist jedoch noch groß genug, so daß noch kein Anstieg der Schwingungsausschläge bei Höchstdrehzahl festzustellen war. Über den gesamten Drehzahlbereich blieb der von vorneherein vorhandene statische Schlag der Welle unverändert erhalten. Größere Schwierigkeiten bereitete die

Beherrschung der Drehschwingungen

Hierbei ist zu unterscheiden zwischen dem Fall des Notflugs mit einem Motor und dem Normalfall des Betriebs mit beiden Motoren. Bild 5 und 6 zeigen die entsprechenden, auf Kurbelwellendrehzahl bezogenen Ersatzsysteme mit den zugehörigen freien Schwingungsformen und -zahlen. Die angeschriebenen Schwingungszahlen wurden an Hand der Entwurfszeichnung vorausberechnet, die in Klammern gesetzten Zahlen aus der Schwingungsmessung an der ausgeführten Anlage ermittelt. Die Übereinstimmung ist befriedigend.

Da der Fall des Betriebs mit einem Motor (Bild 5) schwingungstechnisch nichts besonderes bietet, sei hier nur der Fall des Betriebs mit beiden Motoren betrachtet (Bild 6). In dem Ersatzsystem (Bild 6a), welches für den Fall des gleichsinnigen Schwingens beider Motoren gilt, sind die zum unteren Sammelgetriebe spiegelbildlich liegenden Motoren als parallelgeschaltete Schwinger mit doppelten Triebwerkmassen und halben Kröpfungslängen zusammengefaßt. Daneben ist jedoch noch der Fall einer Teilschwingung zu beachten, in dem die beiden Motoren gegeneinander schwingen (Bild 6b). Aus Symmetriegründen liegt der Knoten dieser Teilschwingungsform im Sammelgetriebe. Der übrige Wellenstrang der Fernleitung ist an dieser Schwingungsform unbeteiligt.

Bei der Schwingungsmessung an der ausgeführten Anlage trat diese Teilschwingung überhaupt nicht in Erscheinung. Der Grund hierfür liegt darin, daß für diese Schwingungsform die Summe der Erregerarbeiten der verschiedenen Harmonischen beider Motoren praktisch verschwindet mit Ausnahme der Zündharmonischen 6. Ordnung.

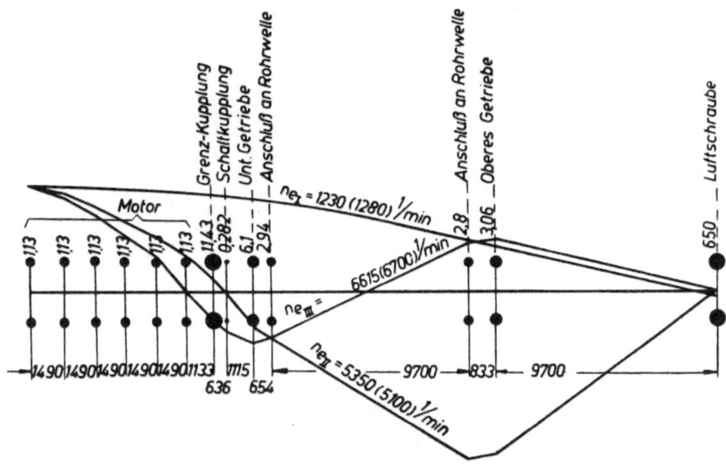

Bild 5. Schwingungsformen für den Notbetrieb mit einem Motor

In dieser Zündkritischen, die bei $n_{et}/6 = 742$ U/min liegen würde, ist jedoch die Motorleistung und damit die Erregung noch so gering, daß keine meßbaren Schwingungsausschläge auftreten.

Für die gleichsinnigen Schwingungsformen n_{eI}, n_{eII} und n_{eIII} sind innerhalb des Betriebsdrehzahlbereichs folgende Kritische zu erwarten:

1. Für die Schwingungsform n_{eI} bleiben die Ausschläge in den einzelnen Kröpfungen beider Motoren nahezu gleich groß. Es können daher nur die Hauptkritischen 6., 12 ... $n \cdot 6$. Ordnung auftreten. Bei einer Eigenfrequenz $n_{eI} = 980$ U/min sind daher innerhalb des Betriebsdrehzahlbereichs keine Resonanzstellen mit dieser Schwingungsform zu erwarten. (Wenn bei der Schwingungsmessung trotzdem schwache Kritische $n_{eI}/1$ und $n_{eI}/1{,}5$ festgestellt wurden (vgl. Bild 9), so liegt dies vermutlich an einer ungleichen Belastung der einzelnen Zylinder, demzufolge gewisse Restbeträge der niederen Harmonischen übrigbleiben).
2. Entsprechend den Schwingungsformen und -zahlen n_{eII} und n_{eIII} werden im Betriebsdrehzahlbereich die Kritischen: $n_{eII}/3{,}5$, $n_{eII}/4{,}5$, $n_{eII}/6$ bzw. $n_{eIII}/6$ und $n_{eIII}/7{,}5$ erscheinen.

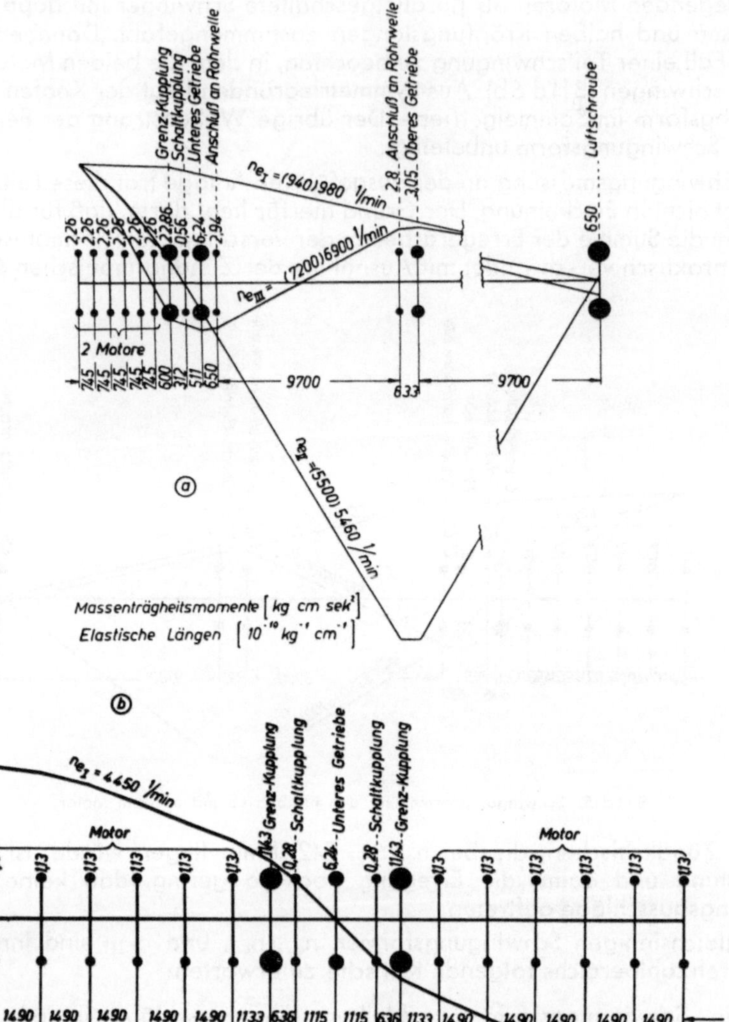

Bild 6. Schwingungsformen für den Betrieb mit zwei Motoren
a) Motore schwingen gleichsinnig, b) Motore schwingen gegensinnig

Von den Kritischen 3,5., 4,5. und 7,5. Ordnung durfte auf Grund der Absolutbeträge ihrer Erregerarbeiten angenommen werden, daß sie keine bruchgefährlichen Anstrengungen des Wellenstranges mit sich bringen. Dagegen mußte für die Zündkritische 6. Ordnung, insbesondere für ihre Resonanzstelle $n_{e\,III}/6$ bei n = 1200 U/min in hohem Maß befürchtet werden, daß die hierdurch bedingten zusätzlichen Schwingungsbeanspruchungen die Grenze der Dauerhaltbarkeit mindestens der Kurbelwelle überschreiten würden. Als Schutzmaßnahme hiergegen wurde daher in der

Nähe des Schwingungsknotens in der Kurbelwelle eine drehmomentbegrenzende Kupplung vorgesehen, die beim Überschreiten eines wahlweise einstellbaren Grenzdrehmomentes rutschen sollte.

Im vorliegenden Fall läßt sich jedoch aus der Tatsache, daß die verhältnismäßige Erregerarbeit der einzelnen Harmonischen außer von Schwingungsform und Zündfolge noch vom Kurbelversatz maßgeblich bestimmt wird, ein wesentlich wirksameres und eleganteres Mittel zur Bekämpfung der gefährlichen Zündkritischen ableiten, ohne daß hierzu zusätzliches Baugewicht, wie für die Grenzkupplung, aufzuwenden ist. Durch das Sammelgetriebe werden die beiden 12-Zylinder-V-Motoren gleichsam zu einem 24-Zylinder-V-Motor zusammengefaßt, wobei der gegenseitige Versatzwinkel zur freien Wahl steht. In Bild 7 ist beispielsweise für die Schwingungsform $n_{e\,II}$ die verhältnismäßige Erregerarbeit der Harmonischen 3,5., 4,5., und 6. Ordnung in Abhängigkeit vom Kurbelversatzwinkel aufgetragen. Man erkennt, daß die Erregerarbeit beispielsweise der Zündharmonischen 6. Ordnung für alle Versatzwinkel $30^\circ + n \cdot 60^\circ$ verschwindet. In den Zwischenlagen

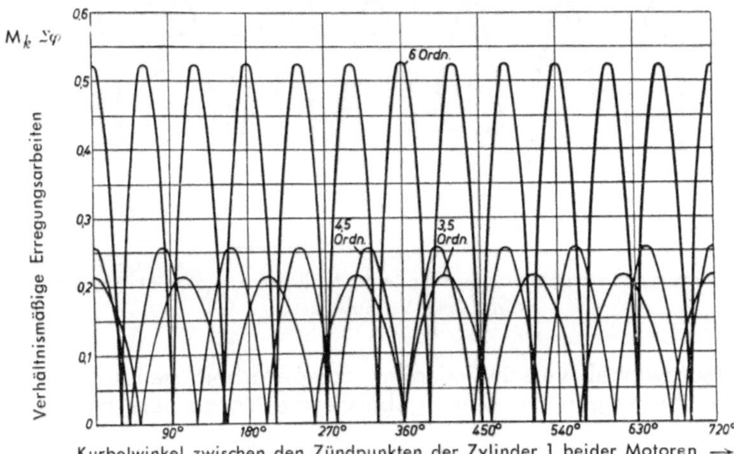

Bild 7. Verhältnismäßige Erregerarbeiten bei $n_{e\,II}$ = 5460 U/min in Abhängigkeit vom Kurbelwellen-Versatzwinkel

erreicht sie jeweils einen Größtwert. Diese Betrachtung gilt in gleicher Form, wenn auch nicht in gleicher Größe für alle Schwingungsformen, bei denen die Motoren gleichsinnig schwingen, insbesondere also auch in nahezu gleicher Größe für die Schwingungsform $n_{e\,III}$. Werden demnach beide Motoren zwangsläufig unter einem der genannten Winkel zusammengekuppelt, so müssen die Zündkritischen $n_{e\,II}/6$ und $n_{e\,III}/6$ praktisch verschwinden. Da die Wirksamkeit dieser theoretisch begründeten Maßnahme zur Zeit des Entwurfs der Anlage versuchsmäßig noch nicht nachprüfbar war, wurde die Grenzkupplung vorsichtshalber noch beibehalten.

Ergebnisse der Schwingungsmessung

Gelegentlich der ersten Erprobungsläufe der ausgeführten Anlage bot sich die Möglichkeit, die Ergebnisse der Drehschwingungsrechnung durch die Schwingungsmessung nachzuprüfen. Die Meßstellen, an denen die Torsiographen angesetzt waren, sind aus Bild 2 ersichtlich. Sie liegen so, daß alle Schwingungsformen damit einwandfrei erfaßt und nachgewiesen werden konnten. Zusammenfassend ergab die Messung in allen Fällen eine gute Bestätigung der Rechnung. Von besonderem Interesse war der Nachweis des Einflusses des gegenseitigen Kurbelversatzes auf die Resonanzamplitude der Zündkritischen $n_{e\,III}/6$. Zu diesem Zweck wurden bei einer großen Zahl verschiedener Versatzwinkel Torsiogramme aufgenommen. Das Ergebnis ist in Bild 8 dargelegt. Die Meßpunkte sind durch eine gestrichelte Kurve verbunden, die mit der ausgezogenen theoretischen (vgl. Bild 7) gut zusammenfällt. Daß die Ausschläge für die Winkel $30° + n \cdot 60°$ nicht vollkommen verschwinden, sondern tatsächlich nur auf etwas mehr als die Hälfte des Größtwertes absinken, erklärt sich aus der Tatsache, daß die Indikatordiagramme der einzelnen Zylinder niemals genau übereinstimmen, wie für die Ermittlung des theoretischen Verlaufs vorausgesetzt wird. Auch war es bei der Messung nur schwer möglich, die

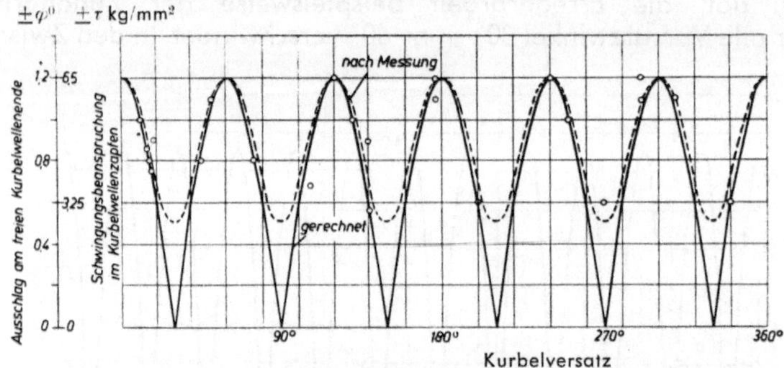

Bild 8. Schwingungsausschlag bzw. -spannung in der Kritischen $n_{e\,III}/6$ in Abhängigkeit vom Kurbelwellen-Versatzwinkel

genannten Versatzwinkel verschwindender Erregerarbeit genau genug einzustellen. Immerhin bestätigen die Meßergebnisse die Vorausberechnung durchaus befriedigend.

Bild 9 zeigt die Zusammenfassung einer vollständigen Torsiographenmessung aus den drei Meßstellen an den beiden freien Kurbelwellenenden und am oberen Getriebe. Die Darstellung läßt deutlich den großen Einfluß des Kurbelversatzes auf die Resonanzamplituden der Zündkritischen $n_{e\,II}/6$ und $n_{e\,III}/6$ erkennen, je nachdem ein Versatzwinkel größter Erregerarbeit (z. B. 240°) oder verschwindender Erregerarbeit (z. B. 270°) eingestellt ist. Während im einen Fall die Beanspruchung in der Kurbelwelle die für die damalige Kröpfungsgestalt bruchgefährliche Größe von $\tau = \pm\, 6{,}5$ kg/mm² erreicht, sinkt sie im anderen Fall auf den ungefährlichen Betrag von ± 3,2 kg/mm².

Alle Messungen zur Feststellung des Einflusses des Versatzwinkels wurden übrigens bei kurzgeschlossener (blockierter) Grenzkupplung durchgeführt, so daß von dieser Seite her jede Beeinflussung der Meßergebnisse ausgeschlossen war. Im übrigen zeigten Versuche mit verschieden eingestelltem Grenzdrehmoment nur eine geringe Wirksamkeit dieser Grenzkupplung. Insbesondere die Ausschläge der Schwingungsform $n_{e\,III}$ werden durch sie kaum noch beeinflußt, da diese Form am Orte der Kupplung schon wieder verhältnismäßig flach verläuft (vgl. Bild 6 a), so daß das Schwingungsmoment immer unterhalb des eingestellten Grenzmomentes bleibt und die Kupplung daher gar nicht in Tätigkeit tritt. Auch erwies sich ihre Wirkung als unzuverlässig wie meistens bei Systemen mit Coulombscher Reibung.

Auf Grund dieser Ergebnisse wurde die Grenzkupplung ausgebaut und durch ein glattes Wellenstück ersetzt. Statt dessen wurde die Schaltkupplung mit 12 Zähnen versehen, so daß beide Motoren zwangsläufig nur noch unter einem der Winkel $30° + n \cdot 60°$ gekuppelt werden konnten. Nach Durchführung dieser Änderung erreichte die Drehschwingungsbeanspruchung des Wellenstranges an keiner Stelle eine bruchgefährliche Größe. Der gesamte Drehzahlbereich konnte ohne Einschränkung befahren werden, wie durch einen abschließend durchgeführten 100stündigen Erprobungslauf im Stand und im Fluge nachgewiesen wurde.

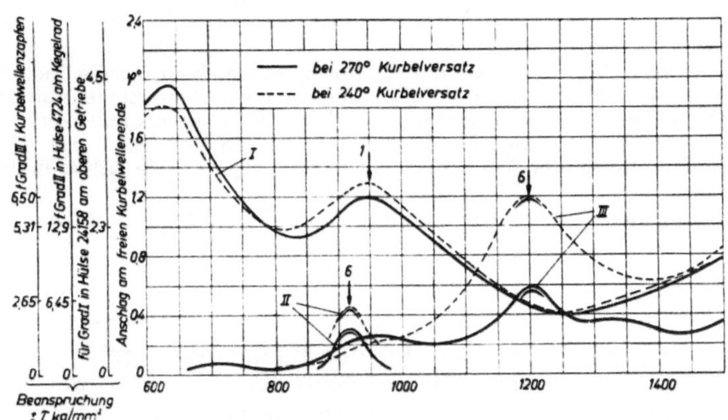

Bild 9. Schwingungs- und Beanspruchungskennlinien für den Betrieb mit zwei Motoren

Beherrschung der Erschütterungen

Die vom laufenden Triebwerk ausgestrahlten Erschütterungen wurden durch Tastschwing- und Dehnungsmessungen an den Streben der Schraubengondel erfaßt (Meßstellen s. Bild 1). Dabei wurden keine die Betriebssicherheit der Zellenbauteile gefährdenden Beanspruchungen festgestellt, wenngleich vom Gesichtspunkt des Reisekomforts aus gesehen eine bessere Erschütterungsisolierung der Triebwerkanlage gegen den Bootskörper wünschenswert gewesen wäre. Eine elastische Aufhängung des Triebwerks hätte sicher eine wesentliche Besserung der Verhältnisse erbracht, jedoch war damals der Entwicklungsstand brauchbarer federnder Aufhängeelemente noch unbefriedigend.

A. BARTEL

Teilschmierung als Problem bei Antriebselementen und Lagerungen

Physikalische Untersuchungen über die Schmierung von Antriebselementen haben gezeigt, daß die gefürchtete Teilschmierung bei den üblicherweise vorkommenden Flächenpressungen nur in Sonderfällen betriebsgefährdend auf die der Reibung und dem Verschleiß ausgesetzten Organe wirkt. Für den Begriff „beschränkt hydrodynamische Schmierung" soll in diesem Bericht der Ausdruck „Teilschmierung"[1]) benützt werden, der sich gegenüber dem althergebrachten Ausdruck „Vollschmierung" (rein hydrodynamische Schmierung) deutlich absetzt.

„Hochlast-Teilschmierung" besteht, wenn z. B. harte, ausreichend große Verschleißkörner bzw. Metallspäne bei nicht genügender Filterung in die Schmierstelle gelangen. Wenn gut legierte Schmieröle verwendet werden, wird die Bildung groben Verschleißes sehr stark vermindert, die Wahrscheinlichkeit des Eintritts von Schäden aber auch dadurch herabgesetzt, daß auftretender Verschleiß nicht so tiefgreifende Schäden bewirkt, als wenn die Additive fehlen.

Die für die Untersuchung der legierten Öle verwendeten Laboratoriumsprüfmaschinen werden schließlich einer kritischen Betrachtung unterworfen.

Zu den Antriebselementen mit Vollschmierung oder Teilschmierung gehören alle Typen von Gleitlagern, Zahnrädern, Nocken- und Kurvenscheiben u. a. m.

Der Schmiervorgang läuft in der Praxis bei den in Gleitlagern gelagerten oder auch punktweise kraftübertragenden Antriebselementen während des ungestörten Betriebs ausschließlich nach hydrodynamischen Gesetzen ab. Nur beim Anfahren der Maschine (Bewegungsbeginn), vor dem Stehenbleiben derselben (Bewegungsende), bei sehr starken Stößen oder insbesondere bei Eintritt von Verschleißkörnern in den Schmierspalt wird das Gebiet der sog. Teilschmierung durchfahren. Bei Vollschmierung schmiert völlig verschleißfrei meist eine Flüssigkeit oder ein Schmierfett, gelegentlich auch ein Gas. Bei Teilschmierung tritt aus bekannten Gründen trotz Anwesenheit von Schmierstoff Festkörperberührung ein. Der tragende, sich aber auch mehr oder minder stark abnützende Festkörper besitzt in der Mehrzahl der Fälle Grenzschichten, die entweder schon vorhanden sind, z. B. Oxyde, oder sich mehr oder minder schnell bilden (d. s. „Neustoffe", die durch die Reaktion zwischen Additiv und Metall entstehen).

Diese tragfähigen Grenzschichten, d. i. der Laufspiegel (Bild 1 und 1 a), können jedoch recht unterschiedliche Scherstabilität aufweisen. Sie können aus Oxyden, Metallsalzen oder auch aus Feststoff-Schmiermitteln bestehen.

Besonders schwierige Schmierverhältnisse hat man beispielsweise beim Anfahren hoch belasteter Zahnräder. Hier tritt Hochlast-Teilschmierung auf. Vom Schmieröl, dem darin gelösten Additiv und nicht minder vom kraftübertragenden Metall (Zahnflanken) werden dabei die besten werkstofflichen Eigenschaften verlangt.

[1]) Die im Schrifttum gebräuchlichen Begriffe halbflüssige Reibung, gemischte Reibung, Mischreibung, Grenzreibung, semi fluid lubrication, boundary lubrication dienen alle mehr oder minder zur Kennzeichnung ähnlicher Betriebszustände, bei denen Verschleiß, d. h. Materialverlust, eintritt. Es handelt sich um Zustände, die in der Stribeckschen Reibungskurve durch den steil ansteigenden Ast gekennzeichnet sind.

Es handelt sich hier nämlich um eine Kraftübertragung bei hohem Drehmoment und gleichzeitig geringer Gleitgeschwindigkeit (high torque lubrication). Trotz Schmierung wird hier der Werkstoff manchmal bis über die Elastizitätsgrenze beansprucht.

Nach Bewegungsbeginn müssen die Zahnräder oftmals eine Vierteldrehung und mehr unter sehr schlechten Schmierbedingungen ausführen, bis sich nach Benetzung mit Spritzöl allmählich der erwünschte hydrodynamische Schmierfilm ausbilden kann. Bei schlechter Filterung des Schmieröls — und dies ist in der Praxis nicht

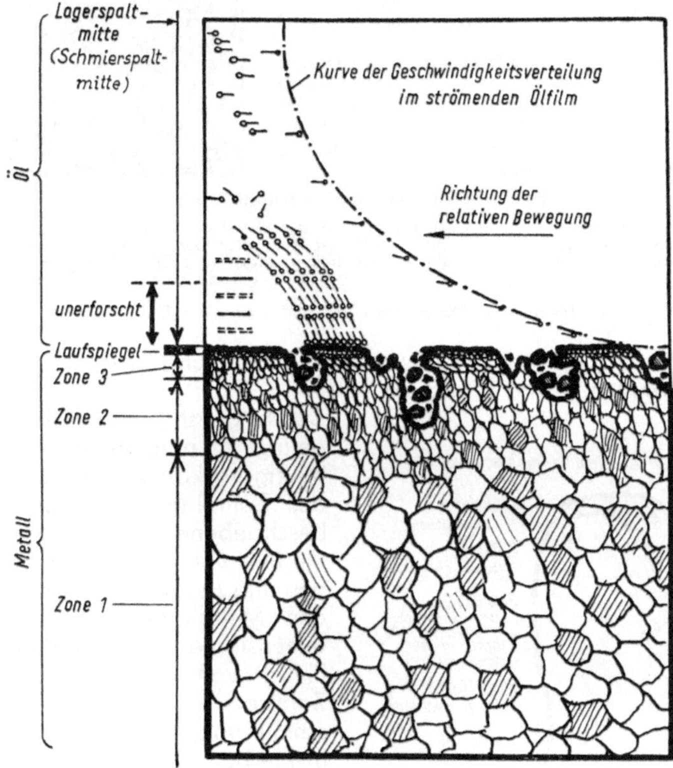

Bild 1. Schnitt durch das Grenzgebiet Öl/Metall mit seiner Feinstruktur nach dem vollzogenen Einlauf (schematisch). Das Bild zeigt das geriebene Metall und einen Teil des Ölfilms, der sich vom Metallrand bis zur Lagerspaltmitte (Schmierspaltmitte) erstreckt, wobei die Schmierstoff-Teilchen durch Strömungsorientierung ausgerichtet sind

selten — können mehr oder minder feste oder durch den Walzvorgang verfestigte, manchmal beachtlich große Verschleißkörner infolge Entstehung von Grübchen (pittings) zwischen die gleitenden Oberflächen der im Eingriff stehenden Zähne geraten, dort mehr oder minder fest eingekeilt, mehr oder minder schnell zerquetscht werden. Dabei treten spontan hohe örtliche Flächenpressungen auf. Die dabei geleistete Deformationsarbeit ist mit einer lokal hohen Temperaturspitze

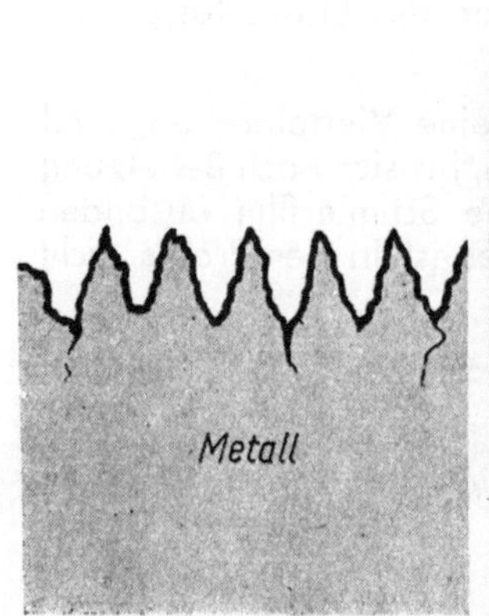

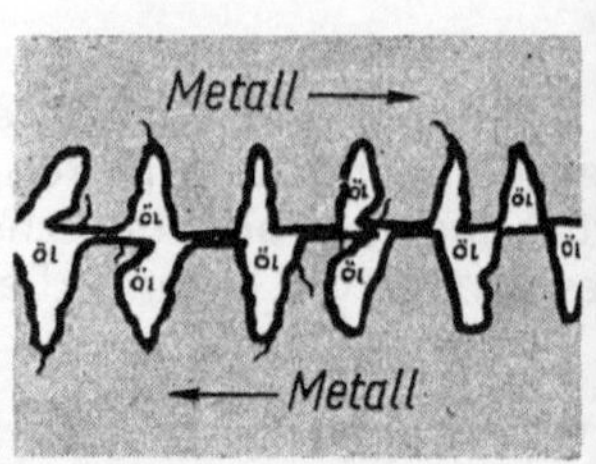

Sehr hohe örtliche Flächenpressungen beanspruchen das Lagermaterial über die Elastizitätsgrenze. Deformation der Spitzen, Abbrechen grober Teile usw. ergeben einen sehr hohen Traganteil

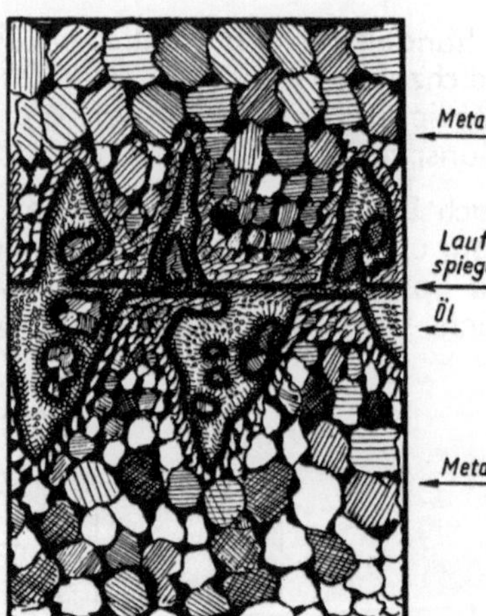

Zum Problem der Hochlast-Teilschmierung

I. Eine frisch bearbeitete Metalloberfläche zeigt Bearbeitungsriefen und Haarrisse (sehr stark vergrößert)

II. Darstellung der Grenzschicht bei Festkörperberührung. Das Bild rechts ist ein vergrößerter Teilausschnitt der mittleren Partie des linken Bildes (die Ölteilchen sind nicht maßstabgerecht gezeichnet!)

Bild 1a. Metallische Oberflächen vor und nach dem Einlaufvorgang

verbunden (Wärmestau). Es kann so zu einer Aufrauhung bzw. Beschädigung der Zahnflanken kommen (Bild 2 und 2a—d).

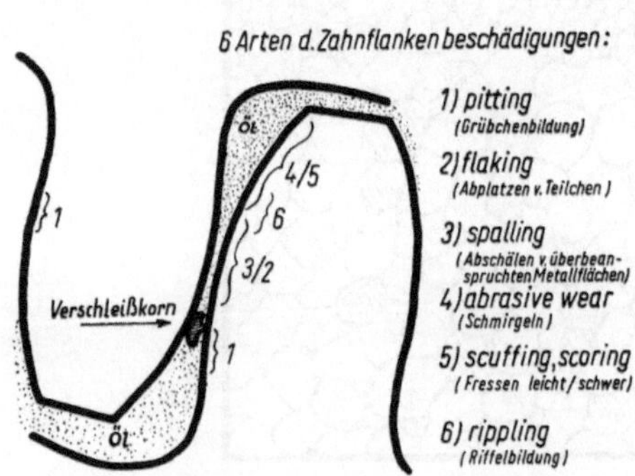

Bild 2. Hochlast-Teilschmierungsgebiete an der Zahnflanke

Durch günstig wirkende EP-Additive gelingt es nun, relativ einfach einige häufig vorkommende Beschädigungen der Zahnflanken einzudämmen. Die beschriebenen Zahnschäden sind nur ein Beispiel aus der Vielfalt von Schäden und Möglichkeiten der schädigenden Metallabtrennung. Auch richtig dimensionierte Zahnflanken laufen bei Eintritt von Verschleißkörnern in das Zahnspiel, also bei Hochlast-Teilschmierung, Gefahr, plötzlich unkontrollierbar große Flächenpressungen übertragen zu müssen, was meist zu einer örtlich gebundenen oder flächenhaften Zerstörung der Zahnflanken führt.

Die Haupttypen von Zahnschäden, die nachweislich groben metallischen Abrieb ergeben, sind nach allgemeiner Auffassung:

die Grübchenbildung (pitting) in verschieden weit fortgeschrittenem Stadium,
das Abplatzen von Metallpartikeln (flaking),
das Abschälen überbeanspruchter Metallflächen (spalling),

das Schmirgeln, auch Mahlverschleiß genannt (abrasive wear),

das Fressen in leichter bzw. schwerer Form (scuffing oder scoring) und

die Riffelbildung (rippling).

Trockenläufe kommen bei Antriebselementen im allgemeinen nur bei Kleinzahnrädern (aus Teflon oder Nylon), Sintermetallagern bzw. Kunststofflagern vor. In diesen Lagern sorgen „inkorporierte" Feststoffschmiermittel (z. B. Molybdändisulfid) oder Oxydschichten der Metalle für eine Verminderung der Reibung und

a) Bei Grundölen bleibt das Verschleißkorn häufig kantig

b) Bei Grundölen kann ein Aufreißen der Laufspur erfolgen

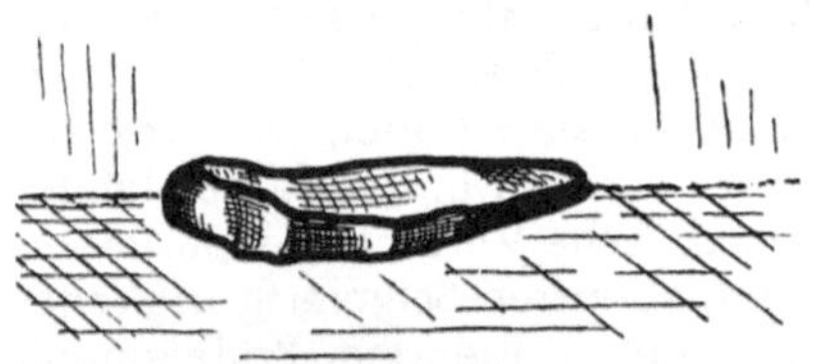

c) Bei EP-Ölen kann das Verschleißkorn flach ausgewalzt werden

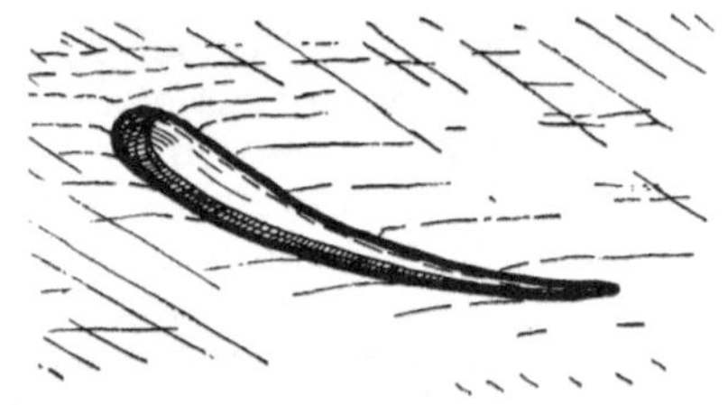

d) Bei EP-Ölen entsteht eine „walzpolierte" Riefe

Bild 2a—d. Form der Verschleißkörner nach Beanspruchung. Unterschiedliche Form der erzeugten Laufspurschäden

damit meist auch des Verschleißes. Relativ günstige Betriebsverhältnisse kann man durch Lagerungen erreichen, bei denen die Komponenten der Reibpaarung einen Festigkeitsunterschied von etwa 30 kg/mm² haben. Dann liegt von vorneherein geringe sog. „Freßneigung" vor, und der Verschleiß erreicht ein Minimum.

Während Gleitlager im Bereich üblicher Drehzahlen und Belastungen schmiertechnisch keine nennenswerten Schwierigkeiten mehr bereiten, müssen für sie die Stabilitätsbedingungen bei sehr hohen Drehzahlen (high speed lubrication) noch erforscht werden. Die Schmierung sehr hoch belasteter Lager, wie sie bei Kniehebelpressen zu finden sind, ist gelegentlich noch problematisch. Hier eröffnet sich für die Hochdruckschmiertechnik ein großes Betätigungsfeld. Unter Hochdruckschmierung ist dabei die Zuführung von Schmieröl an die Lagerstelle mit sehr hohem Flüssigkeitsdruck zu verstehen und nicht etwa der Zusatz chemisch wirkender Additive (sog. EP-Additive). Letztere brauchen häufig, um reaktionsfähig zu werden, höhere Temperaturen, die in den genannten und ähnlichen Fällen wegen der geringen relativen Gleitgeschwindigkeit leider oftmals nicht vorhanden sind. Bei richtig dimensionierten Gleitlagern der Antriebselemente überwiegt aber die hydrodynamische Schmierung. In der Praxis kann man den Teilschmierzustand leider schlecht messen, wenn auch grundsätzlich die Möglichkeit besteht, durch elektrische Widerstandsmessung zu entscheiden, ob Voll- oder Teilschmierung vorliegt.

Wenn es durch geeignete technologische Maßnahmen gelingt, ein Verschweißen bzw. eine Legierungsbildung zwischen den reibenden Metallen zu verhindern, dann kann man vom schmiertechnischen Standpunkt aus mit Berechtigung hoffen, daß Teilschmierung nicht betriebsgefährdend wird. Wie bereits erwähnt, erzielt man Betriebssicherheit durch geeignete Zusatzstoffe, die bei Beanspruchung mit den reibenden Metallen reagieren. Hohe örtliche Drücke und lokal hohe Temperaturen können dabei reaktionsauslösend oder beschleunigend wirken. Die so entstehenden Reaktionsprodukte haben in der Regel einen niedrigeren Schmelzpunkt und eine andere Scherfestigkeit als das darunterliegende Metall sowie auch eine verschiedene Haftfestigkeit an der metallischen Unterlage. Die Dicke der aus Additiven aufgebauten, oft kaum sichtbaren Schicht, hat dabei auf die Scherstabilität offensichtlich Einfluß. Die entstandenen Schichten können während des Laufes unter Umständen, je nach der Art der Reaktanden, periodisch auf- und abgebaut werden, was sich in der experimentell bestimmten Reibungskraftkurve deutlich zeigt. Es gibt sowohl gegen Scherkräfte abriebfeste, auf dem Trägermetall sehr fest verankerte als auch nur vorübergehend beständige Schichten.

Aus dem allgemeinen Verlauf der Stribeckschen Reibungskurve sieht man, daß sich im Teilschmierungsgebiet die Reibungszahl mit der Drehzahl stärker als im hydrodynamischen Gebiet ändert. Den Ingenieur interessiert dabei, wie groß der Verschleiß ist, der in diesem Gebiet auftritt. Deshalb wurden im Laufe der letzten Jahre zahlreiche technologische wie auch rein physikalische Verschleißexperimente mit verschiedensten Werkstoffpaarungen, mit verschiedensten Schmierflüssigkeiten und verschiedenster „geometrischer Anordnung" der reibenden Prüfelemente

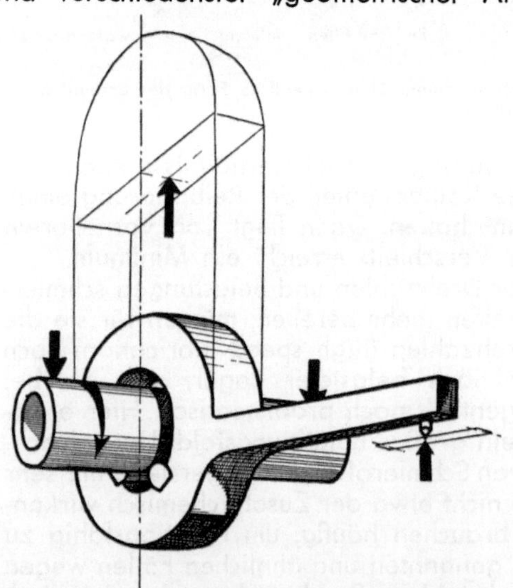

Bild 3. Grundsätzlicher Aufbau des IfE-Gerätes nach A. Bartel (Hochlastansatz mit Linienberührung, Betriebsflächenpressung 10 000 kg/cm² nach Hertz, d. s. rund 4500 kg/cm² effektiv)

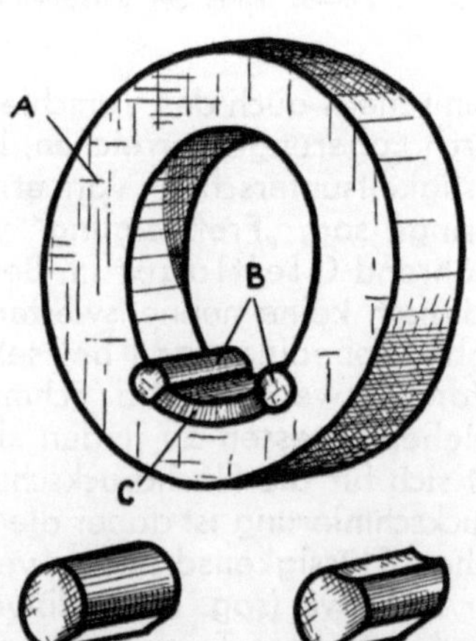

Bild 4. Hochlastring mit den zwei eingebauten, gegen Verdrehung gesicherten Druckrollen. Links Druckrolle unbenützt. Rechts Druckrolle mit Verschleißmarke

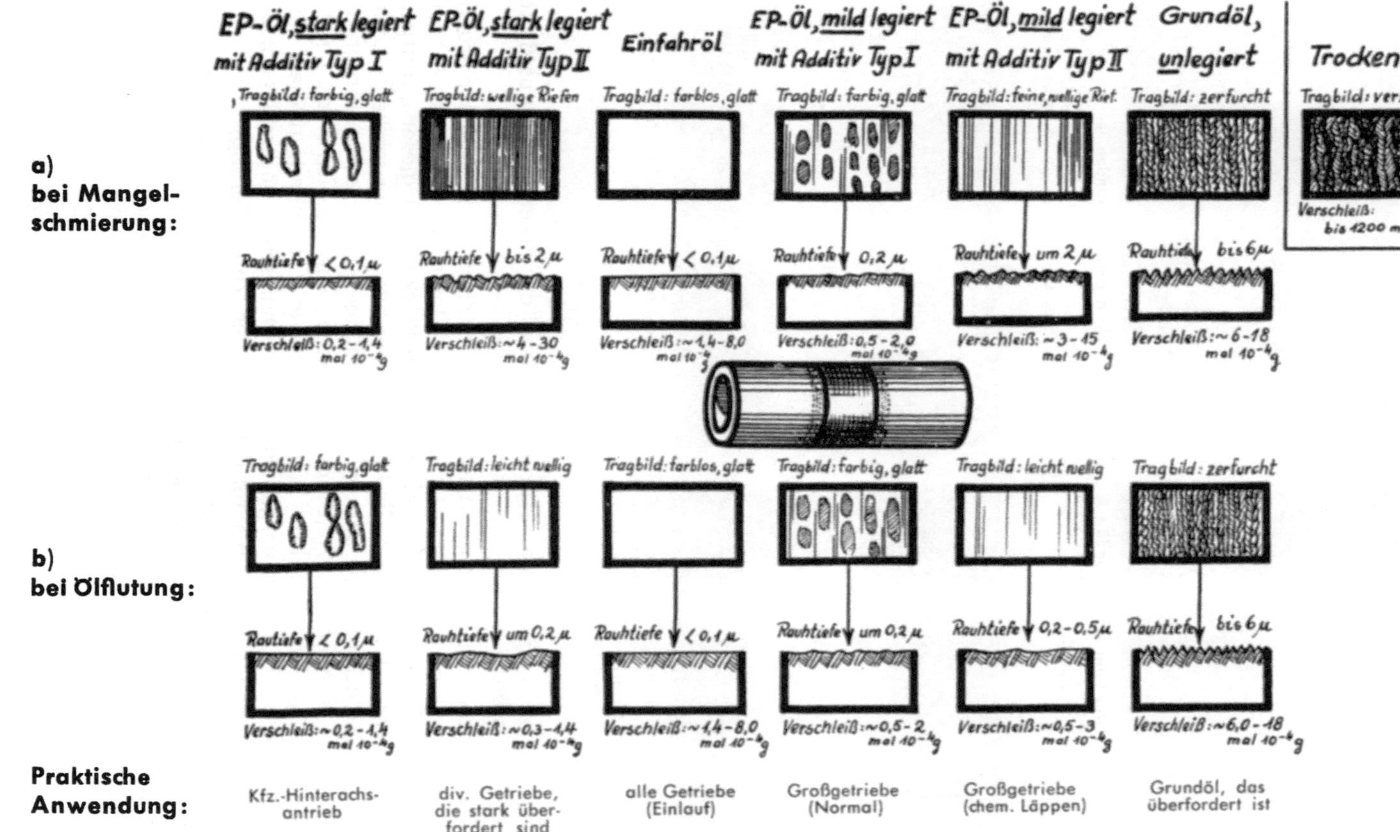

Bild 5. Laufspurzustand am Prüfbolzen des IfE-Gerätes nach A. Bartel bei chemischem und mechanischem Verschleiß ($p = 4500$ kg/cm²; 63 HRc; C 15; $v = 0{,}2$ m/sec konstant; 0,1 μ Rauhtiefe am Start; gelegentl. Rostansatz neben der Laufspur)

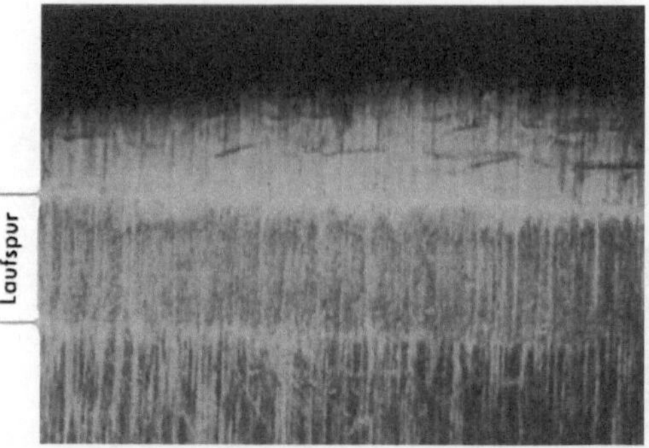

Bild 6. Laufspur bei Verwendung eines Grundöls A von 3,6° E/50 mit Additiv Nr. 1 im Vollastbereich, 1/2 Stunde nach dem Start

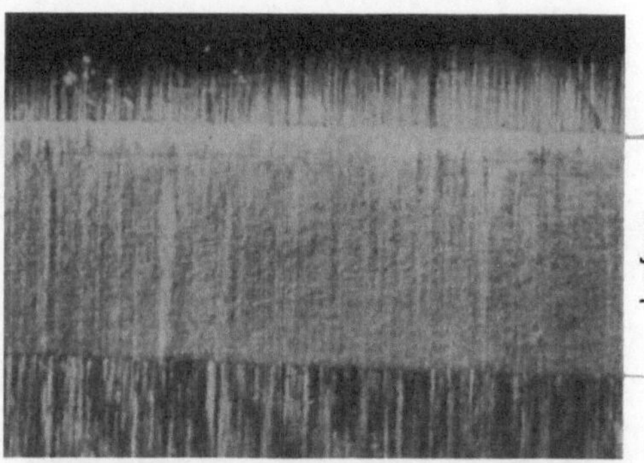

Bild 7. Nach drei Laufstunden im Vollastbereich verbreiterte Laufspur des Grundöls A von 3,6° E/50 mit Additiv Nr. 1. Man beachte die Unveränderlichkeit des Laufspurtyps im Laufe der Zeit

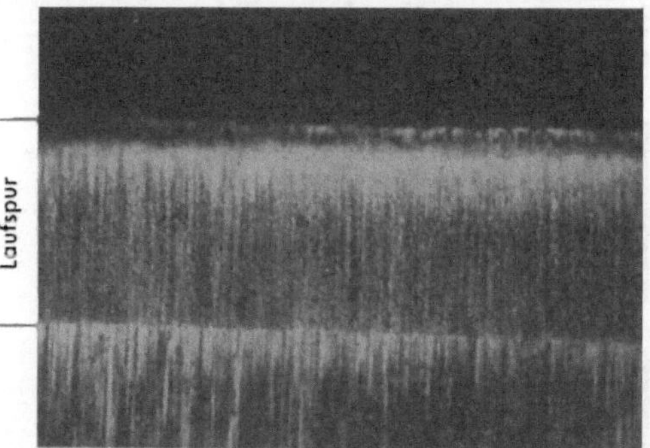

Bild 8. Laufspur des Grundöls A von 3,6° E/50 mit Additiv Nr. 2. Es hat sich eine scherstabile Reaktionsschicht von andersartiger Zusammensetzung und Dicke als in Bild 6 bzw. 7 gebildet

Bild 9. Laufspur des Grundöls A von 3,6° E/50 mit Additiv Nr. 3

zueinander gemacht. H. Göttner [1] hat den Stand der Erkenntnisse aus diesen Experimenten umrissen.

Für einen sehr engen Sektor der praktischen Schmiertechnik sind Teilschmierungsuntersuchungen mit Laborprüfmaschinen von Interesse. Je nach Art und Beschaffenheit des Schmierstoffs entstehen an den Prüfkörpern dieser Laborprüfmaschinen gut sichtbare Laufspuren. Sie können mehr oder minder starke Beschädigungen aufweisen. Nachstehende Serie von Abbildungen zeigt Laufspuren an den kleinen Rollen des IfE-Gerätes [2] (Bild 3, 4 und 5), wie sie sich nach Zugabe geringer Mengen geeigneter öllöslicher Zusätze in Getriebegrundölen nach 3 Stunden Laufzeit unter streng vergleichbaren mechanischen Bedingungen, d. s. rund 4,5 t/cm², ergeben (Bild 6 bis 16) (bei 63facher Vergrößerung).

Sie treten bei geringen Gleitgeschwindigkeiten (d. s. 3 bis 200 U/min) deutlicher hervor als bei großen. Jeder Additiv-Typ erzeugt einen charakteristischen Laufspurbelag. Additive sollen leicht beschädigte Lager- oder Zahnoberflächen schützen und einglätten können. Dies zeigt beispielsweise nachstehender Versuch: An einem

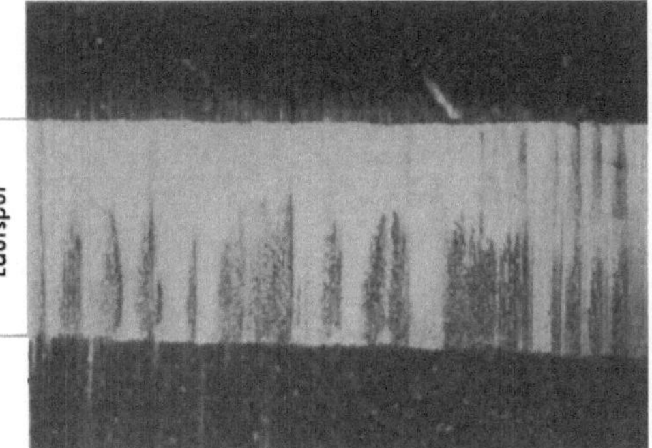

Bild 10. Laufspur des Grundöls A von 3,6° E/50 mit Additiv Nr. 4. Leicht aggressive, einglättende Wirkung des Additivs nach der Einlaufstelle. Die Freßmarken dagegen haben „Grießbreistruktur"

Bild 11. Laufspur des Grundöls A von 3,6° E/50 mit Additiv Nr. 5. Die aggressive Wirkung ist stärker als bei Additiv Nr. 4

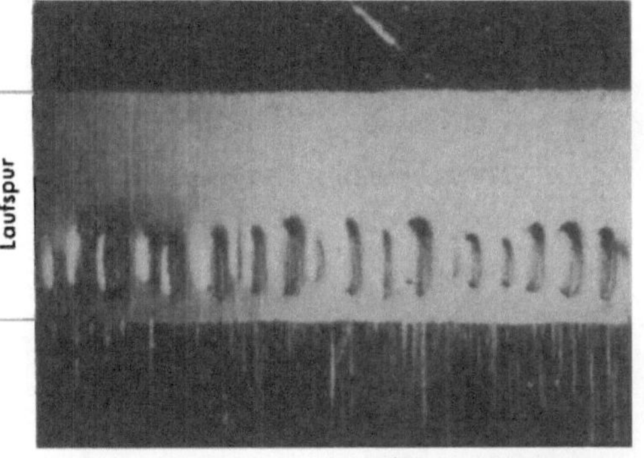

Bild 12. Laufspur des Grundöls A von 3,6° E/50 ohne jeden Zusatz. Man findet viele Freßnarben, die entstanden sind, weil die Grenzschicht Öl/Metall nicht ausreichend tragfähig war

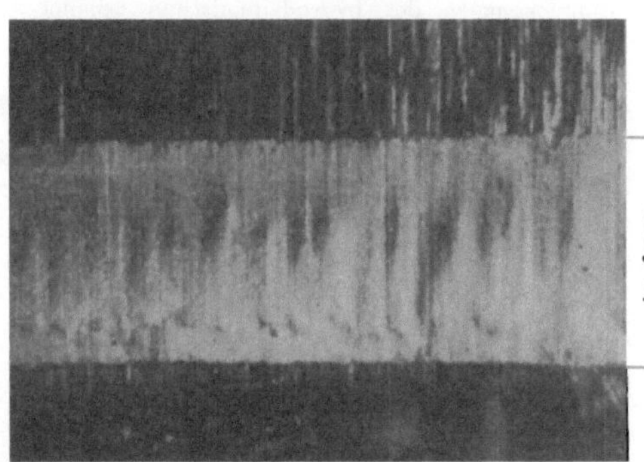

Bild 13. Laufspur des Grundöls A von 3,6° E/50 mit 2 % Ölsäure-Zusatz. Die geringe Menge Ölsäure bewirkte eine starke Einglättung der Freßnarben. Hier ist der Fall „ölchemischer Einebnung" deutlich erkennbar

hochbelasteten Gleitlager wurde die Schmierölzufuhr abgestellt. Dabei stieg die Reibung infolge mangelhafter Schmierung nach Ablauf von einigen Sekunden stark an. Die Zerstörung nicht nur der Laufspur, sondern des ganzen Lagers wäre in kürzester Zeit mit Sicherheit eingetreten. Nun wurden in die Ölzuführung einige Tropfen eines öllöslichen, niedrigviskosen EP-Zusatzstoffes eingebracht. Sofort fiel die Reibung und mit ihr auch die Temperatur des Lagers. Die Gefahr einer Zerstörung wurde verhindert. Der Verlauf der Reibungskraftkurve liefert hierfür den Beweis.

Bei Teilschmierung erfolgt die Festkörperberührung entweder in Form vieler punktförmiger Kontakte und insbesondere bei Einlaufvorgängen als eine Art Verzahnung. Es entstehen dabei viele kleine Hohlräume, die mit Öl ausgefüllt sind, und die, je nach Art und Größe der Rauhheiten, Schmierstoffinseln von 1—6 μ Dicke darstellen. Diese vielen unter Druck stehenden Inselchen sichern die Tragfähigkeit des Lagers im Sinne einer in das Gebiet der Teilschmierung erweiterten Hydrodynamik, so daß man von „mikro-hydro-dynamischen" Wirkungen sprechen kann, worüber von

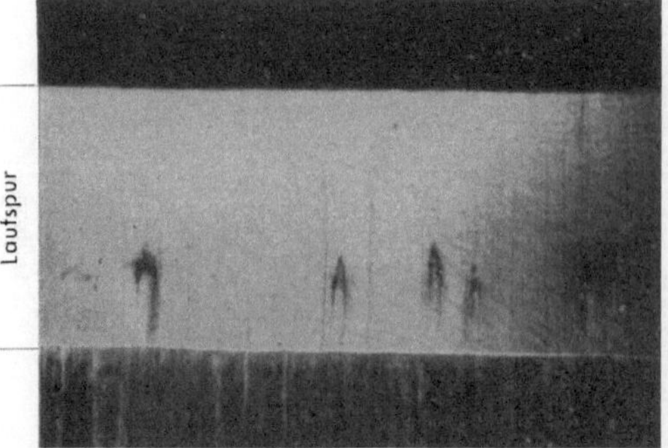

Bild 14. Laufspur des Grundöls A von 3,6° E/50 mit einem EP-Additiv, welches sehr große Tragfähigkeit der Grenzschicht Öl/Metall erbrachte. Die Laufspur ist extrem glatt (0,1 μ und darunter) und sehr verschleißfest. Die hohe Glätte erleichtert das Zustandekommen des hydrodynamischen Schmierfilms

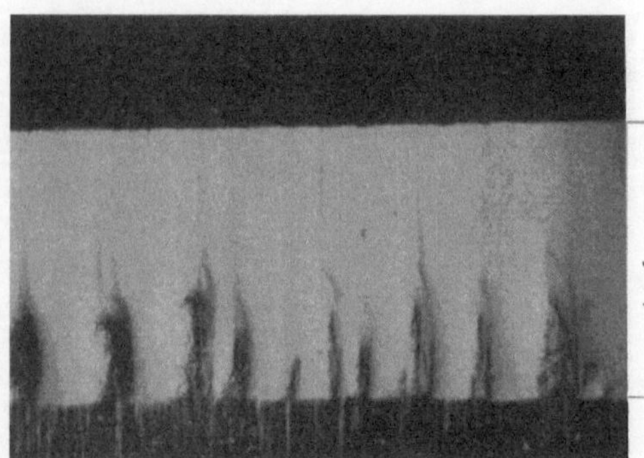

Bild 15. Laufspur des Grundöls A von 3,6° E/50 mit einem stark aggressiv wirkenden Additiv Nr. 6. Die glatten Stellen der Laufspur haben eine Rauhtiefe von unter 0,1 μ. Die Grenzschicht Öl/Metall ist aber schlecht tragfähig

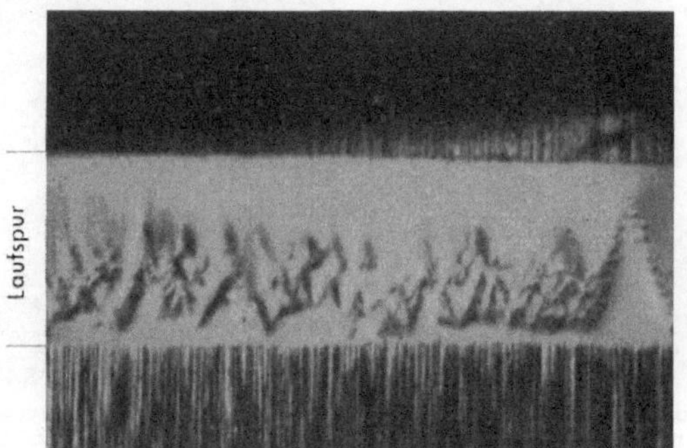

Bild 16. Laufspur des Grundöls A von 3,6° E/50 mit einem aggressiv wirkenden Additiv Nr. 7 („Christbaumstruktur" der Freßnarben)

A. Bartel anläßlich der DGMK-Hauptversammlung 1952 in München berichtet wurde. Manchmal kommt es infolge rein örtlicher Überlastung der metallischen Oberflächen zu den anfangs genannten Oberflächenzerstörungen, die an vorstehenden Spitzen, an Korngrenzen, oft von Haarrissen ausgehend, ihren Anfang nehmen. Unter Umständen bleiben diese kleinen Schäden nicht an den Entstehungsort gebunden. Die Oberflächen können dann auch in größeren Bereichen aufgerauht werden. Aus vielen Versuchsreihen mit Stahl C 15 gegen Stahl W 1 (mit Härtegraden von 63 HRc) konnten für diese vielfach verwendeten Werkstoffpaarungen geeignete Additive gefunden werden, welche die reibenden metallischen Oberflächen rostfrei derart schützen, daß trotz höchster Belastung praktisch kein Verschleiß mehr festzustellen ist.

Mit der im Institut für Erdölforschung befindlichen Apparatur nach A. Bartel zur Messung von Reibung und Verschleiß lassen sich Probleme der Teilschmierung gut untersuchen. Ein wahlweise sich mehr oder minder schnell drehender Zapfen bewegt sich gegen zwei kleine festsitzende Walzen, die kardanisch aufgehängt sind (Bild 3). Damit können Schmieröle oder Fette bei einer Flächenpressung von 4,5 t/cm² effektiv und mehr auf ihr sog. EP-Verhalten untersucht werden. Beim üblichen Drei-Stunden-Test unter dieser hohen Last entsteht je nach der Aktivität der Additive auf jeder der kleinen Rollen eine kalottenförmige Verschleißspur als Schleifmarke. Auf die „EP-Eignung" einer tragfähigen oder nicht tragfähigen Grenzschicht wird aus einer Anzahl von Teilbeobachtungen geschlossen. Die Vielzahl der Ergebnisse, wie abgeriebene Metallmenge einer Rolle, der Verlauf der Reibungskraft während des Drei-Stunden-Laufs im Vollastbereich, der Laufspurzustand bei Versuchsende, die Farbe der Laufspur und Beobachtungen über die Alterung des Schmieröls, wird zu einem Gesamtbild zusammengefügt. Mit dieser Methode wird es möglich, Schmierstoffe unter den Betriebsbedingungen des IfE-Gerätes bei Teilschmierung zu bewerten. Die Praxis hat viele Ergebnisse der Laboratoriumsversuche bestätigt.

Im Laufe der Untersuchungen an legierten Schmierölen konnte — wie erwähnt — die Beobachtung gemacht werden, daß die tragfähigen EP-Reaktionsschichten der Additive typische Farben zeigen. Schwefelverbindungen als Additive ergeben beispielsweise eine braune Laufspur, während Phosphorverbindungen eine blaue Laufspur erzeugen usw.

Nicht bei allen gebräuchlichen Laborprüfmaschinen lassen sich die Messungen von Reibung und Verschleiß mit den Erfahrungen der Praxis korrelieren. Mit dem IfE-Gerät dagegen gelingt es, die Verschleißresistenz grenzenflächenaktiver Öle praxisnahe und gut reproduzierbar festzustellen.

Zu schadensverursachender Teilschmierung kommt es — wie schon erwähnt — bei Antriebselementen in der Praxis fast nur noch bei schlechter Ölfilterung (die leider sehr oft vorkommt) und bei Einlauf- und Auslaufvorgängen. Fremdkörper, gleichgültig welchen Ursprungs, die ins Öl gelangen, geben daher zu Zerstörungen Anlaß. Feststoff-Schmiermittel, wie Graphit oder Molybdänsulfid, haben sich bei Teilschmierung vielfach bewährt.

Wenn trotz aller Vorsichtsmaßnahmen an kraftübertragenden Organen und Lagerungen Freßerscheinungen auftreten und keine sog. „wärmekranken" Stellen dafür verantwortlich sind, muß man für die Sachschäden auch die gesamte Konstruktion der Maschine oder des Getriebes einer Kritik unterziehen:

a) zu starre Lagerkonstruktionen erzeugen Kantenpressungen („Kneifstellen"),
b) schlechtes Fluchten von Achsen und Wellen kann wie bei a) zu Kantenpressungen und zu Zahnbrüchen führen,
c) das „Arbeiten", d. i. Quellen der Lagermetalle, kann zu einer Verengung des Schmierstoffspaltes und damit zum gefürchteten „Brandenburger" führen.

Erfreulicherweise treten Schadensfälle dieser Art in der Praxis immer weniger auf; es lassen sich in diesen Fällen durch richtig legierte Öle brauchbare Verbesserungen erreichen.

Erfahrene Praktiker behaupten immer wieder, daß bei Maschinenschäden das Schmieröl nur in weniger als 5% der Schadensfälle für den Schaden verantwortlich sei. 95% aller Maschinenschäden sind auf unsachgemäße Schmierung, auf Spaltverengungen an Schmierstellen oder dgl. zurückzuführen. Meistens kann sich der von der Hydrodynamik geforderte Druckverlauf längs und quer zur Lagerstelle nicht im erforderlichen Maße aufbauen; die entstandene Reibungswärme wird unzureichend abgeführt.

Im Laufe der Jahrzehnte sind zahlreiche Laborprüfmaschinen für Schmierstoffe entwickelt worden, von denen einige mit sehr hohen Flächenpressungen betrieben werden. Viele haben sich nur als einfache Viskosimeter entpuppt. Offensichtlich wünschte man bei der Konstruktion dieser Maschinen, Getriebe bzw. Metallbearbeitungsöle testen zu können. Schmierstoffe, die grenzflächenaktive Bestandteile enthalten, lassen sich nach neueren Erfahrungen praxisnahe mit folgender „geometrischer Anordnung" der Prüfkörper gut untersuchen. Sie sollen konvex gegeneinander gekrümmt sein und Linienberührung haben. Schwierigkeiten machen Prüfkörperanordnungen, bei denen dies nicht der Fall ist. Günstig sind also Walze gegen Walze, Scheibe gegen Scheibe, Kugel gegen Kugel bei mäßiger Belastung und Scheibe gegen flachen Klotz; ungünstig ist die Anordnung Gleitschuh gegen flache Platte und Welle im Lager (siehe auch Bild 17).

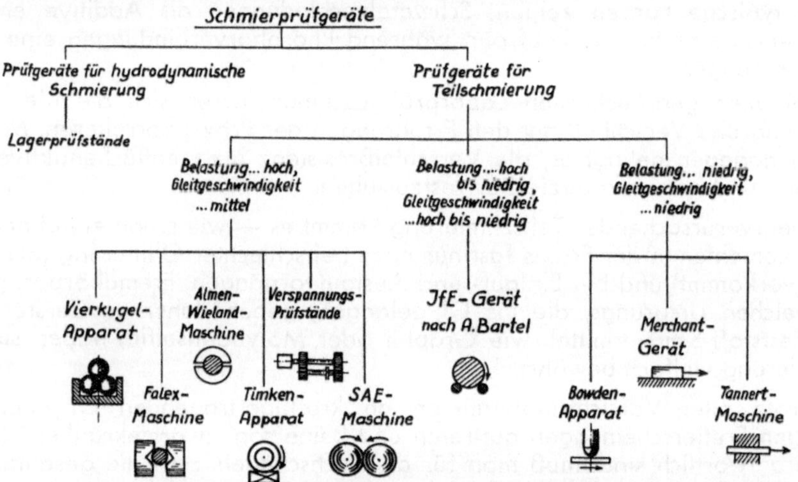

Bild 17. Anwendungsbereich mechanischer Schmierstoff-Prüfgeräte (nach P. Beuerlein und W. Kara, 1956)

Am Institut für Erdölforschung in Hannover werden z. Z. verschiedene Laborprüfmaschinen auf ihre praktische Eignung untersucht.

Vergleichsuntersuchungen werden bei gleicher relativer Gleitgeschwindigkeit, bei gleicher Flächenpressung, bei gleicher Oberflächenrauhigkeit der Prüfkörper, bei gleicher Härte u. a. m. durchgeführt.

Faßt man die praktischen Ergebnisse unserer Bemühungen um die Erkundung der leider sehr komplizierten Vorgänge bei Hochlast-Teilschmierung zusammen, so darf man sagen, daß es offensichtlich gelungen ist, einwandfrei arbeitende Additive zu finden, die höchste Flächenpressungen auszuhalten vermögen und nahezu keinen Verschleiß erzeugen. Es liegt der Gedanke nahe, mit derartigen Zusatzstoffen legierte Öle zur Schmierung von höchstbelasteten Kurzgleitlagern aus Stahl zu verwenden. Man hätte damit die volle Garantie genauester Maßhaltigkeit, die in Verbindung mit hoher Oberflächengüte die Kardinalforderung der hydrodynamischen Schmierungstheorie nach steter Aufrechterhaltung des Lagerspiels erfüllen würde. Damit käme man auf das längst gesuchte betriebssichere und hoch belastbare Kurzgleitlager. Orientierende Versuche mit solchen höchstbelastbaren Stahlkurzlagern der Bauart A. Clemencic—K. Bauer laufen z. Z. an.

Schrifttum:

[1] Göttner, H.: Anschauungen über die Vorgänge bei der Reibung fester Oberflächen. Draht **6** (1955), Nr. 5, S. 1—6.

[2] Bartel, A., E. H. Kadmer, J. Moos und Gg. R. Schultze: Untersuchungen über Verschleiß und Reibung mit dem Prüfgerät nach A. Bartel des Instituts für Erdölforschung (IfE-Gerät). Schmiertechnik **3** (1956), Nr. 4, S. 184—191.

Kadmer, E. H.: Ein Beitrag zur Theorie und Praxis der Hochdrucköle. Eine Festschrift zur Ehrung von Prof. Dr. Leo Ubbelohde anläßlich der Vollendung seines 80. Lebensjahres 1956, Curt R. Vincentz Verlag, Hannover.

Bartel, A.: Ein neuer Getriebeöl-Prüfstand für gleitende Reibung bei sehr hoher Belastung. Vortrag Darmstadt. VDI-Sonderheft „Reibung und Schmierung", VDI-Verlag (im Druck).

Beuerlein, P. und W. Kara: Reibung und Schmierung. Konstruktion **8** (1956), Heft 11, S. 472.

O. DITTRICH

Ein stufenlos verstellbarer Umschlingungstrieb mit neuartiger Reibungskette

Einführung

In den letzten Jahren sind am keilförmigen Umschlingungstrieb besonders intensive Forschungs- und Entwicklungsarbeiten durchgeführt worden mit dem Ziel, die übertragbare Leistung der mit diesem Trieb gebauten stufenlosen Getriebe zu steigern und ihre Eigenschaften weiter zu verbessern. Nachfolgend wird berichtet, welche Fortschritte dabei erzielt wurden und mit welchen Mitteln sie erzielt worden sind. Es sind bei dieser Entwicklung zwei Hauptrichtungen zu unterscheiden: die erste befaßte sich mit der Erforschung der Kraftübertragung im Umschlingungsbogen, die durch Reibung erfolgt, und die zweite mit der Entwicklung eines Hochleistungstreibmittels, welches die Reibscheiben umschlingt.

Bevor jedoch speziell auf den keilförmigen Umschlingungstrieb eingegangen wird, soll zunächst ganz allgemein einiges über stufenlos verstellbare, mechanische Wandler ausgesagt werden, die ihre Nutzkräfte durch Reibung übertragen [1, 2]. Manchem Ingenieur wird irgendwie ungut zu Mute, wenn er die Reibung in seine Berechnung einbeziehen soll. Das ist einerseits verständlich, weil die Reibung als ein in seiner Größe stark schwankender physikalischer Begriff bekannt ist, andererseits aber doch wieder verwunderlich, weil die Kraftübertragung durch Reibung doch zu jenen Prinzipien gehört, deren sich der Mensch seit Anbeginn bedient, sozusagen auf Schritt und Tritt. Dieser Bericht soll aufzeigen, wie man unter ganz bestimmten technischen Voraussetzungen die Kraftübertragung durch Reibung sehr wohl beherrschen und ein betriebssicheres Getriebe darauf aufbauen kann.

Zur Theorie der stufenlosen Wandler, im besonderen des keilförmigen Umschlingungstriebes

Betrachtet man zunächst das Prinzip der Kraftübertragung als gegeben, so erhält man in einem Getriebe dann eine stetige Veränderung der Übersetzung, wenn die Hebelarme verändert werden, mit denen die nutzbare Umfangskraft auf der An- und Abtriebsseite angreift. Zum Beispiel erhöht sich die Abtriebsdrehzahl, wenn der Hebelarm, also der Laufradius, auf der Antriebsseite größer und auf der Abtriebsseite kleiner gemacht wird. Es gibt drei Möglichkeiten, die stufenlose Änderung der Übersetzung durch Veränderung der Laufradien herbeizuführen:

1. Der Radius ist auf der Antriebsseite konstant und wird nur abtriebsseitig verändert.
2. Umgekehrt: der Radius ist auf der Antriebsseite veränderlich und abtriebsseitig konstant.
3. Die Radien sind auf An- und Abtriebsseite gleichzeitig, und zwar gegenläufig veränderlich.

Geht man davon aus, daß auf der Antriebsseite eine konstante Leistung bei fester Drehzahl zur Verfügung steht, so erhält man dann die beste Ausnutzung der Kraftübertragung, wenn sie mit *konstanter* Umfangskraft und konstanter Umfangsgeschwindigkeit erfolgt; das heißt also, wenn der Hebelarm der Kraftübertragung *antriebsseitig* konstant ist. Diese ideale Art der Wandlung ist leider baulich sehr ungünstig, weil sie antriebsseitig nur einen Laufkreis beaufschlagt und verschleißt. Dieser muß also groß bemessen werden, und das führt wieder dazu, daß solch ein Getriebe die Drehzahl vornehmlich ins Schnelle wandelt, was meistens unerwünscht ist und eventuell nachgeschaltete Reduktionsstufen erforderlich macht. Die praktisch ausgeführten Scheibentriebe werden daher meistens umgekehrt, nämlich *abtriebsseitig*, mit konstantem Laufkreis betrieben und verzichten auf die beste Nutzung der Kraftübertragung. Die zu übertragende Umfangskraft muß dann zur Aufrechterhaltung konstanter Leistung *ansteigen*, und zwar proportional dem Abtriebsdrehmoment.

Zur dritten Art der Kraftübertragung, bei der die Laufkreise *gleichzeitig* auf An- und Abtriebsseite verändert werden, gehört der Umschlingungstrieb mit axial verschiebbaren Keilscheiben, das spezielle Thema dieses Berichtes.

Bild 1 zeigt die seinem Wesen nach bekannte Ausführung dieses Triebes. Bezüglich der Kraftübertragung stellt er einen *Kompromiß* zwischen der idealen Art der Wandlung und der mit konstantem Abtriebslaufkreis dar. Die Umfangskraft steigt hier zwar auch an, aber geringer als das Abtriebsdrehmoment. Verschleißmäßig jedoch ist er beiden anderen Arten beträchtlich überlegen, weil hier die gesamte Scheibenfläche auf An- und Abtriebsseite als Verschleißfläche benutzt wird.

Bild 1. Umschlingungstrieb mit Reibungskette

Allen Trieben gemeinsam ist jedoch die Erkenntnis, daß an einer Reibstelle nur wenig Kraft übertragen werden kann. Daher ist ein Trieb nur dann leistungsstark, wenn viele Kraftübertragungsstellen parallel geschaltet sind. Diese Parallelschaltung muß aber so erfolgen, daß an allen Übertragungsstellen genau dieselbe Übersetzung herrscht, weil sonst ein Zwangsschlupf auftritt und das Getriebe mit einer Blindleistung belastet wird. Dieses Problem, alle Übertragungsstellen auf gleiche Übersetzung einzustellen und zu halten, erfordert bei den Scheibentrieben die Anwendung besonderer Einstellorgane, am besten solcher mit Reglerwirkung. Beim keilförmigen Umschlingungstrieb ist dieses Problem *eigengesetzlich* gelöst. Jedes Glied im Umschlingungsbogen keilt sich zwischen den Scheiben so weit ein, wie es dem dort herrschenden Kettenzug entspricht, und überträgt eine dieser Einkeilung entsprechende Umfangskraft. Dieses Kraftübertragungssystem ist unabhängig von der Funktion äußerer Einstellorgane. Ein Austausch von Blindleistung zwischen den Kraftübertragungsstellen — etwa derart, daß ein Glied im Umschlingungsbogen vorwärts gleitet, ein anderes gleichzeitig rückwärts — ist hier nicht möglich.

Um zur richtigen Auslegung und Bemessung eines solchen Umschlingungstriebes zu kommen, erschien es unerläßlich, den Vorgang der Kraftübertragung mathematisch zu erfassen. Die Anwendung der bekannten Eytelweinschen Formel [3] führte hier zu Schwierigkeiten, ja zu Widersprüchen. Als Ursache für die Abweichungen wurde der spiralige Lauf des keilförmigen Triebes erkannt. Diese sehr wichtige, charakteristische Eigenschaft des keilförmigen Triebes wird mit dem folgenden Bild 2 erläutert. Zum besseren Verständnis ist der Vorgang übertrieben dargestellt.

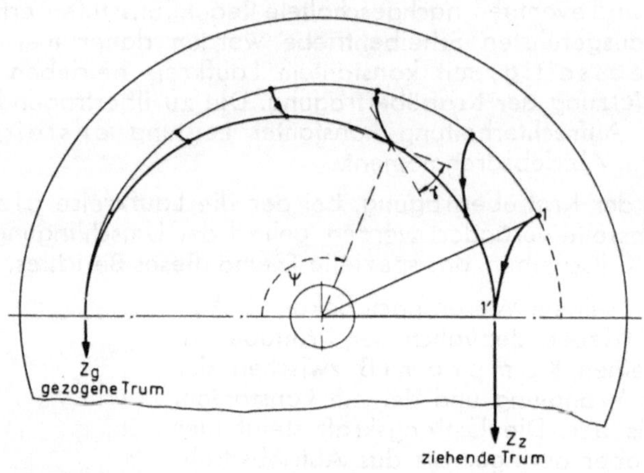

Bild 2. Der spiralige Lauf

Der spiralige Lauf entsteht dadurch, daß mit dem Anwachsen der Zugkraft im Umschlingungsbogen von Z_g auf Z_z auch die Einkeilung zunimmt, d. h. also, daß der Laufradius beim Durchlaufen des Umschlingungsbogens abnimmt. Zwei Punkte, 1 der Scheibe und 1′ des Treibmittels, die am Beginn des Umschlingungsbogens (bei $\psi = 0$) identisch waren, haben sich am Ende voneinander entfernt. 1′ beschreibt dabei auf der Reibscheibe eine Bahn, wie sie im Bild eingezeichnet ist. Diese Gleitbewegung des Treibmittels auf der Scheibe stellt den Schlupf des Triebes dar. Die Richtung der Reibungskraft ist der Bewegungsrichtung stets entgegengesetzt. Die Kraft ist zu Beginn rein radial gerichtet und wird im Verlaufe der Umschlingung mehr und mehr in Umfangsrichtung umgelenkt. Zur Übertragung der nutzbaren Umfangskraft stehen nur die Umfangskomponenten der Reibkräfte zur Verfügung, während die radialen Komponenten für den Nutzeffekt wertlos sind, weil sie kein Drehmoment erzeugen.

Man sieht schon, daß die Kraftübertragung nicht durch das vom Riementrieb her bekannte Eytelweinsche Gesetz [3] beschrieben werden kann, weil dieses ja voraussetzt, daß Reibkräfte auf der Scheibe nur in Umfangsrichtung übertragen werden können. Die Durchrechnung der Kraftübertragung bei spiraligem Lauf führte zu einer neuen Theorie, die für den keilförmigen Umschlingungstrieb gültig ist [4].

Bild 3 zeigt, daß die Kraftübertragung beim keilförmigen Trieb nicht so „intensiv" ist, wie man es nach der Eytelweinschen Formel erwarten sollte. Der Anstieg der Zugkraft im Umschlingungsbogen erreicht bei $\psi = 180°$ nur etwa die Hälfte der erwarteten Werte.

Außer der Zugkraft im Treibmittel interessiert für die Auslegung des Triebes vor allem die Kraft, mit der die Scheiben durch die Einkeilung auseinandergespreizt werden, bzw. ihre Reaktion, die Anpreßkraft, mit der die Scheiben von außen an das Treibmittel angepreßt werden müssen, damit es durch Reibung die gewünschten

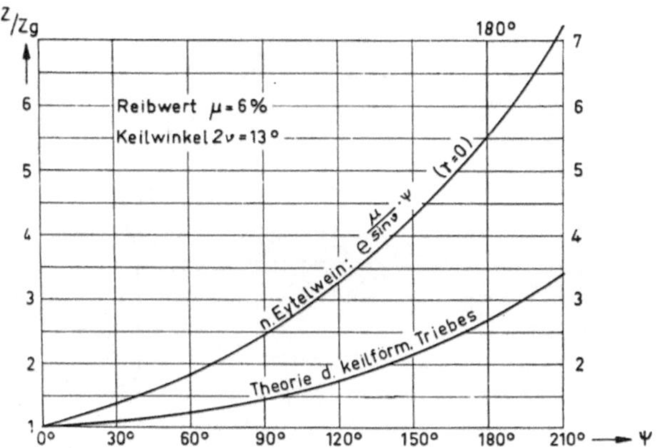

B i l d 3. Anstieg der Zugkraft im Umschlingungsbogen

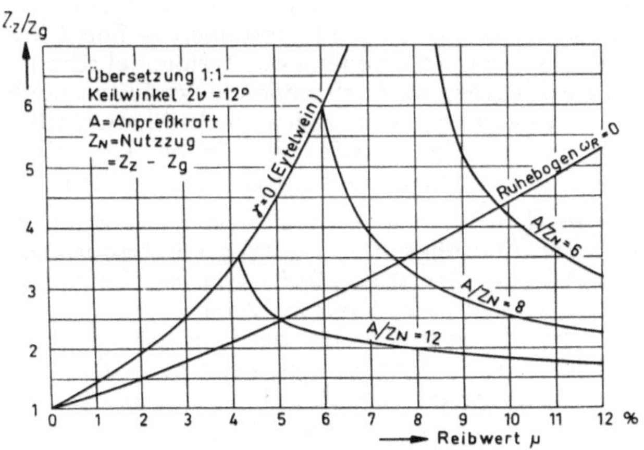

B i l d 4. Triebkennwerte

Nutzkräfte übertragen kann. Dazu liefert die Theorie [4] ein Diagramm, das alle interessierenden Werte als dimensionslose Größen abzulesen gestattet. B i l d 4 zeigt ein solches; als Beispiel ist hier die Übersetzung 1 : 1 gewählt.

Das Verhältnis der Zugkraft vom ziehenden zum gezogenen Trum Z_z/Z_g steigt über dem Reibwert μ längs einer charakteristischen Linie an, für die der Ruhebogen gerade verschwindet ($\omega_R = 0$); d. h., das Treibmittel befindet sich am Beginn der

Umschlingung relativ zur Scheibe gerade noch in Ruhe. Längs dieser Linie erfolgt beim keilförmigen Umschlingungstrieb die günstigste Kraftübertragung. Unterhalb dieser Linie steigt die Einkeilung und damit die Belastung der Reibkörper durch Pressung unnötig hoch an. In Bild 5 ist dieser Betriebszustand schematisch dargestellt.

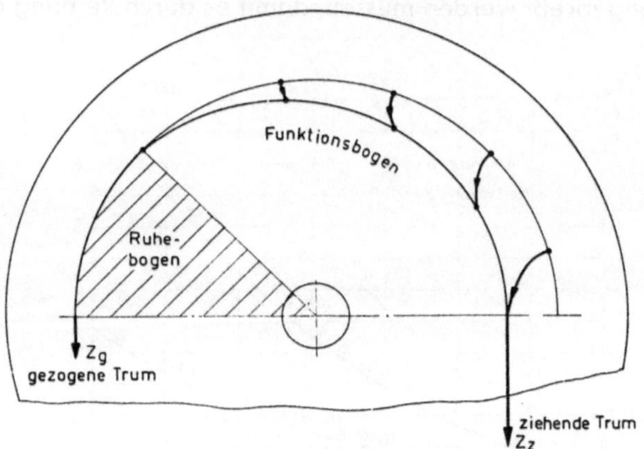

Bild 5. Ruhebogen und spiraliger Lauf

Der Ruhebogen, auf dem keine Gleitbewegung und auch keine Kraftübertragung stattfindet, nimmt einen Teil des gesamten Umschlingungsbogens in Anspruch. Nur auf dem Rest der Umschlingung — im Funktionsbogen — findet Kraftübertragung statt. Oberhalb dieser Linie in Bild 4 beginnt das Treibmittel schon am Anfang der Umschlingung durchzuschlupfen, wodurch unnötige Verluste und Verschleiß entstehen. An der oberen Grenzlinie ($\gamma = 0$) ist das Durchschlupfen schließlich so groß geworden, daß trotz des spiraligen Laufes nach innen alle Reibkräfte praktisch in Umfangsrichtung wirken und damit die Eytelweinsche Formel gültig wird.

Diese beiden Linien werden geschnitten durch eine Kurvenschar, wobei für jede Kurve das Verhältnis von Anpreßkraft zu Nutzzug konstant ist. Soll also z. B. ein Trieb mit dem Reibwert 5% — das ist $\mu = 0{,}05$ — für verschwindenden Ruhebogen ausgelegt werden, dann muß die Anpreßkraft 12mal so groß gemacht werden wie der Nutzzug, den er übertragen soll. Sofern der Reibwert sich nicht ändert, bleibt der Trieb an seinem günstigsten Arbeitspunkt, wenn nur dafür gesorgt wird, daß das Verhältnis der aufgebrachten Anpreßkraft zum jeweiligen Nutzzug immer 12 beträgt. Das ist die Konstruktionsregel für eine Anpreßvorrichtung, die so beschaffen sein muß, daß sie dem Nutzzug proportionale Anpreßkräfte erzeugt.

Triebwerte „Stahl auf Stahl"

Nun ist also die genaue Kenntnis der im Betrieb wirklich auftretenden Reibwerte die Voraussetzung für die optimale Auslegung und Ausnutzung des Triebes. Die Höhe der Reibwerte hängt zunächst sehr weitgehend vom Material der Reibkörper ab. Niemann hat in seiner Untersuchung über Reibradgetriebe [5] festgestellt, daß von allen bekannten Materialpaarungen Stahl auf Stahl trotz des geringen Reibwertes am günstigsten ist. Diese Paarung ermöglicht geringere Abmessungen, geringere Verluste und größere Lebensdauer; aber man benötigt sehr große Anpreßkräfte, und es ist Aufgabe einer geschickten Konstruktion, die Anpreßkräfte so abzustützen, daß sie keine oder nur geringe Verluste erzeugen.

Bild 6. Kettenzugdynamometer

Für einen Umschlingungstrieb mit Reibungskette, der ganz aus gehärtetem Stahl besteht, lassen sich die Reibwerte während des Betriebes durch Messung bestimmen. Man geht von der Messung der Kettenzüge aus, die senkrecht zur Scheibenachse als resultierende Zugkraft wirksam werden. Diese Zugkraft wird an den beiden Wellenstümpfen außerhalb des Getriebes mit einem Dynamometer gemessen, wie es in Bild 6 dargestellt ist. Es handelt sich um einen Koordinatenmeßwert mit 4 auf Zug beanspruchten Geberstäben, die mit Dehnungsmeßstreifen beklebt sind. Das Gerät wird über das Wellenende geschoben und mit seinem Außenring am Getriebegehäuse befestigt. Das Radiallager der Welle wird außer Betrieb gesetzt, so daß die Lagerkraft jetzt über das im Gerät eingebaute Kugellager auf die Dehnstäbe übertragen wird. Die Dehnungen werden von den Meßstreifen in bekannter Weise in elektrische Spannungen umgeformt und angezeigt.

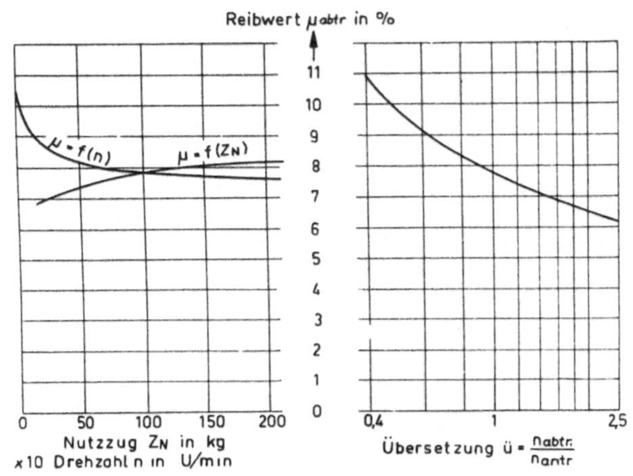

Bild 7. Triebreibwerte Stahl auf Stahl

Aus den Kettenzügen und der mitzumessenden Anpreßkraft kann man unter Verwendung des Kennwerte-Diagramms nach Bild 4 rückwärts den Reibwert ablesen. Bild 7 zeigt den Verlauf der Reibwerte, wie er durch Messung an einem lastlaufenden Trieb ermittelt wurde. Man erkennt im linken Schaubild, daß der Reibwert von der Belastung des Triebes und von der Drehzahl im interessierenden Bereich nur wenig abhängig ist, im rechten Schaubild dagegen, daß er sich mit der Übersetzung des Triebes stark ändert, und zwar so, daß er bei der Übersetzung des Triebes ins Schnelle klein ist. Höhe und Verlauf der Reibwerte sind bei Wiederholungsmessungen recht gut reproduzierbar.

Anpreßeinrichtung

Aus den so gefundenen Reibwerten und den Erkenntnissen der Theorie müssen nun die Folgerungen für eine optimale Auslegung des Triebes gezogen werden. Sie lauten:

1. Die Anpreßkraft muß dem Drehmoment proportional gemacht werden.
2. Die Anpressung, das ist also das Verhältnis von Anpreßkraft zum Nutzzug, muß so hoch gemacht werden, daß der Ruhebogen gerade verschwindet.
3. Die Anpressung muß mit der Übersetzung veränderlich gemacht werden, und zwar so, daß bei der Übersetzung ins Schnelle die größere Anpressung aufgebracht wird.

Um diese Forderungen zu erfüllen, braucht man eine zweckentsprechend gestaltete Anpreßvorrichtung. Bild 8 zeigt eine solche Anpreßeinrichtung als Beispiel für eine mögliche konstruktive Lösung. Diese Einrichtung funktioniert wie ein Gewinde, d. h. es wird ein Drehmoment in eine Axialkraft umgesetzt.

Bild 8. Die Anpreßeinrichtung

Eine mit der Welle und eine mit der Scheibe verbundene Kurvenbahn wirken aufeinander unter Zwischenschaltung einer abrollenden Kugel. Ein von der Scheibenseite oder Wellenseite her ankommendes Drehmoment wird entsprechend dem Steigungswinkel der Kurvenbahnen in eine Axialkraft umgesetzt, die dem Drehmoment proportional ist. Die Scheibe ist auf der Welle drehbar gelagert und verschiebt sich mit der Übersetzung axial, so daß die Kugel bei Übersetzungsänderung auf andere Punkte der Kurvenbahn gelangt. Wird die Kurvenbahn mit veränderlichem Steigungswinkel ausgeführt, so kann also die verlangte Anpreßfunktion über der Übersetzung erfüllt werden. Die Anpreßeinrichtung stellt somit ein Kugelgewinde mit veränderlicher Steigung dar, das jedoch nur für den Teil einer Umdrehung ausgeführt ist.

Nun sind aber die Scheibenspreizkräfte an- und abtriebsseitig nicht gleich groß, sondern am Antrieb immer größer, auch bei der Übersetzung 1 : 1; hier sind sie etwa um 50 % größer. Die Theorie [4] erklärt dieses erstaunliche Phänomen, das durch Messungen schon seit langer Zeit bekannt ist. Die optimale Auslegung eines Triebes muß darauf Rücksicht nehmen und die Kurvenbahnen auf An- und Abtriebsseite unterschiedlich gestalten. Bei einem so ausgelegten Getriebe sind allerdings An- und Abtrieb nicht mehr vertauschbar.

Aufbau der Kette

Nachdem im Vorigen über die Gesetzmäßigkeiten des keilförmigen Umschlingungstriebes berichtet und kurz angedeutet worden ist, wie die daraus abgeleiteten Forderungen konstruktiv erfüllt werden können, wendet sich der Bericht jetzt der Entwicklung des Treibmittels zu. Das Treibmittel ist ja das Kernstück des Umschlingungstriebes und für die Höhe der übertragbaren Leistung in erster Linie maßgebend. Ohne auf den Ausgangspunkt und den Verlauf dieser Entwicklung einzugehen, soll das fertige Ergebnis der Entwicklung sogleich dargestellt und beschrieben werden (Bild 9 und 10).

Es ist eine neuartige Reibungskette, die ganz aus gehärtetem Stahl besteht. Die Reibkörper sind als Rollen ausgebildet, die auf dem Zugstrang drehbar, jedoch axial unverschiebbar gelagert sind. Die Rollen sind so breit gehalten, wie es die maximale Krümmung der Kette ohne gegenseitige Berührung der Rollen gerade noch zuläßt. Die dadurch entstehende große Reibfläche der Kette ist etwa so groß wie die gesamte nutzbare Oberfläche der Reibscheiben. Beim Einkeilen der Kette geben die dünnwandig ausgebildeten Rollen in Richtung der Anpreßkräfte elastisch nach und stützen sich dann auf dem innen liegenden Zugstrang ab.

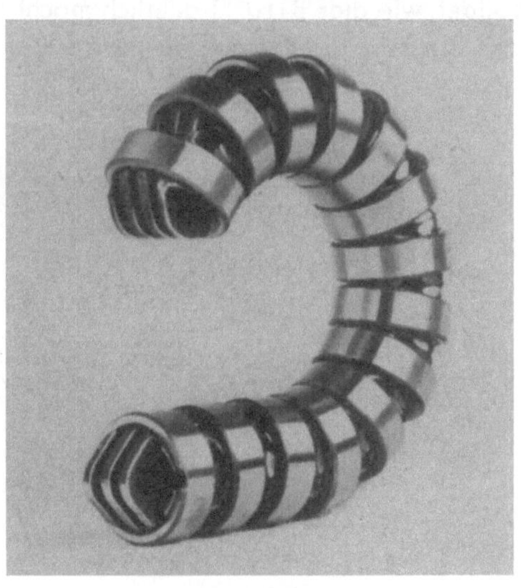

Bild 9. Kettenstück

Durch die Verlegung des Zugstranges nach innen kann eine hohe Festigkeit erzielt werden, weil die Zugkraft nicht wie bei anderen derartigen Ketten um die Reibkörper herumgeleitet werden muß; außerdem entsteht dadurch ein Minimum an Teilungslänge (feingliedrige Kette). Der Gliedkörper ist in seiner Mitte mit einer Nut versehen, in der sich ein geschlitzter Federring befindet. Dieser wird zum Überschieben der Rolle zusammengedrückt und schnappt in die Innennut der Rolle ein. Die übergeschobenen Rollen sichern die Gelenkstücke gegen seitliches Herauswandern.

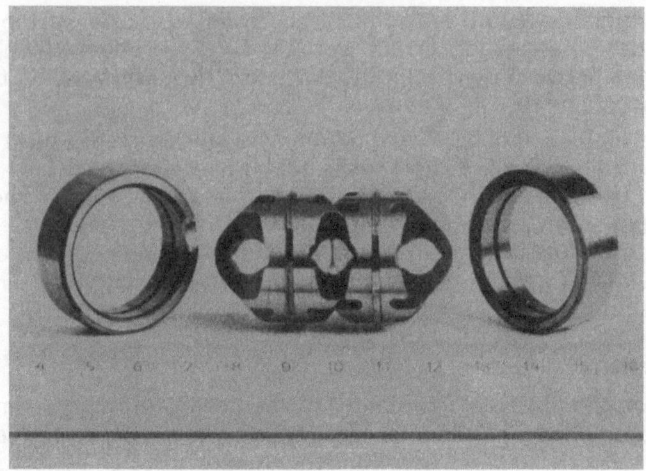

B i l d 10. Bauteile der Kette

Die Gelenke sind zum Vermeiden gleitender Reibung als Wiegegelenke ausgebildet, wie dies B i l d 11 deutlich macht.

Links oben ist ein Gelenk im gestreckten Zustand und rechts unten im gekippten Zustand dargestellt. Die Wiegebolzen sind mit ihren Nasen in kerbartigen Vertiefungen der Gliedlaschen gegen Verdrehung gehalten. Kerben sind an dieser Stelle der Laschen zulässig, weil die maximale Materialbeanspruchung in einem um 90° versetzten Querschnitt auftritt. Die Berührungslinie der Wälzkörper wandert beim Kippen fast über die ganze Wiegefläche. Solche Wiegegelenke besitzen bei geeigneter Konstruktion kaum Verluste und Verschleiß und erlauben sehr hohe Kippgeschwindigkeiten.

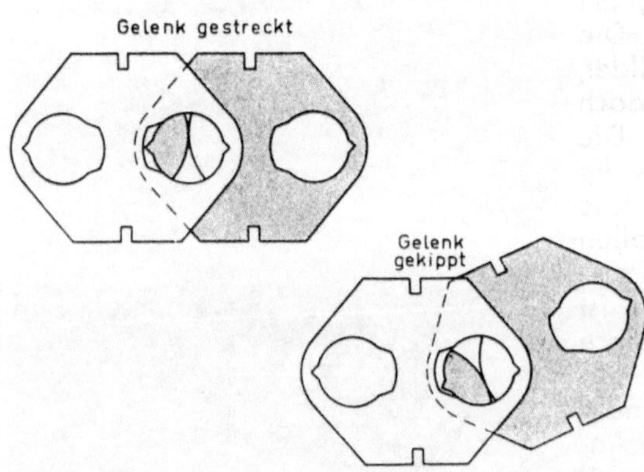

B i l d 11. Das Wiegegelenk

Versuchsergebnisse

Mit dieser Kette hat man nun ein Maschinenelement in die Hand bekommen, das es in Verbindung mit einem optimal ausgelegten Getriebe ermöglicht, die Eigenschaften der bekannten stufenlos verstellbaren Umschlingungstriebe beträchtlich zu verbessern und die übertragbare Leistung zu steigern. B i l d 12 zeigt Versuchsergebnisse mit einem derartigen Getriebe für ein Verstellbereich von 4 : 1 [1]).

[1]) Man kann natürlich unschwer auch größere Verstellbereiche ausführen.

Das linke Schaubild zeigt die Grenzlinien des Wirkungsgradfeldes. Es überschreitet bei 1/5 Last bereits 90 % und erreicht 96 % Wirkungsgrad[1]). Im rechten Schaubild ist die Verlustleistung in PS aufgetragen. Man erkennt, daß die Verluste durch den Schlupf des Triebes in Gebieten höherer Last den Hauptanteil ausmachen. Der Schlupf entsteht durch den spiraligen Lauf und ist prinzipiell unvermeidlich. Ohne Schlupf, d. h. ohne Reibbewegung, findet beim keilförmigen Umschlingungstrieb keine Leistungsübertragung statt. Es handelt sich aber nicht um ein Durchschlupfen der Kette als Ganzes, sondern um einen kontrollierten Schlupf,

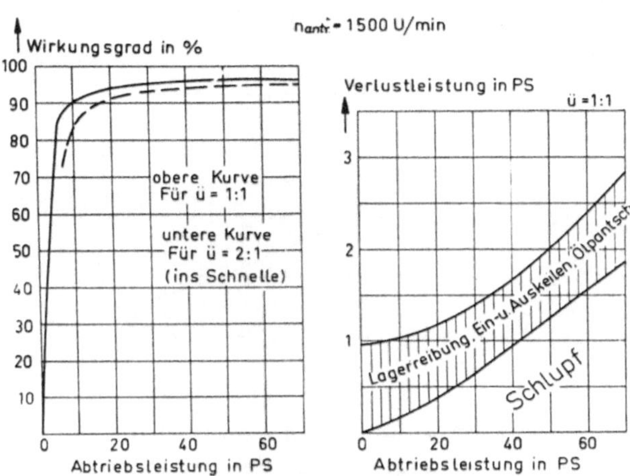

Bild 12. Wirkungsgrad, Verluste

d. h. das erste Glied am Beginn der Umschlingung befindet sich noch im Ruhebogen — es führt keine Schlupfbewegung aus —, während das letzte Glied am Ende der Umschlingung seinen maximalen Gleitweg auf der Reibscheibe zurückgelegt hat. Der Schlupf des Triebes ist genau so groß wie das Maß des spiraligen Laufes. Eine Vorstellung von der Auswirkung dieses Schlupfes bekommt man, wenn man beobachtet, daß die Spuren von der Schleifbearbeitung an den Kettenrollen nach 1000 Vollast-Stunden noch nicht verschwunden sind. Die übrigen Verluste entstehen durch Lagerreibung, durch Ein- und Auskeilen der Kette und durch Versprühen des Schmieröles.

Bild 13 zeigt die Anteile, die für die Veränderung der eingestellten Getriebeübersetzung durch die Belastung maßgebend sind; zunächst wieder den Schlupf. Er liegt zwischen 0 und 2 % und nähert sich mit wachsender Last einem konstanten Wert: Das ist das Charakteristikum eines richtig ausgelegten Triebes mit drehmomentabhängiger Anpressung. Ein Trieb mit konstanter Anpreßkraft — etwa durch Federn — zeigt dagegen von einer bestimmten Last an ein plötzliches, starkes Ansteigen des Schlupfes, das heißt, hier beginnt das Durchrutschen des Treibmittels. Ein zweiter Anteil zur Übersetzungsverschiebung des Triebes durch Belastung ist die Nachgiebigkeit der Steuerung (Bild 13). Dieser Anteil hat mit Schlupf, also mit Verlusten, gar nichts zu tun. Es verschiebt sich lediglich die Übersetzung dadurch, daß die belastete Steuerung sich geometrisch verlagert und die Scheiben-

[1]) Der Wirkungsgrad bei anderen Übersetzungen des Verstellbereiches liegt zwischen den beiden Grenzlinien.

keilrille öffnet. Deswegen hat es der Konstrukteur auch in seiner Hand, das Maß dieses Anteils zu bestimmen. Erfolgt das Öffnen des Scheibensatzes auf der Abtriebsseite, dann steigt die Übersetzung bei Belastung des Triebes an. Auch solche Getriebe wurden schon ausgeführt. Ihre Anwendung ist aber auf Antriebe ohne größere Drehmassen beschränkt, weil sonst Torsionsschwingungen entstehen können. Es ist auch eine Auslegung möglich, bei der die Nachgiebigkeit der Steuerung gerade so bemessen wird, daß sie den Schlupf kompensiert.

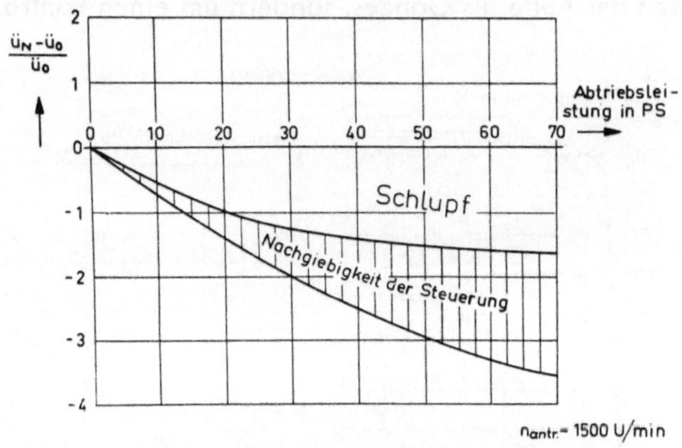

Bild 13. Übersetzungsverschiebung unter Last

Ein schwieriges Problem der Getriebekonstruktion ist das Anfahr- und Reversierverhalten des Getriebes. Es verlangt nämlich der Umschlingungstrieb eine Gleichzeitigkeit von einsetzender Drehbewegung und aufgebrachter Anpreßkraft. Eine einfache Anpreßeinrichtung, wie sie Bild 8 zeigt, besitzt aber eine Umschlaglose, das heißt, es findet schon Drehbewegung statt, ehe eine Anpreßkraft erzeugt wird. Solche Anpreßeinrichtungen sind daher nur für Antriebe geeignet, welche sanft beschleunigen. Andernfalls entstehen an den Pressungsflächen zwischen Kette und Reibscheiben stoßartige Relativbewegungen, welche von so hohen Temperaturspitzen begleitet sein können, daß Freßspuren zurückbleiben. Durch Anwendung besonderer konstruktiver Mittel beim Bau der Anpreßeinrichtung läßt sich jedoch die Gleichzeitigkeit von Drehbewegung und Anpreßkraft sicherstellen.

Zweistrang-Anordnung

Wegen der Aufwendungen, die man machen muß, um die bei der Reibpaarung Stahl auf Stahl notwendigen hohen Anpreßkräfte zu erzeugen und abzustützen, hat man nach Möglichkeiten gesucht, die Anpreßkräfte zweimal zur Kraftübertragung auszunutzen. Die neuartige Reibungskette, die auch in einer unsymmetrischen Keilrille laufen kann, ermöglicht den Aufbau eines Zweistranggetriebes in besonders einfacher Weise (Bild 14).

Die beiden Ketten sind durch eine ganz schwach konische Mittelscheibe getrennt, die gleichzeitig als Regler wirkt, so daß beide Ketten genau die gleiche Leistung übertragen. Das wird, wie Bild 15 zeigt, dadurch erreicht, daß die Mittelscheibe im Scheibensatz axial völlig frei beweglich ist.

Gerät die eine Kette auf einen kleineren Laufradius — wie rechts im Bild gezeichnet —, dann hängt es davon ab, ob die Zugkraft und damit die Einkeilung

Bild 14. Der Zweistrang-Trieb

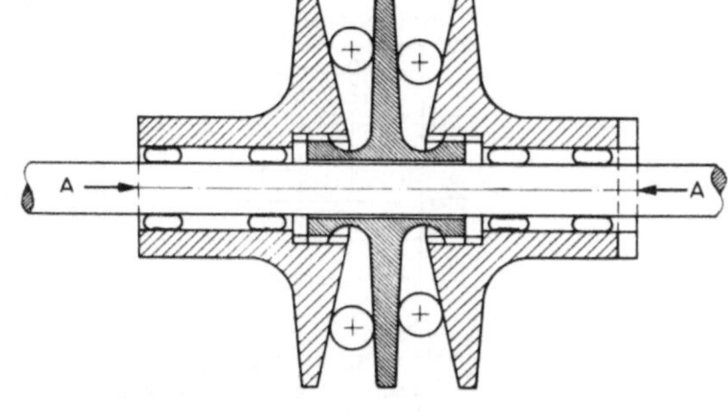

Bild 15. Die Zwischenscheibe als Regler

dieser Kette steigt oder fällt. Fällt sie, dann wird von der anderen Kette die Mittelscheibe zur Seite geschoben und die Auslenkung der rechten Kette rückgängig gemacht. Das beschriebene System der Stabilisierung findet auf der Antriebsseite statt, weil dort zu einem kleineren Laufkreis auch eine kleinere Übersetzung und damit ein verminderter Kettenzug gehört. Auf der Abtriebsseite ist das System jedoch instabil. Nun können aber beide Seiten nicht einzeln für sich betrachtet werden, weil sie über die Ketten miteinander verbunden sind. Die Durchrechnung führt zu dem Ergebnis, daß die Regelung mit losen Mittelscheiben so lange stabil ist, wie die antriebsseitige Spreizkraft größer ist als die abtriebsseitige. Glücklicherweise trifft dies im ganzen Verstellbereich des Triebes zu, wie Versuche bestätigt haben.

Leistungsgebiet des Triebes

Zum Abschluß des Berichtes sollen noch einige Angaben gemacht werden über die Leistungen, die mit dem neuartigen Kettentrieb erzielt werden, und es soll dargelegt werden, wovon die Leistungsgrenze abhängt. Die Ketten wurden auf dem Prüfstand in zwei Baugrößen erprobt: einer kleineren mit 27 mm Außendurchmesser der Rollen und einer größeren mit 34 mm Rollendurchmesser. Betreibt man die Ketten bei ihrer höchstzulässigen Kettengeschwindigkeit und ihrem kleinstmöglichen Laufkreis, so überträgt die kleinere Kette eine Leistung von 35 PS und die größere Kette eine Leistung von 60 PS. Die Leistung vermindert sich, wenn man die höchste Kettengeschwindigkeit nicht ausnützen kann, und erhöht sich, wenn man größere Laufkreise benutzt. In Zweistrang-Anordnung können mit solchen Ketten ausgerüstete Triebe jeweils das Doppelte der Einstrangleistung übertragen.

Die vom Trieb übertragene Leistung ist gleich dem Produkt aus Nutzzug und Kettengeschwindigkeit. Die zulässige Kettengeschwindigkeit beträgt 20—25 m/sec und ist unabhängig von der Baugröße der Kette. Der zulässige Nutzzug wächst quadratisch mit der Kettenbaugröße und somit also auch die übertragbare Leistung quadratisch. Die Kettengeschwindigkeit wird begrenzt durch den auftretenden Fliehzug, der die Wiegegelenke auf Pressung belastet, oder aus getriebebaulichen Gründen. Der zulässige Nutzzug wird begrenzt durch die Hertzsche Pressung der Kettenrollen. Bild 16 zeigt die Belastungskennwerte eines Kettentriebes im Verstellbereich (als

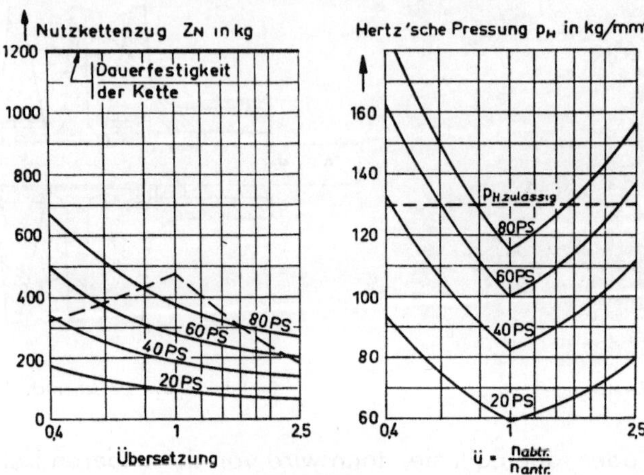

Bild 16. Belastungskennwerte des Kettentriebes

Beispiel ist eine Kette mit 34 mm Rollendurchmesser gewählt): rechts die Hertzschen Pressungen; sie sind bei 1:1 am niedrigsten und steigen nach den Endübersetzungen hin stark an, besonders bei der Übersetzung ins Langsame. Dies deswegen, weil hier auch gleichzeitig der Nutzkettenzug seine Höchstwerte hat, wie aus dem linken Diagramm ersichtlich ist. Die Dauerfestigkeit der Kette liegt mit 1200 kg weit über dem zulässigen Leistungsbereich des Triebes, was durch die gestrichelte Linie gekennzeichnet ist. Die statische Festigkeit der Kette beträgt 5,5 t, also etwa das 10fache der mittleren Betriebsbelastungen.

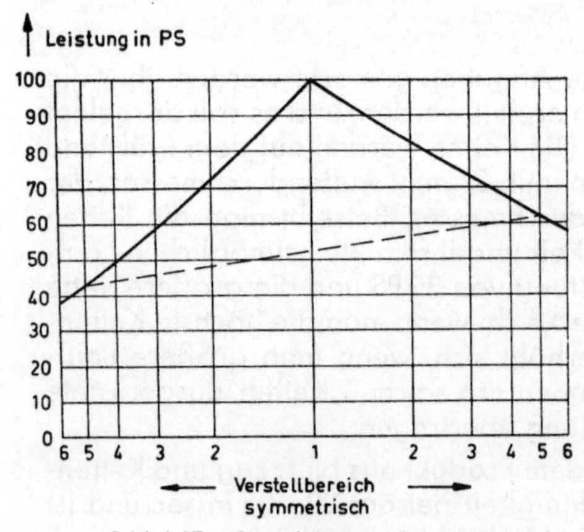

Bild 17. Grenzleistung des Kettentriebes

In Bild 17 ist die Grenzleistung des Kettentriebes in Abhängigkeit vom Verstellbereich aufgetragen. Es wird deutlich, daß die Leistung um so höher ist, je kleiner man das Verstellbereich wählt. Für ein symmetrisches Verstellbereich von 5 erreicht man zum Beispiel rund 40 PS ins Langsame und 60 PS ins Schnelle. Beim Verstellbereich 3 erreicht man schon 60 PS ins Langsame und 70 PS ins Schnelle. Man sollte also das Verstellbereich nur so groß wie unbedingt nötig wählen.

Faßt man die Ergebnisse dieser neuen Entwicklungsrichtung kurz zusammen, so kann festgestellt werden: der neuartige Kettentrieb ermöglicht den Bau von stufenlosen Getrieben, welche gegenüber den bisher bekannten Getrieben dieser Bauart eine Reihe von Fortschritten aufweisen. So konnte die Leistungsgrenze auf ein Mehrfaches hochgesetzt werden. Die Raumleistung steigt dabei etwa auf das 3fache (von 0,15 PS/l auf 0,5 PS/l, in Sonderfällen auf 3 PS/l). Der Wirkungsgrad konnte auf 96 % gesteigert werden und erreicht somit die Höhe zweistufiger Zahnradgetriebe. Die Möglichkeit des Durchrutschens, d. h. des „Nicht-mehr-Durchziehens", ist auch bei Überlastung oder im verschlissenen Zustand des Triebes völlig ausgeschlossen.

Und schließlich wurde die Geräuschentwicklung des Triebes durch die glatte, feingliedrige Bauweise so reduziert, daß er sich aus dem Gesamtgeräusch des Antriebes nicht mehr heraushebt.

Schrifttum:

[1] Simonis, F. W.: Stufenlos verstellbare Getriebe. Springer-Verlag 1949.

[2] Beier, J. und H. Schiffer: Beiträge im VDI-Tagungsheft 2 „Antriebselemente", erschienen 1953.

[3] Eytelwein, J. A.: Handbuch der Statik fester Körper. Berlin 1808, Bd. 2, S. 21—23.

[4] Dittrich, O.: Theorie des Umschlingungstriebes mit keilförmigen Reibscheibenflanken. Diss. 1953, TH Karlsruhe.

[5] Niemann, G.: Reibradgetriebe. Konstruktion 1953, S. 34.

Aussprache

Lutz: Der bekannte PIV-Trieb ist also von seiner formschlüssigen zur kraftschlüssigen Auslegung weiterentwickelt worden, und damit kann er sich neue und umfangreiche Anwendungsgebiete erschließen. Im einzelnen wäre vielleicht das eine oder andere noch dazu zu sagen, zumal mein Institut gegenwärtig gerade über den Lauf des Triebes Untersuchungen anstellt.

Wernitz:

Reibungsverhältnisse und Ausnutzungsgrad bei mechanisch stufenlos regelbaren Getrieben mit Punktberührung

In diesem Diskussionsbeitrag soll an Hand von 5 Bildern auf die Reibungsverhältnisse und den Ausnutzungsgrad auf Grund eigener und englischer Versuche eingegangen werden.

Regelgetriebe, die zur Übertragung von Leistung dienen und bei Hertzschen Pressungen Umfangskräfte übertragen, arbeiten in den meisten Fällen im Mischreibungsgebiet.

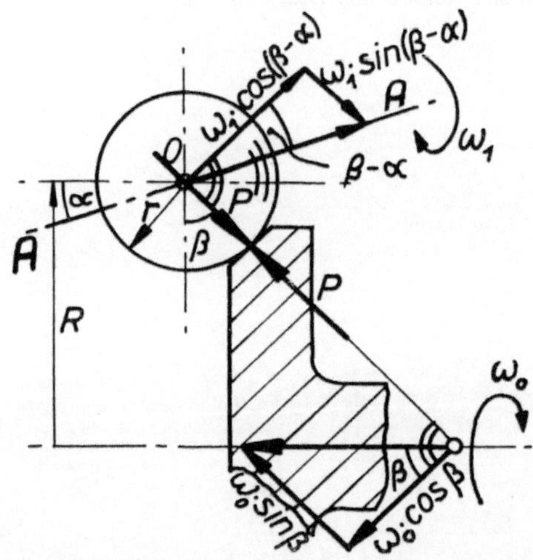

Bild 1. Drehschnellen an einer Übertragungsstelle von Kegel auf Kugel

Die vom Verfasser untersuchten Reibungsverhältnisse [1] beziehen sich auf Zustände, die von Wälz- und gleichzeitigen Bohrbewegungen bestimmt sind. Bild 1 zeigt eine punkt-(ellipsen-)förmige Berührungsstelle von zwei rotierenden Bauelementen solcher Getriebe, wie sie bei kombinierter Wälz- und Bohrbewegung auftreten. Die Drehbewegung ω_0 des Tellerrades kann an der Übertragungsstelle, an der die Normalkraft P eingezeichnet ist, nur durch eine Wälzbewegung $\omega_0 \cdot \cos\beta$ und eine Bohrbewegung $\omega_0 \cdot \sin\beta$ weitergeleitet werden. Die an dieser Stelle mit der Kraft P angepreßte Kugel hingegen, die in diesem Falle nur um die festgehaltene Verstellachse A—A rotieren kann, wälzt mit der Geschwindigkeit $\omega_1 \cdot \cos(\beta-\alpha)$ und bohrt mit $\omega_1 \cdot \sin(\beta - \alpha)$. Infolge der Relativbewegung durch die Bohrreibung tritt nun ein Leistungsverlust auf, der mit der Differenz der Bohrdrehschnellen $\omega_b = \omega_0 \cdot \sin\beta + \omega_1 \cdot \sin(\beta - \alpha)$ ansteigt. Liegt der Pol der Drehbewegung in der Mitte der Hertzschen Fläche, so wird aus Symmetriegründen der Reibkraftanteile in der Hertzschen Fläche keine Umfangskraft übertragen. Es tritt aber Gleiten auf, und die Anpreßkraft bewirkt ein Bohrmoment infolge des vorhandenen Reibwertes. Beim Auswandern des Poles der Drehbewegung aus der Mitte werden Umfangskräfte übertragen, die sich aus dem nicht mehr doppelt symmetrischen Zusammenwirken der lokalen Reibungskraftelemente ergeben.

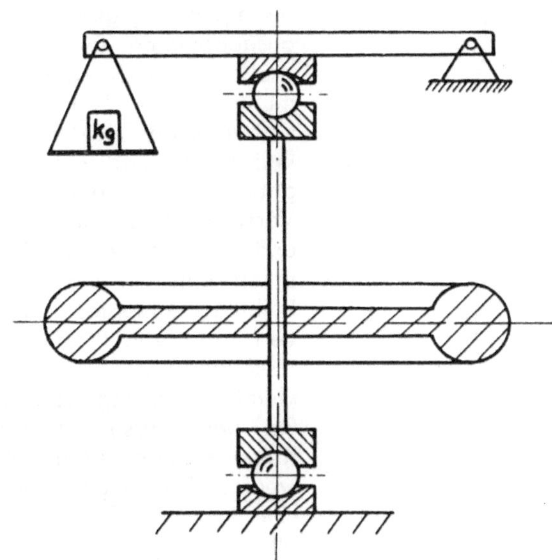

Bild 2. Bohrreibungsmessungen an zwei stationären Hertzschen Flächen mit Auslaufkreisel

Bild 2 und 3 zeigen nun schematisch zwei Versuchseinrichtungen des Verfassers, mit denen die Bohrreibungsmomente ohne Umfangskraft gemessen wurden. Der Auslaufkreisel (Bild 2) ist oben und unten mit einer Stahlkugel in einer geschmierten Hohlfläche gelagert, wird in Drehung versetzt und über ein Hebelsystem mit einer Axialkraft belastet. Aus der Verzögerung wird das Bohrreibungsmoment berechnet. Als hohlgekrümmte Lager und Zentrierflächen wurden geschliffene und geläppte Stahlkugelkalotten und Wälzlager-Ringabschnitte mit den Radienverhältnissen 1 : 5 benutzt. Nach theoretischen Berechnungen ergibt sich bei Annahme einer konstanten Reibungszahl μ_b in der elliptischen Hertzschen Fläche folgende Abhängigkeit des Reibungsmomentes (bei einer Paarung Stahl auf Stahl):

$$M_b = 1{,}05 \cdot \xi^2 \cdot \eta^2 \cdot \mu_b \cdot P \cdot r_0 \left[\frac{k_0}{E}\right]^{1/3},$$

$$M_b = 5{,}1 \cdot 10^{-3} \cdot \xi^2 \cdot \eta^2 \cdot \mu_b \cdot P^{4/3} \cdot r_0^{1/3} \text{ [cm kg]}.$$

Hierin sind

ξ und η Hertzsche Deformationsbeiwerte,
P die Anpreßkraft [kg],
r_0 der Stribecksche Vergleichsradius [cm] einer Kugel gegen Ebene und
$k_0 = P/4\,r_0^2$.

Diese Formel geht bei kreisförmiger Hertzscher Fläche mit $\xi = \eta = 1$ über in die bereits von Lutz angegebene Abhängigkeit [2].

Es war nun Aufgabe, mit den Versuchen zu Aussagen über die Reibungszahl μ_b zu kommen. Da bei gleichen Paarungen die Kraft P leicht variiert werden konnte, ist diese Abhängigkeit besonders gut herausgekommen. Es zeigte sich in einem großen Bereich eine gute Übereinstimmung mit der Theorie insofern, als die Reibungszahl sich mit einer Abhängigkeit von $P^{4/3}$ und von $r_0^{1/3}$ als konstant ergab. Der Gültigkeitsbereich endet bei Verschweißerscheinungen nach oben hin und bei geringeren Belastungen nach unten hin, wo sich die Abnahme des Reibungsmomentes mit der Belastung verringert von $P^{4/3}$ über $P^{7/6}$ zu $P^{6/6}$. Die Streuungen des Reibbeiwertes sind bei kleinen Belastungen besonders groß (2 : 1). Bei den Versuchen mit jeweils einer Kugel in einer Kugellagerrille zeigte sich wegen der langgestreckten elliptischen Hertzschen Flächen, die nicht mehr als eben (theoretische Annahme) angesehen werden können, eine geringere Abhängigkeit vom Stribeckschen Vergleichsradius ($r_0^{1/6}$) oder, wenn man diese Abhängigkeit der Reibungszahl zuschlägt, eine Abhängigkeit der mittleren Reibungszahl von $r_0^{-1/6}$.

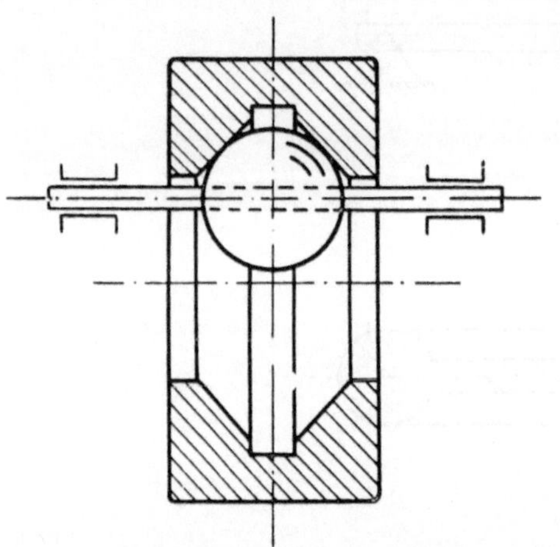

Bild 3. Bohrreibungsversuche mit wandernden Hertzschen Flächen zwischen Wälzkörper und Ring

Die absolute Größe der Reibungszahl von verschiedenen Ölen und Fetten war gering, zeigte aber bei Hypoidölen und Fett die geringsten Werte. In der Größenordnung bewegten sich sämtliche Ergebnisse zwischen $\mu \approx 0{,}08 \ldots 0{,}25$, während bei quasi trockener Reibung Zahlen von $\mu > 0{,}6$ erzielt wurden. Weitere Einzelheiten und andere Ergebnisse mit diesem Prüfstand sind aus der vorgesehenen Veröffentlichung [1] zu entnehmen.

In Bild 3 ist schematisch der Auslaufring dargestellt, mit dem Bohrreibungsmomente bei wandernden Hertzschen Flächen ermittelt wurden. Hierbei sind die Trägheitsmomente beiderseits der Hertzschen Fläche so abgestimmt, daß sich keine oder zumindest unbedingt vernachlässigbare Umfangskräfte in der Hertzschen Fläche ergaben. Beim Auslauf stellten sich je nach den verschiedenen Rollradien der Hertzschen Flächen Rollgeschwindigkeiten ein (mit denen proportional auch die Gleitgeschwindigkeiten in der Hertzschen Fläche ansteigen), die in Einzelfällen bis zu 12 m/sec ausgewertet werden konnten. Die Auswertung der Versuche bei sehr kleinen Rollgeschwindigkeiten war durch die Versuchseinrichtung etwas gestört; die vorher besprochenen Kreiselversuche ordnen sich aber den Kurvenverläufen über der Roll- und Gleitgeschwindigkeit bei $v = 0$ recht gut ein.

Als allgemeines Ergebnis kann genannt werden, daß bis zu 3 m/sec bzw. in Einzelfällen bis zu 5 m/sec Rollgeschwindigkeit (mit proportional ansteigender Gleitgeschwindigkeit bis zu etwa 0,1 m/sec) die Reibungszahl μ abfällt und dann etwa konstant bleibt oder geringfügig wieder ansteigt. Die geringsten ermittelten Reibungszahlen liegen bei einer Versuchsreihe mit einer Spindelölsorte bei etwa 0,04. Die Reibungszahl hängt aber außerdem noch von der Belastung und dem Schmiermittel ab.

Im Interesse von Regelgetrieben dürften hohe, gleichmäßige Reibbeiwerte liegen, wie sie z. B. mit einem naphtenischen Öl mit anscheinend hohen aromatischen Extrakten und negativem Viskositätsindex mit $\mu > 0{,}11$ erzielt wurden.

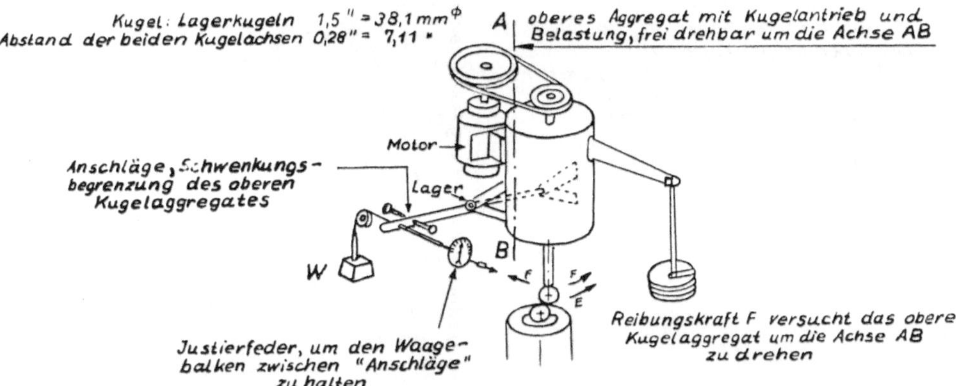

Bild 4. Schematischer Aufbau der Zweikugelmaschine von Lane [3], mit der Momente (verursacht aus der Reibung in einer Hertzschen Fläche) um die Achse A—B ausgewogen wurden

In Bild 4 ist der Aufbau einer Zweikugelmaschine gezeigt, wie sie in Thornton, England, von Lane zur Untersuchung von Umfangskräften zwischen zwei Kugeln und des Einflusses der Schmiermittel verwendet wurde. Auch bei diesen Versuchen hat sich ein günstig hoher Reibbeiwert für ein naphtenisches Öl (wahrscheinlich sogar das gleiche, welches der Verfasser in den zuvor beschriebenen Versuchen verwendet hat) ergeben.

Die Zweikugelmaschine (Bild 4) besteht aus zwei parallelversetzten, um die eigenen vertikalen Achsen rotierenden Kugeln, von denen die untenliegende (lower) von einem fest abgestützten Antrieb mit verschiedenen Drehzahlen bewegt wird und die zweite, oben liegende (upper) Kugel zu einem um die vertikale Achse A—B drehbaren Wiegesystem gehört. Dieses System enthält einen eigenen Antrieb für die obere Kugel, eine Belastungseinrichtung in Richtung der Wiegeachse und eine Wägeeinrichtung des Momentes um die Achse A—B. Die obere Kugel wird in verschiedenen Drehzahlstufen zum Umlaufen gebracht. Dabei ist die Umfangsgeschwindigkeit der beiden Kugeln in der Hertzschen Fläche gleichgerichtet, aber durch die Veränderung der Drehzahl der untenliegenden Kugel jeweils nur bei gleicher Drehzahl so groß, daß die Umfangsgeschwindigkeit in der Mitte der Hertzschen Fläche für beide Kugeln identisch ist ($n_u = n_l$). Für diesen Sonderfall liegt der Pol der Drehbewegung in der Mitte der Hertzschen Fläche wie bei den vorher beschriebenen Versuchen, und die übertragene Umfangskraft muß in diesem Sonderfall wie vorher gleich Null sein.

Betrachten wir nun die mit einem bestimmten Öl gewonnenen Versuchsergebnisse von Lane in Bild 5, in dem das ausgewogene dimensionslos gemachte Moment um die Achse A—B über der Differenzdrehzahl ($n_l - n_u$) aufgetragen ist, so erscheint in dem Bild wohl eine gewisse Systematik, aber die Bezeichnung von Lane „Reibungskraft ausgedrückt als Reibungskoeffizient" ist doch auf den ersten Blick etwas verwirrend, wenn man derartige große Abhängigkeiten, die aus verschiedenen Bedingungen zu erklären sind, erkennen muß.

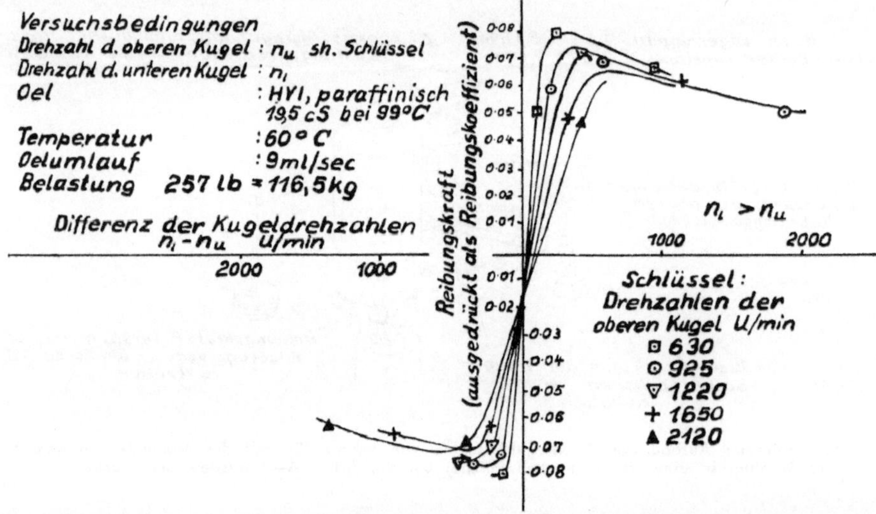

Bild 5. Reibungszahl in Abhängigkeit von der Gleitgeschwindigkeit in der Mitte der Hertzschen Fläche die proportional $n_l - n_u$ ist. Darstellung von Lane [3] aus Versuchen mit der Zweikugelmaschine

Gehen wir nochmals von dem schon diskutierten Fall des Drehpunktes (Poles) in der Mitte der Hertzschen Fläche aus, in dem die Reibungskraft Null sein müßte. Die Versuche zeigen hier aber ein Moment um die Achse A—B, das dem Bohrmoment in der Hertzschen Fläche gleich sein müßte. Dies deutete Lane bereits an. Die Abhängigkeit des auftretenden Bohrmomentes ohne Umfangskraft von der Rollgeschwindigkeit (bei den Versuchsreihen an dieser Stelle $n_l = n_u$ von 23,5 bis 79 cm/sec) scheint gering zu sein, da anscheinend alle 5 Versuchsreihen dasselbe Bohrmoment ergeben haben. Desgleichen hat sich die mit der Rollgeschwindigkeit auftretende Änderung in der Gleitgeschwindigkeit von v_{max} von 5,5 bis 18,5 cm/sec in der Hertzschen Fläche hier auch nicht ausgewirkt.

Die Abszisse des Diagramms ($n_l - n_u = 30\, v_0/\pi\, r$, worin r der halbe Abstand der beiden Kugeln — also konstant — ist) stellt die Gleitgeschwindigkeit v_0 in der Mitte der Hertzschen Fläche dar. Diese Differenz ist bei $n_l = n_u$ gleich Null, obwohl — wie bereits erwähnt — dann in der Hertzschen Fläche außerhalb der Mitte noch Gleiten auftritt. Wenn wir so weit von der Koordinaten-Mitte im Diagramm weggehen, daß der Pol der Drehbewegung außerhalb der Hertzschen Fläche liegt (bei den gezeichneten Versuchsergebnissen außerhalb $n_l - n_u = 160$ bis 558), so ist $n_l - n_u$ etwa proportional der mittleren Geschwindigkeit v_m, die dann in der Mitte der Hertzschen Fläche angenommen werden kann. Dann ist allerdings kein Punkt der Hertzschen Fläche mehr in ruhendem Kontakt, sondern die ganze Fläche in mehr oder minder großem Gleiten. Die maximale Gleitgeschwindigkeit ist in diesen Fällen:

$$v_{\text{gleit max}} = 73{,}7 \frac{n_l - n_u}{1000} + 4{,}315 \frac{n_l + n_u}{1000} \text{ [cm sec]}$$

und an den rechten Endpunkten der einzelnen Kurvenzüge

⊡	$n_u = 630$ U/min	$v_{\text{gleit max}} = 49{,}1$ cm/sec	$v_{\text{roll max}} = 34{,}2$ cm/sec
⊙	$n_u = 925$ U/min	$v_{\text{gleit max}} = 91{,}2$ cm/sec	$v_{\text{roll max}} = 52{,}3$ cm/sec
▽	$n_u = 1220$ U/min	$v_{\text{gleit max}} = 31{,}3$ cm/sec	$v_{\text{roll max}} = 53{,}2$ cm/sec
+	$n_u = 1650$ U/min	$v_{\text{gleit max}} = 58{,}1$ cm/sec	$v_{\text{roll max}} = 82{,}0$ cm/sec
▲	$n_u = 2120$ U/min	$v_{\text{gleit max}} = 47{,}0$ cm/sec	$v_{\text{roll max}} = 90{,}0$ cm/sec

Die maximalen Rollgeschwindigkeiten des Poles der Drehbewegung erreichen an denselben rechten Endpunkten der einzelnen Kurvenzüge die in der Tabelle angegebenen, verhältnismäßig geringen Werte. Man erkennt, daß die Variationen der Gleitgeschwindigkeit verhältnismäßig größer sind und hierin der Haupteinfluß zu suchen ist, wie er von Lane bereits herausgestellt wurde. Dies gilt für das Verhalten der einzelnen Kurven außerhalb der Maxima in größerer Entfernung vom Koordinatenanfangspunkt.

Welche Bedeutung kommt nun dem linearen Verhalten in der Nähe des Koordinatenursprungs des von Lane definierten Reibungskoeffizienten zu? Wie schon vorher erwähnt, liegt bei gleicher Drehzahl der oberen und unteren Kugel der Drehpunkt in der Mitte der Hertzschen Fläche, so daß aus polaren Symmetriegründen durch die Reibungskraftelemente keine Umfangskraft übertragen wird. Erst bei unterschiedlichen Drehzahlen wandert der Mittelpunkt der Bohrbewegung zwangsweise aus dem Zentrum heraus, wodurch die polare Unsymmetrie eine Reibungskraft hervorruft, die nach Berechnungen des Verfassers zuerst linear mit dem Polabstand anwächst, der wiederum bei der Auftragung dieser Versuche nur von dem Übersetzungsverhältnis n_l/n_u abhängt. Es steigt also mit dem Polabstand der von der Reibung als Umfangskraft nützlich verwendete und bei der Momentenwägung gemessene Anteil. Dieser Anteil kann aber über den Grenzwert, der durch die Reibungszahl in der Hertzschen Fläche gegeben ist, nicht hinausgehen und hat bei einer Lage des Poles am Rande der Hertzschen Fläche fast 0,90 des möglichen erreicht. Bei noch größerem Polabstand (oder hier auch Übersetzungsverhältnis) steigt die Ausnutzung nur noch langsam gegen 1,0 an.

Trägt man die Versuche über dem Übersetzungsverhältnis n_l/n_u auf, so sieht man, daß die Versuchsreihen ziemlich dicht zusammenrücken und auch in mittleren Teilen noch besser die Verminderung der Reibungszahl mit wachsender Gleitgeschwindigkeit in der Hertzschen Fläche wiedergeben.

Zusammenfassend kann zu der Auftragung der Versuche von Lane gesagt werden: In der Abszissenmitte müßte sich bei verschwindender Umfangskraft ein Bohrmoment ergeben. Rechts und links nimmt das dimensionslos gemachte, ausgewogene Moment infolge der steigenden Ausnutzung der Reibung für die Übertragung einer Umfangskraft in der Hertzschen Fläche zuerst linear zu bzw. ab. Der unterschiedliche Anstieg ist im wesentlichen geometrisch bedingt durch den verschiedenen Ausnutzungsgrad bei den einzelnen Versuchsreihen. Als allgemeines Ergebnis ist steigender Abfall der Reibungszahl mit wachsender Gleitgeschwindigkeit festzustellen, wie er nach dem Maximum weiterhin näherungsweise direkt ersichtlich wird.

Der praktische Bereich für die Ausnutzung in Regelgetrieben liegt aber aus Wirtschaftlichkeits- und Sicherheitsgründen bei etwa ²/₃ der Abszisse des Maximums, so daß je nach der auftretenden Gleitgeschwindigkeit bei diesem Öl mit einer ausnutzbaren Reibungszahl von 0,04 bis 0,06 bei einem auftretenden mittleren Gleitreibungsbeiwert von 0,06 bis 0,09 gerechnet werden kann. Leider tragen die gewählten geometrischen Bedingungen der Zweikugelmaschine etwas zu wenig den in Verstellgetrieben auftretenden Rechnung, weil die Abrollgeschwindigkeiten zu klein gewählt wurden.

In diesem Zusammenhang ist die Frage des anzuwendenden Schmiermittels neben den sonstigen Betriebsbedingungen von großer Bedeutung; denn der Reibungskoeffizient wird durch das Vorhandensein des Schmiermittels durch dessen Schmierfähigkeit maßgeblich beeinflußt. Die Forderungen an eine derartige Flüssigkeit sind u. a. folgende:

1. Verschleiß- und Korrosionsverhinderung,
2. relativ hohe aber sichere Reibungskräfte bei zulässiger Anpreßkraft (hohes μ),
3. gute Wärmeabfuhr,
4. Wärmebeständigkeit.

Schrifttum:

[1] Wernitz, W.: „Untersuchungen über Wälz-Bohrreibung. — Beitrag zur Bestimmung der Tangentialkräfte und Momente bei Hertzscher Pressung mit Punktberührung (mit bes. Berücksichtigung geschmierter mechanischer Reibgetriebe)."
Dissertation TH Braunschweig. Die vollständige Arbeit als Bd. 19 der Schriftenreihe Antriebstechnik im Verlag Friedr. Vieweg & Sohn, Braunschweig.

[2] Lutz, O.: „Grundsätzliches über stufenlos verstellbare Wälzgetriebe." Konstruktion, 7. Jahrgang (1955), Heft 10, S. 330—335.

[3] Lane, T. B.: (Shell, Thornton-le Moore, Chester, England). „The Lubrication of Friction Drives ASME paper No. 55—LUB—3, Vortrag auf der 2. Annual ASME-ASLE Lubrication Conference, Indianapolis, Indiana, U.S.A. vom 10.—12. Oktober 1955.

Lutz: Herr Wernitz hat eben ausgeführt, daß man in einer Hertzschen Fläche keine Umfangskräfte übertragen kann, wenn der Drehpol der Hertzschen Fläche mit der geometrischen Mitte der Hertzschen Fläche zusammenstimmt. Das ist eigentlich selbstverständlich, denn es verlaufen in diesem Falle ja alle durch die Reibung erzeugten Kräfte in Umfangsrichtung symmetrisch zur Mitte. Das bedeutet also — im allgemeinen denkt der Konstrukteur nicht daran —, daß niemals die Mitte der Hertzschen Fläche mit dem Drehpol übereinstimmt, wenn man an der Hertzschen Fläche Umfangskräfte überträgt, wobei sich in der Hertzschen Fläche gleichzeitig Drehungen ergeben. Auch in dem von Herrn Dr. Dittrich dargestellten Fall ergeben sich immer Drehungen in der Hertzschen Fläche. Der Drehpol wandert aus der Mitte der Hertzschen Fläche. Und wenn man nun das Bohrmoment und die Umfangskraft zusammenfügen will, dann kann man das rein mechanisch auch tun, indem man die Umfangskraft auf der entgegengesetzten Seite des Drehpols angreifen läßt. In einer solchen Hertzschen Fläche — die Mitte ist hier die geometrische Mitte der Hertzschen Fläche — ist der augenblickliche Drehpol senkrecht zur Bewegungsrichtung ausgewandert; auf der anderen Seite befindet sich der Kraftpol, der Angriffspunkt der Umfangskraft. Wenn man dieses Bild auf das Getriebe anwendet, dann ist schon ein Teil seines Schlupfes erklärt. Die nächsten Jahre werden gerade auf diesem Gebiet noch weitere Ergebnisse bringen.

Gauer: Es wäre erwünscht, zu dem in dem Vortrag von Herrn Dr. Bartel angekündigten „Ausblick auf das Stahl-Stahl-Lager" noch Einzelheiten zu erfahren.

Bartel: Es kann gesagt werden, daß uns die Forschung Schmieröl-Additive zur Verfügung gestellt hat, die erlauben, höchste Flächenpressungen nahezu verschleißfrei zu übertragen. Diese Tatsache kann mit mitgebrachten Mustern belegt werden. Die Sammlung enthält u. a. einen Bolzen, welcher 3 Stunden $4^1/_2$ t/cm^2 Flächenpressung ausgesetzt wurde. Es wird Ihnen kaum gelingen, die Laufspur zu erkennen. Diese Tatsache regte uns in Verbindung mit ehemaligen eigenen Untersuchungen an der Technischen Hochschule Graz mit K. Bauer an, diese Öle für Stahl-Stahl-Lager zu verwenden. Wir hätten damit endlich die Möglichkeit, ein Kurzlager höchster hydrodynamischer Vollendung zu bauen, weil ein solches Stahl-Stahl-Lager die mathematisch errechnete Spaltweite auf jeden Fall halten müßte; es würde sich nicht ausleiern, weil der Schmierstoff vermöge seiner Additive den Verschleiß praktisch auf Null senkt. Gemeinsame Versuche mit K. Bauer, Graz, beginnen im Frühjahr 1957.

Gauer: Handelt es sich bei dem Stahl-Stahl-Lager immer um ein Lager mit gehärteten Laufflächen?

Bartel: Die gezeigten Ergebnisse werden zunächst mit der Härte 63 Rockwell erzielt. Versuche mit einsatzgehärteten Materialien haben begonnen.

F. T. BARWELL und J. A. COLE

Faktoren für das Verhalten von Gleitlagerungen

(Übersetzung)

Einleitung

Das beste Lager ist nicht unbedingt das mit der kleinsten Reibung, sondern dasjenige, welches am besten für die Maschine geeignet ist, in die es eingebaut werden soll. Der Maschinenkonstrukteur muß also verschiedene Faktoren gegeneinander abwägen, wie z. B. Größe, leichten Zusammenbau, Kosten für Energieverluste, vor

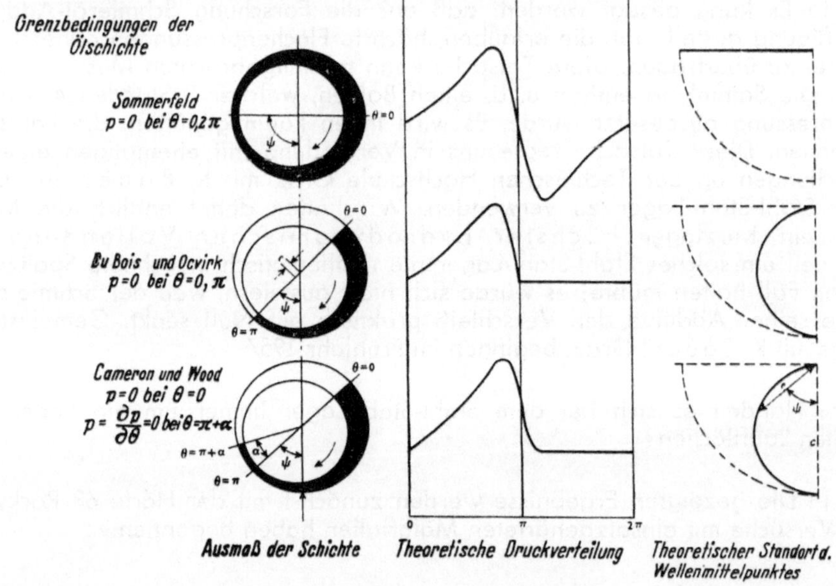

Bild 1. Analyse des 360° Gleitlagers

allem aber muß die Zuverlässigkeit der Arbeitsweise gewährleistet werden. Es ist nicht erstaunlich, daß bis vor kurzem der Tragfähigkeit von Lagern mehr Bedeutung zugemessen wurde als den Reibungsverlusten. Die Einführung der Gasturbine hat zu der Forderung nach Lagern geführt, die bei sehr hohen Umdrehungsgeschwindigkeiten bis 40000 U/min laufen sollen. Da die Energieverluste mit dem Quadrat der Geschwindigkeit zunehmen, haben Untersuchungen über Reibungsverluste sehr an Bedeutung gewonnen.
Die Voraussage der Lagerreibung ist aber sehr schwierig, da sie von der Zähigkeit abhängt, die ihrerseits sehr stark von der Temperatur abhängig ist. Letztere hängt

wieder von der Reibung und den Wärmeleitungsbedingungen des Lagers ab. Eine Wärmebilanz muß aufgestellt werden, in der sich zwei Kurven im Gleichgewichtspunkt schneiden. Eine dieser Kurven könnte die Energieverlustrate der Reibung, die andere die Wärmeableitungsrate mit der Temperatur in Beziehung setzen.

Um solche Kurven aufzuzeichnen, müssen bekannt sein:

das Ausmaß der Ölschichte,
die mittlere Zähigkeit der Ölschichte,
die Menge des Öldurchflusses durch das Lager,
die Wärmeableitungseigenschaften des ganzen Lagers.

Die Autoren haben den Eindruck, daß nicht genügend Versuchsmaterial vorliegt, um eine zuverlässige Abschätzung dieser Faktoren vorzunehmen. Es wurden daher Untersuchungen durchgeführt. Die vorliegende Arbeit beschreibt einige vorläufige Ergebnisse dieser Forschungen, die noch weiter fortgeführt werden.

In analytischen Betrachtungen über Ölschichtschmierung in einem 360° zylindrischen Zapfenlager ist es eine verlockende Vereinfachung vorauszusetzen, daß das Lagerspiel vollständig mit Öl gefüllt ist, d. h. daß die Ölschichte vollkommen und kontinuierlich ist. Diese Annahme wurde auch von Sommerfeld [1] gemacht, dessen Theorie für das stationär belastete, unendlich breite Gleitlager oft zitiert und auch oft kritisiert wurde. Seine Analyse, die auf einer druckerzeugenden Schichte fußt, die bei 0° anfängt und bei 360° endet, führt jedoch zu zwei Resultaten, die nicht mit Beobachtungen übereinstimmen, nämlich der Wahrscheinlichkeit von großen negativen Drücken auf der unbelasteten Seite des Lagers und der eines geraden, rechtwinklig zur Belastungsrichtung stehenden geometrischen Ortes des Wellenmittelpunktes (Bild 1).

Was auf den ersten Blick als eine sehr rohe Annahme erscheinen mag, führt zu einer bedeutenden Verbesserung der Theorie: wenn man nämlich die negativen Drücke, die zwischen 180° und 360° auftreten sollen, vernachlässigt, dann wird der geometrische Ort des Wellenmittelpunktes der wohlbekannten halbkreisförmigen Linie ähnlich, die man in der Praxis beobachtet, und die berechnete Belastungsfähigkeit wird zu einem Wert verringert, der dem wirklich erreichbaren näherkommt. Diese besondere Annäherung hat sich sehr vorteilhaft erwiesen, wenn sie auf ein idealisiertes, unendlich schmales Gleitlager angewendet wurde (DuBois und Ocvirk [2]), Bild 2.

In komplizierterer Darstellung [3, 4, 5] wird angenommen, daß die Druckverteilung sich zwischen 0° und 180° + α ausdehnt, so daß das Ende der Schichte bestimmt ist durch die Bedingung, daß sowohl der Druck als auch der Druckabfall an dieser Stelle gleich Null sind. Dies erfüllt die Bedingungen von kontinuierlichem Fluß und des Minimums der potentiellen Energie, obwohl es faktisch die Resultate nicht sehr verändert, da eine Korrektur für den Ölseitenverlust nun viel wichtiger ist.

Die Ausdehnung der Ölschichte, die bis jetzt hinsichtlich ihrer Beziehung zur Tragfähigkeit des Lagers und zu dem geometrischen Ort des Zapfenmittelpunktes besprochen wurde, beeinflußt auch den Reibungsverlust und den Seitenverlust des Ölflusses. Die Abänderungen, die oben beschrieben sind, wurden nicht auf die Abschätzung des Reibungsverlustes ausgedehnt, die noch immer, in allen hier zitierten Analysen, auf einer vollkommenen Ölschichte basiert, obwohl das

Fehlen von Druckabfällen, wo notwendig, in Betracht gezogen wird. Dies ist um so erstaunlicher, als ja, mit Rücksicht auf den kontinuierlichen Fluß, die Reibung, welche die Ölschichte erzeugt, nicht vollständig sein kann. Cole und

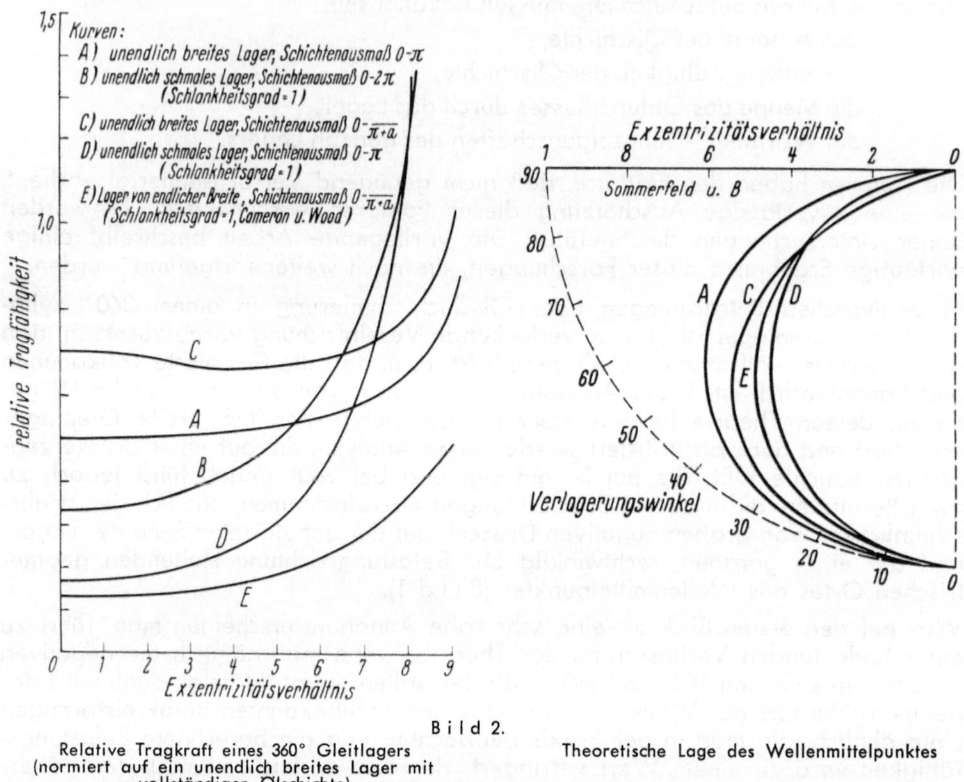

Bild 2.

Relative Tragkraft eines 360° Gleitlagers (normiert auf ein unendlich breites Lager mit vollständiger Ölschichte)

Theoretische Lage des Wellenmittelpunktes

Hughes [6] haben diese Tatsache ausführlich besprochen und gezeigt, daß die übliche Arbeitsweise zu einer Überschätzung des Reibungsverlustes führt; der wahre Wert liegt zwischen den Grenzen, die in Bild 3 gezeigt werden.

Der Seitenverlust des Ölflusses, der die Differenz darstellt zwischen dem Fluß, der am Anfang in die Schichte eintritt, und demjenigen, der sie am Ende verläßt, hängt sehr von dem Ausmaß der Ölschichte ab. Es stehen keine analytischen Resultate zur Verfügung, um dies direkt zu zeigen, aber ein Vergleich der Analysen für vollständige und unvollständige Lager zeigt den erwarteten Effekt (Bild 4): der Ölfluß ist verringert, wenn die Ausbildung der Ölschichte verzögert wird. Das zeigt sich aus der Verringerung der Schichthöhe, wenn sich der Schichtansatz von der Stelle des Maximums der Schichtdicke weg verschiebt, wie in den besprochenen Analysen für 360° Lager angenommen wird, und der daraus folgenden Verringerung des Ölflusses, der in die Schichte eintritt.

Eine Methode für die direkte Beobachtung der Ölschichte in 360° Gleitlagern

Wie im vorhergehenden Abschnitt gezeigt wurde, ist eine kontinuierliche Ölschichte in 360° Gleitlagern unwahrscheinlich, und das wirkliche Ausmaß der Schichte muß das Verhalten des Lagers beeinflussen. Die einzige befriedigende Methode zur

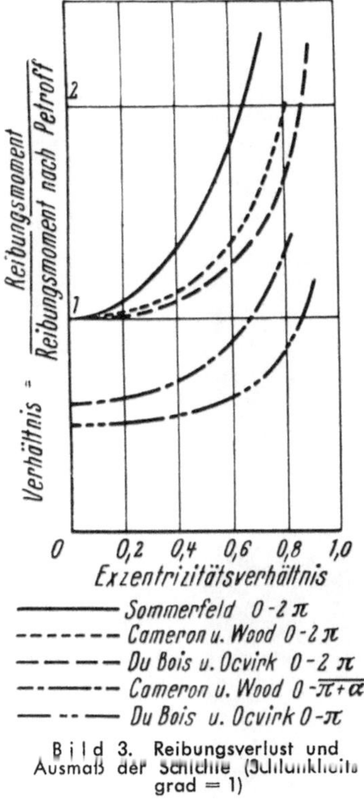

Bild 3. Reibungsverlust und Ausmaß der Schichte (Schlankheitsgrad = 1)

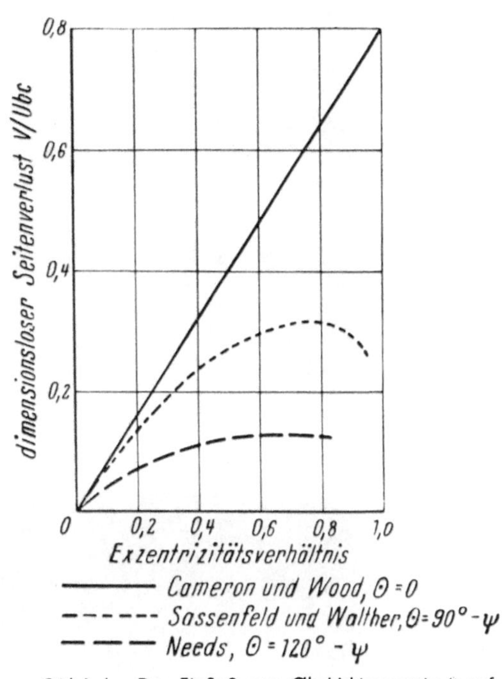

Bild 4. Der Einfluß von Ölschichtenansatz Θ auf den theoretischen Seitenverlust (Schlankheitsgrad = 1)

Feststellung des Ausmaßes der Ölschichte besteht in der direkten Beobachtung in einem durchsichtigen Lager, obwohl auch die Messung der Druckverteilung erkenntnisbringend sein kann. Die ersten Arbeiten mit durchsichtigen Lagern [7, 8, 9] verwendeten große relative Lagerspiele (z. B. wurden Bilder bei Vogelpohl mit einem Lagerspiel von 0,014 aufgenommen), niedrige Geschwindigkeiten und leichte Belastung, und sie waren größtenteils qualitativ. Cole und Hughes [6, 10] haben in Arbeiten aus dem Mechanical Engineering Research Laboratory eine befriedigende Methode für durchsichtige Lager entwickelt, bei der mit praktischen Werten von relativem Lagerspiel (Werte von 0,0005 bis 0,004 wurden untersucht), Belastung (bis zu 14 kg/cm²) und Geschwindigkeit (ein Lager von 25 mm Durchmesser wurde bei bis 15 000 U/min geprüft) gearbeitet wurde, und sie haben Ergebnisse erzielt, die hier besprochen werden sollen. Die Versuchsmethode war einfach: mit großer Genauigkeit hergestellte Glashülsen stellten die Prüflager dar, und man benutzte ein Schmieröl, das im ultravioletten Licht zum

Fluoreszieren gebracht werden konnte, wobei die Beleuchtung entweder fortwährend oder aufblitzend erfolgte. Die Schmierschichte erscheint dann als ein helles Gebiet, wenn es den Raum zwischen den Oberflächen der Lagerschale und des Zapfens vollkommen ausfüllt, und sie ist in scharfem Kontrast gegen die dunkleren Gebiete zu sehen, in denen ein teilweiser oder vollständiger Durchbruch der Ölschichte stattfindet. Einfache oder kinematographische Aufnahmen können dann gemacht werden, indem man Schnellfilm benutzt und 1/20 Sek. belichtet; bei elektronischem Aufblitzen ist die Belichtung ungefähr 150 Mikrosekunden. Wenn

Zuflußschichte

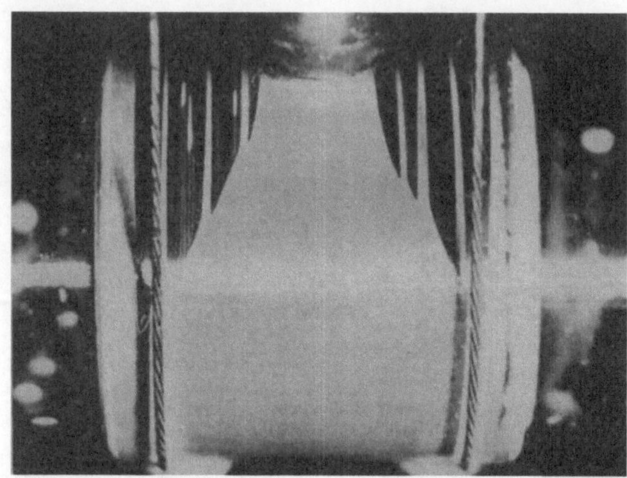

Ausflußschichte

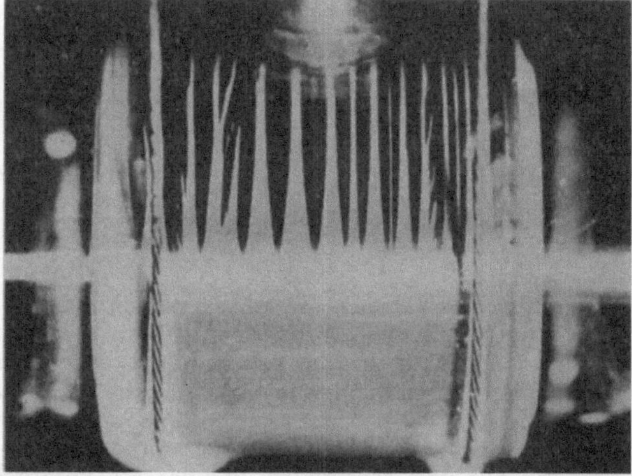

Bild 5. Typisches Bild der Ölschichte mit einem Ölloch, der Belastung entgegengesetzt. Schlankheitsgrad = 1, relatives Lagerspiel = 0,002, Umdrehungsgeschwindigkeit = 1500 U/min, Belastung = 5 kg/cm², Ölzufuhrdruck = 0,2 at

das Lager dynamisch belastet wird (zur Zeit wird eine sich einheitlich drehende und wechselnde Belastung bei 500 U/min untersucht), dann ist das elektronische Aufblitzen nicht genügend hell, sobald man die ultraviolette Lichtquelle stroboskopisch verwendet. Aber durch die Verwendung eines Phasenschalters, der durch die Belastung angeregt wird, kann mit Unterbrechungen und mit voller Belastungsperiode geblitzt werden, so daß man eine Reihe von Bildern erhält, welche die Belastungsperiode vollständig darstellen.

Der Einfluß der Versuchsbedingungen auf das Ausmaß der Ölschichte: Stationär belastetes Lager

Im Laufe des Vortrages wurden die Veränderungen des Ausmaßes der Ölschichte in einem Lager mit stationärer Belastung mit Hilfe eines Filmes gezeigt, aus dem die Bilder 5, 6, 7, 9, 10, 11 und 14 entnommen sind. Wenn das Lager unter leichter Belastung läuft, dann ist die Ölschichte vollständig, und es ergeben sich wahrscheinlich — wie von Sommerfeld vorausgesagt — unteratmosphärische Drücke in dem unbelasteten Teil. Erhöht man die Belastung, dann führen diese Unterdrücke zu Kavitationen der Schichte, und der Film ist nur auf der belasteten Seite des Lagers vollständig. Öl, das in das Lager durch ein Schmierloch in der der Belastung entgegengesetzten Seite einfließt, bewegt sich in einem sich verbreitenden Strom, bis es die volle Breite des Lagers ausfüllt. Die Ölschichte von voller Breite bleibt bis ungefähr 180° erhalten, wird dann kavitiert, bildet lange Ölfäden, die durch Luftblasen getrennt sind und den Rest des Lagerumfanges relativ ungestört durchfließen, um sich dann mit dem einfließenden Öl zu vereinigen (Bild 5). Das Kavitationsbild ist frei von Schaum und ziemlich ungestört; die Ölfäden sind bei größeren Exzentrizitätsverhältnissen dünner und zeigen kleinere Abstände. Zu bemerken ist, daß die Seiten des Lagers durch einen Ölmeniskus abgeschlossen sind, der sich vollständig über 360° ausdehnt.

Wenn man den Druck der Ölzufuhr erhöht, dann verbreitet sich die Zuflußschichte und erreicht die volle Breite etwas früher. Unter der Bedingung von niedriger Geschwindigkeit, hohem Druck und großem Lagerspiel kann sich die Zuflußschichte sogar in das Ausflußgebiet des Lagers ausdehnen. Die Stelle des Durchbruches der Ausflußschichte wird dadurch jedoch nicht verändert (Bild 6).

Wenn man den Zufuhrdruck auf Null verringert, dann verändert sich das Ausmaß der Schichte zuerst nicht sehr, die Zuflußschichte wird umgekehrt (Bild 7), so daß Öl von dem Meniskus auf beiden Seiten des Lagers hereingezogen wird. Versiegt nun schließlich auch diese Quelle, dann verkürzt sich die Schichte drastisch (Bild 7), aber sogar dann ist noch eine hydrodynamische Wirkung möglich, da der Meniskus noch Öl enthält, der Seitenverlust verringert und ein hohes Exzentrizitätsverhältnis vorhanden ist.

Es ist interessant, das beobachtete Ausmaß der Schichte von voller Breite mit dem theoretischen Ausmaß der Schichte unter positivem Druck zu vergleichen. Dies ist in Bild 8 für ein Lager dargestellt, in dem der Schlankheitsgrad eins ist. Die Stelle der Kavitation der Ausflußschichte liegt um ungefähr 25° später als die theoretisch errechnete, außer bei sehr leichter Belastung, bei der die Schichte vollständig ist. Dieser Unterschied wurde genau untersucht, da er ja auch von Fehlern in den

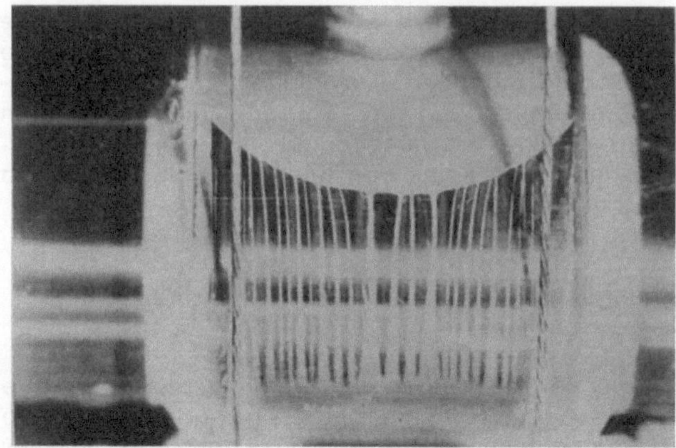

Bild 6.

Ausflußschichte mit Rückfluß

Schlankheitsgrad = 1
relatives Lagerspiel = 0,0028
Umdrehungsgeschwindigkeit = 500 U/min
Belastung = 7 kg/cm²
Ölzufuhrdruck = 1,7 at

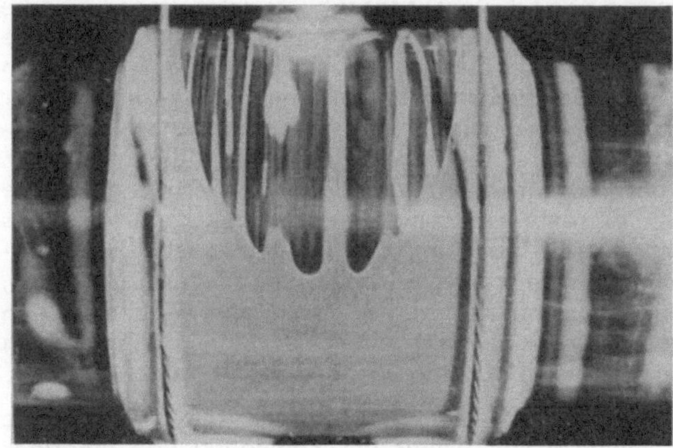

Bild 7.

Zuflußschichte mit ungenügend Öl

a) Ölzufluß vom Meniskus

b) kein Ölzufluß vom Meniskus

experimentellen Messungen — besonders denen des Lagerspiels — und von dem angenommenen Zähigkeitswert abhängen könnte. Er scheint aber wirklich zu bestehen. Die theoretische Kurve in Bild 8 hängt von dem theoretisch bestimmten Verlagerungswinkel ab; im allgemeinen aber wird damit die Verspätung des Schichtenendes unterschätzt, da sowohl Experiment wie auch Theorie anzeigen, daß der wirkliche Verlagerungswinkel durch den Einfluß der Temperatur verringert wird. Die wahrscheinlichste Erklärung der Verspätung der Kavitation ist, daß ihr ein Gebiet von unteratmosphärischem Druck vorausgeht. Dieses Vorhandensein von unteratmosphärischem Druck von ungefähr 0,2 at kann gezeigt werden.

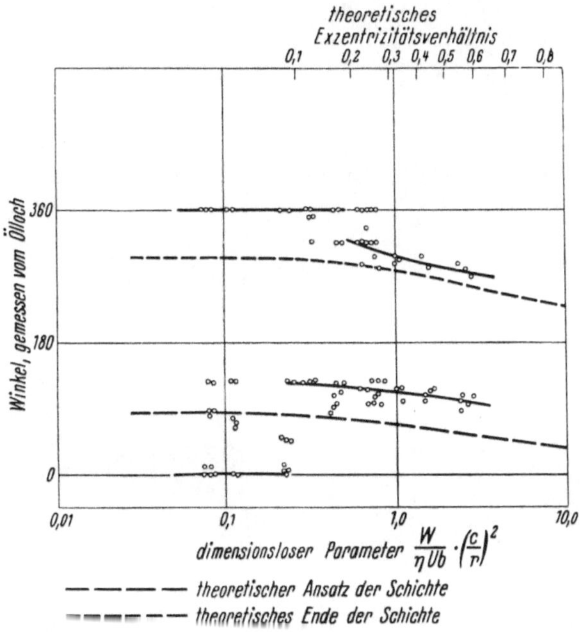

Bild 8. Winkelmäßige Ausdehnung der vollständigen Ölschichte (Schlankheitsgrad = 1)

Der beobachtete Anfang der vollständigen Schichtbreite ist auch später theoretisch berechnet worden. Die Differenz schwankt mit den Versuchsbedingungen in einem Umfange, der schon qualitativ beschrieben wurde. Bei leichter Belastung ist die Schichte vollständig, aber der Übergang von einer unvollständigen zu einer vollständigen Schichte ist nicht scharf definiert.

Der Einfluß der Form des Öleinganges wurde bisher nur in Vorversuchen überprüft. Eine vollständige Ringnut wurde von manchen Theoretikern angenommen, um die Ausbildung einer vollständigen Schichte zu gewährleisten. Das stimmt aber nicht mit den Tatsachen überein, wie aus Bild 9 zu ersehen ist, da die Form der Schichte derjenigen für ein einzelnes Ölloch entspricht.

Eine axiale Nut verändert gleichfalls nicht das Schichtenbild, außer bei hohen Ölzufuhrdrücken, bei denen eine vollständige Zuflußschichte gebildet wird (Bild 10). Wenn nun die Lagerschale auf der Zuflußseite so ausgebildet wird, daß eine sehr breite Axialnut entsteht, dann ist wieder ein sehr großer Zufuhrdruck notwendig, damit dieser Teil des Lagers mit Öl volläuft (Bild 11).

Lager von verschiedenen Schlankheitsgraden — im Bereich zwischen 0,5 und 1,5 — wurden untersucht, aber dieser Faktor scheint keinen besonderen Einfluß auf die Abweichungen des beobachteten Schichtenausmaßes von den theoretischen Werten zu haben.

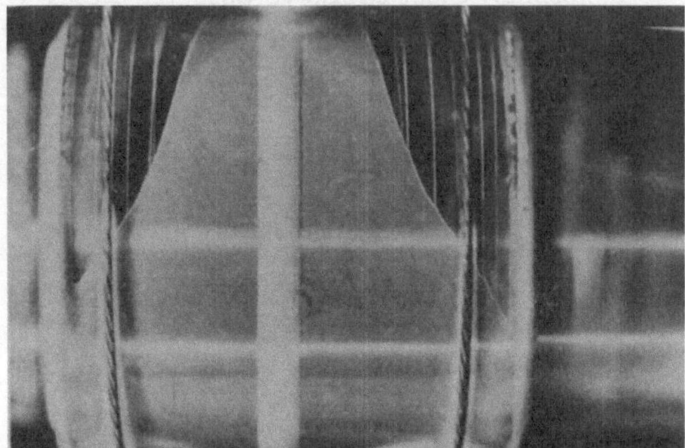

Zuflußschichte

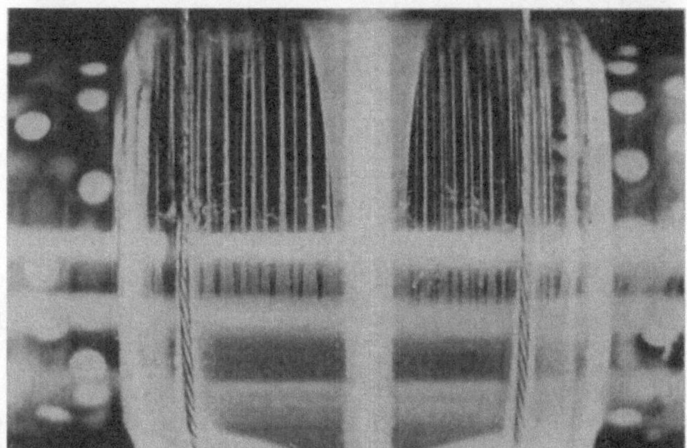

Ausflußschichte

Bild 9. Bild der Ölschichte mit 360° Ringnut. Schlankheitsgrad = 1, relatives Lagerspiel = 0,002, Umdrehungsgeschwindigkeit = 1500 U/min, Belastung = 6 kg/cm², Ölzufuhrdruck = 0,2 at

Ölfluß durch Seitenverlust

Der Ölfluß in einem Lager bewirkt das Abfließen der Reibungswärme — und in manchen Fällen wird die ganze Reibungswärme auf diese Weise entfernt —, und es ist daher wünschenswert, ihre Größenordnung voraussagen zu können.

Wie schon bemerkt, sollte der hydrodynamische Fluß der Seitenverluste theoretisch sehr stark von dem Ausmaß der Ölschichte abhängen. Dies wurde zum Teil

Ölzufuhrdruck
0,04 at
Zuflußschichte

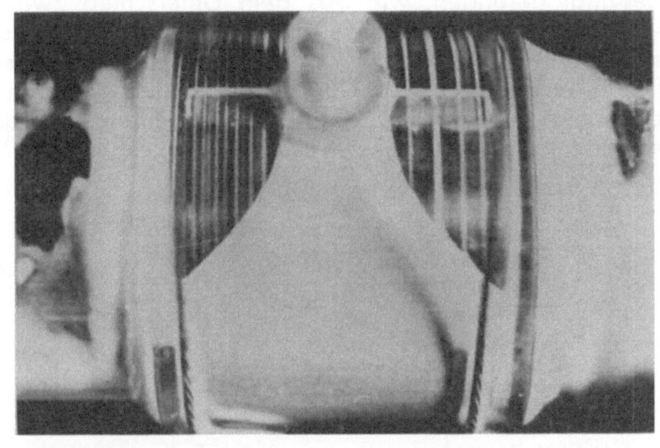

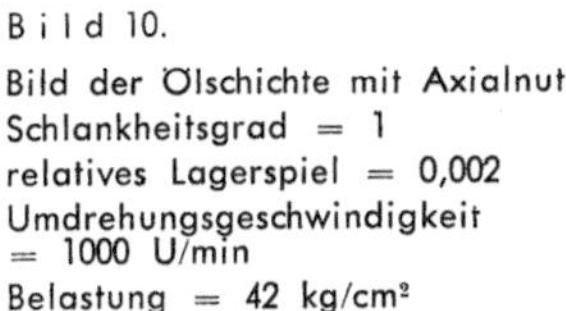

Bild 10.
Bild der Ölschichte mit Axialnut
Schlankheitsgrad = 1
relatives Lagerspiel = 0,002
Umdrehungsgeschwindigkeit = 1000 U/min
Belastung = 42 kg/cm²

Ölzufuhrdruck
1,5 at
Zuflußschichte

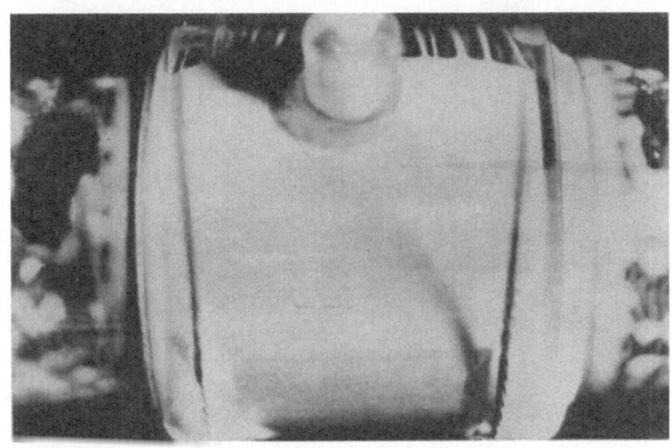

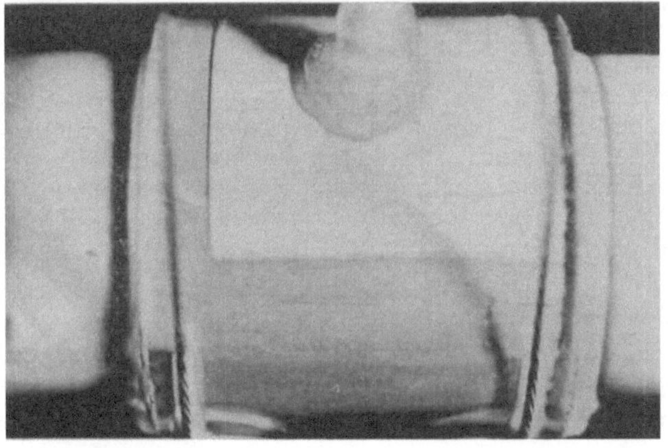

Bild 11.
Bild der Ölschichte bei genischter Schale
Zuflußschichte, Schlankheitsgrad = 1
relatives Lagerspiel = 0,002
Umdrehungsgeschwindigkeit = 1000 U/min
Belastung = 2 kg/cm²
Ölzufuhrdruck = 1,5 at

bestätigt gefunden, wie aus dem Unterschied zwischen dem gemessenen Fluß — extrapoliert zum Ölzufuhrdruck gleich Null — und dem theoretischen Fluß zu sehen ist (Bild 12). Man kann aber annehmen, daß dieser Unterschied nur scheinbar ist, da durch Abfluß von Überdruckgebieten über den Meniskus auf beiden Seiten des Lagers und Wiedereintritt in die Schichte in Unterdruckgebieten ein Ölkreislauf stattfinden könnte. Dieser Fluß würde nicht in der Messung des Seitenverlustes erfaßt werden.

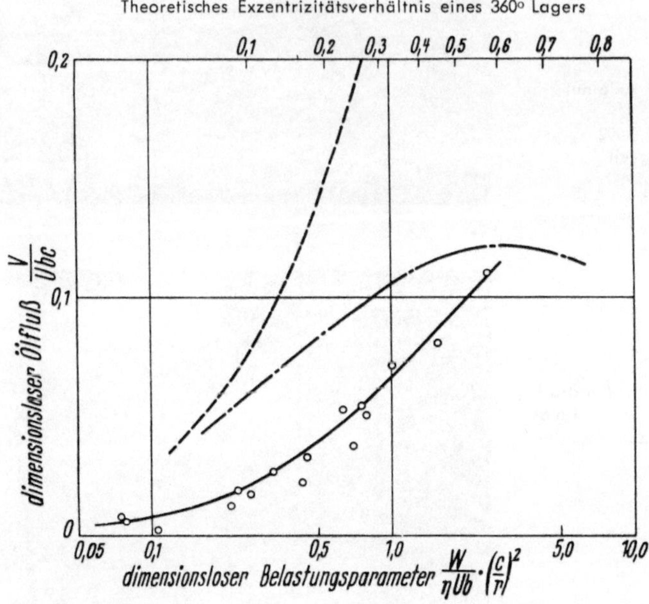

----- theoretischer Seitenverlust eines 360° Lagers, —·— theoretischer Seitenverlust eines 120° Lagers

Bild 12. Anteil des Ölflusses bei Zufuhrdruck gleich Null. Schlankheitsgrad = 1, relatives Lagerspiel = 0,0012

Wenn man den Zufuhrdruck erhöht, steigt der Ölfluß ziemlich linear an (Bild 13). Das gestattet, den Fluß als aus zwei Teilen gebildet anzusehen: einem Teil, der von der hydrodynamischen Wirkung und einem anderen, der von dem Zufuhrdruck erzeugt wird, Die Gültigkeit dieser Deutung — obwohl theoretisch nicht sehr gut begründet — ist von einer Anzahl von Forschern als in der Praxis anwendbar angesehen worden [6, 7, 11]. Anderen Forschern [2] ist es gelungen, den Gesamtfluß mit einem einzigen Parameter — wieder empirisch — in Beziehung zu bringen. Aber die Frage der Voraussage des Ölflusses bleibt heute noch ein unvollkommen erforschtes Problem.

Der Einfluß der drehenden Belastung

Gleitlager, die unter dynamischer Belastung arbeiten, sind wohl viel zahlreicher als die mit stationärer Belastung. Da sie aber sowohl theoretisch als auch versuchsmäßig ein kompliziertes Problem darstellen, hat die Forschung ihnen weniger

Aufmerksamkeit geschenkt. In den wenigen vorhandenen theoretischen Betrachtungen ist das mögliche Auftreten von Kavitation meistens vernachlässigt worden [12, 13, 14].

Die Untersuchungen über das beschriebene Ausmaß der Ölschichte bei stationär belasteten Lagern [6, 10] wurden nun auf Lager mit drehender oder wechselnder Belastung ausgedehnt. Es wurde festgestellt, daß Kavitation auch in diesen Fällen auftritt; immerhin bei der untersuchten Frequenz von 500 Z/min und in einer Art

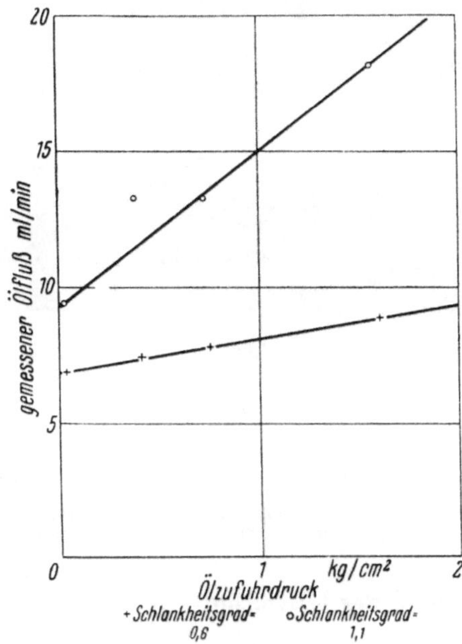

Bild 13. Einfluß von Zufuhrdruck auf den gesamten Ölfluß. Umdrehungsgeschwindigkeit = 5000 U/min, Belastungsparameter = 0,4

ähnlich der bei stationärer Belastung. Die Form der Ölschichte entspricht völlig den Erwartungen, wenn man annimmt, daß das Verhältnis der mittleren Fließgeschwindigkeit des Öles zu der Belastungsgeschwindigkeit bestimmt ist durch:

$$\frac{\text{Zapfengeschwindigkeit}}{2} - \text{Belastungsgeschwindigkeit}$$

Das bedeutet: Ist die Belastungsgeschwindigkeit kleiner als die halbe Zapfengeschwindigkeit, dann ist die Form der Ölschichte dieselbe wie für stationäre Belastung; und wenn die Belastungsgeschwindigkeit der Zapfengeschwindigkeit gleich ist, dann ist die Form der Ölschichte dieselbe wie für stationäre Belastung, aber in umgekehrter Richtung (Bild 14). Bei dem kritischen Verhältnis, d. h. wenn die Belastungsgeschwindigkeit gleich der halben Zapfengeschwindigkeit ist, sagt die Theorie einen Zusammenbruch der hydrodynamischen Schmierung voraus. Praktisch bleibt sie aber erhalten. Eine geordnete Form der Ölschichte kann jedoch nicht beobachtet werden, und aus der kleinen Intensität der Fluoreszenz ist zu schließen, daß das Minimum der Schichtdicke sehr klein ist. Örtliche Unebenheiten verursachen an manchen Stellen den Zusammenbruch der Schichte. Aus diesen Vorversuchen kann man schon herleiten, daß der Zufuhrdruck eine sehr wichtige Rolle spielt. Versuche mit einer vollständigen Ringnut haben aber gezeigt, daß ein hoher Zufuhrdruck nicht immer eine vollständige Schichte sicherstellt.

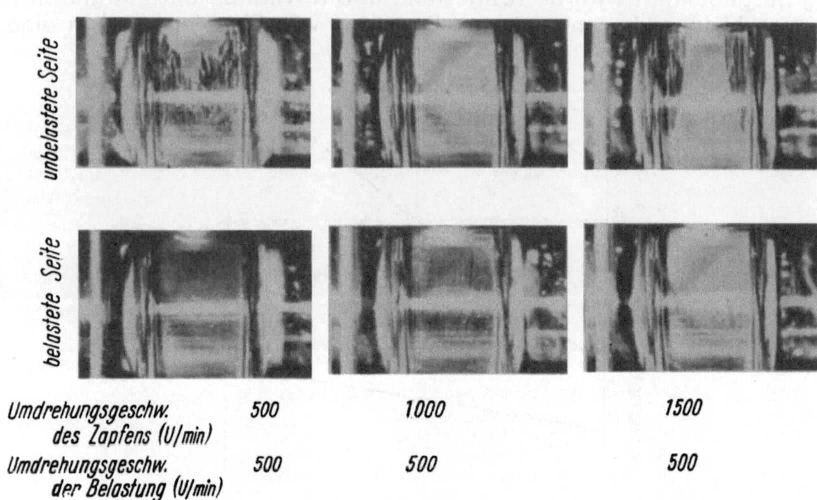

Schlankheitsgrad = 1, relatives Lagerspiel = 0017, Ölzufuhrdruck = 0,24 at

Bild 14. Ausmaß der Ölschichte bei drehender Belastung (Last 3,5 kg/cm²) dreht sich in dieselbe Richtung wie der Zapfen, in den Bildern von oben nach unten

Lagerwirbeln und das Ausmaß der Ölschichte

Die Drücke in der flüssigen Schichte können bei einem stationär belasteten Lager zu Schwingungen führen, da ja die Masse des Lagers in Wirklichkeit von einer nichtlinearen Feder mit zäher Dämpfung getragen ist. Einfache theoretische Betrachtungen führen zu dem Schluß, daß ein Wirbeln des Lagers mit einer Frequenz gleich oder ein wenig kleiner als die halbe Zapfengeschwindigkeit einsetzen könnte. Obwohl ein großer Aufwand mit theoretischen und experimentellen Forschungen betrieben wird, existiert heute noch keine verläßliche Methode, um vorauszusagen, unter welchen Bedingungen Wirbeln einsetzen kann.

Im Laufe der Versuche über das Ausmaß der Ölschichte wurde immer beobachtet, daß Wirbeln bei leichter Belastung erzeugt werden konnte. Wenn aber die Ölschichte vollständig und die Belastung einmal groß genug war, um nun Schichtendurchbruch — wie in Bild 5 dargestellt — zu erzeugen, dann kam Wirbeln nicht mehr vor. Bei Geschwindigkeiten von 2000 U/min wurde Wirbeln als ein regelmäßiges Aufflackern der fluoreszierenden Ölschichte beobachtet. Bei kleiner Geschwindigkeit kann die gleichmäßige Rotation bei halber Zapfengeschwindigkeit in einem dunklen Gebiet, welches das Minimum der Schichtdicke darstellt, klar gesehen werden. Die Schichte wird aber — abgesehen von einigen zufälligen Luftblasen — nicht durchbrochen. Bei hohen Geschwindigkeiten wurden eine Kapazitätssonde und ein Oszillograph benutzt, um die durch das Wirbeln hervorgerufenen periodischen Veränderungen der Schichtdicke aufzuzeichnen. Dabei wurde gleichzeitig die Geschwindigkeit aufgezeichnet, um die relative Frequenz festzustellen. Eine Reihe von Versuchen wurde mit Geschwindigkeiten von 200 bis 5000 U/min bei relativen Lagerspielen im Bereiche von 0,0011 bis 0,0041 in einem Lager von 25 mm Breite und 25 mm Durchmesser gemacht. Hierbei veränderte man die Frequenz des

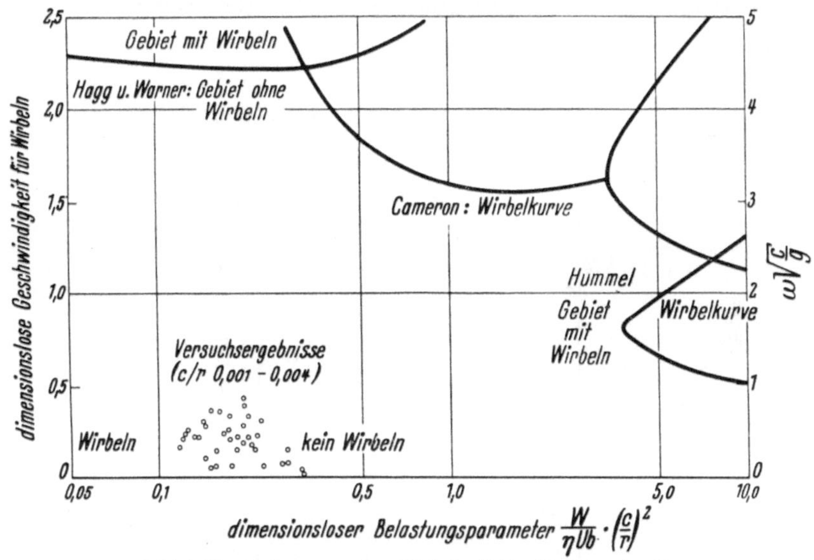

B i l d 15. Bedingungen für Wirbeln (Schlankheitsgrad = 1)

Wirbelns innerhalb der engen Grenzen von 48 bis 50,6% der Zapfengeschwindigkeit, und man fand, daß Wirbeln immer bei einem ungefähr konstanten Wert des Belastungsparameters $\frac{W}{\eta U b}\left(\frac{c}{r}\right)^2$ gleich 0,2 einsetzte. Dies scheint auch der Zustand zu sein, in dem sich die vollständige Schichte umwandelt (B i l d 5). Die Versuchsergebnisse und ihre Beziehung zur bestehenden Theorie [15, 16, 17] sind in B i l d 15 wiedergegeben.

Andere Forscher haben Wirbeln auch bei höheren Werten des Belastungsparameters beobachtet. Obwohl es nicht gelungen ist, ihre Ergebnisse in der vorliegenden Versuchsanordnung zu reproduzieren, erscheint es vernünftig anzunehmen, daß Wirbeln nur unter der Bedingung leichter Belastung vorkommen kann. Es ist jedoch wahrscheinlich, daß die zwei Arten von Wirbeln sich voneinander unterscheiden, und daß die von uns erforschte Art von der S o m m e r f e l d schen Druckverteilung herrührt, obwohl — wie schon früher bemerkt — dieselben Versuchsbedingungen trotz Vorhandenseins einer vollständigen Ölschichte manchmal stabile Arbeitsweise bewirkten. Eine wichtige Beobachtung in diesen Versuchen war, daß durch Schwingungen in anderen Teilen der Versuchsapparatur zufällig andere Arten von Wirbeln entstanden. Sie konnten aber verhindert werden, indem man das Belastungssystem möglichst einfach und aperiodisch machte. Die Eigenfrequenz des Zapfens selber war sehr hoch, ungefähr 2×10^5 Z/min.

Temperaturveränderungen in der Lagerölschichte

Ein Großteil der Unsicherheiten im Vergleich des Lagerverhaltens mit der Theorie stammt von den Temperatur- und Zähigkeitsveränderungen in der Ölschichte, besonders da ja nach der hydrodynamischen Theorie immer eine konstante Zähigkeit angenommen wird. Parallel zu den beschriebenen Versuchen über das Ausmaß der Ölschichte wurden auch Versuche über die Temperaturverteilung in einer Lagerschale durchgeführt, wobei eine automatische Registriertechnik benutzt wurde.

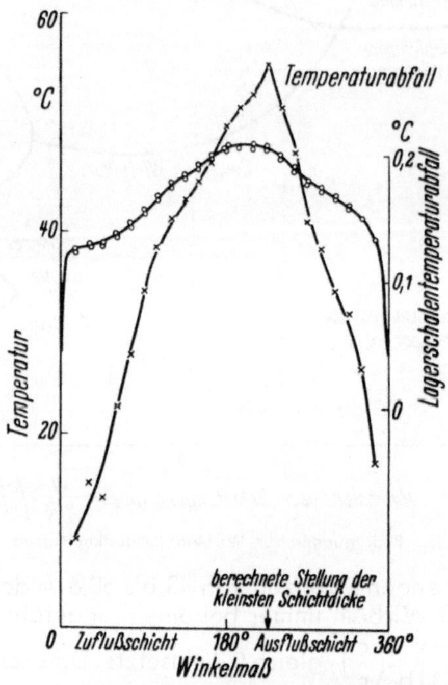

Bild 16. Temperaturmessungen auf einem 360° Zapfenlager. Lagerschale 50 mm Durchmesser, 25 mm Breite, 0,1 mm Lagerspiel, Belastung 20 kg/cm², Umdrehungsgeschwindigkeit 1655 U/min, PL-Zufuhrdruck 3,4 at

Durch Anwendung einer ringförmigen und radialen Anordnung von 92 Thermokuppeln konnten Werte für die Oberflächentemperatur auf der Lagerschale (durch Extrapolieren) und für die Temperaturgradienten erhalten und auf diese Weise viele Kenntnisse über die thermischen Bedingungen in einem Lager gewonnen werden.

Eine Anzahl von Vorergebnissen soll nun besprochen werden. Es wurde gefunden, daß — im Gegensatz zu den praktischen Annahmen, die gewöhnlich gemacht werden — in einem Lager von 25 mm Breite und 50 mm Durchmesser bei Geschwindigkeiten von 11 000 U/min der Ölfluß nur 50% oder weniger der durch Reibung erzeugten Wärme ableitete. In den untersuchten Lagern wurde das Öl unter einem Druck von 3,4 at durch ein einziges Ölloch zugeführt. Veränderungen im Ölzufuhrsystem — um mehr Öl durchfließen zu lassen — konnten den Anteil der Wärme erhöhen, der auf diese Weise weggeleitet wird.

Die Beobachtung anderer Forscher, der zufolge durch Temperaturmessungen auf die Stelle des Minimums der Schichtdicke geschlossen werden kann, wurde bestätigt gefunden: sowohl die Oberflächentemperatur der Lagerschale als auch der radiale Temperaturgradient erreichen ein Maximum an dieser Stelle (Bild 16). Der Temperaturgradient in der Lagerschale erreicht, wie ersichtlich, einen Höchstwert von ungefähr 0,25 °C/mm, der einem radialen Gradienten von etwa 80 °C/mm in der Ölschichte entspricht. Aus der Abbildung kann klar ersehen werden, daß die gewöhnliche Annahme, die Zähigkeit sei sowohl in radialer als auch in peripherer Richtung konstant, nicht stichhaltig ist.

Eines der Ziele dieser Untersuchung war, eine empirische Beziehung zu finden zwischen den Temperaturen des Ölzu- und -abflusses, der Schalentemperatur an der Stelle des Lastansatzes und einer typischen Temperatur, die für die Theorie der konstanten Zähigkeit rechnerisch verwendet werden könnte. Die bisherigen Ergebnisse sind aber nicht einheitlich genug, und die Schalentemperatur kann faktisch als die typische Temperatur betrachtet werden.

Diskussion und Schlußbemerkungen

Wenn man zuerst die Frage der Vorausbestimmung des Verhaltens von Lagern unter stationärer Belastung betrachtet, erkennt man, daß einfache Beziehungen, wie in der Einleitung dargestellt, hierfür nicht gefunden wurden. Insbesondere hat sich die oft verwendete Annahme, daß die ganze Wärme durch das Öl weggeführt wird, als eine große Vereinfachung erwiesen.

Es ist jedoch notwendig, die Dimensionsverhältnisse von Lagern zu bestimmen — ein Entwurf macht während seiner Entwicklung meistens weitere Fortschritte — und durch eine Reihe von übereinstimmenden — obwohl nur angenäherten — algebraischen Ausdrücken das Verhalten von Lagern zu beschreiben. Damit kann der Einfluß von Veränderungen der Dimensionsverhältnisse oder der Beanspruchung vorausgesagt, und es können nützliche vergleichbare Ergebnisse erhalten werden. Dies wurde — auf der Basis der Analyse von DuBois und Ocvirk — von einem der Autoren [18] vorgeschlagen.

Obwohl keine quantitative Übereinstimmung zwischen der angenäherten Theorie und den hier beschriebenen Versuchen besteht, ermahnen die Unterschiede zu größerer Vorsicht. Die Feststellung z. B., daß sogar 50% der erzeugten Wärme durch das Lager abgeführt wird, bedeutet, daß das Lager kühler arbeitet, als von der angenäherten Theorie vorausgesagt wird. Die Tatsache, daß die Ölschichte unvollständig ist, führt zu einem ähnlichen Ergebnis.

Ein Lager ist größtenteils ein selbstadjustierendes System. Betrachtet man z. B. ein Lager bei stationärer Belastung und einem mittleren Wert des Exzentrizitätsverhältnisses, dann ergibt sich folgendes: Wird die Belastung erhöht, dann wächst auch das Exzentrizitätsverhältnis, und die Erwärmung durch Reibung wird auch erhöht. Aber die Menge des Öldurchflusses wird auch erhöht — wie aus Bild 12 ersichtlich —, und ein neuer Gleichgewichtszustand wird bald erreicht.

Betrachtet man nun eine Erhöhung der Umdrehungsgeschwindigkeit, dann würde dies zuerst das Exzentrizitätsverhältnis verringern. Der Ölfluß würde proportional mit der Geschwindigkeit anwachsen und mit dem Exzentrizitätsverhältnis abnehmen. Da die erzeugte Wärme dem Quadrat der Geschwindigkeit proportional ist, wird mehr Öl durch das Lager hindurchgezogen. Die Temperatur steigt und verursacht eine Verringerung der Zähigkeit. Dies hat nun zwei Folgen: erstens wird die Rate der Reibungswärmeerzeugung verringert, und zweitens wird der Ölfluß erhöht. Diese beiden Effekte verursachen einen neuen Gleichgewichtszustand, in dem das Lager bei einer höheren Temperatur läuft. Manche Forscher haben auch gefunden, daß es beinahe unmöglich ist, den Wert des Belastungsparameters durch Veränderungen der Umlaufgeschwindigkeit zu verändern. Der steile Abfall der Zähigkeit von Mineralschmierölen ergibt zusammen mit dem Verhalten der Exzentrizität von Lagern ein sich selbst einstellendes System, das sich gut verhalten kann, obwohl das Lager nach einem nicht richtigen Entwurf hergestellt wurde. Man kann jedoch nicht garantieren, daß die Reibungsverluste möglichst klein sind. Mit der zunehmenden Bedeutung von Maschinen, die mit hohen Geschwindigkeiten laufen, wird die weitere Entwicklung von Lagerkonstruktionen notwendig werden. Es kann erwartet werden, daß derartige Versuche, über die in dieser Arbeit berichtet wurde, schließlich zur Entwicklung von genaueren Verfahrensregeln für den Entwurf von Lagern führen werden.

Zeichenerklärung:

b = Lagerbreite
c = radialer Lagerspalt
d = Zapfendurchmesser
e = Exzentrizität
g = Erdbeschleunigung
p = Druck der Schichte
r = Halbdurchmesser des Zapfens
U = Oberflächengeschwindigkeit
V = volumetrischer Fluß
W = Belastung
η = Zähigkeit
Θ = Winkelkoordinate
$\pi f \alpha$ = Winkelkoordinate des Schichtenendes $\left(\text{wo } p = \frac{\partial p}{\partial \Theta} = 0\right)$
ψ = Verlagerungswinkel
ω = Winkelgeschwindigkeit

Schrifttum:

[1] Sommerfeld, A.: Zeitschrift für Mathematik und Physik **50** (1904), S. 97.
[2] DuBois, G. B. und F. Ocvirk: N.A.C.A. Report Nr. 1157 (1953).
[3] Swift, H. W.: Proc. Inst. Civil Engrs. **233** (1931), S. 267.
[4] Cameron, A. und W. L. Wood: Proc. Inst. Mech. Engrs. **161** (1949), S. 59.
[5] Sassenfeld, H. und A. Walther: VDI-Forschungsheft Nr. 441 (1954).
[6] Cole, J. A. und C. J. Hughes: Proc. Inst. Mech. Engrs. **170** (1956), Nr. 17.
[7] Barnard, D. P.: Ind. and Eng. Chem. **18** (1926), S. 460.
[8] Vogelpohl, G.: VDI-Forschungsheft 386 (1937).
[9] Kolano, F. J.: Product Engineering **25** (1953), Nr. 10, S. 162.
[10] Cole, J. A. und C. J. Hughes: Engineering **179** (1955), S. 530.
[11] McKee, S. A.: Trans. Amer. Soc. Mech. Engrs. **74** (1952), S. 841.
[12] Harrison, W. J.: Trans. Camb. Phil. Soc. **22** (1919), S. 373.
[13] Swift, H. W.: II. Inst. Civil Engrs. **5** (1936/37), S. 161.
[14] Ott, H.: Dissertation, E.T.H. Zürich 1948.
[15] Hummel, C.: VDI-Forschungsheft 287 (1926).
[16] Hagg, A. C. und P. C. Warner: Trans. Amer. Soc. Mech. Engrs. **75** (1953), S. 1339.
[17] Cameron, A.: Engineering **179** (1955), S. 237.
[18] Barwell, F. T.: Lubrication of Bearings. Butterworths, London (1956), S. 152.

Aussprache

Kollmann: Herr Dr. Barwell hat eine neuartige Form von Versuchen demonstriert. Es ist ihm gelungen, mit Hilfe dieser durchsichtigen Lager die Verteilung des Ölfilmes auf den Zapfen darzustellen, vor allem die Einflüsse der Belastung, des Druckes, der Temperatur und auch der Lage der Ölbohrung aufzuzeigen.
Bisher sind über diese Glaslager wohl noch keine Veröffentlichungen erschienen?

Barwell: Eine Veröffentlichung steht kurz bevor.

Kollmann: Um so interessanter sind die Ergebnisse. Sie zeigen deutlich, wie der Ölfilm — vor allem bei zunehmender Belastung — in der Druckzone wesentlich schwächer wird. Damit wird in der Zone gegenüber der Belastung der Raum sehr viel größer. Durch die Umfangsgeschwindigkeit des Zapfens wird das Öl aus der Bohrung herausgezogen und nach dem mittleren Teil der Lagerfläche konzentriert, eine Erscheinung, die durchaus verständlich ist. Mit zunehmendem Öldruck verschwindet diese Erscheinung dann wieder; der Ölfilm hat sich weiter auch in der unteren Eingriffszone des Lagers ausgedehnt. Diese Beobachtung führt zweifellos zu der Auffassung, daß eben das druckölgeschmierte Lager das richtige Lager ist.

Kirschke: Wurden die Temperaturmessungen in der Schmierschicht oder in der Lagerschale vorgenommen?

Barwell: Die Messungen erfolgten in der Lagerschale in verschiedenen Abständen von der inneren Wandung, nicht im Ölfilm. Es wurde also in verschiedenen Abständen von der tragenden Oberfläche gemessen, danach extrapoliert und durch Rechnung bestimmt, welche Temperatur im Öl zu erwarten ist. Die Ergebnisse über Schwingung sind nicht dieselben wie die von Hummel. Es sind auch Versuche gemacht worden, bei denen Luft als Schmiermittel benutzt wurde.

Lürenbaum: Die Überlegungen sind in Ordnung für das einfache System Welle/Lagerschale. Wenn man aber den gesamten Lageraufbau betrachtet, werden die Verhältnisse komplizierter, und dann stimmt manches nicht mehr.

Gauer: Wie groß war die Viskosität des bei diesen Versuchen verwendeten Öles?

Barwell: Bei den Versuchen, die im Film gezeigt wurden, handelte es sich um relativ leichtes Öl. Es sind aber Öle der verschiedensten Viskositäten versucht worden, u. a. auch Wasser.

Burckhardt: Die Ölzufuhr im oberen Lagerpunkt scheint ungünstig zu sein. Ergibt sich die vorgeführte Ausbildung des Ölfilmes auch, wenn die Ölzufuhr an die Abreißstelle gelegt wird? Unter Abreißstelle soll dabei die Stelle hinter dem engsten Spalt verstanden werden.

Barwell: Solche Versuche sind nicht gemacht worden. Diese Anregung ist aber sehr zu begrüßen.

Lein: Haben sich wesentliche Unterschiede bei Versuchen mit Wasser und mit Öl ergeben? Die Schmierung mit Wasser am Glaszapfen könnte vielleicht besser ausfallen als mit Öl, da Wasser in seinen Grenzschichten an Glas besser festhält als Öl.

Barwell: Besonders charakteristische Unterschiede zwischen Wasser und Öl wurden nicht festgestellt.

Fischer: Ist es möglich, bei einem Versuch mit durchsichtigen Lagerschalen zu gleicher Zeit und am gleichen Objekt auch die Druckverteilung auf den ganzen Umfang zu messen, so daß man erkennen kann, daß zu einer bestimmten, am durchsichtigen Lager fotografierten Erscheinung auch ein bestimmter Druck gehört?

Barwell: Vorversuche dieser Art sind gemacht worden. Dabei war das Lager angebohrt. Es wurde festgestellt, daß an der Stelle, an welcher der Film zusammenbricht, also an der Abreißstelle, tatsächlich ein glattes Vakuum existiert.

Kollmann: Außerordentlich eindrucksvoll ist, daß die Ringnut das Bild nicht wesentlich verändert.

Barwell: Die Ringnut macht in dem optischen Bild keinen großen Unterschied. Sie würde wahrscheinlich aber in der Druckverteilung einen großen Unterschied ausgemacht haben.

Funke: Sind außer mit Öl und Wasser auch Versuche mit Fett durchgeführt worden?

Barwell: Versuche mit Fett als Schmiermittel wurden gemacht, aber nicht in der hier gezeigten Art. Es waren Versuche, bei denen unter dem Mikroskop Einzelheiten, insbesondere die Bildung von mikroskopischen Bläschen, beobachtet wurden. Dabei handelte es sich um Lager von der Art der bekannten Michell-Lager.

Kollmann: Es zeigte sich deutlich eine sehr starke Abhängigkeit vom Öldruck. In der gleichen Weise müßte sich eigentlich auch eine Abhängigkeit vom Lagerspiel zeigen. Wenn man das Lagerspiel ändert, müßte sich die Ausbreitung des Ölfilmes von der kleineren Druckbohrung aus in ähnlicher Form ändern wie wenn der Druck erhöht wird, unabhängig von der Belastbarkeit und der zulässigen Drehzahl. Sind darüber schon Untersuchungen gemacht? Die hier behandelten Versuche sind wohl mit 1 : 1000 Lagerspiel ausgeführt worden. In der Abhandlung wird auch von Lagerspielen von 0,5 bis 4 : 1000 gesprochen.

Barwell: Optisch ändert sich das Bild bei Veränderung des Spieles in derselben Weise wie bei der Veränderung des Druckes.

Dietrich: Wenn eine axparallele Schmiernut zur Verteilung des Öles angewandt wird, so wird sie im allgemeinen in dem Querschnitt angeordnet, der senkrecht zur Kraftrichtung auf der Eingangsseite liegt. Aus den Filmaufnahmen scheint aber hervorzugehen, daß es vorteilhafter wäre, die Verteilungsnut von dem Querschnitt senkrecht zur Lastrichtung weg zu verlegen, in Richtung zur Auslaufseite, vielleicht auch vollständig zur Auslaufseite hin. Im allgemeinen liegt die Nut in einem Querschnitt durch das Lager senkrecht zur Lastrichtung, wenn die Last von oben kommt. Wäre es unter dieser Voraussetzung nicht vorteilhafter, die Nut nach oben zu rücken, um eine bessere Ölverteilung zu erreichen?

Barwell: Das wäre besser.

Bartel: In aller Kürze möchte ich noch über Versuche berichten, die über ein Jahr am Institut für Erdölforschung in Hannover mit Unterstützung der Max-Buchner-Forschungsgesellschaft der chemischen Industrie über „ölchemisches Egalisieren" gelaufen sind. Wir haben metallische Oberflächen mechanisch aufgerauht, und zwar in der Art, daß bei Belastungen von etwa 4,5 t/cm² zunächst einmal mit Benzin als benetzender Flüssigkeit gefahren wurde. Unter sehr starkem Kreischen rissen die Oberflächen auf; es entstanden Laufspuren, wie sie vor Jahren bereits Dies bei Trockenlauf von Stahl auf Stahl zeigte. Stahl auf Stahl gibt als Verschleißbild Schüppchenstruktur. Sobald nun Öl auf die Oberfläche gebracht wurde, sank der Reibungskoeffizient von 0,1 manchmal bis auf den Wert um 0,04 ab. Bereits nach 3 Minuten Lauf unter voller Last wurde die Oberfläche so egalisiert, daß über 10 Stunden hindurch der Reibungskoeffizient sich nicht oder kaum mehr änderte. Wir haben diese Oberflächen serienweise am Ende der 10-Stunden-Läufe im vergrößerten Maßstab fotografiert und gefunden, daß sich eine ganze Fülle von strukturellen Oberflächen-Feinheiten darbietet.
Die Oberflächen waren vielfach tragstabil. Man konnte sie bei einer Flächenpressung von 4,5 t/cm² ohne weiteres längere Zeit hindurch quälen, ohne daß es zu neuen Beschädigungen kam. Es ist also möglich, durch Zusatzstoffe im Öl eine metallische Oberfläche, welche bereits aufgerissen ist, derart zu polieren, daß sie nach der „ölchemischen Egalisierung" Rauhigkeiten von 0,1 μ oder sogar weniger aufweist und voll tragstabil ist.

G. NIEMANN und H. WINTER

Einheitliche Tragfähigkeitsberechnung von Stirnrädern

Heute ist eine ganze Reihe verschiedener Verfahren zur Tragfähigkeitsberechnung im Gebrauch. Infolgedessen werden auch ganz unterschiedliche zulässige Spannungen für den gleichen Anwendungsfall zugrunde gelegt (für jede Berechnungsart eine andere). Diese Tatsache erschwert den Erfahrungsaustausch außerordentlich. Der Deutsche Normenausschuß plant daher, ein Vorzugsverfahren auszuarbeiten und zur einheitlichen Verwendung zu empfehlen. Auch die ISO (Internationale Normenorganisation) hat die Normung der Tragfähigkeitsberechnung auf ihrem Programm. Bedenkt man ferner, daß auch einige große Schiffahrts-Versicherungsgesellschaften dabei sind, ihre Berechnungsgrundlagen für Zahnradgetriebe zu überarbeiten, so kann man sagen, daß die Gelegenheit, zu einer einheitlichen Berechnungsweise zu kommen, jetzt besonders günstig ist. Die nachfolgende Untersuchung ist ein Beitrag der Forschungsstelle für Zahnräder und Getriebebau[1]) zu diesem Thema.

An ein Normverfahren müssen folgende Anforderungen gestellt werden:

1. Es soll eine möglichst genaue Bestimmung der am Zahnrad auftretenden Beanspruchungen gestatten.
2. Es soll im Formelaufbau und in der praktischen Anwendung möglichst einfach sein.
3. Die Berechnungsgleichungen sollen für den allgemeinen Fall der Schrägverzahnung aufgestellt werden. Diese Gleichungen müssen in die für Geradverzahnung übergehen, wenn der Schrägungswinkel $\beta = 0$ gesetzt wird.
4. Die Berechnungsgleichungen sollen für alle praktisch in Frage kommenden Zahnformen Gültigkeit besitzen.
5. Die Berechnungsansätze sollen sowohl für genaue Verzahnungen gelten, bei denen sich die Last bei mehreren in Eingriff befindlichen Zahnpaaren auf diese verteilt, als auch für ungenauere Verzahnungen, bei denen hiermit nicht gerechnet werden kann.
6. Die Grundformeln sollen für Zahnradgetriebe aller Anwendungsgebiete Gültigkeit haben.
7. Spätere Änderungen sollen dadurch möglich sein, daß einzelne Faktoren der Formel geändert werden, ohne daß dadurch der Gesamtaufbau der Berechnungsgleichungen gestört wird.

Theoretische Untersuchungen

Um die Erfahrungen zu nutzen, die in den heute verwendeten Berechnungsverfahren stecken, wurde zunächst eine Reihe dieser Verfahren in einer theoretischen Unter-

[1]) Forschungsstelle für Zahnräder und Getriebebau an der Technischen Hochschule München. Leiter: Prof. Dr.-Ing. Niemann.

suchung vergleichend gegenübergestellt. Das Ergebnis dieser Arbeit von Dietrich und Winter [1] war zusammengefaßt folgendes:

1. Berechnet man unmittelbar nach den verschiedenen Berechnungsvorschriften die hiernach übertragbaren Leistungen, so kommt man zu erheblich voneinander abweichenden Ergebnissen, wie aus dem in Bild 1 gezeigten Beispiel hervorgeht. Es zeigte sich, daß sich besonders große Unterschiede ergeben, wenn man die Geschwindigkeitsbeiwerte berücksichtigt. Diese bilden also einen großen Unsicherheitsfaktor. Aber auch beim Fortlassen dieser Faktoren bleiben noch große Abweichungen zwischen den — nach den verschiedenen Verfahren berechneten — Leistungen (vgl. Bild 1), die jedoch zum großen Teil auf die — durchweg nicht angeführten — unterschiedlichen Sicherheitsfaktoren zurückzuführen sind. Scheidet man diese und andere, den Vergleich verfälschende Einflüsse aus, so ergibt sich:

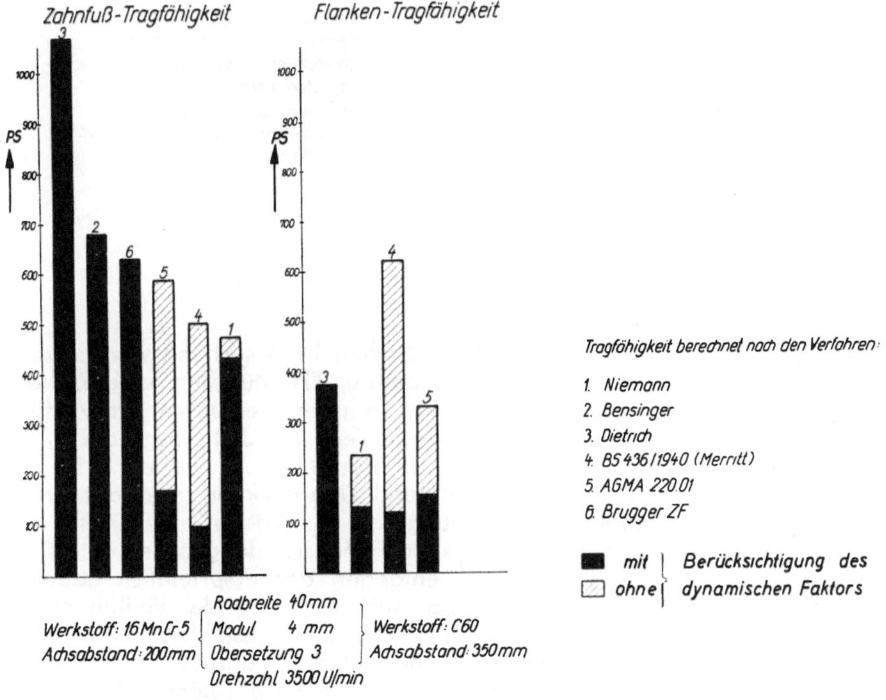

Bild 1. Tragfähigkeit zweier Getriebe

2. Abgesehen von einem Verfahren, führen alle untersuchten Berechnungsverfahren für geradverzahnte Stirnräder zu recht gut übereinstimmenden Ergebnissen, und zwar sowohl bezüglich Flanken- als auch Zahnfußtragfähigkeit.
3. Bei der Schrägverzahnung führten die untersuchten Berechnungsverfahren jedoch zu sehr unterschiedlichen Ergebnissen. Wie Bild 2 zeigt, ergibt sich nach einigen Verfahren eine Erhöhung der Tragkraft mit wachsendem Schrägungswinkel, bei anderen dagegen eine Verringerung. — Da ausreichende Versuchs-

ergebnisse bis heute nicht zur Verfügung stehen, müßte man sich bei Einbeziehung der Schrägverzahnung in die Berechnungsnorm auf theoretische Untersuchungen [2, 3] stützen.

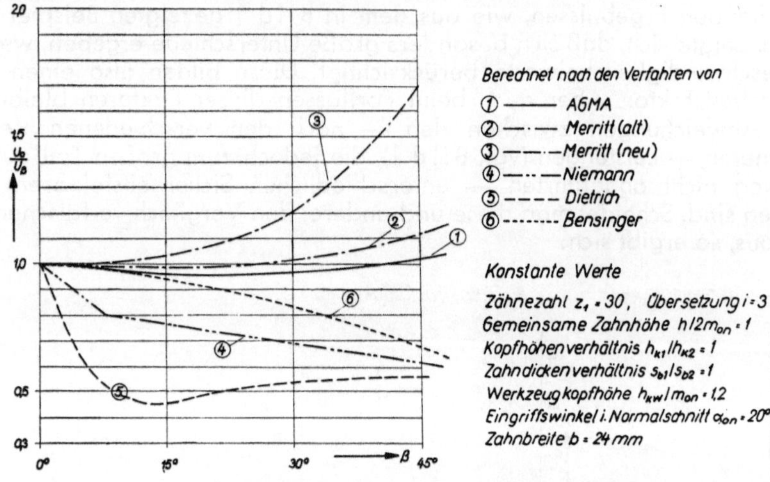

B i l d 2. Einfluß des Schrägungswinkels β auf die Zahnfußtragfähigkeit (m_n = const)

Versuche über Zahnfußtragfähigkeit geradverzahnter Stirnräder

1. Versuchsdurchführung

Zur Ergänzung der oben erwähnten theoretischen Untersuchung wurden an der Forschungsstelle für Zahnräder und Getriebebau, TH München, eine Reihe von Laufversuchen durchgeführt und andere, aus früheren Versuchen zur Verfügung stehende Ergebnisse für den vorliegenden Zweck benutzt. Insgesamt wurden Lebensdauerlinien von 27 verschiedenen Zahnformen ausgewertet. B i l d 3 gibt Auskunft über Eingriffswinkel, Zähnezahl und Überdeckungsgrad der Prüfradpaare und vermittelt damit eine Anschauung von der Art der untersuchten Zahnformen. Wie man weiter sieht, sind auch die Fußausrundungen der untersuchten Verzahnungsarten stark unterschiedlich, entgegen der ursprünglich gegebenen Herstellungsvorschrift. Bei der Auswertung muß also auch der Einfluß der Fußausrundung berücksichtigt werden. Die in B i l d 3 dargestellten Balken sind in 4 Gruppen entsprechend 4 Versuchsserien unterteilt. Es sei darauf hingewiesen, daß Vergleichsbetrachtungen immer nur innerhalb einer Serie zulässig sind, weil nur innerhalb einer Serie die Werkstoffe genau gleich und die Versuchsbedingungen dieselben waren.

Für jede der 27 Zahnformen wurde nun eine Lebensdauerlinie (Wöhlerlinie) aufgenommen. B i l d 4 zeigt oben rechts eine derartige Wöhlerlinie. Die Versuche wurden in einem Verspannungsprüfstand bekannter Bauart [4] durchgeführt. Man geht dabei so vor, daß je nach der Anzahl der zur Verfügung stehenden Prüfräder 8 bis 18 Radpaare gleicher Zahnform unterschiedlichen Belastungen ausgesetzt und die bis zum Zahnbruch ertragene Anzahl der Lastwechsel bestimmt werden. Trägt man diese Belastung bzw. den Lastwert (= auf die Ritzelabmessungen bezogene

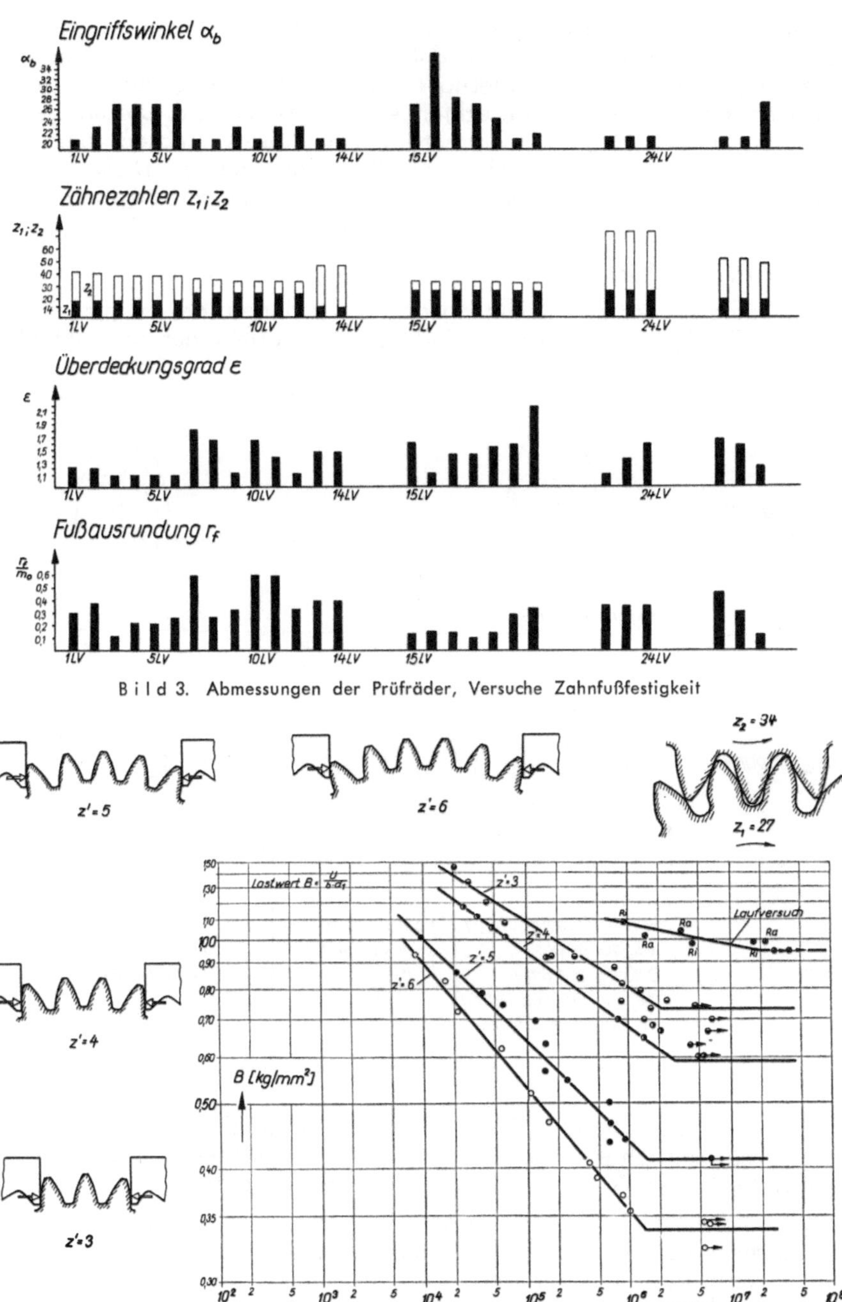

Bild 3. Abmessungen der Prüfräder, Versuche Zahnfußfestigkeit

Bild 4. Wöhlerliste der Zahnfußtragfähigkeit aus Pulser- und Laufversuchen (Sonderverzahnung 16 MnCr 5, $\varepsilon = 2{,}16$)

Umfangskraft) über der jeweils ertragenen Anzahl der Lastwechsel auf, so erhält man eine Lebensdauerlinie, wie sie in Bild 4 oben rechts dargestellt ist. Von besonderer Bedeutung ist hierbei die dauernd ertragbare Belastung, die im Wöhlerdiagramm durch den unteren waagerechten Ast dargestellt wird. Die übrigen vier in Bild 4 dargestellten Wöhlerlinien entstammen Pulserversuchen; die jeweils zugehörigen Einspannverhältnisse sind am Rand angegeben. Diese Versuche wurden jedoch für die nachstehend beschriebenen Untersuchungen nicht mit herangezogen.

2. Auswertung der Versuche

Die Aufgabe lautete nun, den Rechnungsansatz zu finden, der es gestattet, die unterschiedliche Tragfähigkeit der verschiedenen Zahnformen auf eine einheitliche

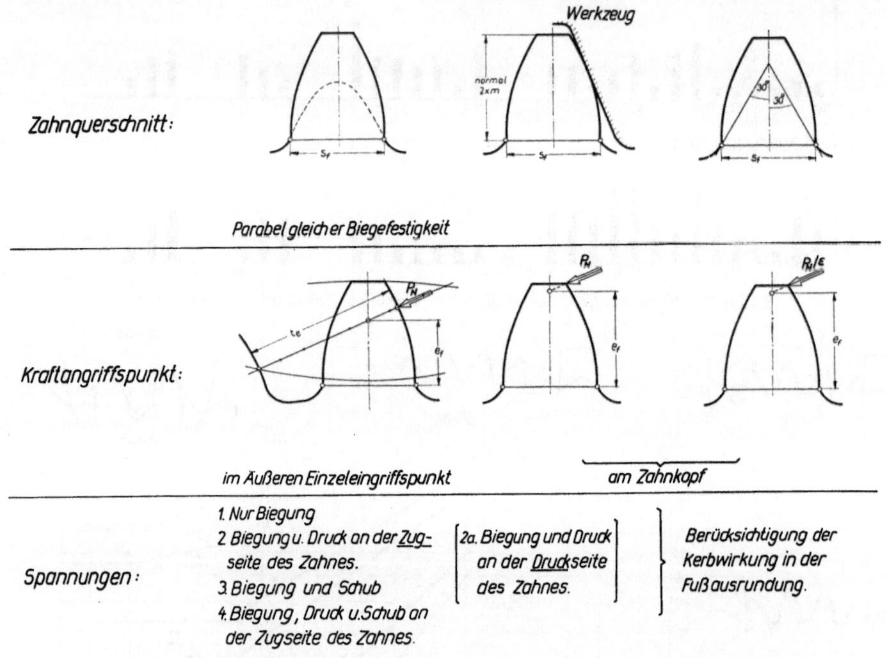

Bild 5. Berechnungsansätze zur Ermittlung einer Zahnfußvergleichsspannung

Grenzspannung zurückzuführen. Es ist dabei zweckmäßig, von Ansätzen der elementaren Festigkeitslehre auszugehen, d. h. man muß insbesondere für folgende Einflußgrößen bestimmte Annahmen zugrunde legen (Bild 5):

a) Zahnquerschnitt, in dem die Spannung gerechnet werden soll. Die heute gebräuchlichen Berechnungsarten gehen von der Zahndicke im Abstand 2 x Modul vom Kopf aus (Niemann) oder legen das Maß zwischen den Berührungspunkten der Parabel gleicher Biegespannung zugrunde (Lewis); ferner ist ein Verfahren in Gebrauch, bei dem die Zahnfußdicke zwischen den Stellen gemessen wird, in denen im Winkel von 30° zur Zahnmittellinie stehende

Tangenten die Fußausrundung des Zahnprofils berühren, das erstmals von Hofer [9] angegeben wurde. Unsere Untersuchung zeigt nun, daß sich die Ergebnisse nach den drei verschiedenen Querschnitts-Annahmen praktisch nur wenig unterscheiden; führt z. B. das eine Verfahren zu einer größeren Zahnfußdicke als bei dem anderen, so wird dies durch den entgegengesetzten Einfluß des zugehörigen Biegehebelarmes in etwa wieder ausgeglichen. Wir haben uns daher für die Annahme entschieden, die die einfachste Berechnung der Fußdicke gestattet: Berührungspunkte der 30°-Tangenten, zumal hierfür bereits Tabellen vorliegen, aus denen die Fußdicke für alle mit dem 20°-Normwerkzeug hergestellten Verzahnungen entnommen werden können.

b) Wahl des Kraftangriffspunktes. Hierfür sind z. Z. zwei Berechnungsarten in Gebrauch, nämlich Kraftangriff im äußeren Einzeleingriffspunkt (d. h. ungünstigster Biegehebelarm, wenn bei Doppeleingriff Lastverteilung auf beide Zahnpaare angenommen wird) und Kraftangriff am Kopf (d. h. ungünstigster Biegehebelarm, wenn bei Doppeleingriff keine Lastverteilung angenommen). Wir haben in unsere Untersuchung noch einen weiteren Ansatz einbezogen, der die Lastverteilung beim Zahneingriff dadurch berücksichtigt, daß zwar mit Kraftangriff am Kopf, aber mit einer durch den Überdeckungsgrad dividierten Zahnnormalkraft gerechnet wird.

c) Spannungen. Da der erste Anriß beim Zahnbruch auf der Zugseite des belasteten Zahnes auftritt, sollte von der hier auftretenden Spannung ausgegangen werden. Es war nun zu prüfen, ob alle im Zahnfluß auftretenden Spannungskomponenten — nämlich Biegung, Druck und Schub — berücksichtigt

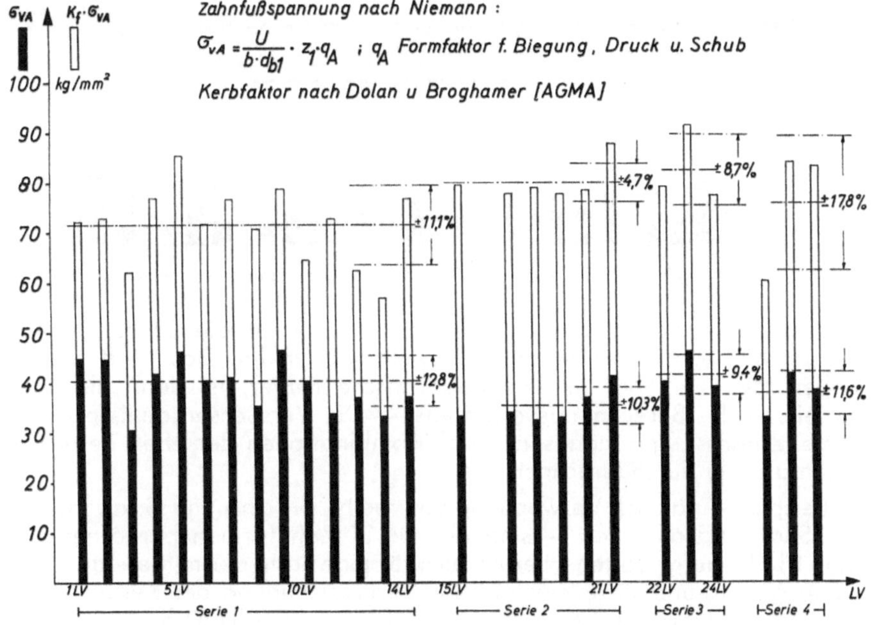

Bild 6. Zahnfußgrenzspannung nach Verfahren Niemann, mit und ohne Kerbfaktor

werden müssen, oder ob Vereinfachungen zulässig sind. Da ferner die Fußausrundungen der untersuchten Verzahnungen nicht gleich waren, war außerdem zu prüfen, wie stark der Fußausrundungsradius auf die ertragbare Umfangskraft von Einfluß ist.

Nun ist das Berechnungsverfahren das brauchbarste, welches die für die verschiedenen Zahnformen ermittelten Dauerfestigkeitswerte auf einen von der Zahnform unabhängigen Wert zurückführt. Aus den Annahmen für Zahnfußdicke, Kraftangriff und Spannungsansatz ergibt sich der Formfaktor q und mit dem aus der Wöhlerlinie zu entnehmenden Dauerlastwert B erhält man dann die Zahnfußspannung zu

$$\sigma_v = B \cdot z_1 \cdot q.$$

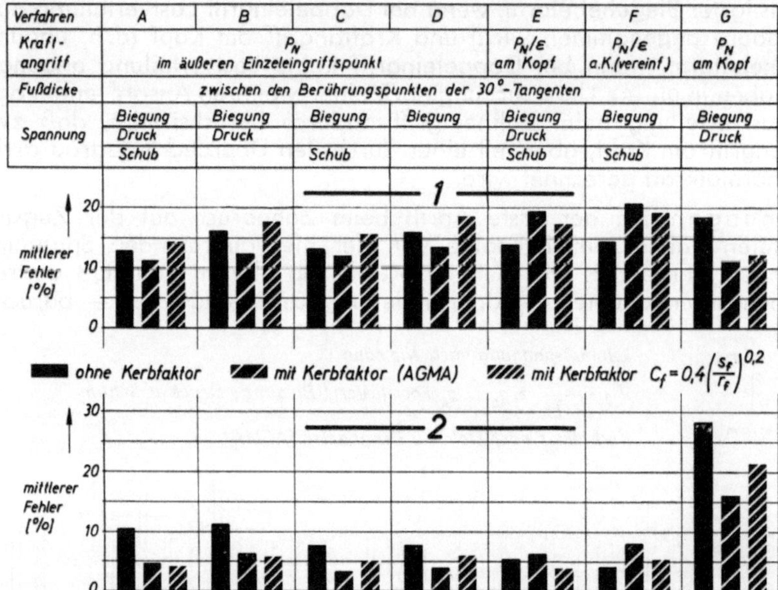

Bild 7. Vergleich der Fehler bei verschiedenen Berechnungsansätzen (Fußfestigkeit)

Berechnet man hiernach für alle untersuchten Zahnformen die Grenzspannung, so erhält man Werte, die um einen Mittelwert schwanken. Das Maß dieser Abweichungen, genauer: der mittlere quadratische Fehler, ist dann ein Maßstab zur Beurteilung des Berechnungsverfahrens. — Die Versuchsergebnisse wurden in dieser Weise nach 7 Spannungsansätzen (Kombinationen der eben besprochenen Annahmen a bis c) durchgerechnet.

Für ein Beispiel — nämlich Verwendung des von Niemann und Glaubitz angegebenen Spannungsansatzes — sind die für 27 Zahnformen berechneten Spannungen in Bild 6 aufgetragen. Hier ist auch für jede Serie der mittlere quadratische Fehler angegeben, und zwar einmal ohne Berücksichtigung der Kerbwirkung und dann bei Verwendung des Kerbfaktors nach Dolan und Broghamer [5], wie er auch in dem Berechnungsverfahren der American Gear Manufacturers Association

(AGMA) [6] benutzt wird. Obwohl dieser Kerbfaktor ursprünglich nicht für die Berechnungsweise nach Niemann und Glaubitz bestimmt war, erhält man in drei der vier Versuchsserien hiermit eine Verringerung des Streufehlers.

Die in dieser Weise für 7 Spannungsansätze gefundenen (mittleren quadratischen) Fehler sind in Bild 7 aufgetragen, und zwar nur für die beiden größeren Versuchsserien 1 (oben) und 2 (unten).

Außer der Berücksichtigung der Kerbwirkung nach Dolan und Broghamer wurde untersucht, wie sich ein hiervon abgeleiteter vereinfachter Kerbfaktor auf das Ergebnis auswirkt.

3. Versuchsergebnisse

In der Zusammenfassung der Ergebnisse (Bild 7) fällt zunächst auf, daß die Fehler bei allen Verfahren in Serie 1 relativ groß sind. Das dürfte darauf zurückzuführen sein, daß bei den meisten Versuchsrädern dieser Serie durchweg bis in den Zahngrund geschliffen wurde. Die Folge war eine Störung der Spannungsverhältnisse in der einsatzgehärteten Schicht, z. T. wahrscheinlich Schleifrisse und Weichhautbildung. — Man kann hieraus auch lernen, welche Unsicherheiten das Schleifen des Zahngrundes mit sich bringt. — Ein weiterer Grund für die großen Fehler bei Serie 1 ist wahrscheinlich darin zu suchen, daß in dieser Serie Verzahnungen mit extrem großem Kopfspiel enthalten sind: Verzahnungen mit kleinem Überdeckungsgrad wurden nämlich dadurch erzeugt, daß Zähne normaler Höhe abgeschliffen wurden. Derartige Verzahnungen liegen jedoch außerhalb des praktisch ausgeführten Bereiches. Bei der Serie 2 lagen dagegen günstigere Voraussetzungen vor: die Prüfräder waren einsatzgehärtet wie in Serie 1, aber nicht geschliffen; ferner war das Kopfspiel bei den verschiedenen Verzahnungsarten fast gleich groß. Die Ergebnisse aller Versuchsserien können wie folgt zusammengefaßt werden:

a) Das Verfahren G, bei dem die Lastverteilung bei Doppeleingriff nicht berücksichtigt wird, ergibt in Serie 2 unzulässig große Fehler. Der Einfluß der Lastverteilung sollte daher in irgendeiner Form berücksichtigt werden.

b) Durch Einführung eines Kerbfaktors kann der Berechnungsfehler verringert werden. Da die in der Literatur bisher angegebenen Kerbfaktoren durchweg aus spannungsoptischen Versuchen stammen, sind Versuche über die Kerbempfindlichkeit der Werkstoffe und den Einfluß der Oberflächenbeschaffenheit erforderlich.

c) Zusammengenommen ergibt das Verfahren A mit Kerbfaktor für die verschiedenen Zahnformen die geringsten Abweichungen von den Versuchsergebnissen. Die Verfahren E und F (Vorschlag Dietrich und Winter [1]) führen zwar nur in einigen Versuchsserien zu etwas schlechteren Ergebnissen, sie stellen aber gegenüber den bisher (auch im Ausland) verwendeten Spannungsannahmen eine derartige Änderung dar, daß dieser Schritt zu etwas Neuem auf Grund der vorliegenden Versuchsergebnisse noch nicht empfohlen werden kann.

Vorgeschlagenes Berechnungsverfahren

Der Nachteil dieses Verfahrens A liegt in seinem verhältnismäßig komplizierten Formelaufbau; dadurch, daß der äußere Einzeleingriffspunkt der Berechnung zugrunde gelegt wird, hängt die Größe des Zahnformfaktors außer von der Zähnezahl und Profilverschiebung des betrachteten Rades auch von den Abmessungen des Gegenrades ab. Die Tabellierung dieses Faktors wird dadurch sehr erschwert, selbst wenn vom 20°-Norm-Werkzeug ausgegangen wird.

Außer von der Zahnform wird die Tragfähigkeit von folgenden Größen stark beeinflußt:

a) Ungleichmäßiges Tragen über die Zahnbreite. Bereits in der 1946 festgelegten AGMA-Norm 220.01 wird als Berechnungsbreite nicht die Gesamt-Zahnbreite eingesetzt, sondern ein geringerer Wert, der abhängig von der Getriebestufe aus einem Diagramm entnommen werden kann. — Sieht man von der Verformung der Zähne unter Last ab, so hängt die Lastverteilung über

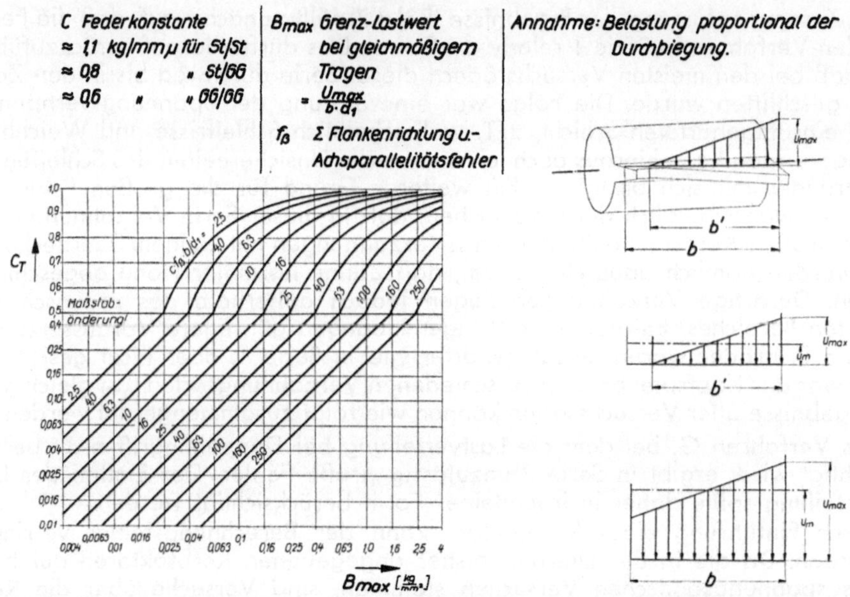

Bild 8. Tragbildfaktor C_T berücksichtigt Flankenrichtungs- und Achsparallelitätsfehler

die Zahnbreite von den Fehlern in Flankenrichtung und der Achsparallelität der beiden zusammenarbeitenden Räder ab. — Dudley [7] hat bereits gezeigt, wie hiermit praktisch gerechnet werden kann. Mit denselben (vereinfachten) Annahmen kommt man zu dem in Bild 8 dargestellten Diagramm, aus dem der „Tragbildfaktor C_T" dann abhängig von Zahnfederkonstante, Flankenrichtungsdifferenz und Ritzelabmessungen entnommen werden kann.

b) Dynamische Zahnkräfte. Die bis heute bekannten Methoden, die durch Zahnfehler und Zahnverformung im Lauf auftretenden zusätzlichen (inneren) Zahnkräfte zu berücksichtigen, können nur als Schätzungen in der richtigen Richtung angesehen werden. Messungen der am Zahn während des Laufes wirklich auftretenden Kräfte wurden erstmals von Rettig durchgeführt. Die Ergebnisse sind in der 1956 in München erschienenen Dissertation [8] niedergelegt; ein Auszug soll in der VDI-Zeitschrift veröffentlicht werden. Wie praktisch hiermit gerechnet werden kann, ist in Bild 9 gezeigt. Der dynamische

Nach Diss. H. Rettig, München 1956: *Gesamt-Zahnkraft* $P_{ges} = P_{stat} \cdot C_p \cdot C_n$

Übertragene Leistung $N = N_{stat} \cdot C_V = N_{stat} \cdot \frac{1}{C_p \cdot C_n}$

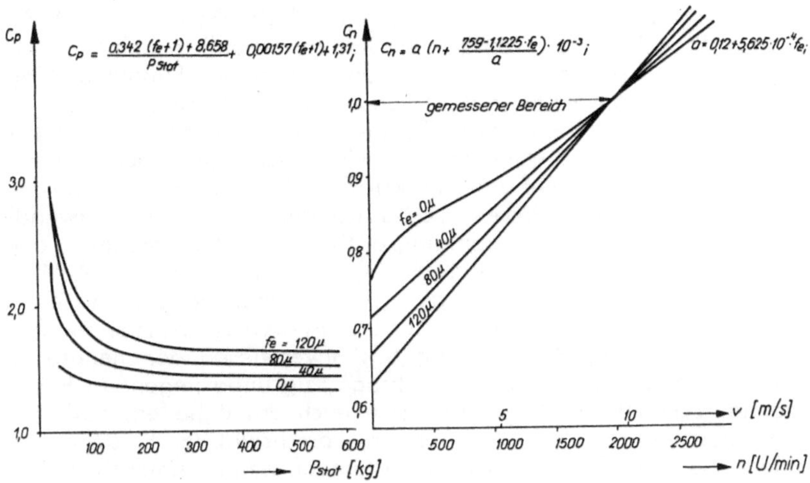

Bild 9. Dynamische Zusatzkraft, Faktor C_V. Einfluß von Fehler, Umfangsgeschwindigkeit und statischer Last

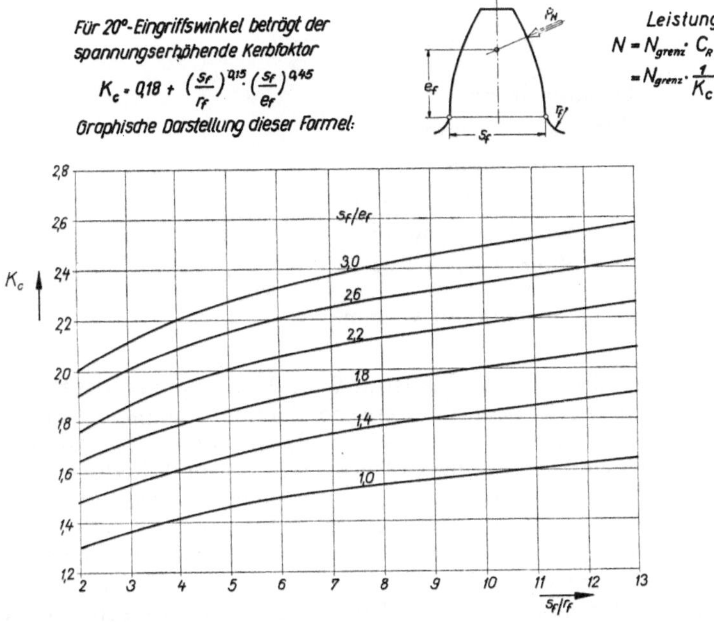

Bild 10. Einfluß der Fußausrundung nach spannungsoptischen Versuchen von Dolan und Broghamer

Faktor C_v wird aus C_p (Einfluß von Fehler und statischer Belastung) und C_n (Einfluß von Fehler und Umfangsgeschwindigkeit) berechnet.

c) Einfluß der Fußausrundung. Aus der Praxis ist bekannt, daß die Größe der Fußausrundung und die Oberflächenbeschaffenheit am Zahnfuß insbesondere die Bruchfestigkeit gehärteter Zähne erheblich beeinflussen können. Systematische Untersuchungen über den Einfluß der Fußausrundung wurden allerdings bisher nur mit Hilfe der Spannungsoptik durchgeführt. Die Ergebnisse dürften etwa für durchgehärtete Zähne zutreffen, nicht aber für ungehärtete und einsatzgehärtete. Grundsätzliche Untersuchungen über den Einfluß von Oberflächenbeschaffenheit und Werkstoff sind also dringend erforderlich. Will man diesen Einfluß heute bereits berücksichtigen, ist man also notwendigerweise auf die Ergebnisse der spannungsoptischen Untersuchungen angewiesen. Bild 10 zeigt, wie bei dem Berechnungsverfahren der AGMA [6] der Kerbfaktor ermittelt wird; zugrunde gelegt sind dabei die Ergebnisse spannungsoptischer Untersuchungen von Dolan und Broghamer. Hier sei auch auf den Vortrag von Kelley/Pedersen (S. 123) verwiesen, dem neuere spannungsoptische Untersuchungen zu dieser Frage zugrunde liegen. — Beim heutigen Stand der Erkenntnisse kann man sich auch damit helfen, daß man für die Zahnfußausrundung einen Mindeswert vorschreibt (z. B. $0{,}25 \cdot m$). Die bisherigen (spannungsoptischen) Untersuchungen zeigen nämlich, daß die Zahnfußspannung erst bei sehr viel kleineren Fußausrundungen stärker ansteigt.

Damit kann nun die von einem Zahnrad übertragbare Leistung wie folgt berechnet werden:

$$N = \frac{2{,}8 \cdot a^2 \cdot b \cdot n_1}{10^6 (i+1)^2} \cdot \frac{B_{grenz}}{S}. \qquad (1)$$

N	Leistung in PS
a	Achsabstand in mm
b	Zahnbreite in mm
n_1	Ritzeldrehzahl in U/min
i	Übersetzungsverhältnis
S	Sicherheit
$B_{grenz} = \frac{U_{grenz}}{b \cdot d_{b1}}$	Grenzlastwert in kg/mm².

Die Bestimmung des Grenzlastwertes ist in Bild 11 zusammenfassend dargestellt. Hier ist auch gezeigt, wie — nach theoretischen Untersuchungen — der Einfluß des Schrägungswinkels zu berücksichtigen wäre. Die praktische Rechnung wird durch den Umstand erschwert, daß die Größe des Tragbildfaktors C_T und des dynamischen Faktors C_{vB} von der (erst zu berechnenden) Belastung abhängt. Man geht darum beim Entwurf so vor, daß man zunächst den maximalen Lastwert B_{max} bestimmt; B_{max} ist gleich B_{grenz} (nach Gleichung Bild 11), aber ohne die beiden lastabhängigen Faktoren C_T und C_{vB}. Mit Hilfe von B_{max} können beide Faktoren aus Bild 8 und 9 entnommen werden. Wie aus Bild 11 zu ersehen ist, wurde der Zahnformfaktor in drei Einzelfaktoren aufgespalten. Zunächst wurde der Eingriffswinkelfaktor C_B abgetrennt, da er in einer einfachen Tabelle dargestellt werden kann. Der Rest wurde unterteilt in einen Zahnformfaktor für Kraftangriff am Kopf C_{kB} und einen Umrechnungsfaktor C_{pB} (für Umrechnung auf Einzeleingriff). Der Vorteil dieser Aufteilung ist, daß C_{kB} nur von der Zahnform des zu betrachtenden Rades und nicht von der Zahnform des Gegenrades abhängt; also kann C_{kB} für Verzahnungen, die mit dem genormten 20°-Werkzeug hergestellt werden, abhängig von Zähnezahl und Profilverschiebung tabelliert werden. Für Überschlagsrechnungen und ungenaue Verzahnungen, bei denen nicht mit einer Lastverteilung auf zwei im Eingriff befindliche Zahnpaare zu rechnen ist, kann überdies einfach $C_{PB} = 1$ gesetzt werden. Die Faktoren C_T, C_{vB} und C_R wurden bereits besprochen; sie können für die praktische Rechnung aus Diagrammen — beispielsweise aus den Bildern 8, 9 und 10 — entnommen werden.

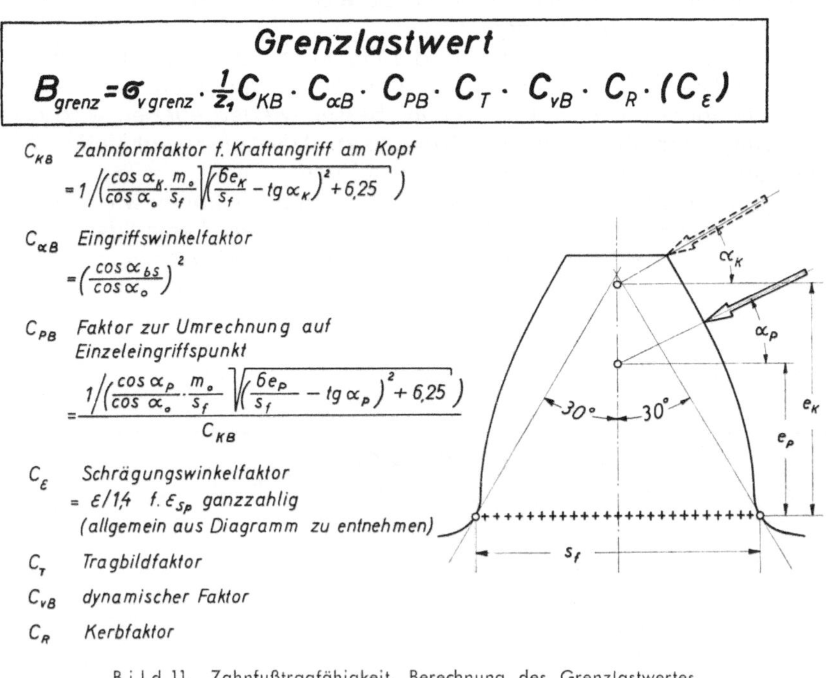

Bild 11. Zahnfußtragfähigkeit, Berechnung des Grenzlastwertes

Berechnung der Flankentragfähigkeit

Unsere Kenntnisse über die Entstehung der Grübchen (pitting-Bildung) und über den Einfluß der Zahnform auf die Grübchenfestigkeit sind weit geringer, als das bei der Bruchfestigkeit der Fall ist.

Im Rechnungsansatz zum Bestimmen der Flankentragfähigkeit sind die heute hierfür üblichen Verfahren trotzdem weitgehend gleich aufgebaut. Als Kriterium zum Beurteilen der Gefahr der Grübchenbildung wird allgemein die Hertzsche Pressung bzw. die Wälzpressung benutzt. (Es ist sicher, daß auch andere Faktoren, z. B. die Größe und Richtung der Gleitgeschwindigkeit, die Grübchenbildung beeinflussen. Ausreichende Versuchsergebnisse stehen jedoch bisher nicht zur

Verfügung.) Unterschiede bestehen nur darin, daß man bei einigen Verfahren von der Pressung im Wälzpunkt, bei anderen von der im inneren Einzeleingriffspunkt ausgeht. (Beim Verfahren nach der britischen Norm BS 436/1940 wird die Flankentragfähigkeit im Gegensatz zu allen anderen Verfahren nicht unmittelbar proportional ϱ, sondern proportional $\varrho^{0,8}$ angesetzt, wenn ϱ der resultierende Krümmungshalbmesser ist. In der neuen Auflage seines Buches geht Merritt — der Urheber der o. a. britischen Norm — jedoch hiervon wieder ab und verwendet den allgemein üblichen Ansatz.)

Unsere theoretischen Vergleichsuntersuchungen [1] haben nun gezeigt, daß bei Ritzelzähnezahlen über etwa 23 zwischen der Berechnung der Wälzpressung im Wälzpunkt und der im inneren Einzeleingriffspunkt eine genügend genaue Übereinstimmung besteht, so daß man in diesem Bereich ohne weiteres den Kraftangriff im Wälzpunkt zugrunde legen kann.

Versuche haben allerdings gezeigt, daß die Flankentragfähigkeit bei sehr kleinen Zähnezahlen tatsächlich sehr niedrig ist und durch Einsetzen der Pressung im inneren Einzeleingriffspunkt in die Rechnung besser wiedergegeben wird als durch Zugrundelegung der Pressung im Wälzpunkt. Das auszuwählende Vorzugsverfahren muß aber auch dieses Gebiet mit umfassen.

Ähnlich wie bei der Berechnung der Zahnfußtragfähigkeit hatten wir nun früher [1] vorgeschlagen, zunächst die Wälzpressung an einem Punkt der Flanke zu berechnen, der in einem konstanten Abstand unterhalb des Wälzpunktes liegt (die Berechnungsformel wird damit sehr einfach), und die Kraft durch den Überdeckungsgrad ε zu teilen. Auch ein noch einfacherer Ansatz: Kraftangriff im Wälzpunkt mit P_N/ε wurde theoretisch untersucht. Beide Berechnungsweisen geben jedoch insbesondere den Einfluß des Eingriffswinkels auf die Flankentragfähigkeit anders

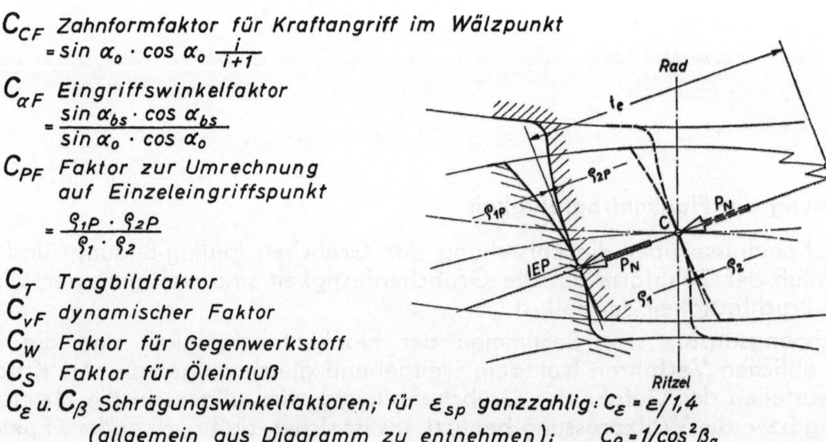

Bild 12. Flankentragfähigkeit, Berechnung des Grenzlastwertes

wieder als die bisherige Einzeleingriffsrechnung. Es ist zwar unbekannt, welche Rechnungsart der Wirklichkeit näher kommt. Wir meinen jedoch, daß man erst dann von dem heute üblichen Berechnungsansatz abgehen sollte, wenn damit nachweislich eine Verbesserung verbunden ist. Der Zahnformfaktor in Bild 12 basiert daher auf der Annahme: Kraftangriff im inneren Einzeleingriffspunkt. Außer der Zahnform sind folgende weitere Größen von Einfluß:

a) Ungleichmäßiges Tragen über die Zahnbreite kann in gleicher Weise wie bei der Berechnung der Zahnfußtragfähigkeit berücksichtigt werden. Bestimmung des „Tragbild-Faktors" C_T siehe Bild 8.

b) Die dynamischen Zusatzkräfte und ihre Berücksichtigung bei der Entwurfsrechnung wurden ebenfalls im vorigen Abschnitt über die Zahnfußtragfähigkeit behandelt. Nach den Versuchsergebnissen von Rettig [8] kann auch für die Berechnung der Flankentragfähigkeit der dynamische Faktor in ähnlicher Weise wie in Bild 9 bestimmt werden.

Die von einem Zahnrad übertragbare Leistung kann so zunächst wieder nach Gleichung (1) Seite 118 berechnet werden. Wie bei Bestimmung der Flankentragfähigkeit der Grenzlastwert zu ermitteln wäre, ist in Bild 12 gezeigt. Man sieht, daß auch hierbei der Zahnformfaktor in drei Einzelfaktoren aufgespalten wurde. Zunächst wurde ein Faktor abgetrennt, der nur vom Eingriffswinkel abhängt, also leicht tabelliert werden kann. Dann gibt ein Faktor ($C_{C\,F}$) zunächst die Wälzpressung im Wälzpunkt an, und ein weiterer ($C_{P\,F}$) ergibt die Umrechnung auf den inneren Einzeleingriffspunkt. Für Überschlagsrechnungen oder für größere Ritzelzähnezahlen genügt die Berechnung mit Kraftangriff im Wälzpunkt, d. h. $C_{P\,F}$ kann hier $= 1$ gesetzt werden.

Der Faktor C_w soll den Einfluß von Elastizitätsmodul und Härte des Gegenwerkstoffes berücksichtigen, C_s den Einfluß des Schmiermittels; bis heute liegen nur Versuchsergebnisse über den Einfluß der Ölzähigkeit vor, möglicherweise haben aber auch Additive einen Einfluß auf die Grübchenbildung. Die Schrägungswinkelfaktoren C_ε und C_β berücksichtigen den Einfluß der tragenden Breite und der ungleichmäßigen Lastverteilung. Die Daten, die hierfür heute angegeben werden können, entstammen theoretischen Untersuchungen und statischen Druckversuchen [2]. Laufversuche mit schrägverzahnten Stirnrädern sind also dringend erforderlich.

Zusammenfassung

Auf Grund von Versuchen und theoretischen Vergleichsuntersuchungen wurde zur Berechnung der Zahnfußtragfähigkeit die in Gleichung (1) Seite 118 und Bild 11 zusammengefaßte Berechnungsweise vorgeschlagen, die sich auf folgende Annahmen stützt:

> Kraftangriff im äußeren Einzeleingriffspunkt, Berücksichtigung von Biegung, Druck und Schub, Berechnungsfußdicke zwischen den Berührungspunkten der 30°-Tangenten.

Die Einflüsse des Schrägungswinkels, des ungleichmäßigen Tragens, der dynamischen Zusatzkräfte und der Fußausrundung können durch Faktoren berücksichtigt werden.

Auf Grund theoretischer Vergleichsuntersuchungen wurde zur Berechnung der Flankentragfähigkeit die in Gleichung (1) Seite 118 und Bild 12 zusammengefaßte Berechnungsweise vorgeschlagen, die sich auf folgende Annahmen stützt:

Kraftangriff im inneren Einzeleingriffspunkt,
Wälzpressung als maßgebendes Kriterium.

Die Einflüsse von ungleichmäßigem Tragen, dynamischer Zusatzkraft, Schrägungswinkel, Werkstoff des Gegenrades und Schmieröl können ebenfalls durch Faktoren berücksichtigt werden.

Die Berechnungsformeln sind so aufgebaut, daß möglichst viele Werte aus Tabellen entnommen werden können, und daß auch eine Überschlagsrechnung in einfacher Weise möglich ist. Es ist natürlich nur dann sinnvoll, alle ausgeführten Faktoren einzusetzen, wenn die äußeren Kräfte genügend genau bekannt sind.

Schrifttum:

[1] Dietrich, G. und H. Winter: Zur Tragfähigkeitsberechnung von Stirnrädern. VDI-Z. **98** (1956), S. 337—345.

[2] Niemann, G. und W. Richter: Tragfähigste Evolventen-Schrägverzahnung. Braunschweig 1955.

[3] Niemann, G.: Umdruck 6 „Zahnräder". Institut für Maschinenelemente. TH München 1955.

[4] Niemann, G. und H. Glaubitz: Die Zahnfußfestigkeit geradverzahnter Stirnräder aus Stahl. Z. VDI **93** (1951), S. 121—126.

[5] Dolan, J.T. und E.J. Broghamer: A Photoelastic Study of the Stresses in Gear Tooth Fillets. Univ. Illinois Eng. Expt. Bull. 335 März 1942.

[6] AGMA Standard 220.01: Strength of Spur Gear Teeth (Dez. 1946).

[7] Dudley, W.D.: Practical Gear Design. New York 1954.

[8] Rettig, H.: Dynamische Zahnkräfte. Dissertation München 1956.

[9] Hofer, H.: Verzahnungskorrekturen an Zahnrädern. ATZ **49** (1947), S. 19—20.

B. W. KELLEY und R. PEDERSEN

Zahnfußfestigkeit bei neuzeitlichen Getriebekonstruktionen

(Übersetzung)

Vorgetragen von H. Blok

Einführung

Seit dem ersten Auftreten und dem ersten Bruch eines Zahnrades aus Holz haben die Konstrukteure von Antriebselementen alles versucht, um in ihre Arbeit größere Zuverlässigkeit hineinzubringen, die sie in die Lage versetzt, Getriebe von größerer Leistungsfähigkeit zu schaffen, welche Maschinen in Gang halten können, die in und auf der Erde sowie in der Luft arbeiten. Die Fähigkeit eines Ingenieurs, ein Zahnrad zu konstruieren, fußt auf seiner Kenntnis der Prinzipien der verschiedenen Arten des Versagens von Zähnen vom Standpunkt der Festigkeit. Weit verbreitet jedoch ist die Neigung der Zahnradingenieure, auf Grund ihrer Erfahrungen einen höheren Zahneingriffswinkel, eine größere Zahnfußausrundung oder ein größeres oder kleineres Zahnkopfhöhenverhältnis zu wählen in der Hoffnung, daß dadurch die drückenden Probleme bei neuen Ausführungen oder bei Erhöhung der zu übertragenden Leistung gelöst würden.
Auch bei Caterpillar kennt man die Bedeutung von Faktoren wie Kerbempfindlichkeit, Restspannungen, dynamische Beanspruchung usw., denen der Wissenschaftler besonderes Interesse zuwendet, und die alle auf die Festigkeit der Zahnräder von Einfluß sein können. Bis zu einem gewissen Grade führt das Bewußtsein von diesen zahlreichen Einflußgrößen dazu, das Interesse und die Neugier hinsichtlich der konstruktiven Treffsicherheit zu verschleiern. Glücklicherweise trifft dies aber nicht für den Ingenieur zu, der tatsächlich die Last der Verantwortung für die Konstruktion trägt. So sind Diskussionen geführt worden über Unterschiede in den Konstruktionsberechnungen, wenn sie weniger als 3% ausmachen, wo doch die unbekannten Einflußgrößen viel mehr ausmachen. Der Einfluß der Formgebung auf die Wärmebehandlung allein kann ausreichend groß sein, um diese Bemühungen zu überdecken. In jedem Fall sollte man diese Empfindungen des Konstrukteurs nicht gering einschätzen, sondern sie eher fördern, denn eine gesteigerte Genauigkeit engt das Feld des allgemeinen Problems der Zahnfußfestigkeit von jeder Seite her ein. Mit einer solchen Konstruktionsauswertung beschäftigt sich diese Abhandlung.

Vorliegende Formeln

Wilfred Lewis [1] hat vor ungefähr 65 Jahren als erster eine analytische Untersuchung von Getriebezähnen veröffentlicht. Noch heute wird seine ursprüngliche Formel vielfach angewendet, ohne daß sie den Untersuchungen von Männern wie Dolan und Broghamer [2], R. B. Heywood [3], H. Glaubitz [4] und anderen, die viel zu dem Thema beigesteuert haben, standhalten könnte. Dolan und

Broghamer haben die Anwendung der Formel von Lewis durch einen Formfaktor oder, genauer gesagt, durch einen Spannungsanhäufungsfaktor stark beeinflußt, der auf ihre eigene spannungsoptische Arbeit von 1942 aufbaute. Diese kombinierte Formel, allgemein als die „modifizierte Lewis-Formel" bezeichnet, wird heute in den USA am häufigsten angewandt.

Die Lewis-Formel wird oder kann allseitig bei allen symmetrisch gestalteten Zahnprofilen verwendet werden. Ihre Ungenauigkeit wurde jedoch durch die Arbeit von Dolan und Broghamer offenbar, die Korrekturen bezüglich des Zahneingriffswinkels, der Größe der Zahnfußausrundung und anderer geometrischer Merkmale vornahmen. Da ihre spannungsoptischen Arbeiten an Zahnrädern mit einem Eingriffswinkel von 14,5° und 20° durchgeführt wurden, begann Caterpillar mit einer Reihe von spannungsoptischen Prüfungen an Zahnrädern, die einen größeren Zahneingriffswinkel hatten. Das Ziel war, eine weitere Spannungskorrekturformel für einen Eingriffswinkel von 25° zu erhalten. Die Arbeit wurde von Prof. Broghamer gefördert und mit seiner Hilfe ausgeführt; die Anfertigung von Prüflingen und der spannungsoptischen — isochromatischen wie auch isoklinischen — Aufnahmen erfolgte unter seiner Leitung an der Universität von Illinois, Champaign, Illinois. Wir sind ihm für seine Akkuratesse, seine Sorgfalt und seinen fachkundigen Rat bei dem spannungsoptischen Verfahren zu Dank verpflichtet.

Unsere spannungsoptischen Modelle wurden aus „Columbia"-Kunstharz CR-39 gemacht und hatten eine Zahngröße entsprechend dem Modul 12,7 mm und eine Dicke von ungefähr 1/4" = 6,3 mm. Die Korrektur der genauen Dickte wurde mit einem Mikrometer an jedem Modell vorgenommen. Die Modelle umfaßten 3 Zähne — wie in Bild 1a gezeigt — und hatten ein einziges Befestigungsloch. Nur der mittlere Zahn war belastet. Hemmung für das Drehmoment war ein Flacheisen, das der geraden Kante an der Rückseite des Modells folgte. Das Befestigungsloch und die gerade Kantenvorrichtung waren genügend weit von der Zahnfußausrundung entfernt, um Randeinflüsse zu vermeiden.

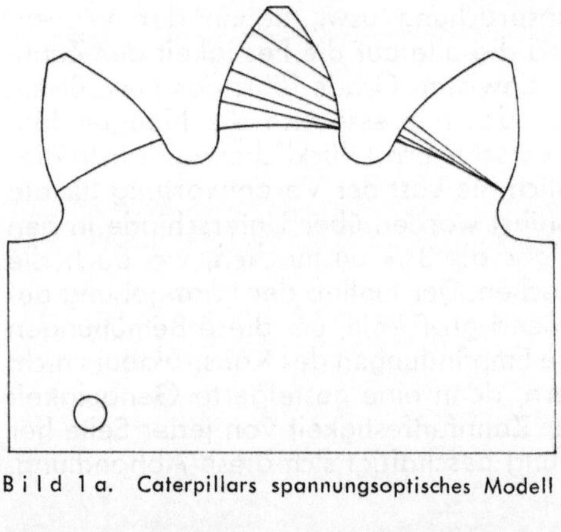

Bild 1a. Caterpillars spannungsoptisches Modell

Die Herstellung solcher Modelle läßt sich nicht ohne Schwierigkeiten bewirken. Unsere Modelle wurden mit einer Bandsäge mit 1/16" = 1,6 mm Aufmaß ausgeschnitten und mit einer kleinen hochtourigen Umlauffeile bei genügend leichtem Druck zur Vermeidung von Wärme fertig bearbeitet. Die Modelle wurden nach dem Fertigbearbeiten mit einem polarisierten Überzug geprüft, um sicherzustellen, daß keine Restspannungen übrigblieben. Unglücklicherweise werden Modelle aus solchem Werkstoff von Zeit, Temperatur und Feuchtigkeit beeinflußt. Wir fanden, daß die Bearbeitung der Modelle an warmen, feuchten Tagen die Neigung zur Bildung von Restspannungen vermehrte. Das Bearbeiten der Modelle begann deswegen am Nachmittag; sie verließen unsere Firma mit Eilboten und trafen am folgenden Morgen im Institut von Prof. Broghamer, Universität Illinois, ein, wo sie einer nachträglichen Überprüfung auf Restspannungen unterzogen wurden. Waren sie spannungsfrei, wurden sie sofort belastet. Eichstäbe wurden dicht neben jedem Modell ausgeschnitten und verblieben bei der Interferenzstreifen-Eichung bei reinem Biegen.

Sorgfältig wurde belastet, um eine rein elastische Beanspruchung zu erhalten; dazu wurde die Belastung auf weniger als 8 Interferenzstreifen beschränkt und die Probe auf Restspannungen nach jeder Lastaufbringung geprüft. Der Belastungsarm wurde in einem Zapfen in einiger Entfernung von der Berührungsfläche drehbar gelagert, so daß die Biegung des Zahnes keine Reibungskraftkomponente von Bedeutung auf der Oberfläche ergab. Eine kleine Unterlegscheibe aus Zelluloid, 0,075″ = 1,9 mm dick, wurde zwischen das Ende des Belastungsarmes und die Modelloberfläche gelegt, um eine annehmbare Druckflächenverteilung mit einem eindeutigen Angriffspunkt der Höchstlast zu gewährleisten. Die Ausrichtung des Modells und des Belastungsarmes wurde mit Hilfe genau aufgerissener Striche an jedem Lastangriffspunkt senkrecht zur Oberfläche und somit tangential zum Grundkreis des Modells durchgeführt. Nach Abschluß der Belastung, des Fotografierens der Isochromaten und des Zeichnens der Isoklinen wurden Modell und Versuchswerte der Caterpillar-Versuchsabteilung zur Auswertung zurückgegeben.

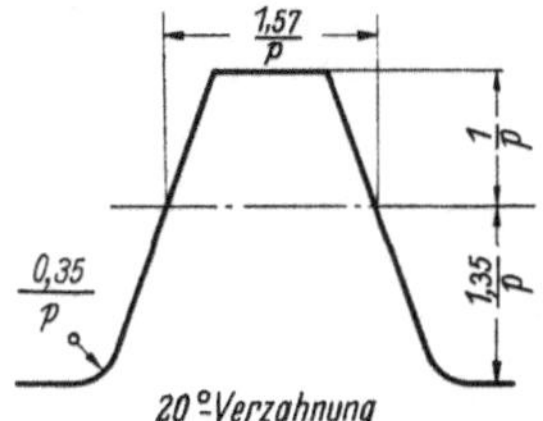

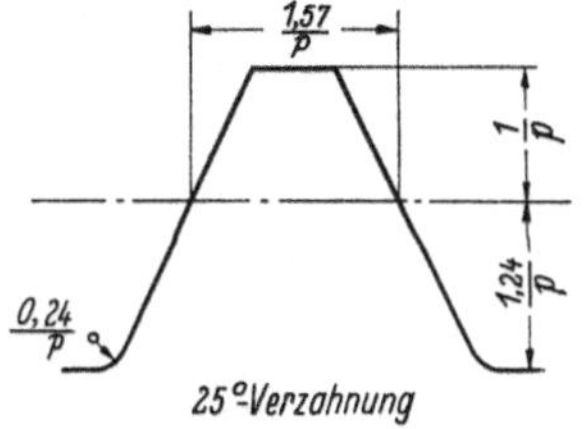

Tabelle 1 geprüft von Caterpillar

Typenbezeichnung	Zähnezahl	Zahneingriffswinkel	Modul	Belastung in lbs pro Zoll der Zahnfläche
A	12	25°	1,0	400
B	12	25°	1,4	400
C	18	25°	1,0	400
D	25	25°	1,0	400
E	50	25°	1,0	400
F	50	25°	0,6	400
G	Zahnstange	25°	1,0	400
H	14	20°	1,5	400
I	72	20°	0,5	400
J	14	$27^1/_2$°	1,4	400
	geprüft von M. A. Jacobson			
1	10	20°	1,5	750
2	40	20°	0,75	750
3	Zahnstange	20°	1,0	750
	geprüft von H. Glaubitz			
1	34	20°		560
2	34	20°		560
3	34	30°		560
4	34	Hohlzahn		560

Bild 1b. Prüfdaten bei 20°- und 25°-Verzahnung

Wie aus Tabelle 1 (Bild 1b) zu entnehmen, hatten wir absichtlich eine Vielzahl von Kopfhöhenabarten zur Prüfung ausgewählt. Alle Modellformen wurden von den in Tabelle 1 gezeigten Zahnstangenformen erzeugt. Unsere Auswahl schloß daher eine große Anzahl von Zahnformen ein, die in Bild 2 gezeigt werden.

Da die Modelle hauptsächlich von einem Zahneingriffswinkel von 25° ausgingen, sollten unsere Anfangsversuche mit der Ermittlung eines Spannungskorrekturfaktors beginnen, der dem Profil entsprach, das von Dolan und Broghamer in ihrer Arbeit mit 14,5° und 20° Zahneingriffswinkel entworfen wurde.

Zu Beginn unserer Arbeit fanden wir, daß eine annehmbare Übereinstimmung der Dolan-Broghamer-Art des Spannungsanhäufungsfaktors besonders bei den Typen mit der größeren Zähnezahl entwickelt werden konnte. Der Fehler wuchs aber bei kleinerer Zähnezahl beunruhigend groß an. Die Folgerung aus diesen Anfangsversuchen war, daß etwas Grundsätzliches in der Annäherung von Lewis fehlte.

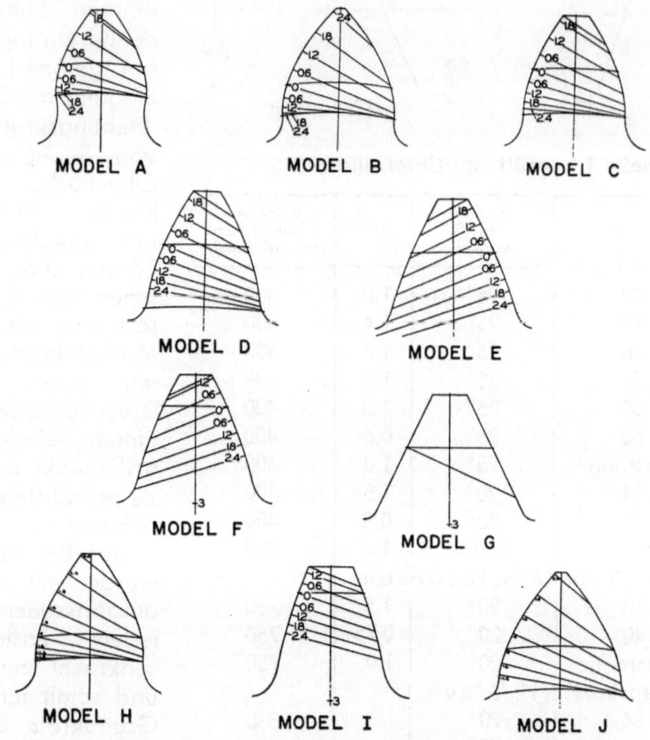

Bild 2. Zahnformen der spannungsoptischen Modelle nach Caterpillar

Die geschichtlich begründete Handhabung einer Methode, ungeachtet ihrer Fehler, hat einen erheblichen Einfluß auf ihre Beibehaltung; die dadurch unterlaufenen Ungenauigkeiten können aber nicht einfach ignoriert werden. Eine der schwerwiegendsten wurde in der Position des Höchstspannungspunktes erkannt, wie in Bild 3 gezeigt wird. Während die Bestimmung des schwächsten Abschnittes durch die Lewis-Parabel an einer bestimmten Stelle erfolgt (siehe Bild 4 „Konstruktion des gleichwertigen Parabelprofils"), tritt die Höchstspannung etwas weiter unten auf. Ferner wurde beobachtet, daß die Dolan-Broghamer-Spannungsanhäufung mittels des kleinsten Zahnfußausrundungsradius berechnet wird, der am

Fuß der trochialen Auskehlung eines erzeugten Zahnes, wiederum in einiger Entfernung von dem Gebiet der Höchstspannung, vorkommt. Bei neueren Zahnrädern mit vollem Kopfausrundungsradius des erzeugenden Werkzeuges kann die Differenz zwischen diesem Radius und dem augenblicklich erzeugten Radius durchaus sehr groß sein. In gewisser Hinsicht benutzten dann Dolan und Broghamer einen wirkungslosen Radius bei dem Versuch, die Spannungen in einem belanglosen Gebiete zu berichtigen. Dies ist einer der Hauptgründe, den zweckmäßigeren Ausdruck „Spannungskorrektur" statt „Spannungsanhäufung" anzuwenden.

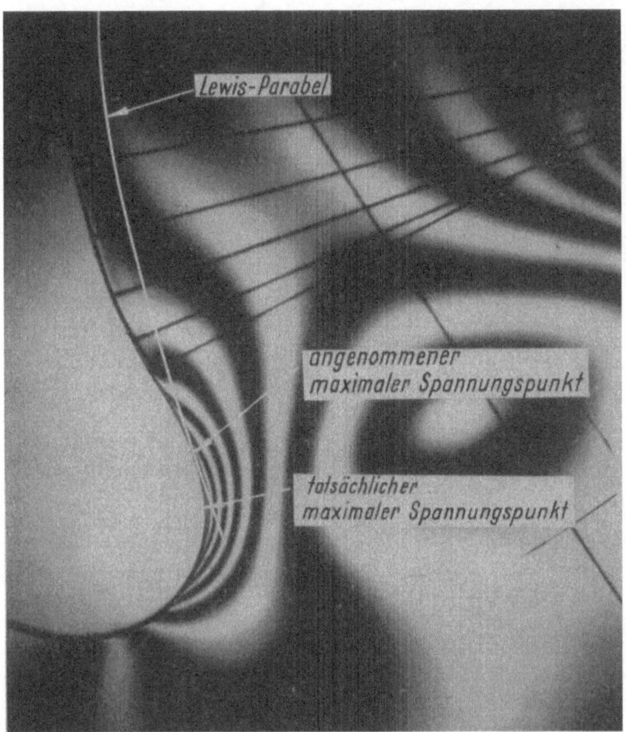

Bild 3. Fehler bei der maximalen Spannungspunktbestimmung

Während wir uns von dieser Methode lösten, lernten wir aus der 1947 von R. B. Heywood veröffentlichten Arbeit, die zuerst für Trapezprofile gedacht war. In dieser Veröffentlichung wird eine bestimmte Methode über das Beiordnen eines solchen (gleichwertigen) Trapezprofils bei einer Zahnform vorgeschlagen. Heywoods Formel schloß alle notwendigen Komponenten für eine bessere theoretische Annäherung an das Problem ein, und er zeigte eine gute Wechselbeziehung zwischen seinen und den von anderen Forschern veröffentlichten spannungsoptischen Prüfergebnissen.

Es ist schade, daß Heywoods Konstruktion des gleichwertigen Trapezprofils nicht bei allen entwickelten Zahnformen angewandt werden kann, denn die Methode arbeitet wirklich ganz gut, da sie etwas genauer ist als die von Dolan und Broghamer modifizierte Lewis-Methode für normale Zahnradkonstruktionen. Das Diagramm des Bildes 5 zeigt die Heywood-Konstruktion.

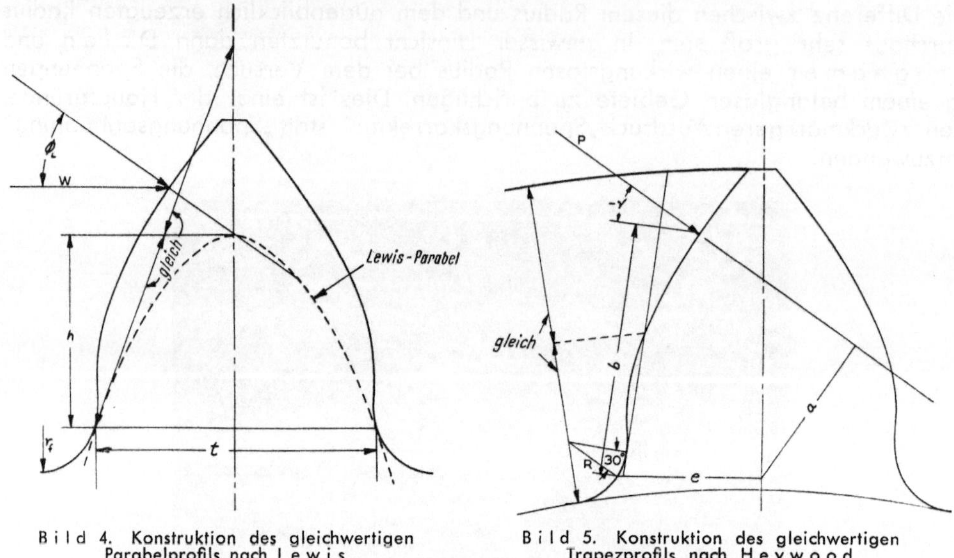

Bild 4. Konstruktion des gleichwertigen Parabelprofils nach Lewis

Bild 5. Konstruktion des gleichwertigen Trapezprofils nach Heywood

Die Zahnhöhe wird durch 2 geteilt, und das so erhaltene Maß wird radial auf das Zahnprofil übertragen. Eine Gerade durch diesen Punkt, tangierend zur Zahnfußausrundung, bildet ein gleichwertiges Trapezprofil. Die übrigen Werte sind graphisch evident.

Heywoods Formel lautet:

$$s_b = \left[1 + 0{,}26 \left(\frac{e}{R}\right)^{0{,}7}\right] \left[\frac{1{,}5\,a}{e^2} + \left(\frac{0{,}36}{b\,e}\right)^{\frac{1}{2}} \left(1 - \frac{1}{4} \sin \nu\right)\right] \frac{p}{t}$$

s_b = maximale Beanspruchung der Zahnfußausrundung
a = Hebelarm
e = Widerstandsdicke
R = Zahnfußausrundungsradius in Hinsicht auf die angenommene Höchstbelastung
b = Entfernung vom Angriffspunkt der Belastung bis zum Angriffspunkt der Höchstbelastung, parallel zur Seite des gleichwertigen Trapezprofils
ν = Ausschlagwinkel der Last, von der Senkrechten zur Seite des gleichwertigen Trapezprofils
p = in Richtung der Senkrechten wirkende Last
t = Zahnbreite.

Entfernt man den Zahnkopf, ändert sich die aus der geometrischen Konstruktion ergebende Lage des gedachten schwächsten Querschnittes, da das gleichwertige Trapezprofil vom Außendurchmesser abhängig ist. Ein solches Entfernen des Zahnkopfes bis zum Belastungspunkt würde die Zahnfußbeanspruchung tatsächlich nicht beeinflussen. Die Werte a — Hebelarm — und e — Widerstandsdicke — können leicht beeinflußt werden. Aber e und a werden oft in einem fast ähnlichen Verhältnis erhöht oder vermindert, und die Veränderung — auf diese Formel angewandt — ist in vielen Fällen nicht schwerwiegend. Etwas schwerwiegender ist der wechselnde Krümmungsradius bei der erzeugten Fußausrundung. Heywood schlägt vor, die erzeugte Fußausrundung in eine gleichwertige, halbkreisförmige umzuwandeln. Wo die trochiale Hohlkehle ausgedehnt ist wie in Modell (A), wird dies sehr willkürlich.

Daher ist die annehmbarste Annäherung im Fall eines veränderlichen Radius die, den Radius in dem Punkt zu wählen, wo voraussichtlich die höchste Spannung auftreten wird. Wird der Zahnkopf entfernt, dann ändert sich der wirksame Radius auf Grund einer Veränderung im gleichwertigen Trapezprofil. Dies kann zu einem Fehler in der berechneten Spannung von 7 oder 8 % führen. Es ist verständlich, daß bei Normung der vollen Tiefe eines Zahnes auf ein gewisses Ausmaß der Fehler nicht groß werden kann. Aber Abänderung der Zahnhöhe (z. B. eine Verkleinerung der Zahnhöhe, um zwischen Kopfkreis und Gehäuse ein Spiel zu ermöglichen) beseitigt die Vielseitigkeit einer solchen Methode. Es ist zu beobachten, daß solche Abänderungen bei modernen Zahnradentwürfen ganz üblich sind.

Mit der Anwendung von Heywoods gleichwertigem Trapezprofil, das für eine gegebene Zahnhöhe und Zahnform gleich bleibt, ändert sich der Höchstspannungspunkt nicht mit jeder neuen Position des Lastangriffs auf dem Profil. Dies ist nicht ganz richtig, was auch Heywood bemerkte. Da die tatsächliche Veränderung in der Lage der Höchstspannung, besonders bei kleinen Ausrundungsradien, nicht groß ist, stimmt die Methode, einen einzigen Punkt für die Höchstspannung zu nehmen, in den meisten Fällen ziemlich gut mit der durchschnittlichen Lage der Höchstspannung überein. Die Lewis-Parabelmethode andererseits zeigt eine ziemliche große Veränderung in der Lage der Höchstspannung an.

Ein anderes wichtiges Problem bei der Lewis- und auch der Heywood-Methode ist, daß sie bei Hohlflankenverzahnung, wie z. B. Innenverzahnungen, nicht angewendet werden können. Wir meinen, daß keine Methode in ihrer Anwendbarkeit durch solche untergeordneten geometrischen Veränderungen begrenzt sein dürfte. Nun kommen wir zu einem Vergleich der mittels der beiden besprochenen Methoden erhaltenen Versuchswerte. Die Kurven in Bild 6 zeigen unsere Prüfergebnisse im Vergleich mit der Heywood-Methode und der von Dolan und Broghamer „modifizierten Lewis-Formel". Die Zahnformen von 25° Eingriffswinkel können mit der „modifizierten Lewis-Gleichung" wegen ihrer Beschränkung auf 14,5° und 20° Zahneingriffswinkel nicht verglichen werden. Genaue Nachprüfungen werden Widersprüche im Verlauf und in der Lage der Kurven bei beiden Methoden zeigen, aber in den Kurven von Heywood kann eine entschiedene Verbesserung gesehen werden. Hauptfehler treten in der Kurvenneigung bei geringeren Zähnezahlen auf. Dies ist ganz natürlich, da Heywoods Arbeit über Trapezprofile die größeren Zähnezahlen genauer nachbildet. Der Unterschied zwischen der Heywood-Formel und den 25°-Zahnstangen-Ergebnissen ist tatsächlich nicht so schwerwiegend, wie es erscheinen mag. Wegen des kleinen, in das Modell eingeschnittenen Zahnfußausrundungsradius erschien ein gewisser Betrag von Unterschneidung, der noch einen gleichmäßigen Übergangsradius erzeugte und infolgedessen nicht der Heywood-Konstruktionsmethode angepaßt ist, die keinen solchen Übergangsradius voraussetzt.

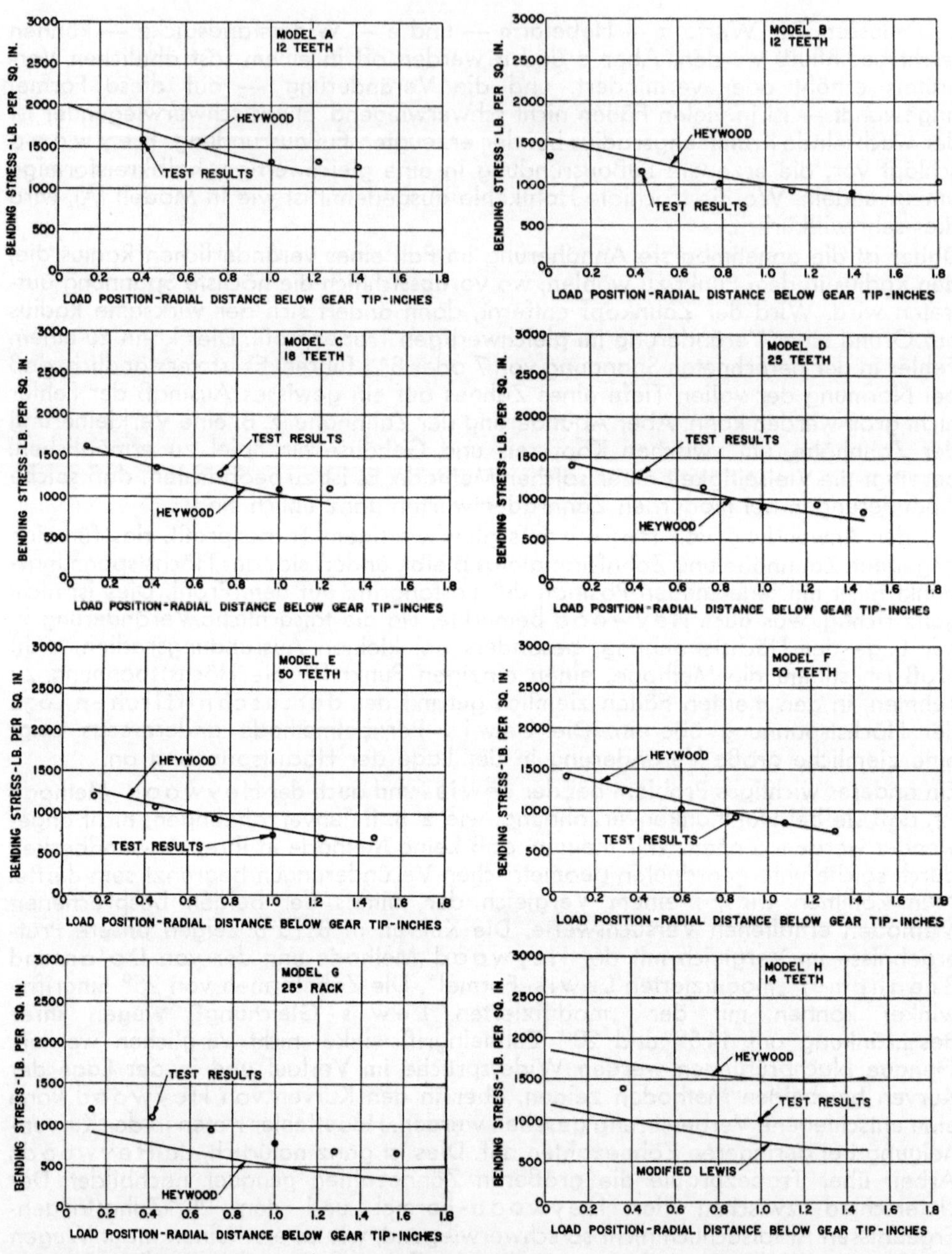

Bild 6. Vergleich der Heywood- und der modifizierten Lewis-Formel mit Prüfergebnissen von Caterpillar

BENDING STRESS — LB. PER SQ. IN. = Biegespannung — lb/sq. in. LOAD POSITION — RADIAL DISTANCE BELOW GEAR TIP — INCHES = Lastangriffspunkt — radialer Abstand unterhalb des Zahnkopfes — inch.

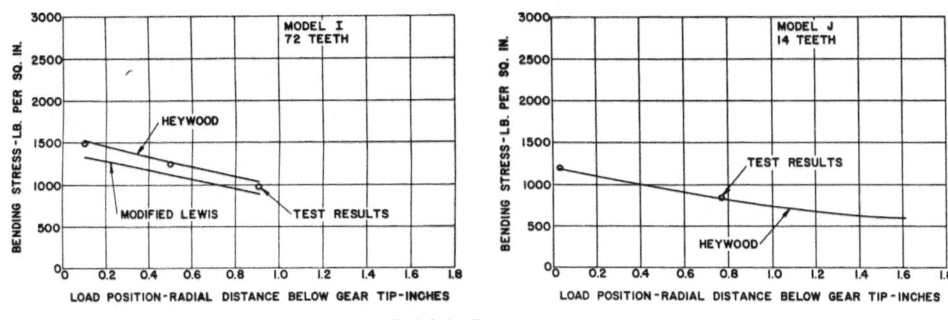

Bild 6. Fortsetzung

Ein wichtiger Beitrag zur spannungsoptischen Arbeit ist von Jacobson [8] und Glaubitz [4] geleistet worden, von denen spannungsoptische Untersuchungen an Zahnformen, die in Bild 7 gezeigt werden, durchgeführt wurden. Wir haben ihre Prüfergebnisse auch mit den Methoden in Bild 8 verglichen. Glaubitz schloß in seine Arbeit noch eine konkave Zahnform ein, die später erwähnt werden wird.

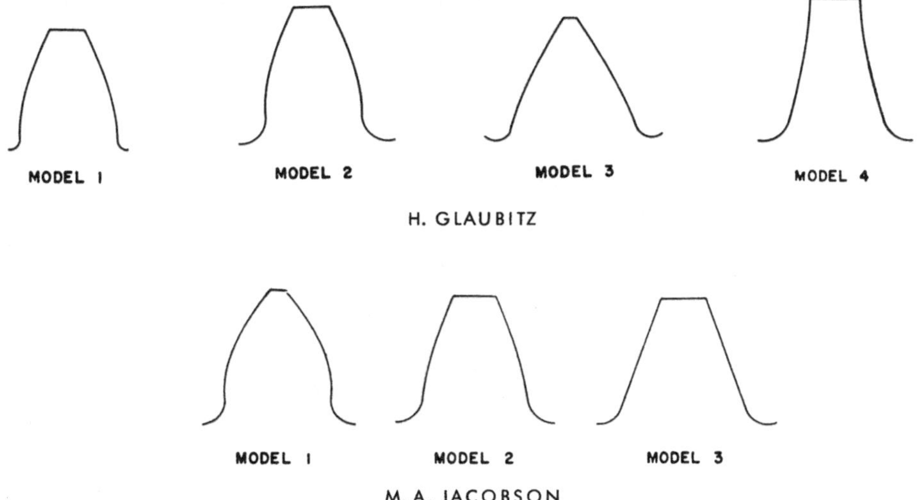

Bild 7. Spannungsoptische Zahnformen, geprüft von H. Glaubitz und M. A. Jacobson

Die Werte von Glaubitz scheinen durchweg niedrig zu sein, was vielleicht auf eine Unterschiedlichkeit im Versuchsverfahren, das wir nicht kennen, zurückzuführen ist. Dies ist aber weniger von Bedeutung, da man einen konstanten Versuchsfaktor K_e einsetzen kann, um Heywoods Ergebnisse auf die Prüfergebnisse von Glaubitz zu bringen. Die Formel lautet dann:

$$\text{Spannungsoptische Ergebnisse} = \text{errechnete Spannung} \times K_e.$$

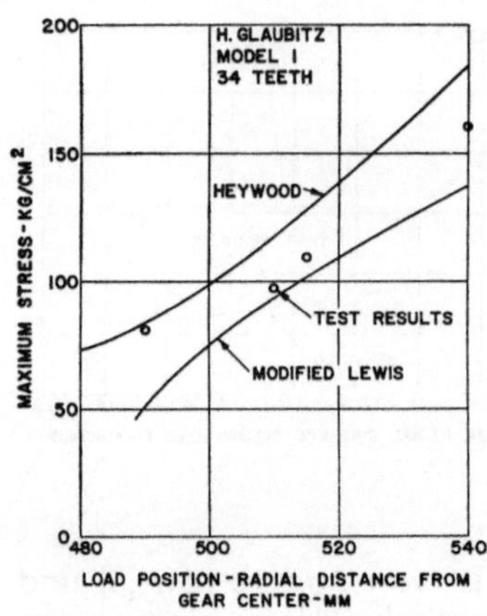

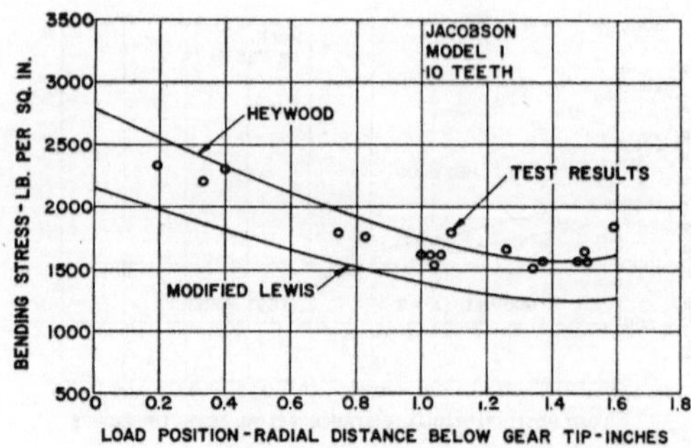

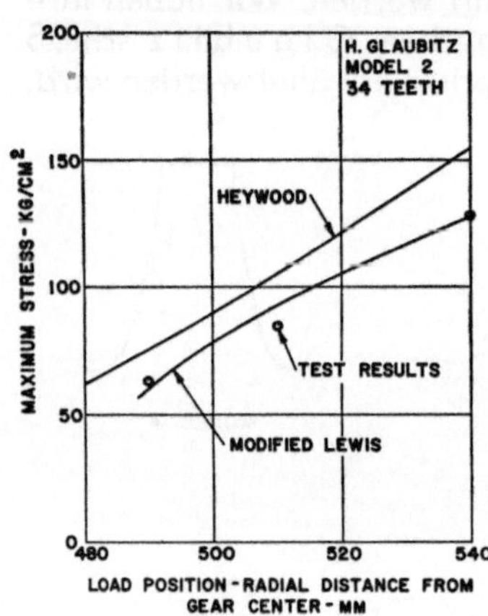

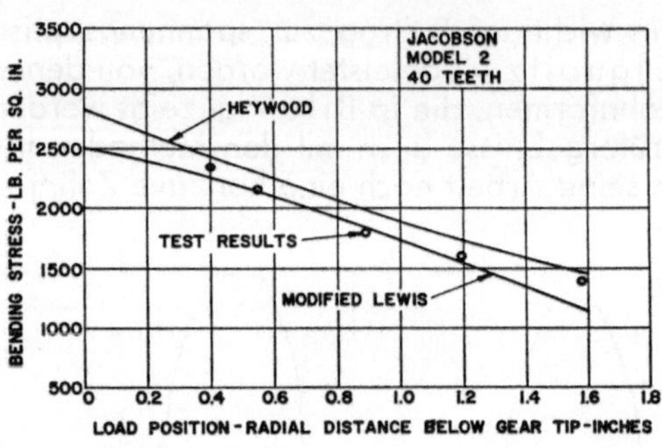

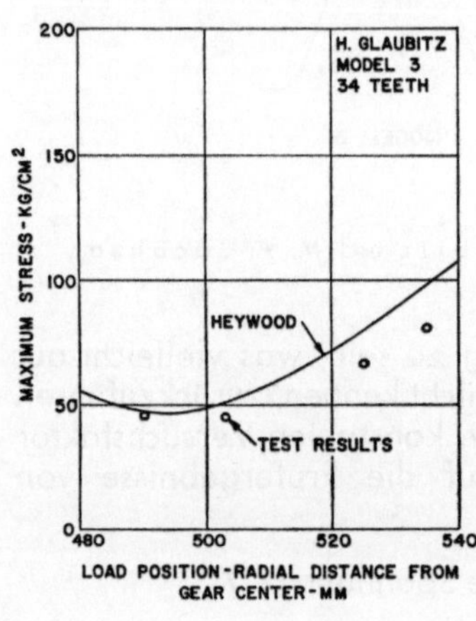

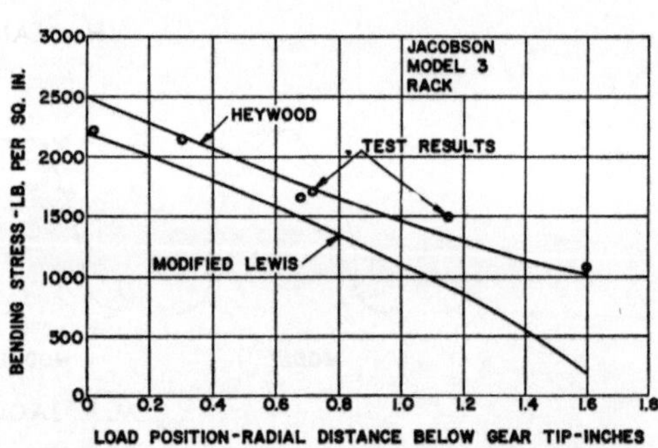

Bild 8. Vergleich der Heywood- und der modifizierten Lewis-Formel mit Prüfergebnissen von Glaubitz und Jacobson

MAXIMUM STRESS — KG/CM² = Höchstspannung — kg/cm². LOAD POSITION — RADIAL DISTANCE FROM GEAR CENTER — MM = Lastangriffspunkt — radialer Abstand von der Radmitte — mm. BENDING STRESS — LB. Per SQ. IN. = Biegespannung — lb/sq. in. LOAD POSITION — RADIAL DISTANCE BELOW GEAR TIP — INCHES = Lastangriffspunkt — radialer Abstand unterhalb des Zahnkopfes — inch.

In keiner Weise berührt dies bei irgendeiner Untersuchung den Vergleich der Ergebnisse verschiedener Modelle. Ein K_e-Wert von 0,82 würde sich wohl der Arbeit von Glaubitz sehr gut anpassen, wenn er auf Heywoods Formel angewandt wird. Hier wieder ist jedoch die Abweichung in der Neigung bei den Zähnen, deren Profil mehr gerundet ist, augenscheinlich.

Von besonderem Interesse ist die Zahl der von Jacobson bei seinem 10-Zähne-Modell erhaltenen Prüfpunkte, wodurch die Genauigkeit einer ausgeführten Kurve erheblich verbessert wurde. Eine weitere Erkenntnis von Jacobson ist, daß die Ergebnisse praktisch unabhängig von den Krümmungsradien des Belastungsgliedes in der Berührungsfläche sind. Dies könnte zwar von einer Auswertung der Verteilung der Berührungsspannungen außerhalb der Berührungsfläche erwartet werden, aber die experimentelle Nachprüfung bleibt immer wertvoll.

Bei der Durchführung dieser Arbeit wurden Dolans und Broghamers Originalunterlagen nicht zum Vergleich herangezogen. Die Autoren sind von Prof. Broghamer darauf aufmerksam gemacht worden, daß ein Modell-Einbaueinfluß, der vorher nicht vermutet wurde, in dieser Arbeit aufgetreten sein könnte. Dies wird in den isochromatischen Aufnahmen durch die Lage der neutralen Achse aufgezeigt, die von der Mitte aus zur unbelasteten oder belasteten Seite des Modells versetzt war, während die Arbeiten von Heywood, Jacobson, Glaubitz und unsere eigenen Prüfergebnisse sie von der Mitte aus zur Belastungs- oder Spannungsseite hin zeigen.

Gewisse Gesichtspunkte der Lewis- und der Heywood-Formel wurden durch unsere Arbeit nicht einfach verworfen. Z. B. hat das gleichwertige Parabelprofil, das von Lewis als Stab gleichmäßiger Biegespannung benutzt wird, gewisse anziehende Merkmale. Für Stabprofile mit geraden und parallelen Seiten gibt es eine gute theoretische Grundlage. In den meisten Fällen zeigt diese auch die richtige Verschiebungsrichtung des Punktes der Höchstspannung in der Fußausrundung an, verursacht durch die Verschiebung des Lastangriffspunktes, selbst obgleich die Größe der erstgenannten Verschiebung für eine gegebene Änderung im Lastangriffspunkt sehr fehlerhaft ist.

Andererseits ist der Aufbau der Heywood-Formel von dem Standpunkt aus verlockend, daß der Spannungsanhäufungsfaktor $\left[1 + 0{,}26 \left(\frac{e}{R}\right)^{0,7}\right]$ einem Schema folgt, das von denen, die theoretische und experimentelle Kenntnisse über Kerbwirkungen haben, mehr universell anerkannt wird. Der Nähe-Korrekturfaktor $\left(\frac{0{,}36}{b\,e}\right)^{\frac{1}{2}} \cdot \left(1 - \frac{1}{4} \sin \nu\right)$ ist nicht besonders wünschenswert, scheint aber notwendig zu sein. Persönliche Verständigung mit Heywood zeigt den Mangel einer wirklich sinngemäßen Auswertung des Faktors an. Im allgemeinen jedoch ist sein Einfluß wesentlich kleiner als der des übrigbleibenden Teiles der Formel (es wird natürlich bemerkt, daß $\frac{1{,}5\,a}{e^2}$ von der Biegungsformel von Lewis herstammt).

Einer Anzahl von Quellen wird entnommen, daß die Lage der Höchstspannung in der Fußausrundung nicht nur durch die Position des Lastangriffspunktes, sondern auch durch die positive oder negative Neigung im eingespannten Trapezprofil beeinflußt wird, wie es in Bild 9 nach Versuchen von Dolan-Broghamer an Trapezprofilen gezeigt wird. Dieser Einfluß kann aus den Unterschieden des Winkels Θ an den Modellen ersehen werden. Das wird auch in Heywoods Arbeit deutlich, wie durch seine Konstruktion des gleichwertigen Trapezprofils und dessen

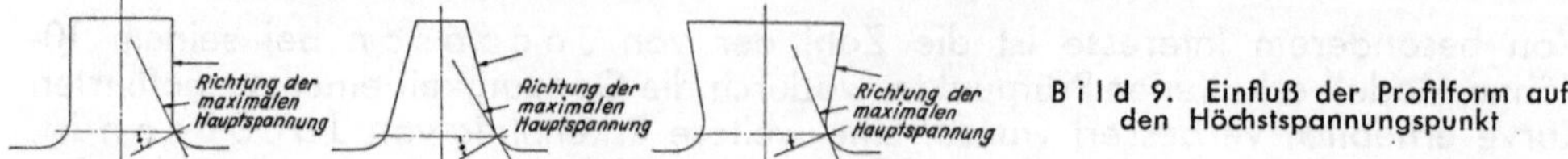

Bild 9. Einfluß der Profilform auf den Höchstspannungspunkt

Beeinflussung der Position des Höchstspannungspunktes gezeigt wird. Jedoch wird in der Lewis-Konstruktion die Position der Höchstspannung allein durch den Lastangriffspunkt und die Fußdicke bestimmt. Sie wird durch die Steigung der Projektion nicht beeinflußt.

Diese Änderung in der Position der Spannung, die wir hier als „Spannungsverschiebung" bezeichnen, wird vielleicht auch durch andere Faktoren beeinflußt, die in unserem Fall geringere Bedeutung haben, wie die Verstärkung der Kerbwirkung durch die Fußausrundung, die sich wegen der starken Unterscheidung einem eingeschlossenen Winkel über 90° nähern kann. Die Spannungsverschiebung kann, abhängig von den vorher erwähnten Faktoren, entweder über oder unter der von Lewis angegebenen Lage der Höchstspannung liegen. Experimentell haben wir gefunden, daß die Spannungsverschiebung weitgehend von dem Winkel α beherrscht wird, der von der Tangente an die Lewis-Parabel im Berührungspunkt mit der Fußausrundung und der Mittellinie der Projektion gebildet wird, wie in Bild 10 gezeigt. Die einfache empirische Beziehung, die aus unserer spannungsoptischen Arbeit entwickelt wurde, ist:

$$\varepsilon = 25° - \frac{\alpha}{2},$$

wobei ε der Spannungsverschiebungswinkel rund um die Fußausrundung ist. In einem Entwurf kann dieser Winkel leicht mit einer Zeichenmaschine konstruiert werden. Der Punkt der Höchstspannung kann auf diese Art mit ziemlich überraschender Genauigkeit festgelegt werden. Sinngemäßer sollte der Wert von ε eine verwickelte Funktion von α, vielleicht einschließlich des Wertes b, sein. Bei äußerst kleinen Winkeln von α, die reines Biegen an der Fußausrundung darstellen, müßte sich ε ja Null nähern (dies kann jedoch nicht bei Zahnrädern verwirklicht werden), und für Werte von α zwischen 12° und 55° wurde der Winkel ε mit einer Genauigkeit von $\sim$ 2° gefunden.

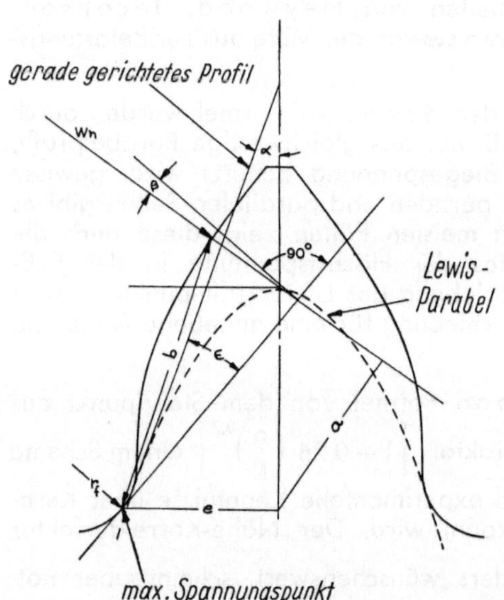

Bild 10. Konstruktion der Größen nach der neuen Zahnfußfestigkeitsformel

Bei einem Zahn mit einem Modul von 25,4 mm und einer voll erzeugten Fußausrundung würde dies normalerweise einem Fehler von 0,035″ = 0,9 mm oder weniger entsprechen. Tatsächlich ergibt der Zahnbruchverlauf aus Ermüdungsversuchen eine weitere Bestätigung dieser Feststellung. Eine höhere Genauigkeit ist unnötig und kann vom Standpunkt der erhöhten Komplexität beim tatsächlichen Entwurf unerwünscht sein; denn in der Tat betrug die Ungenauigkeit der errechneten Spannung bei einem solchen Fehler in der Formel weniger als 1 %.

Man kann die Tangente an die Parabel als die Begrenzung des gleichwertigen Trapezprofils betrachten. Jedoch sollten die wichtigen Winkel in unserer Formel in Beziehung zu der Richtung der auftretenden Hauptspannungen gesetzt werden, die im Punkt der Höchstspannung natürlich parallel zur Fußausrundung laufen. Der Rest der Formel erscheint dann wie nachstehend:

$$S_b = \frac{W_n}{F}\left[1 + 0{,}26\left(\frac{e}{r_f}\right)^{0{,}7}\right]\left[\frac{1{,}5\,a}{e^2} + \frac{\sin\beta}{2\,e} + \frac{0{,}45}{(b\,e)^{1/2}}\right].$$

S_b = Zahnfußhöchstspannung

W_n = Last in Richtung der Normale

F = Zahnbreite

e = Widerstandsdicke

r_f = Ausrundungsradius im Punkte der Höchstspannung

b = Entfernung vom Punkt der Lastaufbringung bis zum Punkt der Höchstspannung

β = Abweichung der Kraftlinie von der Richtung der Hauptspannung.

Die Faktoren $\frac{\sin\beta}{2\,e}$ und $\frac{0{,}45}{(b\,e)^{1/2}}$ sind Größen, die nicht einer analytischen Auswertung entstammen. Man findet zwischen ihnen und dem Näherungsfaktor von Heywood eine große Ähnlichkeit, doch waren wir nicht imstande, die Zahlenwerte des Näherungsfaktors in dem Ansatz von Heywood zu verändern und den Ergebnissen anzupassen.

Der Faktor $\frac{\sin\beta}{2\,e}$ hat als Mittel zur Bestimmung des Einflusses des Lastwinkels auf die Hauptspannungen einen vernünftigen Zweck. Der Faktor $\frac{0{,}45}{(b\,e)^{1/2}}$ hat keine solche Wirkung und kann hier als Nahabstands-Korrekturfaktor wie der von Heywood gebraucht werden. Die Ermittlung des Ausrundungsradius im Punkt der Höchstspannung sollte so genau wie möglich sein. Auf einer großen sorgfältig angelegten Zeichnung ist es möglich, diesen Radius mit einer Genauigkeit von ungefähr 7 oder 8 % zu messen, wodurch die Spannungsberechnung nur um wenige Prozent beeinflußt wird. Größere Genauigkeiten werden sich natürlich bei Verwendung einer automatischen Rechenanlage ergeben.

Bild 11 zeigt die Beziehung der Formel zu unseren Prüfergebnissen und Bild 12 zu jenen von Jacobson und Glaubitz. Wie wir für den Vergleich der Ergebnisse von Heywood mit denen von Glaubitz den experimentellen Faktor K_e für erforderlich hielten, so finden wir es auch notwendig, bei unserer Formel ein K_e von 0,82 zu benutzen. Es ist interessant festzustellen, daß die Übereinstimmung sogar beim konkaven Zahn, Modell 4, gut ist.

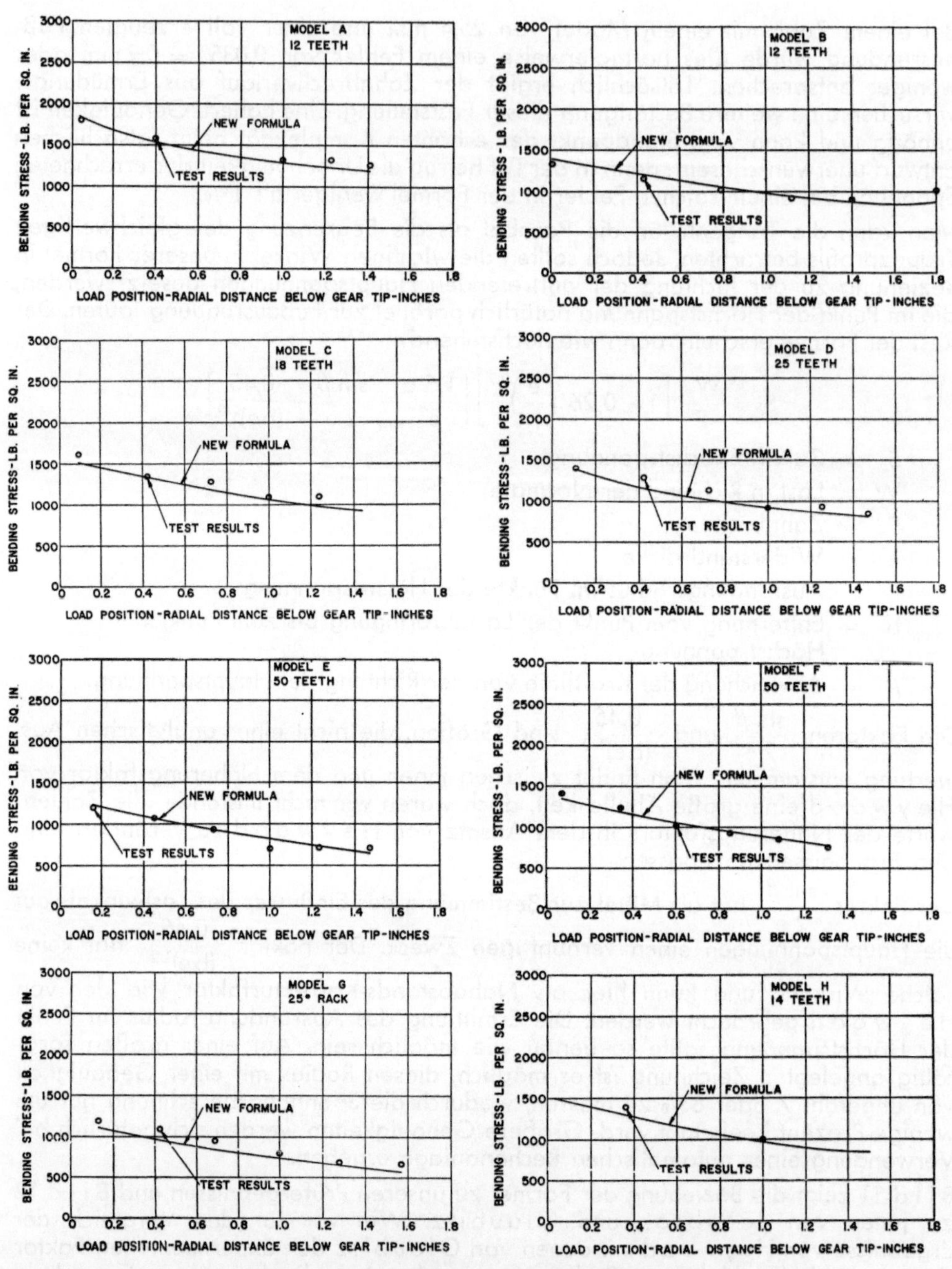

B i l d 11. Vergleich der neuen Formel mit Prüfergebnissen von Caterpillar

BENDING STRESS — LB. Per SQ. IN. = Biegespannung — lb/sq. in. LOAD POSITION — RADIAL DISTANCE BELOW GEAR TIP — INCHES = Lastangriffspunkt — radialer Abstand unterhalb des Zahnkopfes — inch.

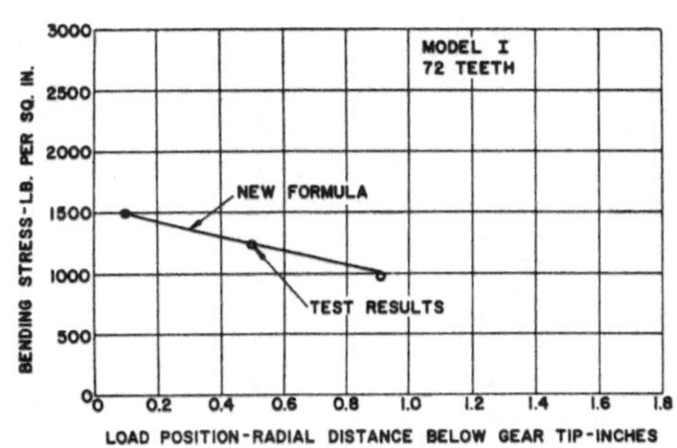

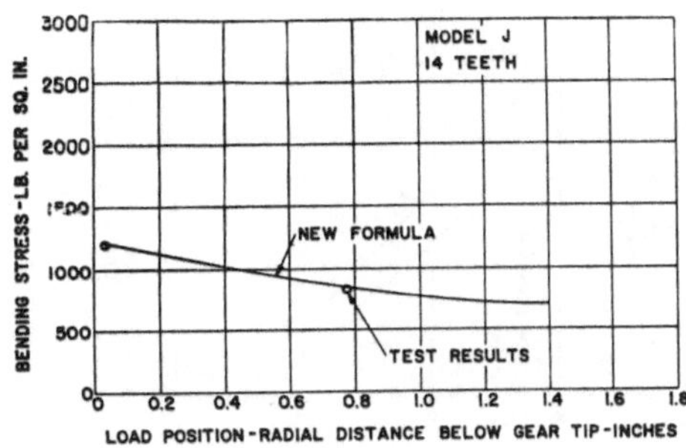

Bild 11. Fortsetzung

Ein experimenteller Beweis

Ein experimenteller Beweis ist immer wünschenswert und oft notwendig, um die Zuverlässigkeit der Konstruktionsformeln zu bestätigen. Direkt vergleichbares Versuchsmaterial ist aber besonders erwünscht. Zur Erläuterung: zwei Versuche wurden auf unseren einpaarigen Zahnradprüfmaschinen gemacht. Diese Maschinen benutzen ein Energiekreisverfahren, und sie sind in einer früheren Veröffentlichung vollständig beschrieben worden [5]. Die Zahnformen wurden so gewählt, daß die Formel strengstens überprüft werden konnte, wie aus den zwei Modellen in Bild 13 zu ersehen ist. Sie wurden aus derselben Stahlcharge hergestellt und in einem Arbeitsgang aufgekohlt und gehärtet. Sie wurden metallurgisch geprüft, um sicherzustellen, daß sie von gleicher Härte, gleichem Gefüge usw. waren. Der Lastangriffspunkt für die Berechnung der Höchstspannung wurde als der höchste Einzeleingriffspunkt gewählt. Berechnungen zeigten, daß der größere Zahneingriffswinkel für diesen Fall tatsächlich ungefähr 10% weniger belastungsfähig sein sollte als das Modell mit dem kleineren Zahneingriffswinkel. Die experimentellen Ergebnisse werden in Bild 14 gezeigt. Sie zeigen, daß die Formel innerhalb der möglichen Zuverlässigkeit solcher Prüfungen für Werte nahe der Dauerfestigkeit bewundernswert gut ist.

Das Ermüdungsdiagramm zeigt ein ziemlich bedeutendes Streuen der Ergebnisse, das aus einer Anzahl von Gründen bei tatsächlichen Prüfläufen verständlich ist. Bei Einzelzahn-Ermüdungsversuchen würden die Werte weniger streuen, da hier Verlagerungsjustierungen für jeden Zahn vorgesehen werden könnten und die ganze Kurve von einem aus einem Zahnrad herausgebrochenen Zahn konstruiert werden könnte. Das Diagramm zeigt eine Konvergenz der Kurven an, die sich dem statischen Bruchpunkt nähern. Dies kann den Gedanken anregen, daß es sich hier um eine geringfügige plastische Verformung handelt und um eine Neuverteilung der wirklichen Spannungen, was eine Minderung in dem Ansprechen auf die berechnete Spannungsanhäufung verursacht. In der Nähe der Dauerfestigkeit jedoch wird die 10%-Differenz in der Tragfähigkeit deutlicher, da bei geringeren Belastungen die tatsächliche Dauerfestigkeit stärker auf die theoretischen Werte der Spannungsanhäufung ansprechen würde. Ferner wurde ein Werkstoff benutzt, der eine Oberflächenhärte von über 60 R_c hatte, was ein gutes Ansprechen auf die theoretischen Werte der Spannungsanhäufung fördern sollte. Ein zäherer Werkstoff würde vielleicht nicht solche Ergebnisse gezeigt haben.

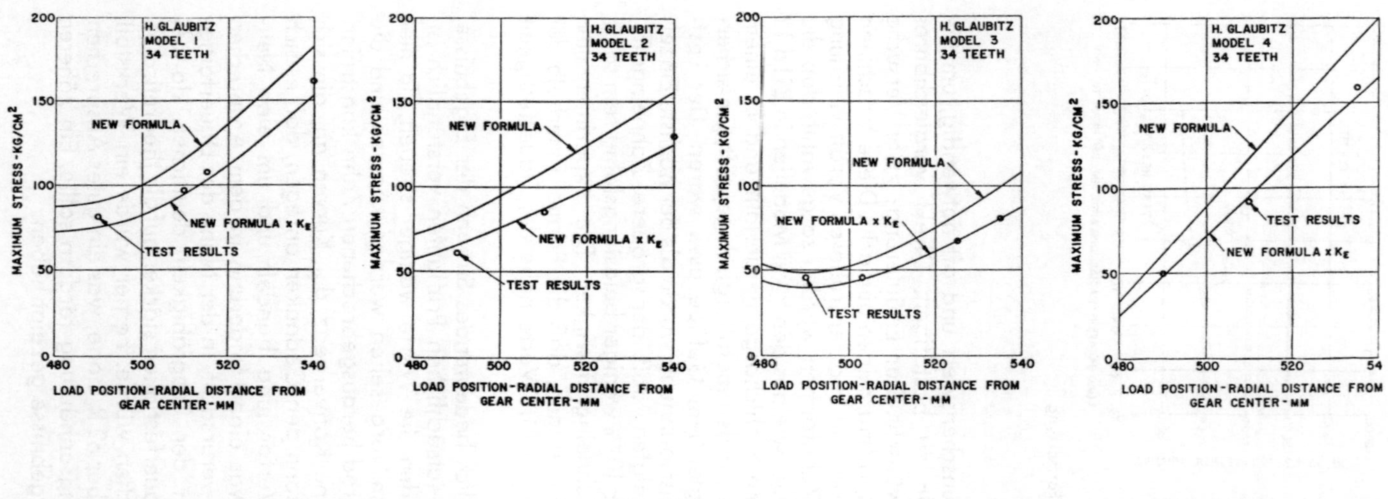

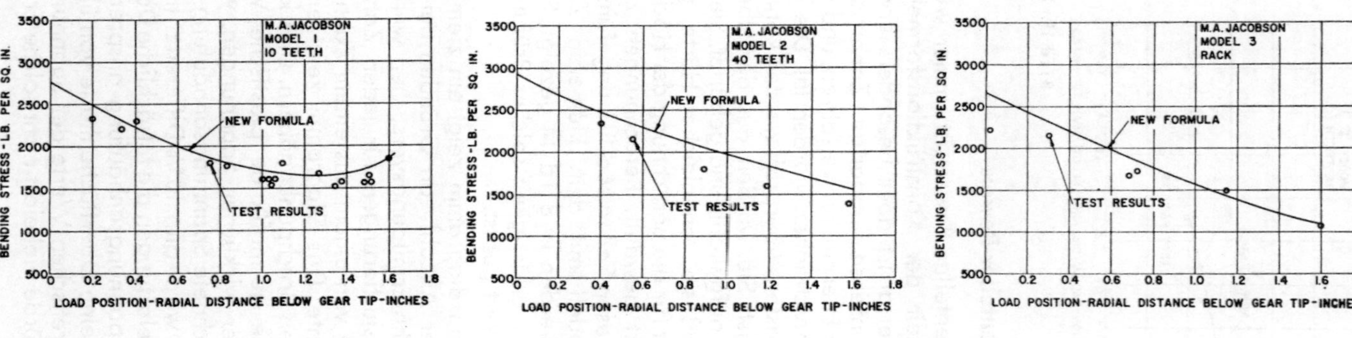

Bild 12. Vergleich der neuen Formel mit Prüfergebnissen von Glaubitz und Jacobson

MAXIMUM STRESS — KG/CM² = Höchstspannung — kg/cm². LOAD POSITION — RADIAL DISTANCE FROM GEAR CENTER — MM = Lastangriffspunkt — radialer Abstand der Radmitte — mm. BENDING STRESS — LB. PER SQ. IN. = Biegespannung — lb/sq. in. LOAD POSITION — RADIAL DISTANCE BELOW GEAR TIP — INCHES = Lastangriffspunkt — radialer Abstand unterhalb des Zahnkopfes — inch.

Auch das Vorhandensein einer Restspannung kann solch ein Ergebnis beeinflussen. Jedoch bringt die angewandte Belastung einen Ermüdungsbereich mit sich. Wegen der Restdruckspannungen, die in der aufgekohlten Schicht auftreten, scheint es wahrscheinlich, daß die Spannung an Stelle eines Bereiches zwischen einer Höchstzugspannung und Null eine vollständige Richtungsumkehr oder sogar Höchstdrücke bis Null herab bestreichen kann. Es gibt einen starken Beweis dafür, daß der zutreffende Typ des Spannungsbereiches unter diesen Bedingungen, besonders für eingekerbte Proben, das Kriterium für Ermüdungsbrüche ist [6, 7].

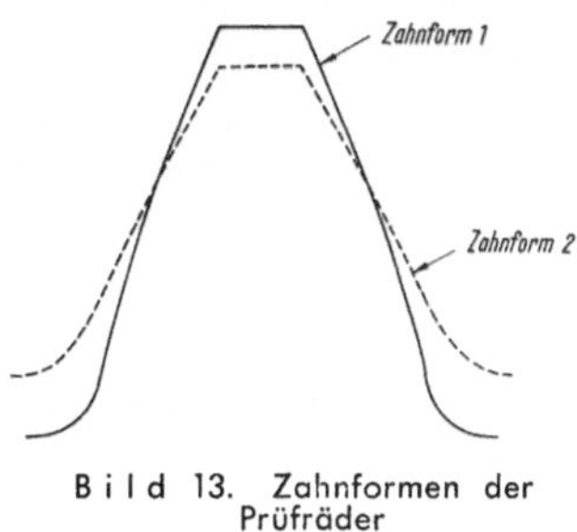

Bild 13. Zahnformen der Prüfräder

Aus den Ergebnissen über die Ermüdungsprüfung schließen wir nicht ohne weiteres, daß größere Zahneingriffswinkel schwächer als kleinere sind. Sie wurden in diesem Fall nur gebraucht, um die Anwendung der Formel zu erläutern. Überdies weicht eine Anzahl der Faktoren im Entwurf von der normalen Praxis ab.

Zusammengefaßt dürfte mit dieser Arbeit wohl folgendes erreicht worden sein:

1. Der Konstrukteur kann jetzt genau die Position des Höchstspannungspunktes bestimmen. Der Radius in diesem Punkt dürfte und sollte der bestimmende Faktor für die Spannungsanhäufung sein.
2. Bis zu einem gewissen Grad wurde die theoretische Methode von Lewis beibehalten, um ein gleichwertiges Trapezprofil zu erhalten, obgleich sogar der angenommene schwächste Abschnitt nicht notwendigerweise der Punkt ist, wo die Höchstspannung eintritt, wie er durch den oben eingeführten Spannungsverschiebungsfaktor angegeben wird.

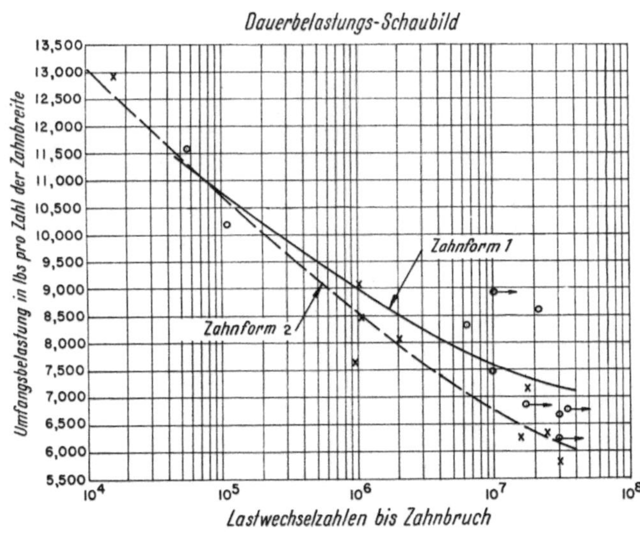

Bild 14. Ermüdungskurven der Prüfungen bei Zahnrädern aus Stahl mit Zahnformen nach Bild 13

3. Wir haben den halbtheoretischen Ansatz für die Spannungsanhäufung, wie bei Heywood erklärt, beibehalten.
4. Beim Vergleich der Formel mit allen bestehenden spannungsoptischen Modellen, die wir kennen, ist eine gute Korrelation gefunden worden von dem Zahnkopf bis zu dem untersten Punkt, wo eine Belastung, selbst bei Hohlflankenprofilen, auftreten könnte.
5. Das experimentelle Versuchsmaterial, mit den aufgekohlten und gehärteten Zahnrädern gewonnen, hat gezeigt, daß unsere spannungsoptischen Ergebnisse als Konstruktionshilfsmittel bei solchen Zahnrädern benutzt werden können.

Schrifttum:

[1] Lewis, Wilfred: Ermittlung der Festigkeit an Getriebezähnen. Proceedings of the Engineers' Club, Philadelphia 1893.

[2] Dolan, T. J. und E. I. Broghamer: Eine spannungsoptische Studie an den Spannungen der Zahnfußausrundungen. Univ. Illinois Eng. Expt. Sta. Bull. 335, 1942.

[3] Heywood, R. B.: Zugspannungen an der Fußausrundung belasteter „Vorsprungs"-Konstruktionen. Institution of Mech. Eng., Proceedings 1948.

[4] Glaubitz, H.: Die Zahnfußfestigkeit der geradverzahnten Stirnräder. Sponsored Research Report No. 23, Dept. of Scientific and Industrial Research, 1950.

[5] Van Zandt, R. P. und B. W. Kelley: Zahnrad-Prüfmethoden für die Entwicklung von stark belasteten Getrieben. SAE Quarterly Trans., April 1949.

[6] Smith, J. O.: Der Einfluß des Spannungsbereiches für die Dauerstandsfestigkeit von Metallen. Univ. of Ill. Bull. No. 26, Eng. Expt. Sta. 1942.

[7] Radzimovsky, E. I.: Spannungsverteilung und Festigkeitsbedingung bei zwei sich abwälzenden Zylindern, die zusammengepreßt werden. Univ. of Ill. Eng. Expr. Sta. Bull. Series No. 408.

[8] Jacobson, M. A.: Biegespannungen bei Stirnradverzahnungen: Vorgeschlagene neue Konstruktionsfaktoren, die auf einer spannungsoptischen Untersuchung fußen. Proc. of the Inst. of Mech. Eng. 1955, Volume 169.

Aussprache

Jacobson (eingereicht, übersetzt): Bei der Untersuchung der Fußfestigkeit von Zahnrädern kommen 5 Hauptfaktoren in Betracht:

die Zahnform
der Werkstoff
das Bearbeitungsverfahren
die Betriebsbedingungen
die dynamischen Kräfte.

Das Referat von Kelley und Pedersen behandelt nur den ersten Faktor und ist ein wertvoller Beitrag zu dem Problem, eine allgemein gültige Lösung für alle praktisch möglichen Zahnformen zu finden. Die halb-empirische Rechenregel, die auf einer großen Anzahl von spannungsoptischen Versuchen fundiert ist, scheint die genaue Berechnung der meisten Zahnformwerte einigermaßen gut zu gewährleisten.

In dem Vortrag wurde darauf hingewiesen, daß „die historisch begründete Handhabung einer Methode eine gute Begründung sei, diese Methode unbeschadet ihrer Fehler beizubehalten, man könne aber diese Ungenauigkeiten nicht einfach außer acht lassen". Das Ausmaß dieser Fehler ist vielleicht am besten an Hand eines Vergleichs der Zahnformwerte zu demonstrieren, die durch verschiedene Methoden gefunden worden sind. In einem Vortrag vor der Institution of Mechanical Engineers in London [1] haben wir Zahnformwerte verglichen, die sich auf V-Null-Getriebe beziehen, und die alle nach dem Normprofil der British Standard 436/1940 hergestellt worden sind. Der Vergleich wurde durchgeführt zwischen den Werten, die wir auf Grund der Lewis-Formel errechnen, und denen, die spannungsoptisch gefunden wurden.

Die Definition des Zahnformwertes Y lautet

$$Y = \frac{W_n \cdot P_n}{F \cdot S_b},$$

wobei

W_n = Belastung senkrecht zur Zahnfläche
= Drehmoment/Grundkreisradius,

$P_n = \frac{1}{\text{Inch Modul}}$,

F = Zahnbreite (inches),

S_b = Maximale Zahnfußbelastung (Lb/in²).

Das Wesentliche ist nicht der Prozentsatz der Differenz, sondern die Tatsache, daß diese von + 46,3 % bis + 111,5 % schwankt. Es ist deshalb nicht möglich, der alten Lewis-Formel einfach einen einheitlichen „Korrekturfaktor" hinzuzufügen, um sie mit experimentell gefundenen Zahnformwerten in Übereinstimmung zu bringen.

Zähnezahl	Zähnezahl im Gegenrad	Y-Wert spannungs- optisch gefunden	Y-Wert nach Lewis- Berechnungs- methode	Differenz %
				von + 46,3 % bis +111,5 %
20	20	0,382	0,660	+ 72,8
	30	0,389	0,691	+ 77,7
	50	0,396	0,728	+ 84
	100	0,403	0,766	+ 90
	Zahnstange	0,408	0,820	+101
40	20	0,418	0,612	+ 46,3
	30	0,431	0,670	+ 55,5
	50	0,440	0,782	+ 77,7
	100	0,451	0,851	+ 88,6
	Zahnstange	0,464	0,931	+ 100,8
80	20	0,430	0,639	+ 48,5
	30	0,444	0,713	+ 60,5
	50	0,453	0,814	+ 79,5
	100	0,467	0,894	+ 91,4
	Zahnstange	0,478	1,011	+ 111,5

Angesichts solcher Verschiedenheiten und Differenzen scheint es fraglich, ob das Beibehalten der alten L e w i s - Formel noch wirklich verteidigt werden kann. Letzten Endes haben wir im Laufe der vergangenen 65 Jahre eine ganze Anzahl von einst sehr verbreiteten Berechnungsmethoden für die Beanspruchung des Werkstoffes aufgegeben. Oft wird als Rechtfertigung für die Beibehaltung angeführt, daß uns die L e w i s - Berechnungsmethode den Kerbspannungswert am Zahnfuß in einer etwas abgeänderten Form gibt, da mittels der L e w i s - Parabel der schwächste Querschnitt genau ermittelt werden kann. Das ist aber nicht möglich, wie das in dem Vortrag von K e l l e y und P e d e r s e n gezeigte Bild 3 erkennen läßt.

Wir haben bei der Anfertigung von über 300 spannungsoptischen Aufnahmen mit vielen verschiedenen Zahnformen und Angriffspunkten der Zahnbelastung gefunden, daß der Maximalspannungswert an dem Zahnfußradius innerhalb eines verhältnismäßig engen Grenzbereiches liegt, nämlich 1/8 bis 1/6 Modul über dem Fußkreis. Die Zahnformen schlossen alle die Extreme der Profilverschiebung ein, die man bei Anwendung der Proportionen der Britischen Norm für das Normalprofil erzielen kann, ohne einerseits ein zu großes Zuspitzen des Zahnkopfes und andererseits ein Unterschneiden in der Nähe des Zahnfußes zu verursachen. Die für die Geradverzahnung mögliche Profilverschiebung ist durch die Formel

$$\frac{1+\frac{20}{t}}{2P} \leqq \text{Zahnkopfhöhe} \geqq \frac{4-\frac{10}{t}}{2P}$$

gegeben, worin

$$t = \text{Zähnezahl}$$

$$P = \frac{1}{\text{Inch Modul}}$$

Bild 1 gibt die Proportionen des 20°-Normalprofils nach B. S. 436/1940 wieder. Wir sind der Ansicht, daß der Versuch, die tatsächliche Zahnfußspannung mit Hilfe der Lewis-Parabel mit einem „Korrekturfaktor" zu ermitteln, leicht zu

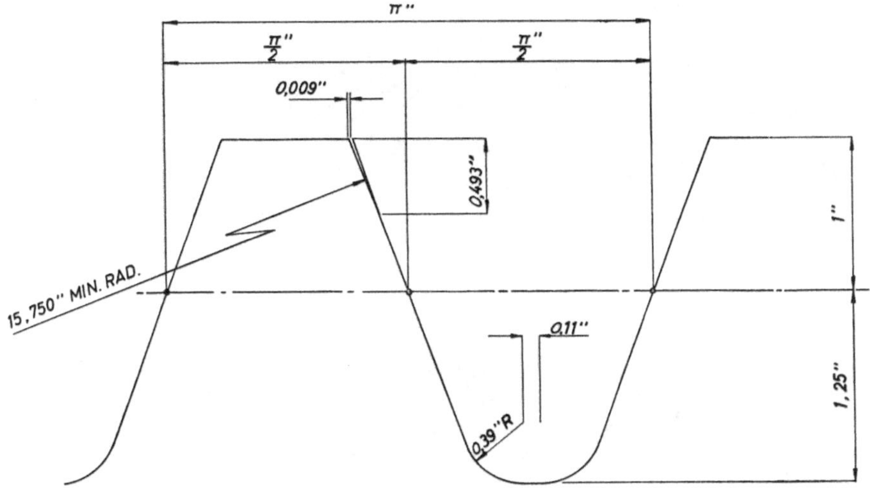

Bild 1. Englisches Normprofil nach B. S. 436/1940, Eingriffswinkel 20°

falschen Vorstellungen führen kann. Wenn wir von einem Kerbspannungswert sprechen, meinen wir, daß die lokale Kerbe die leicht und mathematisch genau errechenbare Spannungsverteilung um einen gewissen Wert erhöht. Nur dann kann dieser Wert in ein Verhältnis zu Resultaten von Versuchen an gekerbten Wöhlerstäben und Kerbempfindlichkeitsanalysen gesetzt werden. Wie wir spannungsoptisch ermittelt haben, kann man mit Hilfe des Lewis-Verfahrens die Lage des schwächsten Querschnittes nicht finden. Außerdem stellt man bei einem Vergleich der spannungsoptischen Versuche mit dem Lewis-Verfahren fest, daß die relative Verschiebung für verschiedene Ansatzpunkte der Belastung nicht konstant ist. Das bedeutet aber, daß die nominelle Spannung nicht genau genug durch die Lewis-Parabel errechnet werden kann. Wenn man jedoch die nominelle Spannung nicht einigermaßen genau finden kann, dann verliert die Trennung der spannungsoptisch gefundenen Zahnfußspannung in zwei Faktoren — von

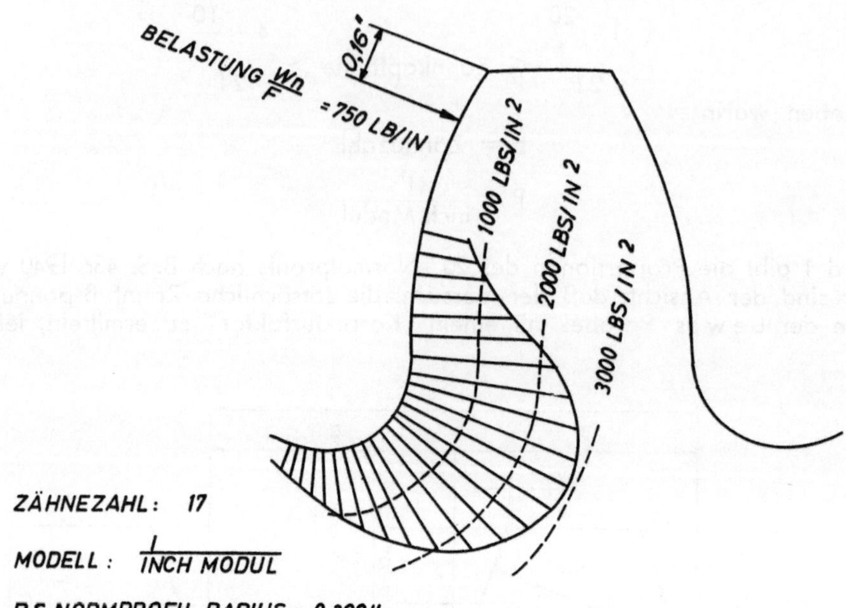

Bild 2. Verteilung der Zahnfußspannung an einem Zahnrad mit 17 Zähnen, Normprofilradius 0,390"

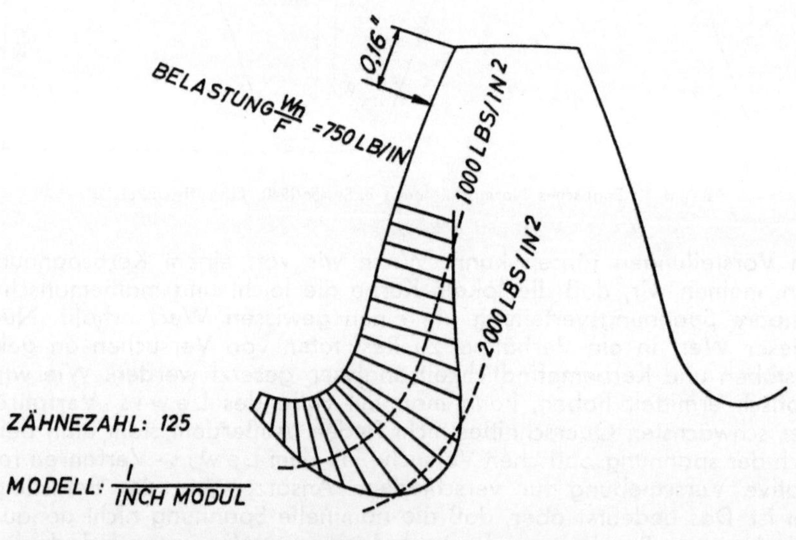

Bild 3. Verteilung der Zahnfußspannung an einem Zahnrad mit 125 Zähnen, Normprofilradius 0,390"

denen der eine die nominelle Spannung, der andere den theoretischen Kerbwert K_t darstellt — jede vernünftige Bedeutung.

Daß Kerbspannungen an den Zahnfüßen auftreten, ist aus den Bildern 2, 3 und 4 klar ersichtlich. Sie zeigen die Verteilung der Zahnfußspannung an Zahnrädern mit 17 und 125 Zähnen. Bild 2 und 3 zeigen Zahnräder, die mit dem 20°-Normprofil der British Standard 436/1940 übereinstimmen. Bild 4 hat dagegen einen weitaus kleineren Normprofilradius, nämlich 0,098″ statt 0,390″. Die Belastung ist in allen drei Fällen die gleiche, und zwar 0,16″, unterhalb der Zahnspitze senkrecht zum Zahnprofil angesetzt. Die Wirkung, die eine Änderung des Normprofilradius hat, wird an Hand der Werte der Maximalspannungen im

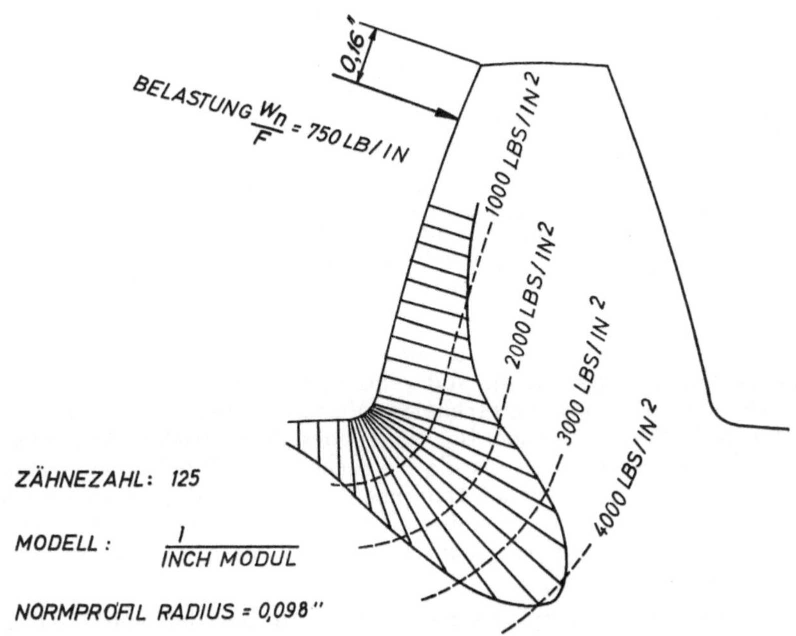

Bild 4. Verteilung der Zahnfußspannung an einem Zahnrad mit 125 Zähnen, Normprofilradius 0,098″

Zahnfuß von zwei ausgewählten Zahnrädern gezeigt (Bild 5). Man kann daraus ersehen, daß die Änderung dieses Radius sich bei Zahnrädern mit großer Zähnezahl stärker bemerkbar macht.

Die logische Folgerung ist, daß die genaue Feststellung des kritischen Radius r_f in der Rechenregel von Kelley und Pedersen die errechneten Resultate des Zahnfußspannungswertes sehr beeinflußt, und daß die Genauigkeit der Resultate von der Genauigkeit abhängig ist, mit welcher der Konstrukteur die Zahnform vergrößert aufzeichnet. Wir sind der Meinung, daß diese graphische Analyse eine weitere Fehlerquelle in der Zahnberechnung darstellt. Aus diesem Grunde haben wir auf die Notwendigkeit einer graphischen Analyse in unserer Arbeit

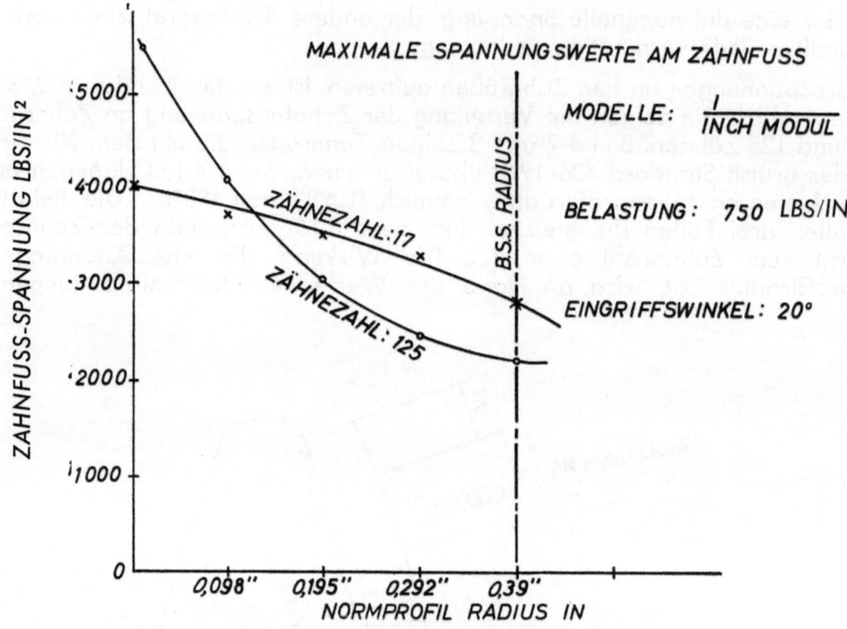

Bild 5. Einfluß des Normprofilradius auf die Zahnfußspannung

auf diesem Gebiet verzichtet und eine auf spannungsoptischen Versuchen beruhende Methode angewendet. Während auf Grund der verschiedenartigen Methoden Unterschiede in den errechneten Werten zu bemerken sind, besteht ein auffallend gutes Übereinstimmen bei den spannungsoptischen Resultaten. Dies ist um so mehr bemerkenswert, als die Versuche ganz unabhängig voneinander und unter Benutzung verschiedener experimenteller Methoden ausgeführt wurden. Es bedeutet eine willkommene Bestätigung der Genauigkeit und der Wiederholbarkeit der spannungsoptischen Versuche, wenn diese nur vorsichtig genug durchgeführt werden.

In diesem Zusammenhang mögen die Fehler, die bei der von Kelley und Pedersen vorgeschlagenen Methode der graphischen Konstruktion möglich sind, von Bedeutung sein. Zwei Konstrukteuren wurden genau dieselben Zahnbelastungsprobleme vorgelegt. Ihre Ergebnisse differierten um 8 %. Einige Tage später wurden die beiden Aufgaben einem der beiden Konstrukteure gegeben. Die Werte seiner zweiten Lösung differierten von denen der ersten Lösung um 8,5 bzw. 7 %. Wir untersuchten 12 Fälle und fanden, daß die nach der neuen Formel errechneten Werte 95 bis 118 % der spannungsoptisch gefundenen Resultate betrugen.

In unserer eigenen Analyse haben wir die spannungsoptischen Werte unmittelbar in der Weise verwendet, daß der Konstrukteur nur die Zahnformwerte von den Konstruktionstafeln abzulesen braucht, höchstens muß er eine geradlinige Interpolation durchführen. Der Vorteil einer solchen Methode ist Einfachheit und

Wiederholbarkeit; sie hat jedoch den Nachteil, daß eine neue Serie von spannungsoptischen Versuchen notwendig ist, wenn man die Hauptabmessungen des Normprofils zu ändern gedenkt. Die halbempirische Methode von K e l l e y und P e d e r s e n ermöglicht andererseits eine Voraussage des Einflusses solcher Änderungen, die Ergebnisse sind aber nicht so genau.

In diesem Zusammenhang wird den Getriebe-Ingenieuren empfohlen, sich so weit wie nur irgend möglich an die Standard-Profilnorm zu halten. Ebenso wie jetzt Gewindeformen genormt sind, dürfte es doch möglich und auch nützlich sein,

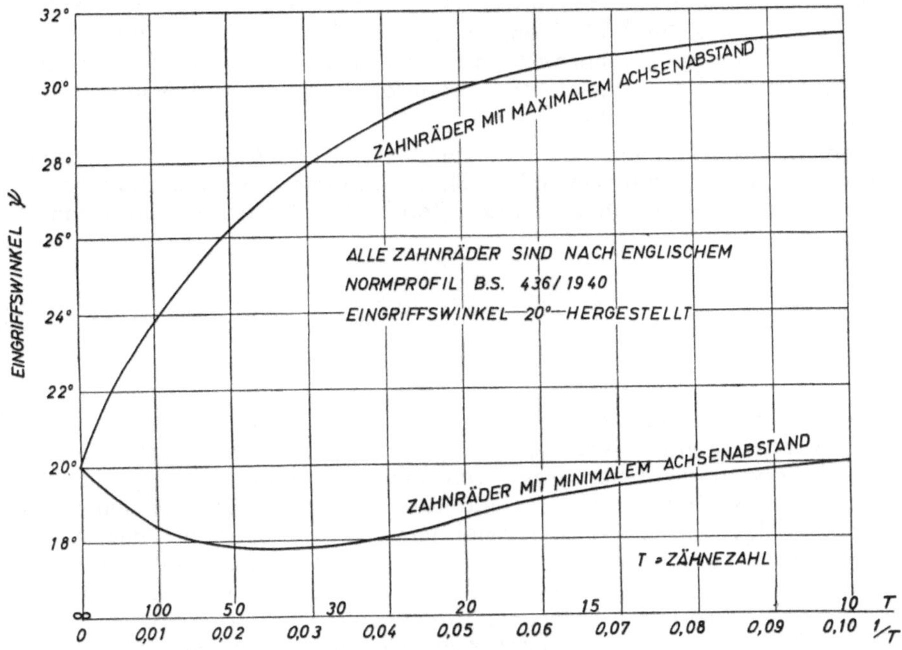

B i l d 6. Bereich der möglichen wirksamen Eingriffswinkel für Zahnräder, die nach dem Englischen Normprofil B. S. 436/1940 hergestellt sind

eine Normung für die Zahnformfräser durchzuführen. Bevor man den Gedanken fallen läßt, genormte Zahnformfräser herzustellen, sollte man untersuchen, wie weit der Bereich der möglichen Abweichungen bei Benutzung des 20°-Normprofils der British Standard 436/1940 zur Herstellung von geradverzahnten Stirnrädern ist. Dieser Bereich dürfte den meisten Anforderungen gerecht werden. Es ist allgemein bekannt, daß Zahnformen und die wirksamen Eingriffswinkel gegenüber denen der Profilnorm stark verschieden sein können. B i l d 6 zeigt, wie weit der Bereich der möglichen Eingriffswinkel ist. Je kleiner die Zähnezahl des Ritzels ist, desto größer ist dieser Bereich. Nehmen wir z. B. ein geradverzahntes Ritzel mit 10 Zähnen, dann ist der Eingriffswinkel zwangsweise nur in einem Falle 20°, nämlich im Eingriff mit der 20°-Zahnstange; er kann aber bis 31,5° ansteigen, wenn nämlich zwei gleiche Ritzel mit 10 Zähnen im Eingriff sind, die beide eine Zahnkopfhöhe von 1,5 inch haben. Es ist daher ersichtlich, daß ein Ritzel mit 25 Zähnen nicht unbedingt nur einen Zahnformwert haben muß, sondern sehr verschiedene Zahnformwerte haben kann. Der Zahnformwert kann zwischen Y = 0,595 und Y = 0,32 liegen; das bedeutet eine relative Stärke von 1,86 : 1. Der größere Zahnformwert ist der eines Stirnrades mit 25 Zähnen, das eine Zahnkopfhöhe von 1,8 inch hat (Zahnrad A) und im Eingriff mit der 20°-Zahnstange ist, wogegen der kleinere Zahnformwert der eines Stirnrades mit 25 Zähnen mit einer Zahnkopfhöhe von 0,9 inch ist (Zahnrad B), das im Eingriff ist mit einem Ritzel mit 10 Zähnen und einer Zahnkopfhöhe von 1,5 inch (Zahnrad C).

Wenn wir das Feld auf eine spezifische Untersetzung von 2,5 : 1 und die Zähnezahl wie zuvor auf 25 und 10 einengen, dann finden wir für den engsten Achsabstand Y = 0,32, wenn Zahnrad C mit Zahnrad B im Eingriff ist, und für den größten Achsabstand Y = 0,44, wenn Zahnrad C mit Zahnrad A im Eingriff ist. Dies bedeutet eine relative Stärke von 1,38 : 1.

Man kann daraus erkennen, daß man durch eine gute Auswahl des Ausmaßes der Profilverschiebung eine wesentliche Steigerung der Belastungskapazität eines Getriebes erreichen kann, ohne von der Standard-Profilnorm abzuweichen.

Schrifttum:

[1] Jacobson, M. A.: Bending Stresses in Spur Gear Teeth. Proposed new Design Factors Based on a Photo-Elastic Investigation. Proceedings of the Institution of Mechanical Engineers. **169**, (1955), No. 33.

Heywood (eingereicht, übersetzt): Als Konstrukteur, der Aufschluß über die Spannungen in einem Zahn suchte, hatte ich unter einer Schwierigkeit gelitten, — einerseits war die genaue Analyse der Spannungen mit Hilfe verfeinerter Verfahren, wie der analytischen Relaxationsmethode oder des experimentellen photoelastischen Verfahrens, für den täglichen Gebrauch für mich unerreichbar, während die klassische Lewis-Formel mir auf der anderen Seite nur eine Näherungslösung vermittelte. Jetzt allerdings konnte ich aus dieser Verlegenheit herauskommen, indem ich eine Formel der Art verwendete, wie sie von Kelley und Pedersen erörtert worden war, die weder den theoretischen Begriffen der Spannungsanalyse Gewalt antat noch für den praktischen Gebrauch zu kompliziert war.

Ich war den Autoren deshalb besonders dankbar, weil sie einen Vergleich zwischen Versuchsergebnissen, wie sie von ihnen selbst und auch von Jacobson und Glaubitz erzielt worden waren, und den Resultaten gezogen hatten, die nach einer Formel berechnet worden waren, die ich vorgeschlagen hatte. Der Vergleich zeigte, daß eine allgemeine Übereinstimmung erzielt wurde, obwohl in keiner Weise eine Anpassung durch eine Berichtigung der Konstanten gemacht worden war, um eine bessere Angleichung an die neuen Werte zu erzielen. Nichtsdestoweniger mußte erwartet werden, daß eine halbtheoretische Formel für die Ermittlung ihrer Konstanten von Versuchsergebnissen abhängig war, und ich zog in Erwägung, daß die sorgfältige Analyse der neuen Werte durch die Autoren wohl zu größerer Genauigkeit führen würde. Diese Punkte legten den Schluß nahe, daß die Spannungen in einem Zahn mit weit größerer Genauigkeit, als es bisher möglich gewesen war, ermittelt werden konnten.

Die betrachteten Formeln waren von der Art $S = K(A + B + C)$, wo die größte Zugspannung S in der Zahnfußausrundung durch einen Spannungskonzentrationsfaktor K und „Nenn"spannungen A, B und C ausgedrückt wurde. Der Wert

$$A\left(= \frac{15,\, a\, W}{e^2\, F}\right)$$

war die theoretische Biegespannung nach **Lewis**, während die empirischen Werte B $\left(= \frac{\text{Konstante}}{\sqrt{(b.e)}}\, \frac{W}{F}\right)$ und C $\left(= \frac{\sin\beta}{2e}\, \frac{W}{F}\right)$ Spannungen waren, die mit der Nähe des Angriffspunktes der Belastung zu der Zahnfußausrundung zusammenhingen. Die Berechtigung für die Anwendung dieser Werte für den Nahabstand erforderte eine Erklärung, und ich selbst hatte früher drei mögliche Ursachen von Spannungen an der Oberfläche vorgeschlagen. Nun berücksichtigte die **Lewis**sche Biegungsspannung nicht die Wirkungen der örtlichen Spannungsverteilung am Lastangriffspunkt und würde tatsächlich für Lasten, die an einem beliebigen Punkt der Eingriffslinie angreifen, dieselben Nenn-Zahnfußspannungen ergeben. Bei einem Lastangriff in der Nähe der Ausrundung würde die Zahnfußspannung durch die örtliche Lastwirkung beeinflußt werden, und es war die Aufgabe der Nahabstandswerte, diesen Einfluß zu bestimmen. Theoretisch würde ein gleichmäßiger Druck auf einen Teil der Grenzfläche einer halb-unendlichen Platte außerhalb des Angriffspunktes keinerlei Spannungen an der Oberfläche hervorrufen. Dieses Ergebnis konnte praktisch nicht erzielt werden, denn unvermeidlich wurden eine ungleichförmige Druckverteilung und auch Scherkräfte, die zur Grenzfläche parallel wirkten, verursacht. Diese Abweichungen bewirkten Spannungen an der Oberfläche, die gewöhnlich Zugspannungen waren, und ihre Gegenwart konnte immer an photoelastischen Modellen beobachtet werden.

Eine zweite Ursache für Spannungen an der Oberfläche erwuchs aus dem Unterschied in der Breite zwischen dem Zahn und einer halb-unendlichen Platte, wodurch in der Nähe des Lastangriffspunktes bei dem Zahn viel größere Druckwirkungen als in der halb-unendlichen Platte auftraten.

Drittens könnten die durch die oben genannten Wirkungen erzeugten Spannungen an der Oberfläche ferner durch einen allgemeinen Formfaktor verändert werden, der mit den verhältnismäßig großen Formänderungen im Zahn im Vergleich zu denjenigen im Hauptkörper des Zahnrades in Verbindung steht. Die Größe der dadurch hervorgerufenen Spannungen an der Oberfläche hing von dem Radius der Zahnfußausrundung, der Breite des Zahnes und der Nähe der Belastung zu der Ausrundung ab.

Alle diese Wirkungen waren mehr von der örtlichen Belastung als von der allgemeinen Biegung des Zahnes abhängig und wurden durch die Werte B und C in der Formel erfaßt, wobei der letztere Wert nur wenig dazu beitrug, um die Wirkung der Richtung der Belastung zu berücksichtigen. Bild 1[1]) zeigt den Einfluß einer verteilten Last, welche an der Grenzfläche eines Trapezprofils eingreift. Trotz der Tatsache, daß Biegemomente vermieden wurden, wurde eine Biegungs-Oberflächenspannung in der Nähe der Belastungsstempel hervorgerufen, deren Größe mit der Entfernung von diesen Stempeln abnahm und von der Nähe zu

[1]) Bild 1 ist aus Quelle 3 des Vortrags wiedergegeben.

Gebieten hoher Steifigkeit abhing, wie sie besonders in der unteren rechten Ausrundung vorkamen.

Ich möchte einige Anmerkungen zu gewissen Eigentümlichkeiten der Formel machen. Eines der Probleme war die Umwandlung des Zahnes in irgendeine gleichwertige Form, bei der die Nennspannungen berechnet werden konnten. Die ursprünglich von Lewis vorgeschlagene Lösung bestand darin, daß der Zahn durch ein Parabelprofil ersetzt werden konnte. Dies gab befriedigende Ergebnisse für Spannungen, die vorwiegend durch Biegung verursacht wurden, wenn aber Nahabstands-

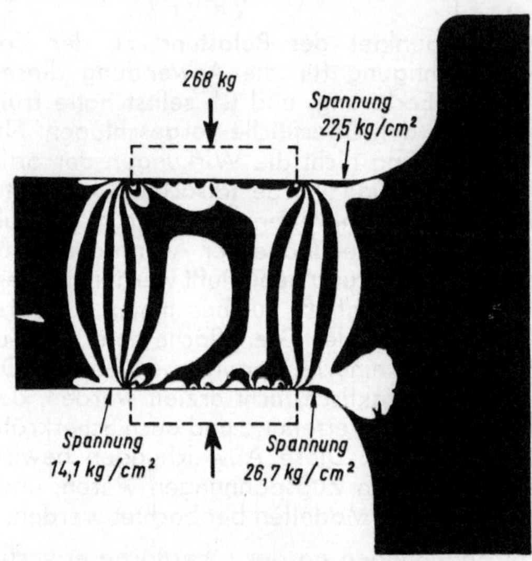

Bild 1. Durch Nahabstandswirkung hervorgerufene Zugspannungen an der Zahnoberfläche (Mit freundlicher Genehmigung der Institution of Mechanical Engineers abgebildet)

spannungen auch vorhanden waren, war die Lösung offenbar unzulässig, da diese zusätzlichen Spannungen nicht berücksichtigt worden waren. Im extremen Fall, wenn die Lastangriffslinie die Zahnmittellinie an einem Punkt unterhalb der Ausrundung schnitt, war es unmöglich, das Lewissche Parabelprofil zu konstruieren, und infolgedessen versagte die Methode. Ein Versagen wurde auch durch die Bemerkungen der Verfasser in ihrem Vortrag angedeutet, denn es wurde nicht nur gezeigt, daß Nahabstandsspannungen wirklich vorhanden waren, sondern auch, daß der Punkt maximaler Spannung nicht mit dem Punkt zusammenfiel, an dem die Parabel die Ausrundung berührte. Aus diesen Gründen regte ich an, daß die Anwendung der Parabelkonstruktion, um die Spannungen zu ermitteln, aufgegeben werden sollte.

Um das von Lewis vorgeschlagene Prinzip zu verwerten, wäre es notwendig, die geometrischen Orte der Punkte zu finden, für welche die Nennspannung (wie sie aus der Summe der Biege- und der Nahabstandswerte abgeleitet wurde) konstant war, und den Maßstab der so erzeugten Kurve derart zu wählen, daß sie die Fußausrundung an einem Punkt berührte. Ein solches Vorgehen wäre sowohl mühsam als auch lästig.

Eine einfachere Lösung war, das gleichwertige Profil mit trapezförmiger Begrenzung zu verwenden, die eine Form hatte, welche von dem Ort der Last unbeeinflußt blieb. Die Berechtigung für die Verwendung des gleichwertigen Profils lag darin, daß ihre Form sich derjenigen des Zahnes, besonders in den kritischen Gebieten, annäherte, und daß die größte Ausrundungsspannung mittels einer vorhandenen Formel berechnet werden konnte. Mit meinen eigenen Vorschlägen betreffs ihrer Konstruktion stimmte ich mit den Verfassern darin überein, daß die Form durch das Gebiet des Zahnes außerhalb des Belastungspunktes beeinflußt wurde. Es war wahrscheinlich, daß jenes scheinbar spannungslose Gebiet tatsächlich die Ausrundungsspannung beeinflussen würde. Dies war von Hetenyi [2] für den vergleichbaren Fall von Bolzen-Hammerköpfen nachgewiesen worden, wo für zugestandenermaßen etwas ungebräuchliche Proportionen der Spannungskonzentrationsfaktor durch die Wegnahme von Werkstoff vom freien Ende von 4,05 auf 5,10, oder um 26%, vergrößert worden war. Viel geringere Unterschiede wären in Zähnen zu erwarten, aber es schien, daß weitere experimentelle Beweise erforderlich waren, bevor diese Art der Konstruktion verworfen werden konnte. Die Verfasser hatten die Frage erörtert, den Einfluß des Radius der Ausrundung zu ermitteln. Ich stimmte zu, daß der Ausdruck „äquivalenter Radius" unbestimmt und daß eine genaue Begriffsbestimmung, wie z. B. der Radius am Punkt der größten Belastung, vorzuziehen sei. Es sollte jedoch beachtet werden, daß der Punkt der größten Belastung nicht immer aus der Lewisschen Parabel ermittelt werden konnte, und zwar aus den Gründen, die ich schon erwähnt hatte. Wenn die Analyse in Bezug auf das Trapezprofil gemacht wurde, war vielleicht die Anwendung des Zahnfußausrundungsradius bei etwa 30° zu der Flanke des Profils ein angemessener Kompromiß. Der Radius an einem Punkt hatte keine Bedeutung hinsichtlich seiner spannungssteigernden Wirkung; nur, wenn sich der Radius über eine gewisse Entfernung erstreckte, würde eine Vergrößerung der Spannung verursacht. In der Schrifttumsquelle [1] hatte ich gezeigt, daß eine Ausrundung von „Stromlinien"form, die einen besonderen Radius an einem kleinen Gebiet der Ausrundung enthielt, eine Spannung erzeugte, die 37% kleiner war als diejenige einer regelmäßigeren Ausrundung, welche denselben Krümmungsradius hatte. Dies zeigte,

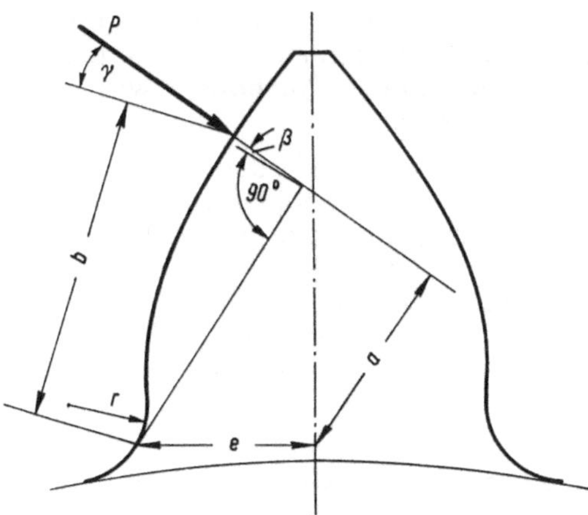

Bild 2. Bestimmung der Größen durch unmittelbare Beziehung auf den Zahn

daß die allgemeine Form der Ausrundung wichtig war, während der Radius an einem Punkt nur einen begrenzten, wenn auch praktisch verwendbaren Anwendungsbereich hatte.

Die Verwendung eines gleichwertigen Trapezprofils war ein Hilfsmittel zur Vereinfachung des Verfahrens, die Spannung zu ermitteln. Ich schlug eine andere Lösung vor, die, wie ich glaubte, gewisse Schwierigkeiten überwinden würde, wie die von den Verfassern bei der Analyse der Spannung in konkav geformten Zähnen erwähnte. Diese bestand darin, daß dieselbe Formel unmittelbar auf den Zahn angewandt werden konnte, ohne irgendeine Beziehung auf das gleichwertige Profil. Skizzenhaft war das Verfahren zur Bestimmung der Abmessungen dasselbe, wie in Bild 5 des Vortrags von Kelley und Pedersen angegeben und in Bild 2 dieses Diskussionsbeitrags dargestellt, aber mit den folgenden Einschränkungen:

1. Der Radius war definiert als derjenige an dem betrachteten Punkt.
2. Das Maß „b" war der Abstand von dem betrachteten Punkt zu dem Lastangriffspunkt.
3. Der Winkel γ war der Winkel zwischen dem Lot auf die Linie „b" und der Lastangriffslinie. Auch konnte der Winkel β, der als die Abweichung der Lastlinie von der Richtung der Hauptspannung definiert war, verwendet werden, wie es von den Verfassern vorgeschlagen worden war.

Durch Anwendung der Formel an verschiedenen Punkten längs der Zahnfußausrundung konnten der Wert der Höchstspannung und auch ihre Lage längs der Ausrundung rasch ermittelt werden. Nur wenige Punkte mußten betrachtet werden, da ja die Lage der Höchstspannung annähernd bekannt war.

Ein bezeichnendes Merkmal dieses Analysenverfahrens war, daß die Formel der Verfasser und meine eigene tatsächlich identisch wurden. Alle Abmessungen wurden auf die gleiche Art definiert, mit der Ausnahme, daß ein gewisser Zweifel bezüglich des einfachsten Verfahrens zur Ermittlung der Wirkung der Lastrichtung bestand, aber dies hatte nur geringen Einfluß auf die Spannungen. Die Anwendung des Winkels β würde Spannungen erzeugen, die identisch mit denjenigen waren, die sich aus der Formel der Verfasser ergaben, vorausgesetzt, daß das Verfahren zur Bestimmung der Lage der Höchstspannung, das sie benutzt hatten, genau war, denn sonst würde die vorgeschlagene Methode etwas größere Spannungen an einem benachbarten Punkt anzeigen.

Das geänderte Verfahren schien die Methoden, die von den Verfassern und von mir selbst vorgeschlagen waren, zu rationalisieren; es umfaßte einfache Messungen des Zahnes, war hoher Genauigkeit fähig und hatte einen weiten Anwendungsbereich sowohl in Bezug auf die Lage der Last als auch auf die Form des Zahnes. Überdies wurde die Verwendung des gleichwertigen Profils des Lewisschen Parabelprofils nebensächlich und lieferte lediglich eine Konstruktion, um die angenäherte Lage der Höchstspannung zu ermitteln, diente aber sonst zu nichts.

Schrifttum:

[1] Heywood, R. B.: Designing by Photoelasticity. Verlegt bei Chapman & Hall, Ltd., London.

[2] Hetenyi, M.: Some Applications of Photoelasticity to Turbine Generator Design. Trans. ASME, **61** (1939), S. 151; **62** (1940), S. 80.

G l a u b i t z (eingereicht): K e l l e y und P e d e r s e n wenden die von ihnen aus photoelastischen Messungen gefundene Formel für die Randspannung an der Zahnfußausrundung auch auf früher von mir photoelastisch gemessene Zahnmodelle an [1] und stellen fest, daß meine Meßwerte gegenüber ihrer Formel immer um 18 % niedriger liegen, während Meßwerte von J a c o b s o n [2] recht gut ohne Umrechnungsfaktor gedeckt werden.

Es war mein Bestreben, die Ursache dieser Differenzen aufzudecken. Ein Vergleich der beiderseits angewendeten Versuchsverfahren brachte keine ausreichenden Hinweise. Da aber andererseits seinerzeit eine festigkeitstheoretisch sinnvolle und alle unsere Meßwerte deckende Formel gefunden wurde [3], versuchte ich, diese auf die Modellabmessungen und Meßwerte von K e l l e y und P e d e r s e n anzuwenden. Das scheiterte leider an dem Umstand, daß die Arbeit von K e l l e y

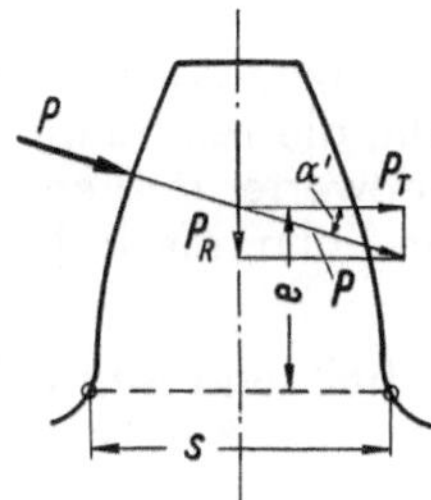

G l a u b i t z

$$\sigma_b = \frac{P_T \cdot 6\,e}{b\,s^2} \text{ (Biegung)} \qquad \sigma_d = \frac{P_R}{b\,s} \text{ (Druck)}$$

$$\tau = \frac{P_T}{b\,s} \text{ (Schub)}$$

$$\sigma_v = \sqrt{(\sigma_b - \sigma_d)^2 + (a\,\tau)^2} = P\,\frac{\cos\alpha'}{b\,s}\sqrt{\left(\frac{6\,e}{s} - \operatorname{tg}\alpha'\right)^2 + a^2}$$

b = Zahnbreite

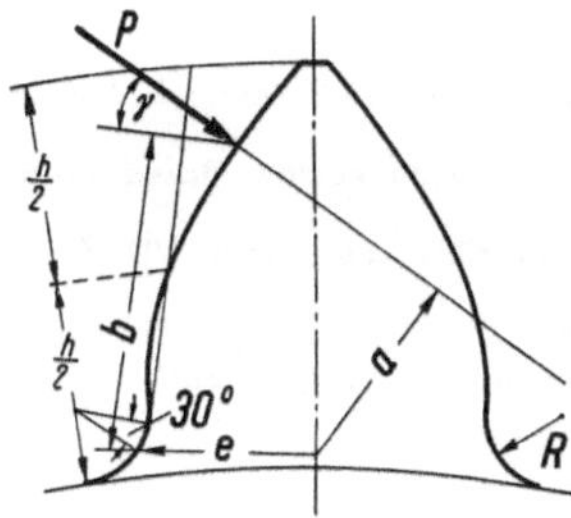

H e y w o o d

$$s_b = \left[1 + 0{,}26\left(\frac{e}{R}\right)^{0,7}\right]\left[\frac{1{,}5\,a}{e^2} + \left(\frac{0{,}36}{b\,e}\right)^{\frac{1}{2}}\left(1 - \tfrac{1}{4}\sin\gamma\right)\right]\frac{P}{t}$$

t = Zahnbreite

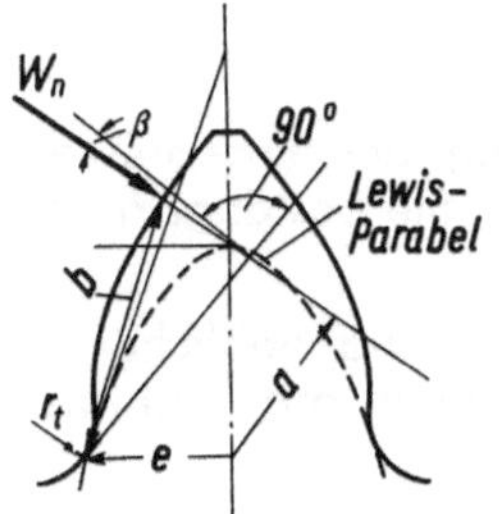

K e l l e y und P e d e r s e n

$$S_b = \frac{W_n}{F}\left[1 + 0{,}26\left(\frac{e}{r_t}\right)^{0,7}\right]\left[\frac{1{,}5\,a}{e^2} + \frac{\sin\beta}{2\,e} + \frac{0{,}45}{(b\,e)^{\frac{1}{2}}}\right]$$

F = Zahnbreite

B i l d 1. Zahnfußspannungsformeln verschiedener Autoren

und Pedersen nicht alle Angaben für die Verzahnungen enthält, um diese Nachrechnung mit tragbarem Aufwand durchzuführen. Ich habe aber die Absicht, das nach persönlicher Rücksprache mit Kelley nachzuholen.

Ich darf aber schon jetzt noch auf folgenden wichtigen Umstand hinweisen: Bild 1 zeigt in Gegenüberstellung die Formeln für die Randspannung, wie sie von den drei von Kelley und Pedersen angezogenen Autoren angegeben werden [4].

Die erstgenannte Formel wurde zusammen mit Niemann [3] als Grundlage für eine Zahnfußfestigkeitsrechnung angewendet und liegt auch — geringfügig abgewandelt — der in Deutschland zur Norm vorgeschlagenen Einheitsrechnung zugrunde [5]. Sie hat den Vorteil, daß sie festigkeitsmäßig ganz sinnvoll aufgebaut ist und mit wenigen Verzahnungsdaten zur Kennzeichnung der Zahnform und Zahnabmessungen auskommt. Der Einfluß der Spannungskonzentration wird allerdings mit einer gesonderten Formziffer summarisch erfaßt.

Die beiden anderen Formeln hingegen sind in den meisten Einzelfaktoren nicht als festigkeitstheoretisch sinnvoll zu erkennen. Es sind Formeln, die rein empirisch so gefunden wurden, daß sie lediglich möglichst alle Meßwerte decken. Sie benötigen außerdem eine Reihe von Abmessungsangaben am Zahn, die in jedem Falle erst mühsam (zeichnerisch!) ermittelt werden müssen.

Man sollte beim Aufstellen solcher Formeln immer Einfachheit und sinnvollen Aufbau anstreben. In dieser Forderung sind die Formeln von Kelley und Pedersen sowie von Heywood noch verbesserungsbedürftig.

Schrifttum:

[1] Glaubitz, H.: The Root-Strength of Straight Toothed Steel Spur Gears. Sponsered Research Report No. 23, Dept. of Scientific and Industrial Research, 1950.

[2] Jacobson, M. A.: Bending Stresses in Spur Gear Teeth: Proposed New Design Factors Based on a Photoelastic Investigation. Proc. of the Inst. of Mech. Eng. **169** (1955).

[3] Niemann, G. und H. Glaubitz: Zahnfußfestigkeit geradverzahnter Stirnräder aus Stahl. VDI-Z. **92** (1950), S. 923/32.

[4] Heywood, R. B.: Tensile Fillet Stresses in Loaded Projections. Inst. of Mech. Eng. Proceedings 1948.

[5] Dietrich, G. und H. Winter: Zur Tragfähigkeitsberechnung von Stirnrädern. Vergleichende Untersuchung üblicher Berechnungsverfahren. VDI-Z. **98** (1956), S. 337/45.

Niemann (eingereicht): Auf Veranlassung von Herrn Kelley will ich zu den Problemen seines Vortrags kurz Stellung nehmen.

1. Spannungsoptische Untersuchungen

Sehr zu begrüßen ist die vollständige Zusammenstellung der Ergebnisse aus früheren und neueren spannungsoptischen Untersuchungen. Sie bestätigt durchaus die früheren Ermittlungen. Man sieht eindeutig, daß

a) bei Abnahme des Biegehebelarms der Zahnkraft die maßgebliche Randspannung an der Zugseite des Zahnes erheblich weniger abnimmt als die rechnerische Biegespannung;

b) bei Übergang zu größeren Eingriffswinkeln, z. B. zu stark profilverschobenen Verzahnungen, die Randspannung weniger abnimmt als die rechnerische Biegespannung;

c) bei Verkleinerung des Zahnfußradius r_f die Randspannung beachtlich zunimmt;

d) mit tiefer angreifender Zahnkraft auch der Ort der maximalen Randspannung — also der gefährdete Querschnitt — tiefer liegt.

2. Berechnungsgleichungen für die Zahnfußtragfähigkeit

Hierbei sind neben den spannungsoptischen Ergebnissen auch noch weitere Einflüsse auf die Zahnfußdauerfestigkeit und außerdem die praktischen Anforderungen an die Rechnung zu beachten.

a) Ausgangspunkt. Man kann davon ausgehen, daß die Zahnfußtragfähigkeit für die hauptsächlichen Zahnradwerkstoffe in Form von Lebensdauerkurven durch Laufversuche mit bestimmten Versuchszahnrädern ermittelt wird. Für hiervon abweichende Verzahnungen ist die Zahnfußtragfähigkeit durch Umrechnungen zu bestimmen.
Hierzu benutzt man die Berechnung einer „Nennspannung", wobei die von der Versuchszahnung abweichenden Verhältnisse durch Einführung der besonderen Maßgrößen oder durch entsprechende Beiwerte berücksichtigt werden. Diese Rechnung soll mit Einsatz der Grenznennspannung aus den Laufversuchen die Grenztragfähigkeit der jeweiligen Verzahnung ergeben.

b) Wahl des Zahnfußquerschnitts. Es macht für die Vergleichsrechnung einen nur kleinen Unterschied aus, ob man den sich in seiner Lage verschiebenden maximal gefährdeten Querschnitt oder einen in der Nähe liegenden festen Querschnitt der Rechnung zugrunde legt, der durch die Zahnhöhe oder durch die Berührungstangente unter 30° oder eine ähnliche Festlegung definiert wird.

c) Der Berechnungssatz von Niemann und Glaubitz [1] zeigt, wie man die spannungsoptischen Ergebnisse unter Beibehaltung der „einfachen Festigkeitsrechnung" (linear verteilte Nennspannungen im Zahnquerschnitt) berücksichtigen kann. Hierbei wird der bisher benutzte Rechnungsansatz durch Aufnahme der Schubspannung τ neben der bisherigen Biegespannung σ_b und Druckspannung σ_d ergänzt und gegebenenfalls noch durch Aufnahme eines Kerbfaktors f_k erweitert. Die Nennspannung wird hiernach $\sigma_v = f_k \sqrt{(\sigma_b + \sigma_d)^2 + (2{,}5\tau)^2} \leqq \sigma_{\text{grenz}}$. Bei Einhaltung einer Fußausrundung $r_f \geqq 0{,}2$ Modul kann nach Abschnitt 4b) $f_k \approx 1$ gesetzt werden.
Für gebräuchliche Verzahnungen kann man $\sigma_v = \frac{U \cdot q}{b \cdot m}$ aus der Umfangskraft U, der Zahnbreite b, dem Modul m und dem tabellierten Beiwert q relativ einfach berechnen.

d) Der Rechnungsansatz von Kelly und Pedersen geht davon aus, die maximale spannungsoptische Randspannung genau zahlenmäßig zu erfassen und diese als Nennspannung zu benutzen. Hierzu wird eine umfangreichere Gleichung mit Einführung einer größeren Anzahl von empirisch definierten Maßen der Verzahnung benutzt. Die Frage ist, ob diese Gleichung eine zutreffendere Vorausberechnung der Zahnfußtragfähigkeit bei variierten Verzahnungen gegenüber dem Rechnungsansatz unter c) ergibt.

3. Vergleich mit Ergebnissen aus Laufversuchen

Bereits bei unseren früheren spannungsoptischen Untersuchungen [1] haben wir uns nicht mit den spannungsoptischen Ermittlungen begnügt und zusätzlich durch Pulsatorversuche an variierten Verzahnungen mit variierten Werkstoffen nachgeprüft, wie weit die Werte der Zahnfußdauerfestigkeit von den spannungsoptischen Randspannungen abweichen.

Inzwischen liegen bei uns genauere Lebensdauerkurven aus Laufversuchen mit variierten Verzahnungen aus gehärtetem Stahl vor [2], an denen sich die Treffsicherheit der verschiedenen Rechnungsarten nachprüfen läßt.

In Tafel 1 sind für 3 Verzahnungen mit variierter Profilverschiebung die Grenzwerte der Dauerfestigkeit und die dafür berechneten Nennspannungen einmal nach Niemann und Glaubitz [1] und einmal nach Kelley und Pedersen zusammengestellt und in Tafel 2 die Ergebnisse beim Lauf von gleichgehaltenen

Tafel 1: **Zahnfußdauerfestigkeit einsatzgehärteter Zahnräder bei variierter Profilverschiebung, nach Laufversuchen** [2]

Betriebs-Eingriffswinkel	Profilverschieb. Faktor		Zähnezahl		Fußradius r_f	Flankenhärte Vickers	Dauerfestigkeit				
							bei Zahn-Kraft	Aus P berechnete Nennspannung nach			
								Niemann u. Glaubitz		Kelley u. Pedersen	
							P	σ_v	Schwankg. von σ_v in %	s_b	Schwankg. von s_b in %
α_b	x_1	x_2	z_1	z_2	mm	kg/mm²	kg	kg/mm²		kg/mm²	
20°	0	0	19	42	1,02	730	500	45,5		74,0	
22,44°	0,32	0,209	19	41	0,83	680	657	44,9	4	83,4	18
26,69°	0,75	1,0	19	39	0,86	730	839	43,7		87,2	

Herstellungseingriffswinkel $\alpha_0 = 20°$, Modul m = 3 mm, Zahnbreite 10 mm, Achsabstand 91,5 mm, Werkstoff 20 MnCr 5.

Tafel 2: **Zahnfußdauerfestigkeit einsatzgehärteter Zahnräder bei variiertem Einzeleingriffspunkt, nach Laufversuchen** [2]

Kopfkreis Rad 2 d_{k2}	Überdeckgs.-grad ε	Flankenhärte Vickers	Dauerfestigkeit				
			bei Zahnkraft	Aus P berechnete Nennspannung nach			
				Niemann u. Glaubitz		Kelley u. Pedersen	
			P	σ_v	Schwankung von σ_v in %	s_b	Schwankung von s_b in %
mm		kg/mm²	kg	kg/mm²		kg/mm²	
115	1,8	660	724	41,3		71,0	
114	1,65	680	670	41,1	3,7	73,8	5,7
110,4	1,10	760	488	42,7		69,8	

20°-Nullverzahnung, Modul m = 3 mm, Zähnezahl $z_1 = 25$, $z_2 = 36$, Zahnbreite 10 mm, Fußradius $r_f = 1,36$ mm, Achsabstand 91,5 mm, Werkstoff 20 MnCr 5.

Zahnritzeln gegen Räder mit variiertem Kopfkreisdurchmesser d_{k2} — d. h. mit variierter Lage des Einzeleingriffspunktes.

In beiden Fällen sollte die für die jeweilige Dauerfestigkeit berechnete Nennspannung (σ_v bzw. S_b) unverändert bleiben. Die Schwankung beträgt bei der Rechnungsweise nach Niemann und Glaubitz 3,7 % (Tafel 1) und 4 % (Tafel 2) und bei der Rechnungsweise nach Kelley und Pedersen 18 % (Tafel 1) bzw. 5,7 % (Tafel 2) vom jeweils kleinsten Wert.

4. Kritik der Berechnungsgleichungen

a) Treffsicherheit. Bei der Rechnungsweise nach Kelley und Pedersen sind die Abweichungen von den Versuchswerten (siehe Tafel 1 und 2) — trotz der hierin eingeführten größeren Anzahl von Variablen — höchstens größer als bei der einfacheren Berechnungsweise nach Niemann und Glaubitz.

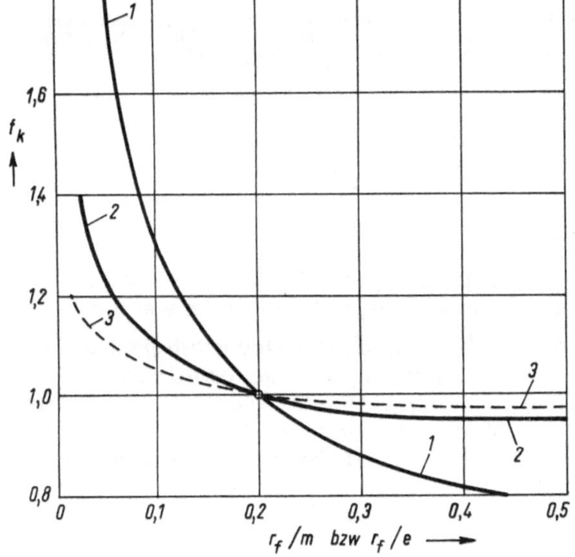

Kurve 1:
nach Kelley und Pedersen

Kurve 2:
nach Niemann für gehärteten Stahl

Kurve 3:
nach Niemann für weichen Stahl

Bild 1. Beiwert f_k, abhängig von r_f/m (bzw. r_f/e für Kurve 1) zur Berechnung der ertragbaren Grenzspannung bei verschiedenem r_f

b) Berücksichtigung der Fußausrundung r_f. In der Gleichung von Kelley und Pedersen entspricht der erste Klammerausdruck dem Beiwert f_k nach Kurve 1 in Bild 1 (bezogen auf $f_k = 1$ für $r_f/e = 0{,}2$). Er entspricht dem Anstieg der spannungsoptischen Randspannung in Abhängigkeit von r_f/e. Nach unsern Versuchserfahrungen wird jedoch im Gebiete der Dauerfestigkeit die spannungsoptisch ermittelte Spannungsspitze um so mehr abgebaut, je steiler der Anstieg der Spannung und je zäher der Werkstoff ist. Entsprechend wird die Tragfähigkeit im Gebiet der Dauerfestigkeit auch bei gehärteten Zahnrädern bei kleinerem r_f weniger gemindert, als nach der Kurve 1 zu erwarten ist. Der Beiwert f_k

geht nach Stichversuchen von der Kurve 1 etwa auf die Kurve 2 (für gehärteten Stahl) bzw. auf Kurve 3 (für ungehärteten Stahl) über. Umgekehrt wird bei größerem r_f die Tragfähigkeit weniger zunehmen, als Kurve 1 erwarten läßt. Entsprechend sind bei Benutzung der Gleichung von Kelley und Pedersen größere Abweichungen in der erwarteten Zahnfußdauerfestigkeit bei größeren Unterschieden in der Fußausrundung zu erwarten.

c) Weitere Einflüsse. Bei Zahnrädern aus gehärtetem Stahl wird die Zahnfußtragfähigkeit erheblich mehr durch Mikrokerben (Oberflächengüte und Schleifriefen) beeinflußt als durch die Fußausrundung. Nach vorliegenden Versuchen kann z. B. die Zahnfußtragfähigkeit durch Polieren des Zahnfußübergangs etwa bis auf 160 % und etwa ebenso hoch durch „Strahlen" mit Stahlsand gesteigert werden.

Schrifttum:

[1] Niemann und Glaubitz: Zahnfußfestigkeit geradverzahnter Stirnräder aus Stahl, VDI-Z. (1950), S. 923/932.

[2] Die zugehörigen Lebensdauerkurven sind inzwischen veröffentlicht; siehe Niemann und Rettig: Dynamische Zahnkräfte. VDI-Z. (1957), S. 131/137, hierin Bild 48—50 zu Tafel 1 und Bild 52—54 zu Tafel 2. Ähnliche Ergebnisse an gehärteten Stahlzahnrädern siehe Brugger: ATZ (1955), S. 127/32.

Lindner: Gegen eine Normung der Berechnung nach den gegenwärtigen Unterlagen bestehen große Bedenken, denn sie enthalten Abweichungen von der allgemein gültigen Festigkeitslehre. Die Anschauung über die tatsächliche Verteilung der Spannungen im Zahnfuß gestattet nicht die übliche Vereinfachung, die Zahnkraft in der Zahnmitte angreifen zu lassen. Nach verschiedenen Festigkeitstheorien beträgt der Umrechnungsfaktor der Schubspannungen 1,3 bis 1,75; es kann daher hier nicht ein Faktor 2,5 speziell für die Zahnfußfestigkeit verwendet werden.

Nach der allgemeinen Festigkeitslehre ist hinsichtlich der Dauerfestigkeit die tatsächliche maximale Spannung $\sigma_{n\,\max}$ zu bestimmen aus der errechneten Nennspannung σ_n und der Kerbziffer $\beta_k \cdot \sigma_{n\,\max} = \sigma_n \beta_k$. Dieser Faktor β_k enthält den Wert η für die Kerbempfindlichkeit des Werkstoffes und die Oberflächenziffer O_k, die den Einfluß der Oberflächengüte ausdrückt. Gerade bei gehärteten Zahnrädern spielt der Faktor eine wesentliche Rolle.

Rettig: Wir haben auf Grund von Laufversuchen festgestellt, daß zur Bestimmung der rechnerischen Nennspannung, insbesondere bei großen Profilverschiebungen und bei Kopfkürzung, der Schubspannungsanteil auf alle Fälle berücksichtigt werden muß. In diesem Fall würde man z. B. niemals zu einer negativen Spannung kommen — wie nach der Lewis-Formel — dadurch, daß der Biegehebelarm negativ wirkt.
Weiterhin verschiebt sich der Punkt der maximalen Spannung sehr wesentlich mit der Kraftangriffsstellung und auch mit der Flankenrichtung. Bei den Versuchen kommt das sehr auffällig in der Druckausbildung und dem Druckverlauf zum Ausdruck.
Weiterhin führt die Übertragung des Kerbfaktors aus photoelastischen Versuchen nicht immer zu richtigen Ergebnissen. Auf Grund unserer Versuche zeigt sich z. B.,

daß der Kerbfaktor durch den Werkstoffcharakter und die Kerbempfindlichkeit, d. h. die Zähigkeit des Werkstoffes, verändert wird. Das Verhältnis der maximalen Reibspannung zur Nennspannung liegt z. B. bei kleinen Fußausrundungen und bei den photoelastischen Versuchen sehr viel höher als bei gehärtetem Stahl und bei diesem wieder höher als bei vergütetem Stahl und bei diesem wieder höher als bei weichem Stahl. Darüber hinaus spielt — wie schon vorher gesagt — das Polieren der Oberfläche eine Rolle, dann das Stahlsandstrahlen, also das Verdichten der Oberfläche. Auch die Korrosionserscheinungen, die durch Öle an den Flanken auftreten können, und die Tatsache, daß dieser Einfluß im Dauerfestigkeitsbereich ein ganz anderer sein kann als im Zeitfestigkeitsbereich, sind zu berücksichtigen. Wir sind auf Grund unserer früheren spannungsoptischen Versuche und der Versuche mit Lebensdauerkurven der Meinung, daß die Aufstellung einer verfeinerten Zahnfußberechnungsformel nur dann Sinn hat, wenn sie alle Fälle erfaßt. Herr Dr. Winter hat versucht, in klarer Weise zum Ausdruck zu bringen, daß man im Hinblick auf diese Zusammenhänge zunächst bei einer einfachen Formel bleiben sollte.

Lürenbaum: In beiden Vorträgen wird das Bemühen erkennbar, die Berechnungsverfahren der Zahnfehler einerseits wirklichkeitsgetreuer und andererseits einfacher zu gestalten, ob nun die Lewis-Parabel den richtigen Punkt gibt oder die 30°-Tangenten der ZF usw. Es ist aber an anderer Stelle von Herrn Eberhard und mir verschiedentlich schon darauf hingewiesen worden, daß die Umgebung, in der das Getriebe steht, u. U. sehr ausschlaggebend sein kann. Neben den inneren dynamischen Zahnkräften können also die äußeren dynamischen Zahnkräfte, die u. U. vielleicht nicht so genau bekannt sind, sehr entscheidend sein. Befindet sich z. B. ein Getriebe in einem Drehschwingungsknoten oder wenigstens an einer Stelle, wo die Schwingungsform waagerecht verläuft, dann kann es auf der einen Seite versagen, während es sich an einer anderen Stelle bewährt. Diese Überlegungen berechtigen aber zu der Frage, ob es gerechtfertigt ist, sich stark um Feinheiten wie die z. T. hier behandelten zu bemühen gegenüber sehr wichtigen Einflüssen, die aus seiner Umgebung von außen her auf ein Getriebe ausstrahlen und Einfluß nehmen.

Oppitz: Es wurde erwähnt, daß die Zahnradberechnung genormt werden soll. Dabei ist doch wohl zu unterscheiden zwischen Zahnradberechnungen, die der vergleichsweisen Beurteilung von Zahnradgetrieben verschiedener Firmen dienen sollen, und solchen, die für den Gebrauch innerhalb einer Zahnradfabrik bestimmt sind. Bei den letzteren handelt es sich um werkseigene, mit der Fabrikation, den laboratoriumsmäßigen Untersuchungen, den bevorzugten Werkstoffen für die Paarung von Ritzel und Rad abgestimmten Berechnungsmethoden, die ihre Grundlage in den Erfahrungen eines Betriebes haben.

Die Klassifikationsgesellschaften sind an einer Vereinheitlichung der Berechnung im Sinne einer allgemeingültigen brauchbaren Vergleichsgrundlage interessiert. Dieser Wunsch wird durch den Charakter der Klassifikationsgesellschaften bestimmt als technische Treuhänder zwischen Reedereien, Werften, Verfrachtern und den Versicherungsgesellschaften für Schiff und Fracht. Die Aufgabe der Klassifikationsgesellschaften besteht darin, die Erfüllung der bei der Bestellung zugesagten Eigenschaften von Schiff und Maschine hinsichtlich Ausführung und Verwendungszweck, Betriebszuverlässigkeit sowie Sicherheit für Mensch und Gut zu überwachen und zu überprüfen. Dazu werden von den Klassifikationsgesellschaften Vorschriften und Richtlinien für den Bau der Schiffe und Maschinenanlagen, für die Bemessung und Ausführung verschiedener betriebswichtiger Bauteile, für die Eigenschaften der zu verwendenden Werkstoffe, ihre Bearbeitungsweise und Wärmebehandlung usw. herausgegeben. Die Bauaufsicht beginnt somit bereits bei der Zeichnungsprüfung und Werkstoffbestellung und endet im allgemeinen nicht bei der Fertigstellung von Schiff und Anlage, sondern sie begleitet das Schiff während seiner ganzen Dienstzeit durch laufende Inspektionen zum Zweck der Erhaltung der ursprünglich zugesicherten Eigenschaften hinsichtlich Verwendung und Sicherheit.

Die Formeln dieser allgemein gültigen Bauvorschriften sollen relativ einfach sein, im vorliegenden Fall also einem im Zahnräderbau arbeitenden Ingenieur zumutbar bleiben. Sie sollen aber keiner Ergänzungen — etwa spezieller werkseigener Art — durch fallweise anzufertigende Kurvenblätter oder Tabellen bedürfen. Andererseits aber sollen die geometrischen Verzahnungsverhältnisse und die äußeren Betriebsbedingungen des Getriebes — beide bestimmen die auftretenden Beanspruchungen — nach den grundsätzlichen physikalischen Zusammenhängen in einer solchen Bauvorschrift Berücksichtigung finden.

So ist bei den äußeren Betriebsverhältnissen zu unterscheiden zwischen einem Getriebeeinbau in eine Anlage mit konstanter Drehmomentein- und -ableitung (z. B. Dampfturbine zum Generatorantrieb) und dem Getriebeeinbau zum Propellerantrieb eines Schiffes. Hier wäre wieder zu unterscheiden zwischen einem Dampfturbinenantrieb oder Motorenantrieb mit zwischengeschalteter hydraulischer oder magnetischer Kupplung und einer festen Kupplung (dreh- und biegungselastisch starr) zwischen Motor und Getriebe. Für beide Betriebsverhältnisse wird es für das Getriebe nicht gleichgültig sein, ob die angeschlossene Propellerwellenleitung starr mit diesem verbunden ist und die Drehmomentschwankungen, Stöße und axialen Wellenbewegungen vom arbeitenden Propeller her sich auf das Getriebe auswirken oder nicht.

Alle diese, die Anlage und den Betrieb charakterisierenden Einflüsse auf die Beanspruchung eines Getriebes sind nur allgemein in ihrer Tendenz und Größe einzuschätzen. Die Aufgliederung in verschiedene Koeffizienten, die nur in langwierigen verzahnungstheoretischen Untersuchungen und Laboratoriumsversuchen ermittelt werden können und auch dann immer nur spezifisch werkseigene Größen darstellen, muß in der Sichtung am Ende doch immer zu einem allgemeinen Mittelwert führen. Abgesehen von der Langwierigkeit solchen Beginnens, scheint es daher für die Zwecke einer vergleichenden Wertung vom Standpunkt der Klassifikationsgesellschaften richtig, alle diese Feinheiten in größeren Gruppen für Anlagenart, Betriebsweise und Werkstoffe summarisch zu erfassen, wenn überhaupt in absehbarer Zeit ein Ergebnis erreicht werden soll.

Wegener: Gibt es eine Methode für die Lebensdauerberechnung? Gemeint ist nicht die Lebensdauer im Wälzpunkt, sondern die Lebensdauer im Bereich des Kopfes.

W i n t e r : Zu den Ausführungen von Herrn Dr. L i n d n e r :

1. Es ist die Aufgabe der Festigkeitslehre, die in Bauteilen verschiedenster Form auftretenden verschiedenartigsten Beanspruchungsarten auf ein einheitliches Grundprinzip — eine Spannung — zurückzuführen. Wenn das überall gelänge, könnte man die so gefundene Spannung mit den an Probestäben gefundenen Werten (zulässigen Spannungen) vergleichen. Dieser Vergleich wird aber um so schwieriger und mit um so mehr Fehlern behaftet, je weiter sich der betrachtete Fall in Form und Belastungsart von denen des Vergleichsprobekörpers entfernt. Wir sind darum der Meinung, daß es vorerst aussichtslos erscheint, die an Probestäben ermittelten zulässigen Spannungen bei der Zahnradberechnung anzuwenden, diese müssen vielmehr aus Zahnradversuchen, und zwar Laufversuchen, ermittelt werden. Um diese Ergebnisse dann auf jeden vorkommenden Fall übertragen zu können, brauchen wir ein Modellgesetz (eine spezifische Spannungsrechnung), das dies in richtiger Weise ermöglicht. Wenn dieses Modellgesetz in einigen Punkten von den Regeln der elementaren Festigkeitsrechnung abweicht, so liegt das daran, daß diese die komplizierten Spannungszustände am Zahnrad nicht richtig erfaßt. Diese Diskrepanz mag bedauerlich sein, braucht uns aber nicht zu stören, wenn mit Hilfe dieses Modellgesetzes eine einfache und genaue Übertragung der Versuchsergebnisse auf jeden vorliegenden Fall möglich ist.
2. Es ist richtig, daß die Zahnfußtragfähigkeit außer durch die Größe der Fußausrundung auch durch die Oberflächengüte am Zahnfuß und die Kerbempfindlichkeit des Werkstoffes beeinflußt wird. Während über den Einfluß der Fußausrundung eine Reihe von spannungsoptischen Versuchen vorliegt, sind Versuchsergebnisse über die letzteren beiden Einflüsse allerdings sehr spärlich.
3. Es ist ein Grundgesetz der Statik, daß man eine Kraft in ihrer Wirkungslinie verschieben kann. Wenn wir die Spannungen am Zahnfuß berechnen, behandeln wir das Ganze als statisches Problem, und es ist nicht einzusehen, warum dieses Grundgesetz hier nicht gelten soll.

Zu den Ausführungen von Herrn Prof. L ü r e n b a u m und Herrn Prof. O p p i t z : Es ist natürlich nur dann sinnvoll, alle angeführten Faktoren zu berücksichtigen, wenn die äußeren Kräfte, die auf das Getriebe wirken, genügend genau bekannt sind. Die Entwicklung sollte aber m. E. dahin gesteuert werden, für möglichst alle Anwendungsfälle Drehmomentmessungen im Betrieb durchzuführen, um dem Konstrukteur zuverlässige Angaben über die wirklich auftretenden Kräfte (einschließlich der Schwingungs- und Stoßkräfte) an die Hand geben zu können. Eine genaue Rechnung, die alle von mir angeführten Einflüsse berücksichtigt, hat dann den Vorteil, daß der eingesetzte Sicherheitsfaktor auch die wirkliche Sicherheit, z. B. gegen Zahnbruch, wiedergibt. Überdies ist nur in dieser Weise die Übertragung der Erfahrungen von einem Anwendungsgebiet auf ein anderes möglich.

Zu der Frage Herrn W e g e n e r s möchte ich bemerken, daß sich für Kraftfahrzeug- und Flugzeugzahnräder in den Größen und Geschwindigkeiten, wie sie dort vorkommen, die von A l m e n angegebene Berechnungsformel gut bewährt hat. Sie besagt, daß der Wert $p \cdot v \cdot T$ einen Grenzwert nicht überschreiten soll (p = H e r t z sche Pressung am Zahnkopf ohne Lastverteilung, v = Gleitgeschwindigkeit an derselben Stelle, T = Abstand vom Wälzpunkt bis zum Zahnkopf auf der Eingriffslinie). Für größere Getriebe, z. B. Schiffsgetriebe, ist die Formel jedoch nicht brauchbar. — Die übrigen, noch existierenden Berechnungsarten sind noch ungenügend durch Versuche belegt, die einzusetzenden Grenzwerte fehlen also weitgehend.

Polder: Über die Berechnung von Freßkennwerten ist noch folgendes zu bemerken: Es gibt einen wichtigen mathematischen Zusammenhang zwischen der pvT-Formel und der Blitztemperaturformel. Wenn pvT einen Grenzwert erreicht, strebt auch $\sqrt{pvT}$ dem Grenzwert zu. Die Blitztemperatur ist ungefähr proportional mit $\sqrt{pvT}$. Bei vollbelastetem Getriebe, wenn Maße und Belastung eindeutig zusammenhängen (entweder Wälzpressung oder Zahnfußbeanspruchung), sind die Abweichungen bei der genannten Verhältnisgleichung sogar völlig zu vernachlässigen.
Da die Blitztemperatur eine physikalische Größe ist, kann pvT als Annäherung von einer Funktion der Blitztemperatur angesehen werden. Es wäre deshalb zu bevorzugen, wenn die Freßlastberechnungen auf der Blitztemperatur basiert würden.

Rettig: Zur Frage der Berechnung der Freßlastgrenze wurden die Formeln von Almen und Prof. Blok erwähnt. Hierzu wollte ich nur richtigstellen: Diese Ansätze können nur in ganz seltenen Fällen übereinstimmen, denn allein aus der Gleichung für die zulässige Grenzleistung

nach Blok: $N_{grenz} \approx n^{1/3}$ (bzw. das Grenzdrehmoment $Md_{grenz} \approx n^{-2/3}$)

nach Almen: $N_{grenz} \approx 1/n$ (bzw. das Grenzdrehmoment $Md_{grenz} \approx 1/n^2$)

erkennt man, daß die übertragene Leistungsgrenze eines gegebenen Getriebes gegenüber Fressen mit wachsender Drehzahl n bei Almen gegen Null geht und bei Blok laufend ansteigt.

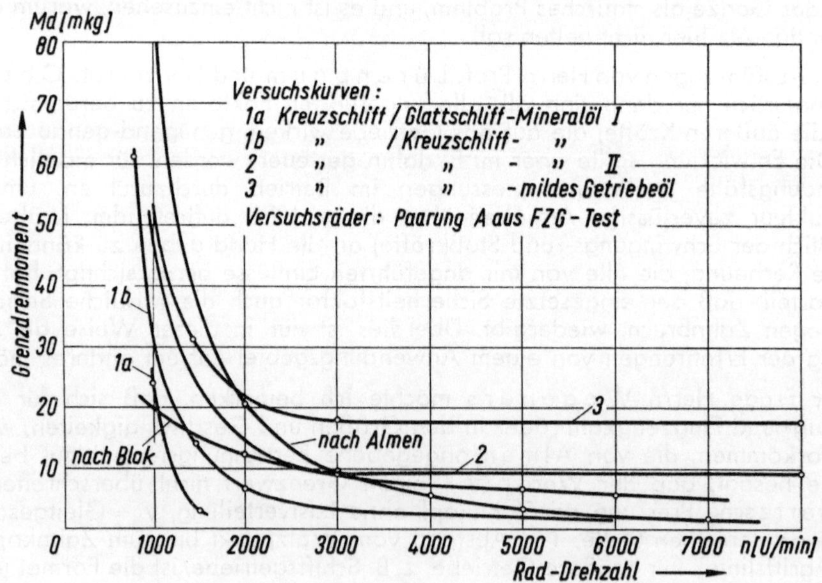

Nach bei uns durchgeführten Versuchen kann der Verlauf des Grenzdrehmomentes über der Drehzahl wie in vorstehendem Bild gezeigt wiedergegeben werden. Das bedeutet aber, daß die zulässige Freßgrenzleistung etwa durch die Gleichung $N_{grenz} = c_1/n^{2/3} + c_2 \cdot n$ bestimmt wird.

Außer den genannten Formeln zur Berechnung der Freßlastgrenze gibt es noch zahlreiche andere. Zwei von ihnen, die von Kelley und Petrusevich, bauen auf dem Blokschen Blitztemperaturverfahren auf. Da sie zahlreiche Erfahrungswerte enthalten, dürften sie besonders für den Konstrukteur nützlich sein.

Weitere aus der Literatur bekannte Verfahren sind das Verfahren von Barwell und Milne und das von Borsoff, Accinelli und Cattaneo.

Petrusevich (übersetzt): Ich möchte auf einige der vielen Besonderheiten hinweisen, die für die in der UdSSR angewandten Berechnungsmethoden charakteristisch sind. Diese Methoden sind in russischen Handbüchern für die Konstruktion von Maschinen und in dem Handbuch für Maschinenelemente enthalten, das 1953 in der 2. Auflage erschienen ist.

Die dynamische Last an Zahnrädern, die durch Fehler beim Fräsen oder Schleifen verursacht wird, und die zusätzlich zur Nutzlast auftritt, wird für Stirnräder durch folgende Formel bestimmt:

$$u = 0{,}8\ v \sqrt{\frac{A(\Delta_0 - \vartheta)}{i}}\ \text{kg/cm},$$

wobei

v = Umfangsgeschwindigkeit in m/sec,
A = Achsabstand in cm,
Δ_0 = Eingriffsteilungsfehler in μ,
i = Übersetzungsverhältnis,

$$\vartheta = 5, \text{ wenn } \Delta_0 \geqq 10\,\mu \text{ und } \vartheta = \frac{\Delta_0}{2} \quad \text{mit } \Delta_0 < 10\,\mu.$$

Ist $u > 16{,}5\,(\Delta_0 - \vartheta)$, dann muß man für

$$u = 16{,}5\,(\Delta_0 - \vartheta) \text{ annehmen.}$$

Diese Formel stimmt vollkommen mit den Ergebnissen von Versuchen überein, die mehrere Jahre hindurch in der UdSSR durchgeführt wurden.

Die theoretischen und versuchsmäßigen Grundlagen der Formel sind in dem Buch „Dynamische Kräfte bei Stirnrädern" von A. I. Petrusevich, M. D. Genkin, V. K. Grinkevich zu finden, das 1956 von der Akademie für Wissenschaften der UdSSR veröffentlicht wurde.

Die theoretische Ableitung dieser Formel beruht auf der Annahme, daß die im Eingriff befindlichen Zähne während des Zusammenlaufes nicht die Berührung verlieren. Wenn bei Rädern mit grob bearbeiteten Zähnen die äußere Nutzlast klein oder die Umfangsgeschwindigkeit zu groß ist, dann kann der entgegengesetzte Fall eintreten, für den diese Formel nicht anwendbar ist.

Für die Berechnung von Zahnrädern ist dieser Fall nicht in Betracht gezogen, da die Räder so genau sein sollten, daß eine Unterbrechung der Berührung der Zähne unter normaler Belastung nicht möglich ist. Bei Verminderung der Nutzlast — falls dies während des Betriebes überhaupt eintritt — wird sich die Gesamtlast (Nutzlast + dynamische Last) nicht erhöhen.

Für die Berechnung von Rädern mit schrägen Zähnen und Pfeilrädern werden kompliziertere Formeln benutzt, die man erhielt, indem man die Teilungsfehler oder, genauer gesagt, die Abweichung (zurückgeführt auf die Berührungslinie) in der Bewegung der theoretischen Zahnprofile des einen Zahnrades im Verhältnis zu den Zahnprofilen des anderen Rades in Rechnung stellte. Außerdem werden bei hohen Umfangsgeschwindigkeiten die dynamischen Lasten, die durch lokale Fehleranhäufung oder zyklische Fehler entstehen, in Rechnung gestellt.

Für die Herstellung von Zahnrädern ist es notwendig zu wissen, welche Fehler die wichtigsten sind, und was und wie gemessen werden sollte.

Die theoretische Untersuchung zeigt, daß bei sehr hohen Umfangsgeschwindigkeiten die Abweichung von der exakten Momentanübersetzung innerhalb des Eingriffsbereiches, der einer Kreisteilung entspricht, von größter Wichtigkeit ist. Dieser Wert wird bei hohen Geschwindigkeiten beinahe vollkommen durch eine elastische Formänderung der Zähne ausgeglichen, und deshalb sollte er sehr klein sein, um nicht zu große dynamische Belastungen zu verursachen. Bei niedrigen oder mittleren Geschwindigkeiten ist neben dem eigentlichen Fehler auch die Länge des Weges wichtig, auf dem der Fehler auftritt.

Beim Berechnen nach der Methode, die in der UdSSR angewendet wird, schenkt man der Tatsache große Beachtung, daß infolge Formänderung der Wellen und Lager und wegen Fehler beim Schneiden die Last ungleichmäßig auf die Breite der Zahnräder verteilt sein kann, was zu einer nicht vollständigen Berührung über die ganze Radbreite führt.

Die Berechnung der Wälzfestigkeit beruht auf den Berührungsspannungen in der Nähe des Wälzpunktes, da sich bei Versuchen gezeigt hat, daß diese Beanspruchungen gefährlicher sind als jene an dem Punkt mit dem kleinsten wirksamen Krümmungsradius der Profile, wo die Gleitgeschwindigkeit größer ist.

Die Berechnung von Stirnrädern auf Biegefestigkeit wird von den Biegespannungen abgeleitet, die unter der Wirkung der Belastung ermittelt werden, wobei die Verteilung der gesamten Last auf zwei Zahnpaare mit gegebener Teilungsgenauigkeit berücksichtigt wird.

Die Berechnung auf „Fressen" wird nach den Formeln durchgeführt, die mittels der Formel von Prof. Blok für die Blitztemperatur im Eingriffsfeld bestimmt wird. Bei der Anwendung dieser Formel mußte man verschiedene Probleme lösen:

1. Welcher Teil der dynamischen Last sollte beim Berechnen der Freßfestigkeit beachtet werden?
   Es wurde festgelegt, daß, wenn u $> 6\,(\Delta_0 - \vartheta)$ ist, man für u $= 6\,(\Delta_0 - \vartheta)$ nehmen muß.
2. Wie ist die Lastverteilung auf zwei Paare von Stirnradzähnen?
3. Wie kann die Formkorrektur der Zahnflanken in die Berechnung einbezogen werden?

Trotz Erwägung all dieser Faktoren sind die berechneten und zulässigen Werte der Blitztemperatur nur bedingt gültig, da sie mit dem Reibwert 0,1 bestimmt werden. Diese Zahl ist für schnellaufende Zahnräder übertrieben, was zu einem höher zulässigen Wert der Blitztemperatur mit hohen Umfangsgeschwindigkeiten als bei niedrigen und mittleren Geschwindigkeiten führt, wenn die Räder aus dem gleichen Werkstoff gefertigt sind. Den tatsächlichen Wert des Reibwertes zu behandeln, würde erschwert durch das Fehlen der erforderlichen Meßergebnisse. Ist die Temperatur des Ölbades höher als 50 °C, dann nehmen — nach Prof. B l o k — die zulässigen Werte der Blitztemperatur ab.

Beim Vergleichen der Ergebnisse der Berechnung von Zahnrädern auf Freßfestigkeit nach der Formel von Prof. B l o k und nach dem Kriterium von A l m e n sind wir zu der gleichen Schlußfolgerung gekommen, daß das erste Berechnungsverfahren der Praxis besser entspricht. Nach unserer Meinung arbeiten Zahnräder unter flüssiger Reibung, sofern der allgemeine Kontakt im Eingriffsfeld nicht zu einzelnen Berührungen zerbricht, was beim reinen Gleiten oder beim Gleitwälzen eintritt, wenn die Wälzgeschwindigkeiten gegensätzliche Richtung haben. Wenn mit ausreichendem Ölfilm flüssige Reibung vorliegt, so daß die zusammenhängende Berührung nicht in einzelne Berührungen aufspaltet, erzielt die Berechnung nach Prof. B l o k auf Grund unserer Erfahrung Ergebnisse, die der Praxis besser entsprechen als die Berechnung nach dem Kriterium von A l m e n.

K o l l m a n n : Der hier unternommene Versuch, die Berechnung von Zahnrädern auf eine Basis zu stellen, ist eindrucksvoll. Sie soll einen Vergleich über alle Ausführungsformen hinweg ermöglichen, also ganz unabhängig davon sein, ob es sich um große oder kleine Zahnradgetriebe handelt. Es wird dabei nützlich sein, wenn man zu einem relativ eindeutigen Wert einen Sicherheitsfaktor zuschlägt, in dem dann wieder die wichtigsten Gesichtspunkte berücksichtigt sind.

B l o k : Ich persönlich möchte darauf hinweisen, daß es doch sehr wichtig wäre, wenn sich die Fachleute noch mehr als bisher untereinander verständigten. Wir wissen schon, daß es in England und auch in Amerika Methoden gibt, die von denen in Westeuropa und auch in Deutschland verschieden sind. Nun haben wir jetzt gehört, daß es auch in Rußland uns nicht oder nicht genügend bekannte und von unseren verschiedene Methoden gibt. Ich glaube, daß es eine schöne und nützliche Aufgabe wäre, dieses Durcheinander zu ordnen und zu einem allgemeinen Gedankenaustausch zu kommen. Ich bin nicht überzeugt, daß die Sachverständigen eines dieser Länder allein die Wahrheit und den richtigen Weg erkannt haben; alle Sachverständigen aller Länder haben an der Wahrheit ihren Anteil. Wenn alle aber ihre Ideen und Erfahrungen zusammenlegen, dann wissen alle bestimmt mehr als gegenwärtig.

G. MADELUNG

Brauchen Flugtriebwerke heute noch Untersetzungsgetriebe

Prognosen zu stellen ist gefährlich. Und doch muß sich der verantwortungsvolle Planer fragen, ob sein Erzeugnis auch in der Zukunft noch eine Nachfrage finden wird. Nach starken, hoch beanspruchten Zahnradgetrieben war in der Luftfahrttechnik bis vor kurzem ein großer Bedarf. In den wichtigsten Flugzeugen der dreißiger und vierziger Jahre waren Untersetzungsgetriebe zwischen der schnell laufenden Kurbelwelle und der langsam laufenden Luftschraube unentbehrlich. Um der hohen Nachfrage zu genügen, mußte die Zahnradindustrie ihre Werkstätten vergrößern.

Diese Entwicklungstendenz änderte sich aber jäh. Überraschend trat das Turbostrahltriebwerk seinen Siegeszug an. Bei den Militärflugzeugen verdrängte es die Kolbenmaschine und die Luftschraube. Unter den Militärflugzeugen ist das Jagdflugzeug das häufigste. Heute hat kaum ein Jagdflugzeug noch eine Luftschraube. Die anderen Militärflugzeuge folgten. Selbst die größten Bombenflugzeuge haben heute Turbostrahltriebwerke und brauchen keine Propeller mehr. Die Revolution der Triebwerke hat sogar auf die Verkehrsflugzeuge übergegriffen. Der Stolz der englischen Verkehrsluftfahrt ist der De Havilland Comet. Mit vier Turbostrahltriebwerken erreicht er mehr als 800 km/h Geschwindigkeit. Zum Flug nach Australien braucht er nur noch 24 Flugstunden. Übers Jahr soll auch der Schnelluftverkehr über den Atlantischen Ozean mit Turbostrahl-Verkehrsflugzeugen beginnen. Die Douglas DC8 und Boeing707 sollen so schnell sein, daß sie am gleichen Tage den Ozean hin und zurück überqueren. So amortisieren sie die in ihnen investierten Millionen in unerhört kurzer Zeit. Bei noch wesentlich höherer Fluggeschwindigkeit wird das Staustrahltriebwerk aussichtsvoll, und bei noch größerer schließlich die Rakete. Bei so schnellen Flugzeugen ist der Propellerantrieb nicht mehr möglich. Die Luftschraube hat ihre Grenze bei etwa 800 km/h Geschwindigkeit. Darüber wird die Strömungsgeschwindigkeit am umlaufenden Propellerblatt zu hoch. Die mit Überschallgeschwindigkeit arbeitende Luftschraube ist noch keine Wirklichkeit. Die schnellen Flugzeuge arbeiten deshalb mit dem heißen Strahl der Gasturbine, aber ohne Luftschraube und somit auch ohne Untersetzungsgetriebe.

Damit hat die Getriebeindustrie ein Absatzgebiet verloren. Wir fragen nun, ob die Luftfahrttechnik auf andere Weise ein Abnehmer starker, hochwertiger Zahnradgetriebe bleiben wird.

Bei dieser Fragestellung tun wir gut, das Auf und Ab zu betrachten, welches die Zahnradgetriebe in der nunmehr 50jährigen Geschichte der Luftfahrttechnik durchgemacht haben. Dieses Schwanken im Bedarf nach Zahnradgetrieben findet seinen Grund in der ständigen Metamorphose, welche die Luftfahrzeuge durchgemacht haben.

Manche Aufgabe, die dem Zahnradgetriebe gestellt wurde, erlosch wieder. So ging es z. B. mit der ersten Aufgabe, nämlich der Trennung zwischen Motor und Schraube. In den meisten Fahrzeugen sind Triebwerk und Antrieb getrennt. Nur in der Lokomotive ist die Achse der Haupttriebräder zugleich die Kurbelwelle. In jedem Schiff aber ist die Schraube von der Schiffsmaschine weit entfernt und durch eine lange Welle verbunden. Im Kraftwagen ist der Motor in der Regel vorn und treibt die Hinterräder über eine lange Welle.

Um die Jahrhundertwende wußte man noch wenig von Flugstabilität. Um sicher zu gehen, bemühte man sich, den Schwerpunkt möglichst tief zu legen. Die Luftschrauben aber sollten hoch darüber liegen, damit sie am Boden nicht mit Menschen oder Hindernissen kollidieren. Die Motoren der Luftschiffe sollten im Fluge gut zugänglich sein. Man wollte Zündapparate und Vergaser im Fluge nachstellen können. Man wollte sogar Zündkerzen im Fluge auswechseln, ja sogar ganze Zylinder. So ordnete man die Motoren mittschiffs in tiefliegenden Gondeln an, die Luftschrauben aber rechts und links hoch darüber. Zu ihrem Fernantrieb verwendete man bei Zeppelin zunächst Stahlbänder. Die waren aber empfindlich gegen schiefe Scheiben, sprangen ab, zerrissen, flogen in die Gaszellen und schlugen sie leck. Diese Pannen führten zur Umstellung auf Kegelradgetriebe mit langen Zwischenwellen und zur Gründung der Zahnradfabrik Friedrichshafen.

Noch abenteuerlicher war der Beginn bei den Flugzeugen. Die ersten Doppeldecker der Brüder Wright hatten ihren Motor auf dem Unterflügel, nur etwa einen Meter über dem Erdboden. Rechts und links darüber waren zwei große Luftschrauben, jede davon 2 m vom Motor entfernt. Zur Übertragung der Leistung vom Triebwerk zum Antrieb dienten Fahrradketten. Damit aber noch nicht genug der unzulänglichen Maschinenelemente: die Luftschrauben sollten gegenläufigen Drehsinn haben. Ihr Drehmoment sollte einander ausgleichen. Es hätte nahegelegen, gegenläufige Kettenräder zu verwenden und sie durch ein Stirnräderpaar anzutreiben. Das war aber zu schwer. So kreuzten die Brüder Wright die eine Fahrradkette. Natürlich ließ sich diese das Kreuzen nicht gefallen, und Kettenbrüche waren an der Tagesordnung.

Einige Jahre später finden wir die Kombination von tiefliegenden Motoren mit hoch gelegenen Luftschrauben nur noch bei einigen wenigen Einzel-Flugzeugen, z. B. von Hermann Dorner und dem Siemens-Großflugzeug der Brüder Steffen. Bald aber verschwand die getrennte Anordnung gänzlich. Übrig blieb nur noch die Nahanordnung der Luftschraube dicht beim Motor. Die Nahanordnung war eben unübertrefflich einfach. Nun scheute man sich auch nicht mehr vor der höheren Schwerpunktslage. Die Luftschiffe bekamen rechts und links hoch gelegene Treibgondeln mit einem Motor darin und der Luftschraube dicht dahinter. So ist es bei ihnen bis auf den heutigen Tag geblieben. Die Flugzeuge aber bekamen hohe Fahrgestelle. Ihre Rümpfe kamen dadurch so hoch zu liegen, daß die Motoren koaxial dicht hinter oder vor ihren Luftschrauben liegen konnten. Die Luftschrauben ließ man bis auf wenige Handbreit über dem Erdboden schlagen und nahm in Kauf, daß die Landebahnen frei von Buschwerk sein mußten. Der Preis, den man für das hohe Fahrgestell zahlen mußte, war sein Luftwiderstand und die Gefahr des Überschlagens. Es hat fast 30 Jahre gedauert, bis diese Nachteile überwunden waren, durch einziehbare Fahrgestelle und durch Dreiradfahrgestelle mit Bugrad. Die Nahanordnung der Luftschraube dicht beim Motor ist aber geblieben.

Aber zurück zu den Zahnradgetrieben: Als die Nahanordnung sich durchsetzte, verschwand auch das Bedürfnis nach Kegelrädern und langen Zwischenwellen. Die lange Welle ist noch mehrmals aufgetaucht, aber sie hat jedes Mal nur eine kurze Gastrolle gespielt. Wiederholt kam die lange Welle in Verbindung mit einer weit hinten liegenden Druckschraube. Von ihr versprach man sich einen besseren Wirkungsgrad als von der vorn liegenden Zugschraube. Dieser Vorteil lag auch tatsächlich vor. Aber er war mit anderen Nachteilen verbunden: das Fahrgestell mußte höher sein. Die Luftschraube mußte durch Kotflügel gegen Steinschlag geschützt werden. Der größte Nachteil aber war die lange Welle selbst. Der letzte Großvertreter dieser Bauart war das Riesenflugzeug B-36 von Consolidated. Vor kurzem allerdings ist wieder ein Motorsegler (RW—3A2 der Rhein-Westflug) erschienen, bei dem die Luftschraube einige Meter hinter dem Motor im Seitenleitwerk liegt, ähnlich wie es bei Schiffen üblich ist. Aber das ist wohl eine Ausnahmeerscheinung. Die Entwicklungstendenz geht nicht in dieser Richtung.
Aus einem anderen Grunde sind weit hinten liegende Luftschrauben mit langer Welle wiederholt verwendet worden, nämlich bei der Tandem-Anordnung zweier Motoren hintereinander. Die Tandem-Anordnung verwendete besonders D o r n i e r bei Großflugbooten, aber auch bei einem Rennflugzeug und bei einem während des Krieges entwickelten Aufklärungsflugzeug. Anlaß zur Tandemanordnung war der Wunsch, doppelt so viel Leistung in einer Gondel von gegebenem Durchmesser unterzubringen, als mit nur einem Motor möglich gewesen wäre. Auch dieser Wunsch ist heute überholt. In den Turbotriebwerken bringen wir heute ein Vielfaches der Leistung unter, die früher mit Kolbentriebwerken des gleichen Durchmessers möglich war. Diese Entwicklung ist hier mit solcher Ausführlichkeit geschildert, um zu zeigen, daß die komplizierten Anordnungen kurzlebig sind und die Technik immer wieder zum Einfachen zurückkehrt.
Doch nun wieder zu den Zahnradgetrieben. Warum überhaupt Getriebe? Wir haben gesehen, daß ihr ursprünglicher Grund, die Trennung zwischen tief oder vorn liegenden Motoren und hoch darüber oder weit dahinter liegenden Luftschrauben, überholt ist. Auch die Tandemanordnung mit davor und dahinter liegenden Luftschrauben ist überholt. Dagegen finden wir bei modernen Flugzeugen noch die Anordnung von dicht hintereinander liegenden Tandemluftschrauben, die eine rechtsläufig, die andere linksläufig. Auch diese Anordnung ist uralt. Schon um 1913 verwendete sie B o r i s L h o u t z k o y bei einer Rumpler-Taube. Hinter dem normalen Bugmotor ordnete er einen zweiten Motor an, ließ dessen Welle darunter durchgehen und trieb mit ihr über ein Zahnradgetriebe eine Schraube an, die zu der vom Bugmotor direkt angetriebenen Schraube koaxial, aber gegenläufig lief. Ähnliche Anordnungen finden wir später bei den Riesenflugzeugen des Luftschiffbaus Zeppelin, bei den Doppelmotoren der Daimler-Benz-AG. und neuerdings bei den doppelten Propeller-Turbinen der Allison Divison von General Motors Corp. Der Wunsch war in jedem Falle, doppelt so viel Leistung im Bug des Flugzeugs zu vereinigen, als mit den stärksten zur Verfügung stehenden Einzeltriebwerken möglich war. Wir könnten also die Schlußfolgerung ziehen, daß diese Anordnung mit ihrem Zahnradgetriebe nicht mehr notwendig sein wird, sobald nur genügend große Einzeltriebwerke zur Verfügung stehen werden. Diese Schlußfolgerung wäre aber voreilig.
Seit langer Zeit gibt es nämlich Doppelschraubendampfer. Wenn eine Schraube verloren geht oder eine Maschine versagt, so wird das Schiff doch nicht hilflos,

sondern kann mit der anderen Schraube weiterfahren. Seit 40 Jahren gibt es auch mehrmotorige Flugzeuge. Wenn ein Motor ausfällt, kann man mit dem anderen Motor weiterfliegen. Das gilt allerdings nur mit Einschränkungen. Noch vor 25 Jahren war die Flugfähigkeit nach Ausfall eines Motors sehr beschränkt. Bei manchen zweimotorigen Flugzeugen gelang es nur mit großer Mühe, nach Ausfall eines Motors geradeaus weiterzufliegen, ohne Höhe zu verlieren. Gegen den noch weiterlaufenden Motor zu kurven, war nur sehr geübten Flugzeugführern möglich. So stand dem Wunsche nach einem Doppeltriebwerk, mit dem man nach Ausfall der einen Hälfte noch weiterfliegen konnte, der Wunsch nach einer Anordnung gegenüber, mit der auch ein weniger geübter Flieger ohne viel Kunst und Anstrengung weiterfliegen kann. Dieser Wunsch besteht noch heute. Es besteht ein Bedürfnis nach einem Doppeltriebwerk, das bei Ausfall der einen Hälfte nicht grob unsymmetrisch wird. Dazu braucht man notwendigerweise Zahnradgetriebe. Hier stoßen wir also zum ersten Male auf eine Aufgabe für Zahnradgetriebe, die auch heute noch im vollen Umfange besteht.

Ich sprach von der groben Unsymmetrie des Antriebs. Eine grobe Unsymmetrie liegt vor, wenn ein seitlich liegendes Triebwerk versagt. Sie erzeugt ein grobes Drehmoment um die Hochachse. Dieses muß aber von dem schwächsten Steuer überwunden werden, welches das Flugzeug hat, nämlich dem Seitensteuer. Das Drehmoment ist um so größer, je größer der Schub ist. Luftschrauben geben um so größeren Schub, je langsamer das Flugzeug fliegt. Gleichzeitig wird aber auch das Seitensteuer um so weniger wirksam, je langsamer das Flugzeug fliegt. Wir sehen daraus, daß das mehrmotorige Flugzeug durch den Ausfall eines Seitenmotors zum Langsamflug unfähig wird.

Weit geringer ist die Unsymmetrie, die sich aus dem Drehmoment der Luftschraube um ihre Achse ergibt. Es wurde schon erwähnt, daß die Brüder Wright die Luftschrauben ihres Flugzeugs gegenläufig laufen ließen, damit diese Unsymmetrie ausgeglichen sein sollte. Das erwies sich damals als unnötig. Es wird aber heute notwendig, wenn wir den extremen Langsamflug verlangen. Der extremste Langsamflug ist der Senkrechtstart und die Senkrechtlandung. Wir finden deshalb gegenläufige koaxiale Luftschrauben bei den „Tailsittern" von Lockheed und Convair, Jagdflugzeugen, die auf dem Erdboden mit senkrecht stehender Achse auf ihrem Schwanze sitzen.

Die Tailsitter haben manches mit dem Hubschrauber gemeinsam. Der wesentlichste Unterschied ist aber, daß sie nicht quer, sondern parallel zur Drehachse der Luftschraube fliegen. Den Übergang dazwischen bildet der „Convertiplane", das Verwandlungsflugzeug, das als Hubschrauber startet und landet, aber als Starrflügler fliegt. Wie auch immer der Übergang zwischen dem einen und dem anderen Flugzustand sein mag, so ist doch allen diesen Flugzeugen gemeinsam, daß der Antrieb ihrer Rotoren umfangreicher Zahnradgetriebe bedarf. Man könnte daraus folgern, daß sie ein aussichtsvolles Absatzgebiet für Zahnradgetriebe bilden werden.

Aber auch diese Hoffnung ist unsicher. Denn seit 1944 ist dem Zahnradantrieb der Rotoren ein starker Konkurrent erwachsen in ihrem durch v. Doblhoff erfundenen Strahlantrieb, nämlich durch Turbogebläse, aus denen Preßluft abgezapft wird und Düsen an der Blattspitze zugeführt werden, oder durch Staustrahltriebwerke an der Blattspitze. Dieser Antrieb hat zwar noch einen sehr hohen Kraftstoffverbrauch, aber er ist viel billiger als der durch Kolbentriebwerke und Zahnradgetriebe. Da es sich bei Hubschraubern um seltene Gelegenheitsflüge von kurzer

Dauer handelt, ist die Amortisierung der Anschaffungskosten wichtiger als die Kraftstoffkosten. Ihr Strahlantrieb ist daher ein sehr ernst zu nehmender Konkurrent des Zahnradantriebs.

Ein weiterer starker Konkurrent erwächst nicht nur den Zahnradgetrieben, sondern sogar dem Hubschrauber, Convertiplane und Tailsitter durch die Turbostrahltriebwerke. Sie sind so ungeheuer leicht, daß sie direkt zur Auftriebserzeugung benutzt werden können. Es gibt heute schon einige, deren Standschub siebenmal größer ist als ihr Eigengewicht, und der zehnfache Schub wird angestrebt. Damit ausgerüstete Flugzeuge schweben sogar ohne Flügel oder Rotor, steigen senkrecht auf und landen senkrecht. Der Gewichtsaufwand von einem Siebtel des Fluggewichts ist in gewissen Fällen tragbar, weil dadurch am Gewicht und Luftwiderstand des großen Flügels gespart wird. Der Kraftstoffverbrauch ist zwar enorm: für je vierzig Sekunden Schweben ein Prozent des Fluggewichts. Aber das ist tragbar, denn Start und Landung dauern ja nur wenige Sekunden.

Konkurrenten sind schließlich die Raketentriebwerke. Das erste hervorragende Raketenflugzeug war die von L i p p i s c h konstruierte Messerschmitt Me 163: ein Jagdflugzeug mit reinem Raketenantrieb. Ihr Raketenschub betrug 1,5 t. Damit stieg sie in 2,5 Minuten auf 10 km Höhe und erreichte als erste 1000 km/h Geschwindigkeit. Dieses Flugzeug hatte weder eine Luftschraube noch ein Zahnradgetriebe noch ein umlaufendes Triebwerk.

Noch einen Schritt weiter geht die Glenn L. Martin Co. mit ihrem Matador. Dieser startet ohne jeden Anlauf mittels einer Startrakete, deren Schub noch größer ist als das Fluggewicht. Sie bläst schräg nach hinten und unten, so daß die senkrechte Komponente des Schubes das Gewicht überwindet. Noch weiter geht man mit dem Raketenantrieb der „Guided Missiles", der gelenkten Flugkörper. Bei diesen ist der Raketenschub ein Vielfaches vom Fluggewicht und die Längsbeschleunigung so groß, daß daneben die Erdschwere kaum noch ins Gewicht fällt. Solche Raketen eignen sich allerdings nur für Flüge von extrem kurzer Dauer. Sie sind auch enorm teuer. Sie machen daher die Flugzeugantriebe herkömmlicher Art durchaus nicht überflüssig.

Stellen wir nun erneut die Frage: „Wozu überhaupt Zahnradgetriebe im Flugzeug? Gibt es überhaupt noch Aufgaben in der Flugtechnik, die mit Zahnradgetrieben wesentlich besser, leistungsfähiger und wirtschaftlicher erfüllt werden können als ohne solche Getriebe?" Die Antwort lautet: „Ja, es gibt auch heute noch viele solche Aufgaben!" Der Antrieb der Flugzeuge durch Luftschrauben ist nach wie vor der sparsamste, den es überhaupt gibt, vorausgesetzt, daß wir sie in einem Bereiche verwenden, für den sie sich eignen. Dieser Bereich geht zwar nur bis etwa zwei Drittel der Schallgeschwindigkeit. Das ist aber sehr viel, nämlich 800 km/h, vielmals schneller als alle Land- oder Wasserfahrzeuge. In diesem Bereich lassen sich Wirkungsgrade über 80 % erreichen. Der Antrieb der Luftschrauben durch Verbrennungstriebwerke ist nach wie vor der sparsamste, den wir kennen. Kein anderes Triebwerk hat einen so niedrigen Kraftstoffverbrauch wie der Dieselmotor, und nach ihm der Ottomotor. Bei kurzen Flugstrecken ist die Gasturbine der Kolbenmaschine durch ihr geringes Eigengewicht überlegen, aber auch diese nur in Verbindung mit der Luftschraube. Erst bei sehr hoher Geschwindigkeit, etwa von zwei Drittel der Schallgeschwindigkeit ab, siegt der Strahlantrieb.

Für das breite Verwendungsfeld der Flugzeuge, die nicht mit mehr als zwei Drittel der Schallgeschwindigkeit zu fliegen brauchen, nicht mit eigener Kraft senkrecht starten oder landen müssen, nicht in wenigen Minuten auf viele Kilometer Höhe zu steigen brauchen, dafür aber mit mäßigem Kraftstoffverbrauch große Nutzlast mit mehrfacher Eisenbahngeschwindigkeit über Hunderte oder gar Tausende von Kilometern tragen sollen, ist das Flugzeug mit starrem Flügel, Verbrennungstriebwerk, Zahnradgetriebe und Luftschraube nach wie vor unübertroffen. Es sieht nicht so aus , als ob es überhaupt übertroffen werden könnte. Mit Hilfe von einfachen Start- und Landehilfen können diese Flugzeuge herkömmlicher Art auch von sehr kurzen Startbahnen starten und auf ihnen landen.

Nun wird man fragen: „Brauchen diese Flugzeuge herkömmlicher Art denn notwendigerweise Untersetzungsgetriebe zwischen ihren Verbrennungstriebwerken und den davon angetriebenen Luftschrauben? Sie sind doch 50 Jahre lang auch ohne solche Getriebe geflogen. Noch heute fliegen viele Flugzeuge, deren Luftschrauben direkt mit den Kurbelwellen gekuppelt sind!" Die Antwort ist: „Alle Flugzeuge, bei denen es auf beste Ausnützung der Motorleistung ankommt, werden auch in Zukunft Untersetzungsgetriebe brauchen." Im folgenden wird gezeigt werden, warum es so lange gedauert hat, bis sich der Gedanke des Untersetzungsgetriebes durchgesetzt hat.

In der Frühzeit der Fliegerei gab es nur kleine, langsam laufende Flugmotoren. Die einfachste Bauart war die direkte Kupplung der Luftschraube mit der Kurbelwelle. Aber schon früh wurde beobachtet, daß die für die Kurbelwelle und für die Luftschraube günstigsten Drehschnellen nicht gleich waren. Dies gilt besonders für schnelläufige Motoren in langsamen Flugzeugen. Besonders langsam liefen die in der Frühzeit so beliebten Umlaufmotoren, bei denen der ganze Stern von sieben oder neun luftgekühlten Zylindern mit der Luftschraube umlief, die Kurbelwelle aber stillstand. Diese Bauart ist inzwischen erloschen. Denn seit es Zylinder und Kolben aus Aluminium gibt, kann die Verbrennungswärme durch Luftkühlung abgeführt werden, ohne daß die Zylinder durch Umlauf ventiliert werden müßten. Der Umlaufmotor konnte aus vielen Gründen nur relativ langsam umlaufen. Mit 50 PS und 1200 U/min betrug ihre Mechanische Schnelläufigkeit $N\omega^2$, also das Produkt von Leistung und Quadrat der Drehschnelle, nur 60000 mt/sec^3. Bei diesen Umlaufmotoren nun wurde ein besonders hoher Schraubenwirkungsgrad beobachtet. Mit schwachen Umlaufmotoren hatten die Flugzeuge ebenso gute Flugleistungen wie mit stärkeren, aber auch schneller laufenden Motoren der heute noch üblichen Bauart, bei der die Zylinder stillstanden, die Kurbelwelle aber umlief. Diese qualitative Beobachtung konnte damals leider noch nicht zahlenmäßig erfaßt werden, weil die theoretischen Grundlagen noch fehlten.

Schon damals lag der Gedanke nahe, die Drehschnelle der Luftschraube durch Untersetzungsgetriebe herabzusetzen. Die geringe Zylinderzahl der damals üblichen Motoren hatte aber eine große Ungleichförmigkeit des Drehmoments zur Folge. Die Luftschraube mußte als Schwungrad dienen: abwechselnd trieb sie und wurde sie getrieben. Dies erschwerte die Verwendung von Zahnradgetrieben.

Vielzylindrige Motoren wären schon früh möglich und vorteilhaft gewesen. Ihr Drehmoment ist viel gleichförmiger. Leider bestand aber bei den Militärs ein Vorurteil gegen sie. 1914 hatte Dr.-Ing. B e r g e r bei Benz, Mannheim, einen für die damaligen Begriffe überaus starken Zwölf-Zylinder-Motor von 300 PS entwickelt. Bei diesem lief die Luftschraube mit der halben Drehschnelle der Kurbelwelle. Als der Krieg ausbrach, wurde er ohne Prüfung abgelehnt. Ein anderer, nach damaligen Begriffen auch vielzylindriger Flugmotor entging aber glücklicherweise der Verdammung: der Acht-Zylinder Daimler-Flugmotor von 220 PS. Sein Drehmoment war bereits so gleichförmig, daß ein Zahnradgetriebe verwendet werden konnte. Die Kurbelwelle lief um mit der nach damaligen Vorstellungen allein seligmachenden Drehschnelle 1400 U/min, die Luftschraube aber mit nur 900 U/min.

Durch diese Untersetzung ins Langsame wurde der Wirkungsgrad der Luftschraube verbessert. Die damit ausgerüsteten Fernaufklärer konnten einen vollen Kilometer höher fliegen als im übrigen gleichartige Flugzeuge mit einem um 10% stärkeren, aber nicht untersetzten Benzmotor. Mit ihrer schnell laufenden und entsprechend kleinen Luftschraube stiegen diese nur bis auf 4,5 km Höhe. Sie wurden daher oft abgeschossen. Die mit der langsam laufenden, aber entsprechend größeren Luftschraube dagegen erreichten 5,5 km. Das war höher, als die feindlichen Jagdflugzeuge steigen konnten. So konnten sie unbelästigt heimkehren. Ein Kilometer Gewinn an Flughöhe war somit von ausschlaggebender Bedeutung. So ist es in der militärischen Luftfahrt auch heute noch und wird es auch bleiben. Ein geringer Unterschied in den Flugleistungen kann darüber entscheiden, ob ein Flugzeug wertvoll oder wertlos ist.

Den Unterschied in den Flugleistungen konnten wir damals leider nur empirisch zur Kenntnis nehmen. Wir konnten zwar feststellen, daß es so war, aber wir waren nicht in der Lage, quantitativ zu klären, warum es so war. Deshalb wurden die Unterschiede in den Flugleistungen von den Praktikern angezweifelt. Es wurde versäumt, die richtigen Schlußfolgerungen daraus zu ziehen. So herrschte bis zum Kriegsende 1918 die direkte Kupplung zwischen Kurbelwelle und Luftschraube absolut vor.

Erst nach der Inflation wurde die Frage der Zahnraduntersetzung wieder aktuell. Ihr Anlaß war für die damalige Zeit sehr typisch. Es gab in Deutschland viele „unterernährte" Flugzeuge, die im Verhältnis zu ihrem Fluggewicht nur unzureichend kleine Motoren hatten. Das Wort „unterernährt" befriedigt freilich nicht. Die deutsche Sprache hat kein Gegenstück zu dem prägnanten englischen Wort „underpowered".

An der Unterernährung der deutschen Flugzeuge war eine seltsame Verwirrung der Begriffe schuld. 1919 war Prof. Hugo Junkers ein großer Wurf gelungen: sein Verkehrsflugzeug Junkers F 13, der berühmte Ganzmetall-Eindecker. Ein geeignetes Triebwerk dafür hatte Junkers damals aber noch nicht. Er mußte sich mit dem Motor begnügen, mit dem die weniger als halb so großen und nur ein Drittel so schweren Jagdflugzeuge des letzten Kriegsjahres ausgerüstet gewesen waren: dem Motor BMW III a von 180 PS der Bayerischen Motoren-Werke. Dank der aerodynamischen Vorzüge des freitragenden Eindeckers großer Spannweite gelang es Junkers, mit seiner F 13 mehr Passagiere zu tragen als seine internationalen Konkurrenten mit ihren aerodynamisch minderwertigen Doppeldeckern, obwohl diese weit stärkere Motoren hatten. Darob machte die Propaganda aus der Not eine Tugend und pries die angeblich so hervorragende Wirtschaftlichkeit des schwachmotorigen Flugzeugs. Das war freilich eine arge Verdrehung des Begriffs „Wirtschaftlichkeit". In Wirklichkeit war der wirtschaftliche Aufwand, der durch die Schwäche des Motors eingespart war, überaus gering. Er war teuer erkauft durch die unzulängliche Startbeschleunigung des unterernährten Flugzeugs. Schon

1919 hätte Prof. Junkers ein ungleich wirtschaftlicheres Verkehrsflugzeug schaffen können, wenn er einen stärkeren Motor zur Verfügung gehabt hätte. Leider blieb die Propaganda unwidersprochen. So setzte sich der populäre Irrglaube fest, daß schwachmotorig und wirtschaftlich dasselbe sei.

Zur Verwirrung der Begriffe trug noch ein zweiter Umstand bei, an dem ich nicht ganz unschuldig war. 1921 war der erste Segelflug eines motorlosen Flugzeuges von Harth und Messerschmitt gelungen. 20 Minuten lang hatte es die Startstelle überhöht. 1922 folgten die Stundenflüge des von mir entworfenen Hannoverschen Segelflugzeugs „Vampyr" unter Martens. Dieser Anfangserfolg stieg den Segelfliegern in den Kopf. Sie glaubten, keinen Propeller mehr zu brauchen. Der Rhönvater Oskar Ursinus propagierte das Strampelflugzeug, das durch Körperkraft angetrieben werden sollte, und das Segelflugzeug mit Hilfsmotor. Ein leichtes Segelflugzeug von nur 250 kg Fluggewicht, dessen Sinkgeschwindigkeit nur 0,6 m/sec beträgt, verlangt zum Schweben an Nutzleistung 2 PS. Bei 80 % Wirkungsgrad der Luftschraube könnte es also mit 2,5 PS waagerecht schweben. So rechnete man, daß zum Fliegen eine spezifische Leistung von 10 PS/t genüge. Das ist nur wenig mehr als die Mindestleistung von 6 PS/t, die die neuen Verkehrsgesetze von den Schnecken der Landstraße verlangen, und 20mal weniger als die 200 PS/t, die heute jedes bessere Schulflugzeug oder Transportflugzeug hat. Unter dem Einfluß solcher Propaganda und Fehlrechnung wurden damals manche törichte Konstruktionen geboren, z. B. Flugzeuge mit Motorradmotoren. Sie taugten alle nichts. Zum Start brauchten sie viel zu langen Anlauf. Gegen widrige Winde kamen sie nicht an. Selbst Mittelgebirge konnten sie nicht überqueren. Es ist ein Jammer, wieviel Mühe und Geld damals für ein falsch gestelltes Ziel verschwendet wurde.

Das erste Leichtflugzeug mit vernünftiger Konstruktion war die L 20 von Hanns Klemm. Er ließ bei Daimler einen Motor von immerhin 20 PS bauen. Dieser lief mit 3000 U/min Drehschnelle. Das Flugzeug flog aber nur mit rund 70 km/h. Die hohe Drehschnelle und die geringe Fluggeschwindigkeit harmonierten so wenig miteinander, daß der Motor mit einem Zahnradgetriebe ausgestattet werden mußte, das die Drehschnelle der Luftschraube auf 900 U/min untersetzte. Damit sank die Mechanische Schnelläufigkeit $N\omega^2$ auf 1300 mto/sec^3.

Damit war das Flugzeug zwar immer noch unterernährt. Seine spezifische Leistung war nur 55 PS/t, also etwa so viel wie die eines billigen amerikanischen Pkw. Aber seine Luftschraube hatte im Langsamflug einen sehr guten Wirkungsgrad. Wir haben viel von dieser guten Luftschraube gelernt. Sie hat dem Gedanken der Zahnradgetriebe viel genützt.

Hinzukam ein zweiter Einfluß: der Berliner Flugplatz Tempelhofer Feld. Im Herzen der Großstadt hatte er eine bemerkenswert gute Verkehrslage. Aber er war eng und von hohen Mietskasernen umgeben. So bereitete er der Sicherheitsbehörde große Sorge. Die unterernährten Verkehrsflugzeuge der zwanziger Jahre kamen nur heraus, wenn sie einen Teil ihrer Zuladung zurückließen. An der Sorge hatte die Prüfstelle für Luftfahrzeuge der Deutschen Versuchsanstalt für Luftfahrt mit zu tragen, deren technischer Direktor ich damals war. Uns fehlten aber die Theorie des Starts und die Meßgeräte zu seiner Nachprüfung. So mußten wir unsere mathematischen Flugmechaniker an eine rationelle Theorie des Starts ansetzen und unsere Photogrammeter an eine Startmeßkammer. Bei den Berechnungen und Flugversuchen stellte sich heraus, daß je moderner ein Flugzeug, um so schlechter sein Start war. Aber auch, daß der Start erheblich verbessert werden konnte, wenn man das Flugzeug mit einer großen, langsam laufenden Schraube ausrüstete. Das ließ sich nun zahlenmäßig beweisen.

Glücklicherweise brachten die Bayerischen Motorenwerke endlich einen Zwölf-Zylinder-Motor von 600 PS heraus und eine Version davon mit Untersetzungsgetriebe. Messerschmitt ließ sich von unserer Theorie überzeugen. Er entwickelte mit diesem Motor ein Verkehrsflugzeug, angetrieben von einer großen, langsam laufenden Luftschraube von 4 m Durchmesser, die mit nur 900 U/min umlief. Obwohl das Flugzeug voll beladen 4,5 t wog, seine spezifische Leistung also nur 133 PS/t war, befriedigte es doch durch seinen kurzen Start. Es war ein richtiger Brotverdiener des Luftverkehrs. Allerdings hatte seine Schraube eine doppelt so große Kreisfläche wie die damaligen Flugzeuge mit nicht untersetzten Motoren. Gleichzeitig erlitt aber die Idee des Untersetzungsgetriebes wieder Rückschläge. Der erste Rückschlag kam von den mehrmotorigen Flugzeugen. Durch die Aufteilung der Leistung und des Schubs auf drei oder vier Motoren kamen sie mit kleineren Luftschrauben aus. Untersetzungsgetriebe waren nun nicht mehr so notwendig.

Ein zweiter Rückschlag kam durch das starke Anwachsen der Flächenbelastung. An die Stelle der sehr leichten und voluminösen Flugzeuge traten nun wesentlich schwerere, aber kleinere und schnellere. Auch diese Entwicklungstendenz trug dazu bei, das Untersetzungsgetriebe vorübergehend als unnötig erscheinen zu lassen.

Aber den stärksten Rückschlag brachte der Metallpropeller. Bis dahin hatten die Luftschrauben aus Holz bestanden. Die Holzfaser ist leicht und hat dabei eine hohe Zugfestigkeit. Holz hat daher eine große Reißlänge und ist der Zentrifugalkraft bestens gewachsen. Aber der Verband zwischen den Holzfasern ist so locker, daß die Torsionssteifigkeit sehr gering ist. Wenn ein Holzpropeller nicht flattern soll, muß sein Blatt sehr dick sein. Das ist aber gerade, was sich mit hoher Umfangsgeschwindigkeit nicht verträgt. An der Blattspitze kommt man der Schallgeschwindigkeit nahe. Dann ist es ein Unterschied wie Tag und Nacht, ob die Blattdicke 15% ist oder nur 8% oder gar nur 3%. Bei so geringer Blattdicke sind nur Metallpropeller noch genügend torsionssteif. Sie können mit größter Umfangsgeschwindigkeit laufen. Durch den Übergang auf Leichtmetall wurde die Grenze des Möglichen weit verschoben.

Mit dem Metallpropeller kam auch der Verstellpropeller zur Reife. Auch dieser verschob die Grenzen des Möglichen. Denn nun brauchte die Schraube beim Start und im Langsamflug nicht mehr mit falscher, d. h. viel zu hoher Steigung, zu arbeiten. Der Motor brauchte beim Start nicht mehr viel zu langsam zu laufen, sondern konnte mit voller Drehschnelle oder sogar mit Überdrehschnelle laufen und dabei die volle oder sogar Überleistung hergeben. Ebenso war es im Schnellflug. Der Motor ging nun nicht mehr durch. Er brauchte nicht mehr gedrosselt zu werden, sondern konnte sein volles Drehmoment hergeben. Dadurch wurden die Flugzeuge so viel besser, daß die Einführung des Untersetzungsgetriebes wieder unnötig erschien.

Diese vierfache Evolution verbesserte die Flugleistungen so sehr, daß daneben das Untersetzungsgetriebe ein unnötiger Luxus zu sein schien. Um 1933 setzte aber eine fünfte Evolution ein, welche die Lage entscheidend änderte: die Triebwerks-

konstrukteure verloren ihre Scheu vor den hohen Zylinderzahlen, der hohen Kolbengeschwindigkeit, dem hohen Arbeitsdruck und dem kurzen Hub. Aus diesen vier Größen aber setzt sich eine überaus wichtige Kenngröße zusammen. Seit 1921 nenne ich sie die „Mechanische Schnelläufigkeit". Das ist das Produkt aus der Leistung und dem Quadrat der Drehschnelle. Diese Kenngröße ist dafür maßgeblich, ob man eine tragbare Umfangsgeschwindigkeit und eine tragbare Flächenleistung der Luftschraube gleichzeitig haben kann.
Formelmäßig ergibt sich die Mechanische Schnelläufigkeit wie folgt: die Motorleistung ist das Produkt aus der Summe der Kolbenflächen, der mittleren Kolbengeschwindigkeit und dem mittleren Arbeitsdruck, dividiert durch die Taktzahl.

$$N = z \frac{\pi D^2}{4} v_m \frac{p_m}{t}.$$

Die Drehschnelle ist der Quotient aus der höchsten Kolbengeschwindigkeit, dividiert durch den halben Hub.

$$\omega = \frac{\pi v_m}{H}.$$

Somit ist die Mechanische Schnelläufigkeit

$$N \omega^2 = \frac{\pi^3}{4} z \left(\frac{D}{H}\right)^2 v_m^3 \frac{p_m}{t}.$$

Die Formel zeigt, wie mit der Zylinderzahl, der Kurzhubigkeit und dem mittleren Druck, besonders aber der Kolbengeschwindigkeit auch notwendigerweise die Mechanische Schnelläufigkeit anwächst.
Andererseits geht die Rückwirkung der Mechanischen Schnelläufigkeit auf die Arbeitsbedingungen der Luftschraube aus folgendem hervor: die Drehschnelle ist der Quotient aus der Umfangsgeschwindigkeit, dividiert durch den Halbmesser.

$$\omega = u/R.$$

Somit ist die Mechanische Schnelläufigkeit auch das Produkt aus der Kreisflächenleistung, dem Quadrat der Umfangsgeschwindigkeit und der Konstanten π.

$$N \omega^2 = \pi \left(\frac{N}{\pi R^2}\right) u^2.$$

Ist dieses Produkt vorgeschrieben, dann kann man jeden Faktor nur auf Kosten des anderen Faktors vermindern. Vermindert man z. B. die Umfangsgeschwindigkeit, dann muß man die Leistungskonzentration entsprechend vergrößern.
Was hat nun die Mechanische Schnelläufigkeit des Triebwerks mit dem Wirkungsgrad der Luftschraube zu tun? Der Zusammenhang ist einfach. Die Strömungsgeschwindigkeit an der Blattspitze ist begrenzt. In der warmen Meeresspiegelhöhe entartet die Strömung um das Schraubenblatt bei rund 280 m/sec, in der kalten Stratosphäre aber schon bei rund 250 m/sec. Die Grenze der zulässigen Umfangsgeschwindigkeit liegt daher bei rund 230 m/sec. Wir hoffen, diese Grenze noch etwas hinaufzuschieben, doch ist die mit Überschallgeschwindigkeit arbeitende Luftschraube noch keine Wirklichkeit.
Auch die Kreisflächenleistung ist begrenzt, denn sie ist mit dem Wirkungsgrad gekoppelt.

Der Wirkungsgrad ist das Produkt aus dem Gütegrad und dem Axialwirkungsgrad. Im Gütegrad faßt man die Verluste zweiter Ordnung zusammen, die mit der Drehung und Wirbelung des Schraubenstrahls zusammenhängen. Diese Verluste sind im allgemeinen gering, von der Größenordnung nur eines Zehntels der Leistung. Wir dürfen sie hier durch einen rund geschätzten Faktor berücksichtigen ohne auf Einzelheiten einzugehen.

Anders ist es mit den Verlusten erster Ordnung, die mit dem axialen Ausweichen des Schraubenstrahls zusammenhängen. Diese Verluste werden um so größer, je stärker die Kräfte konzentriert sind. Wir drücken sie aus durch den Axialwirkungsgrad, nämlich das Verhältnis zwischen der ungestörten Anströmgeschwindigkeit und der effektiven Durchflußgeschwindigkeit durch die Propulsionsfläche. Die Propulsionsfläche ist der effektive Teil der Schraubenfläche, nachdem man die nicht wirksamen Zonen aus der Nähe und am Rand abgezogen hat; sie beträgt rund zwei Drittel der gesamten Kreisfläche.

Nach der klassischen Treibschraubentheorie erster Ordnung ist die Leistung das Produkt aus Dichte, Propulsionsfläche, dem Quadrat der effektiven Durchflußgeschwindigkeit und der doppelten Differenz zwischen effektiver und ungestörter Geschwindigkeit;

$$N\,\zeta = \varrho\, F_p\, v_{eff}^2\, 2\,(v_{eff} - v).$$

Der Axialwirkungsgrad ist $\eta_a = v/v_{eff}$.

Die Umfangsgeschwindigkeit ist $u = \omega R$.

Die Propulsionsfläche wird geschätzt zu $F_p \approx \frac{2}{3}\pi R^2$.

Der Gütegrad wird geschätzt zu $\zeta = \eta/\eta_a \approx 0{,}9$.

Mit Einsetzung dieser Werte wird

$$\frac{1-\eta_a}{{\eta_a}^3} = \frac{0{,}9 \cdot 1{,}5}{2 \cdot \pi} \cdot \frac{N\,\omega^2}{\varrho\, u^2\, v^3} = 0{,}215\,\frac{N\,\omega^2}{\varrho\, u^2\, v^3}.$$

Der linke Teil der Gleichung wird im flugtechnisch wichtigsten Bereich

$$0{,}5 < \eta_a < 0{,}9$$

explizit durch folgende Näherung ersetzt:

$$\eta_a \approx \left(1{,}277 + 1{,}87\,\frac{1-\eta_a}{{\eta_a}^3}\right)^{-\frac{1}{3}}$$

Damit wird der Wirkungsgrad:

$$\eta \approx \frac{1}{\sqrt[3]{1{,}75 + 0{,}55\,\dfrac{N\,\omega^2}{\varrho\, u^2\, v^3}}}$$

Diese Formel drückt den Wirkungsgrad aus durch eine einfache Näherungsfunktion, in der außer der Mechanischen Schnelläufigkeit $N\,\omega^2$ die Dichte, die Umfangsgeschwindigkeit und die ungestörte Strömungsgeschwindigkeit enthalten sind. Im Falle des schon erwähnten Umlaufmotors, dessen Mechanische Schnelläufigkeit nur

60000 mto/sec³ betrug, war mit der Luftdichte des Meeresspiegels, der für Holzschrauben zulässigen Umfangsgeschwindigkeit 200 m/sec und der Fluggeschwindigkeit 20 m/sec = 72 km/h:

$$\eta \approx \frac{1}{\sqrt[3]{1{,}75 + \frac{0{,}55 \cdot 60000 \cdot 8000}{200^2 \cdot 20^3}}} = \frac{1}{\sqrt[3]{1{,}75 + 0{,}82}} = 0{,}730\,.$$

Trotz der sehr geringen Flug- und Umfangsgeschwindigkeit war der Wirkungsgrad befriedigend, dank der niedrigen Mechanischen Schnelläufigkeit.

Am Ende des 1. Weltkrieges war die Mechanische Schnelläufigkeit rund 5mal höher. Die damaligen Jagdflugzeuge hatten Motoren von 180 PS, die mit 1400 U/min umliefen. Ihre Mechanische Schnelläufigkeit war somit rund 300000 mto/sec. Dafür war aber auch die Fluggeschwindigkeit im Steigflug, infolge der höheren Flächenbelastung, auf rund 35 m/sec gestiegen.

Mit diesen Zahlen wird der Wirkungsgrad im Steigflug

$$\eta \approx \frac{1}{\sqrt[3]{1{,}75 + \frac{0{,}55 \cdot 300000 \cdot 8000}{200^2 \cdot 35^3}}} = \frac{1}{\sqrt[3]{1{,}75 + 0{,}77}} = 0{,}735,$$

also nicht wesentlich anders. Für eine so mäßige Kräftekonzentration eine gute Luftschraube zu bauen, war nicht weiter schwierig.

In den Rüstungs- und Kriegsjahren stieg die Leistung aber auf mehr als das Zehnfache. Gleichzeitig stieg die Drehschnelle auf mehr als das Doppelte. Die Folge war eine Steigerung der Mechanischen Schnelläufigkeit auf das Fünfzigfache. Bei 2000 PS und 3000 U/min beträgt die Mechanische Schnelläufigkeit bereits 15 Millionen mto/sec².

Die Umfangsgeschwindigkeit konnte zwar durch Übergang von Holz auf Metall um rund 15% gesteigert werden, also von 200 auf 230 m/sec. Aber auch die Luftdichte sank, denn die Motoren wurden zu Höhenmotoren. Sie behielten ihre volle Leistung bis zur halben Dichte der umgebenden Luft. Die Geschwindigkeit besten Steigens in dieser Höhe stieg allerdings fast auf das Dreifache, nämlich auf rund 100 m/sec.

Mit diesen Zahlen würde

$$\eta \approx \frac{1}{\sqrt[3]{1{,}75 + \frac{0{,}55 \cdot 15 \cdot 10^6 \cdot 16000}{230^2 \cdot 100^3}}} = \frac{1}{\sqrt[3]{1{,}75 + 2{,}50}} = 0{,}617.$$

Der Wirkungsgrad im Steigflug würde also rund 62% betragen. Das ist wenig. Die Schraube müßte auch ganz anders aussehen, als wir gewöhnt sind. Sie dürfte wegen ihrer hohen Drehschnelle nur die Hälfte des üblichen Durchmessers haben, dafür aber viele Blätter. Damit würde sie ähnlich aussehen wie die letzte Niederdruckstufe einer Dampfturbine. Eine solche Schraube wäre nicht nur schlecht, sondern auch teuer.

Aus diesem Dilemma gab es nur einen Ausweg: das Untersetzungsgetriebe. Um wie weit untersetzt werden mußte, zeigt die folgende Überschlagsrechnung. Die Steigerung der Geschwindigkeit im Steigflug von 35 auf 100 m/sec, der Umfangsgeschwindigkeit von 200 auf 230 m/sec, der aber die Herabsetzung der Luftdichte von $^1/_8$ auf $^1/_{16}$ kpsec^2/m^4 gegenüberstand, erlaubte, die Mechanische Schnelläufigkeit um das $\left(\frac{230}{200}\right)^2 \cdot \left(\frac{100}{35}\right)^3 \cdot \left(\frac{8}{16}\right) = 15{,}4$fache zu steigern, also von 300000 mto/sec auf 4600000 mto/sec, aber keinesfalls auf 15000000 mto/sec.

Durch ein Getriebe 1 : 2 wurde sie dann tatsächlich auf 3750000 mto/sec^3 vermindert. Damit wird der Wirkungsgrad:

$$\eta \approx \frac{1}{\sqrt[3]{1{,}75 + \frac{0{,}55 \cdot 375000 \cdot 16000}{230^2 \cdot 100^3}}} = \frac{1}{\sqrt[3]{1{,}75 + 0{,}62}} = 0{,}750.$$

Inzwischen ist die Triebwerkstechnik mit der Mechanischen Schnelläufigkeit noch um den Faktor 40 weitergegangen. Bei Gasturbinen finden wir z. B. 3750 PS Leistung an der Welle bei 13820 U/min Drehschnelle. Das entspricht einer Mechanischen Schnelläufigkeit von 600 Millionen mto/sec^3. Dabei ist ein direkter Antrieb der Luftschraube durch die Turbine nicht mehr denkbar.

Die Entwicklungstendenz geht dahin, daß die starken Kolbenmaschinen von den Gasturbinen völlig verdrängt werden. Deren Kraftstoffverbrauch ist zwar noch höher, aber sie sind viel leichter und kleiner und laufen sehr viel ruhiger. Von den großen Flugzeugen, deren Geschwindigkeit zwei Drittel der Schallgeschwindigkeit nicht übersteigt, sind die Untersetzungsgetriebe daher nicht mehr fortzudenken. Hier hat die Zahnradindustrie einen sicheren Absatz.

Die überaus hohe Mechanische Schnelläufigkeit stellt aber extreme Anforderungen an die Güte der Verzahnung und Lagerung. Hier treten ähnliche Probleme auf wie bei den Getriebeturbinen der Schiffe. Die Mechanische Schnelläufigkeit ist nämlich das Produkt aus einer Flächenpressung und der dritten Potenz einer Geschwindigkeit. Man kann das eine nur senken um den Preis, daß man das andere steigert.

Die höchste Mechanische Schnelläufigkeit hat das Ritzel der Turbinenwelle. Bei Schiffsgetrieben mit zweifach gelagertem Ritzel, das mit nur einem Zahnrad in Eingriff steht, liegt die Grenzleistung bei rund 150 Millionen mto/sec. Daß die Ritzel der Flugzeuggetriebe viermal höhere Mechanische Schnelläufigkeit aushalten, liegt daran, daß sie ihre Leistung gleichzeitig nach drei oder vier Seiten auf drei oder vier Planetenräder abgeben. Damit sind wir aber an einer Grenze angelangt, zu deren Überwindung wir noch keinen Weg kennen.

H. Frh. v. THÜNGEN

Getriebe in Flächenflugzeugen

Durch die Ausführungen von Herrn Professor Madelung ist bereits die heute vielfach anzutreffende Meinung widerlegt worden, daß die Zahnräder und Getriebe im Flugzeugbau durch die immer häufigere Einführung der Strahltriebwerke bald ganz aussterben.

Was zunächst das Kolbenmotortriebwerk betrifft, können wir allerdings feststellen, daß man bei einem ganz kurzen Blick in das Innere eines durchaus modernen Kolbenmotortriebwerkes, der Napier „Nomad 2", das später noch behandelt wird, nicht ganz den Eindruck von einem Aussterben der Zahnräder gewinnt.

Es ist natürlich richtig, daß die Strahltriebwerke keine Getriebe zur Umwandlung der Antriebsleistung benötigen, wie dies beim Propellerantrieb stets der Fall ist. Aber selbst wenn die Strahltriebwerke die Propellertriebwerke vollkommen verdrängten, würde immer noch eine nicht geringe Zahl von Zahnrädern im Strahltriebwerk zur Verwendung kommen, und zwar zum Antrieb von Nebenaggregaten und Hilfsgeräten. Im Flugzeug sind aber auch diese lebenswichtig und unterliegen ebenso den Forderungen nach Zuverlässigkeit bei geringstem Gewicht, also größter Ausnützung des Materials, wie die der Hauptgetriebe.

Nun ist es aber durchaus nicht so, daß der Propellerantrieb in absehbarer Zeit im Flugzeugbau ganz verschwindet. Bei niederen Geschwindigkeiten und geringeren Höhen ist der Propellerantrieb bedeutend wirtschaftlicher (im Brennstoffverbrauch und im Wirkungsgrad). Umgekehrt steigt bekanntlich der Wirkungsgrad von Strahlantrieben wesentlich mit der Fluggeschwindigkeit; die Geschwindigkeit wiederum wächst mit geringerer Luftdichte in größeren Höhen, und mit geringerer Luftdichte sinkt wieder der Wirkungsgrad der Luftschraube. Es ist somit leicht erklärlich, daß eine Kombination dieser beiden Antriebsarten am besten allen Anforderungen gewachsen ist. Solche Kombinationen gibt es heute schon sehr viele unter dem Namen Propeller-Turbinen-Luftstrahl(PTL)-Triebwerke.

Von der Größe der Schubkraft der Turbine darf man sich allerdings keine zu großen Vorstellungen machen; sie beträgt etwa nur 10 % der Gesamtantriebsleistung, während 90 % der Gesamtleistung durch den Propeller gehen. Drei Umstände lassen jedoch die Turbine als vorteilhaft und immer aussichtsreicher erscheinen:

1. Die Stirnflächenleistung $\left(\frac{\text{PS}}{\text{Stirnfläche}}\right)$ ist bei der Turbine wesentlich größer als beim Kolbenmotor.
2. Das Leistungsgewicht $\left(\frac{\text{kg}}{\text{PS}}\right)$ ist bei der Turbine wesentlich kleiner als beim Kolbenmotor.

3. Die Turbine kann billigeren Kraftstoff verwenden, der weniger explosionsgefährlich ist; dafür ist aber der spezifische Verbrauch der Turbine, besonders bei kleinen Leistungen, größer.

Zunächst sei eine Übersicht über die Getriebeaufgaben bei den einzelnen Antriebsarten von Flächenflugzeugen gegeben (Bild 1), nachdem die Getriebe für Hubschrauber von Herrn Dr. Just besonders behandelt werden.

Antrieb	Kurz-Bezchg.	Getriebe	Beispiel: Triebwerk		max. Leistung PS
I. mit Propeller					
1. mit Kolbenmotor		Untersetzungs-Getriebe (2:1)	Lycoming		**270**
			Bristol	»Hercules 763«	**2070**
			Bristol	»Centaurus 661«	**2660**
2. mit Kolbenmotor mit Abgasturbine		Untersetzungs-Getriebe (2:1) u. Abgas-Turbinen-Getriebe	Wright	»Turbo-Cyclone 18«	**3350**
			Napier	»Nomad« 2	3300
3. mit Turbine	PTL	Untersetzungs-Getriebe (10:1)	Rolls-Royce	»Dart« 6 (510)	**1760**
		Zusätzlich Nebenantrieb für Triebwerks-Geräte und für. Flugzeug-Geräte	Napier	»Eland« 2	3000
			Rolls-Royce	»Tyne«	4470
			Bristol	»Proteus 705«	**4000**
			Allison	»501« (T-56)	**3800**
			Armstrong Siddeley	»Double Mamba«	**3100**
II. mit Strahl					
1. mit Turbinen-Luftstrahl	TL	nur Nebenantriebe	Rolls-Royce	»Nene«	
2. mit Staustrahl		a) Triebwerks-Geräte:			
3. mit Rückstoß (Rakete)		Starter, Lader			
4. mit Pulsor		Ölpumpe, Tachometer			
		Brennstoffpumpe			
		b) Flugzeug-Geräte			

Bild 1. Getriebe in Flächenflugzeugen

Es würde zu weit führen, alle Einzelheiten erschöpfend zu behandeln. Deshalb seien nur markante Beispiele bei den verschiedenen Antriebsarten erwähnt.

Am rechten Ende der Tabelle sind diese Beispiele mit ihren Leistungsdaten aufgeführt. Die fett gedruckten Werte sind Reihenbau.

Die stärkeren Kolbenmotoren mit Leistungen über 250 PS weisen fast alle ein Untersetzungsgetriebe zur Luftschraube auf. Bei einer Motordrehzahl von etwa 3000 U/min und einer Luftschraubendrehzahl von etwa 1500 U/min wird in diesen Getrieben ein Untersetzungsverhältnis von durchschnittlich i = 2 benötigt. Vereinzelt trifft man hier ein einfaches Vorgelege, meist aber werden Umlaufgetriebe verwendet, und zwar Stirnrad-Umlaufgetriebe oder Kegelrad-Umlaufgetriebe, wodurch die Propellerwelle mit der Kurbelwelle gleichachsig wird.

Dabei ist stets ein Sonnenrad mit dem Antrieb und der Planetenträger mit dem Abtrieb verbunden, während das andere Sonnenrad (Hohlrad) am stillstehenden Gehäuse befestigt ist.

Das Stirnrad-Umlaufgetriebe von Lycoming (Bild 2), das mit dem luftgekühlten 6-Zylinder-Boxermotor von 270 PS zusammengebaut ist, hat geradverzahnte Umlaufräder. Seine Übersetzung ist 1,56, d. h. er reduziert die Motordrehzahl von 3400 auf 2180 U/min.

Kegelrad-Umlaufgetriebe, die schon vor 30 Jahren von Fahrmann und später von vielen anderen Firmen (auch BMW) gebaut wurden, findet man heute noch in

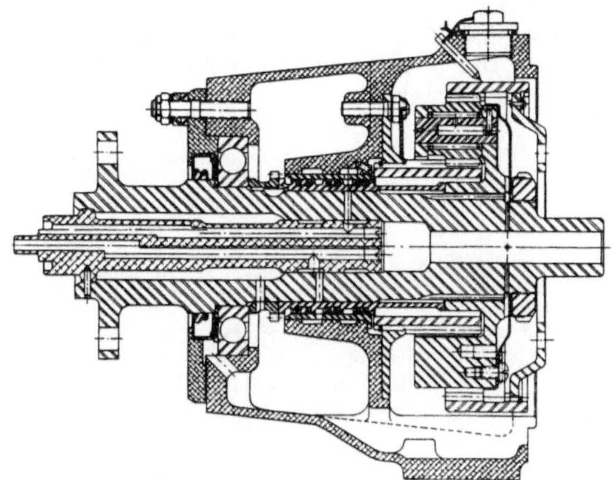

Bild 2. Stirnrad-Umlaufgetriebe „Lycoming 270 PS"

Bild 3. Alvis „Leonides" Getriebe

den Triebwerken von Bristol für den 2070-PS-14-Zylinder-Doppelstern-Schiebermotor „Hercules 760" oder den 260-PS-18-Zylinder-Doppelstern-Schiebermotor „Centaurus 661".

Auch der 9-Zylinder-Sternmotor von Alvis „Leonides" mit 460 PS hat ein solches Getriebe $i = 1{,}6 = \frac{2900}{1800}$ (B i l d 3).

Die Turbo-Cyclone 18 von Wright (B i l d 4) mit 3350 PS hat neben dem Stirnrad-Umlaufgetriebe noch den Antrieb von 3 Abgasturbinen auf die Kurbelwelle. Im übrigen wird am Ende der zentralen Welle der Lader mit einem 2-Gang-Umlaufgetriebe angetrieben.

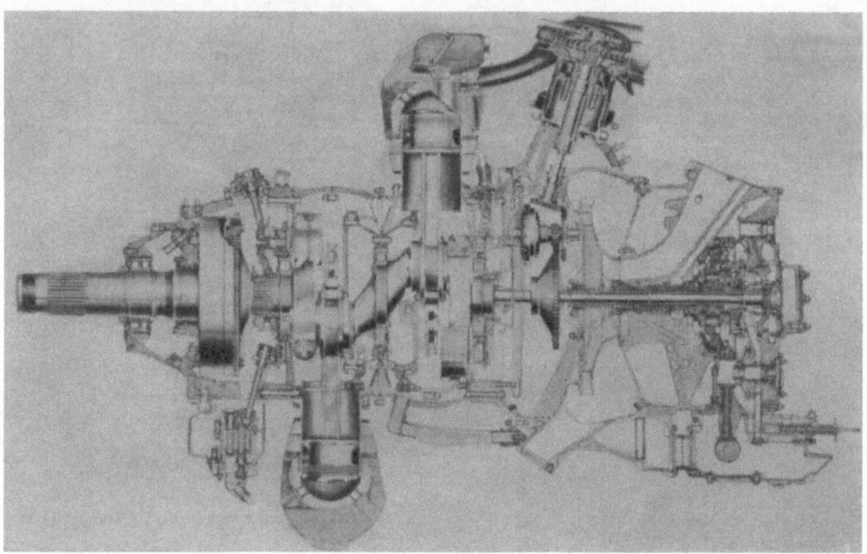

B i l d 4. Wright Turbo-Cyclone 18

Das Stirnrad-Umlaufgetriebe (B i l d 5) ist insofern bemerkenswert, als es nicht weniger als 20 Umlaufräder besitzt.

Um die Leistung wirklich in 20 gleiche Teile zu teilen, ist es allerdings notwendig, daß diese 20 Umlaufräder alle gleichmäßig tragen. Dies kann nur durch eine ungeheuer sorgfältige Präzision in der Teilung der Lager erreicht werden. Hier ist im Gegensatz zum Lycoming das Hohlrad festgehalten, während der Antrieb auf das innere Sonnenrad erfolgt. Die Übersetzung des Getriebes beträgt 2,28.

Eine interessante Lösung stellt die Getriebeanordnung (B i l d 6) der Napier „Nomad 2" eines liegenden 12-Zylinder-2-Takt-Dieselmotors mit Abgasturbine von 3300 PS dar.

In B i l d 7 sieht man die Einzelheiten dieser getrieblichen Anordnung. Von der Kurbelwelle wird die Leistung über 4 Vorgelege auf die Propellerwelle übertragen. Zwei dieser Vorgelegewellen sind nach rückwärts verlängert und erhalten einen zusätzlichen Antrieb von der Turbine. Dieser zusätzliche Antrieb geht auf

B i l d 5. Stirnrad-Umlaufgetriebe „Wright Turbo-Cyclone 18"

B i l d 6. Napier Nomad 2 mit Abgasturbine

das innere Sonnenrad eines Planetengetriebes, dessen Planetenträger und Hohlrad über einen stufenlosen Reibradtrieb (von B a i e r) miteinander verbunden sind. Das Hohlrad treibt dann über das besagte Vorgelege zusätzlich auf die Propellerwelle.

Das Propeller-Turbinen-Triebwerk von Rolls-Royce „Dart" 6 (B i l d 8) von 1760 PS hat ein Vorgelegegetriebe, bei dem die abtriebsseitigen Ritzel der sternförmig angeordneten Vorgelege auf ein Hohlrad wirken, das auf der Propellerwelle sitzt.

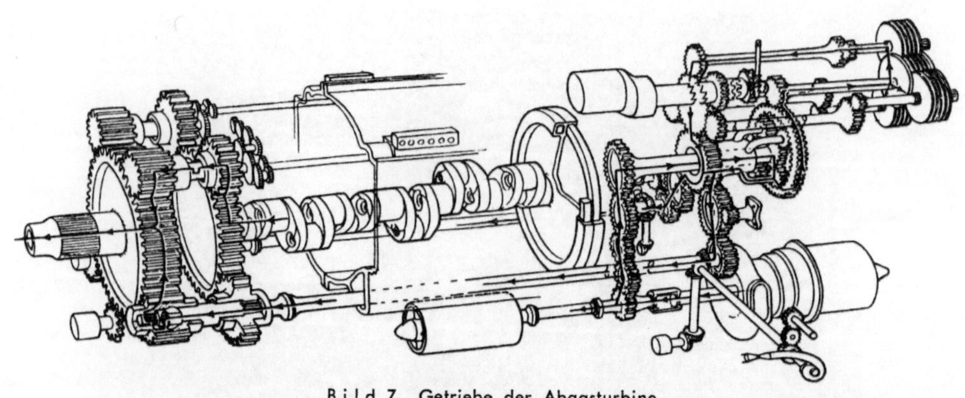

B i l d 7. Getriebe der Abgasturbine

B i l d 8. Rolls-Royce „Dart"

1 - Untersetzungsgetriebe, 2 - Hauptölkühler, 3 - 1. Verdichterstufe, 4 - 2. Verdichterstufe, 5 - Zentrifugallüfter, 6 - Hilfsgeräteantrieb, 7 - Düseneinlaß, 8 - Turbinenanlage, 9 - Lufteintrittsführung, 10 - Ölbehälter, 11 - Betriebsstoffpumpe, Luftschraubenverstellung und Ölpumpe, 12 - Rotierende Leitschaufeln, 13 - Turbinenwelle, 14 - Zwischengehäuse, 15 - Flammrohr, 16 - Regelpilz

Das Schema (B i l d 9) zeigt diese Anordnung noch deutlicher.

Auf dem Schnittbild (B i l d 10) sind außer dem Getriebe noch die verschiedenen Nebenantriebe deutlich zu erkennen.

Das PTL-Triebwerk Napier „Eland" von 3000 PS (B i l d 11) hat vorne ein Stirnrad-Umlaufgetriebe (B i l d 12) als Verbindung der Turbinen- und Laderwelle zum Propeller.

Die Drehzahl der Turbinenwelle von 11 500 bis 12 500 wird durch dieses Getriebe mit einer Übersetzung von 10 bis 14 auf 800 bis 1200 reduziert. Wie im schematischen B i l d 13 deutlich zu erkennen, sitzt der Doppelplanetenträger auf der Propellerwelle und das innere Sonnenrad auf der Turbinenwelle, während das Hohlrad ortsfest ist.

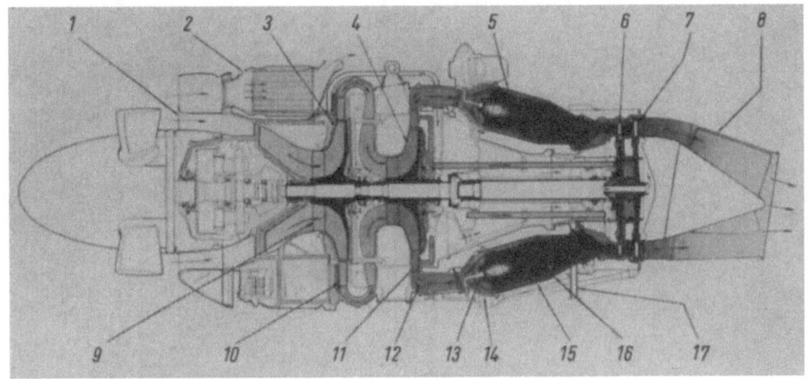

B i l d 9. Rolls-Royce „Dart" (Schema)

1 - Lufteintritt, 2 - Ölkühler, 3 - 1. Verdichterstufe, 4 - 2. Verdichterstufe, 5 - Brennkammer, 6 - Hochdruckturbine, 7 - Niederdruckturbine, 8 - Schubdüse, 9 - Rotierende Leitschaufeln, 10 - Diffusor, 1. Stufe, 11 - Diffusor, 2. Stufe, 12 - Leitschaufeln, 13 - Brenner, 14 - Expansionskammer, 15 - Luftmantel, 16 - Flammrohr, 17 - Kühlluftauslaß

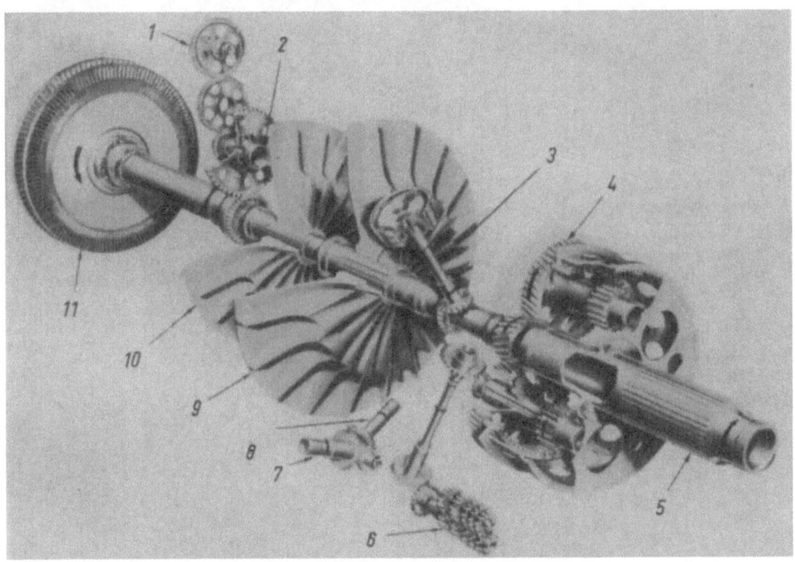

B i l d 10. Rolls-Royce „Dart" (Getriebe)

1 - Geräteantrieb 0,345, 2 - Zentrifugallüfter 0,667, 3 - Anlaßmotor 2,000, 4 - Luftschrauben-Untersetzungsgetriebe, 1. Stufe 0,488, 5 - Luftschraubenwelle 0,106, 6 - Ölpumpen 0,250, 7 - Luftschraubenverstellung 0,192, 8 - Betriebsstoffpumpe 0,192, 9 - 1. Verdichterstufe, 10 - 2. Verdichterstufe, 11 - Zweistufige Turbine

Alle Verhältniszahlen sind auf die Turbinengeschwindigkeit bezogen

Genau genommen, ist dieses Hohlrad allerdings nicht starr mit dem Gehäuse verbunden, sondern über eine große Zahl von Ölkammern, die durch Außen- und Innenzähne gebildet werden (B i l d 14). Auf diese Weise erhält man einen Drehmomentmesser, der mit der Regelung des Triebwerkes verbunden ist.

Bild 11. Napier „Eland"

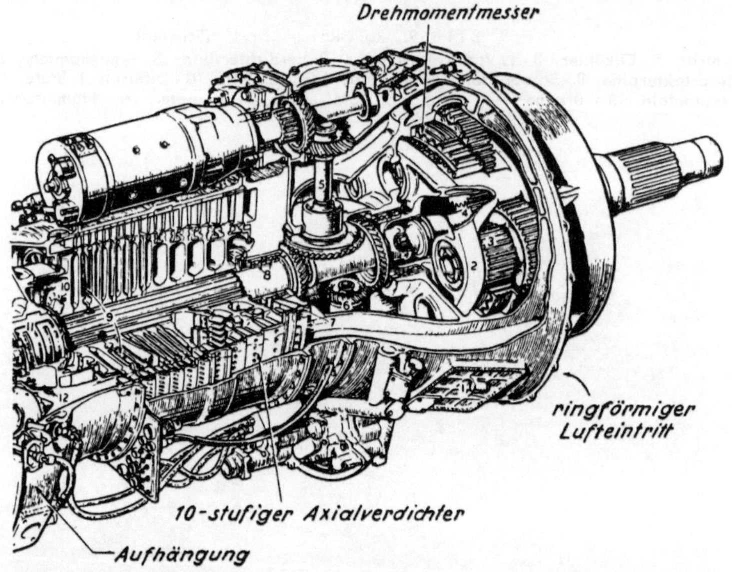

Bild 12. Napier „Eland"

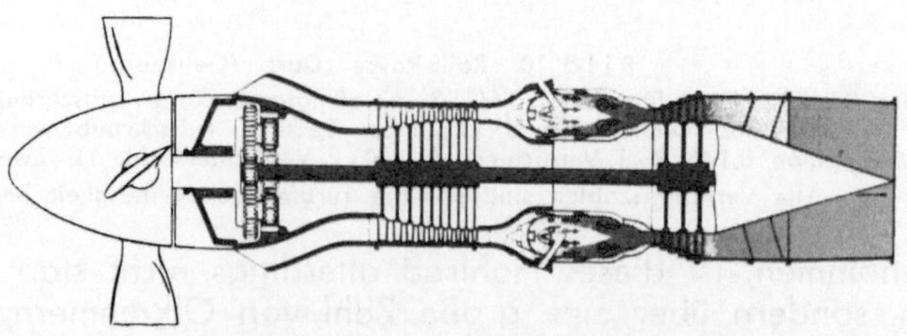

Bild 13. Napier „Eland" (Schema)

Ein ganz ähnliches Stirnrad-Umlaufgetriebe ist auch bei dem PTL-Triebwerk Rolls-Royce „Tyne" von 4470 PS vorhanden, wie die schematische Darstellung (B i l d 15) zeigt, nur mit dem Unterschied, daß die Umlaufradsätze vertauscht sind.

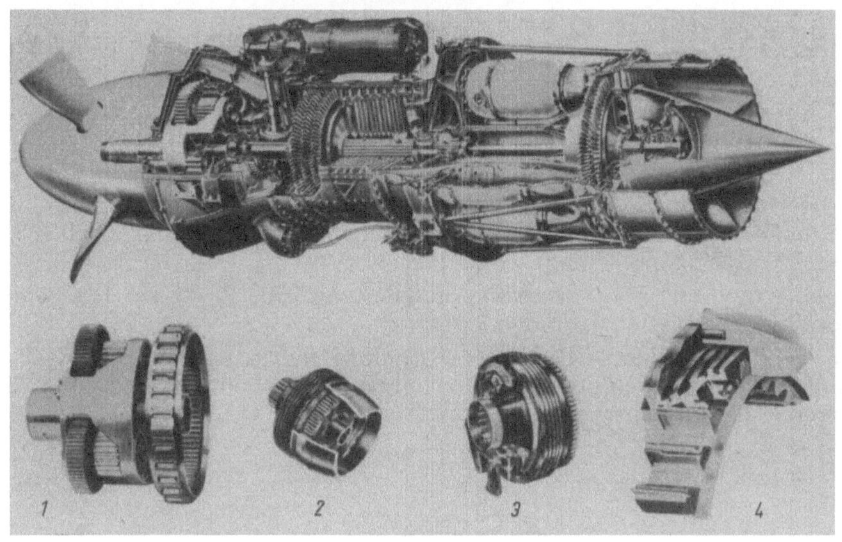

B i l d 14. Napier „Eland" (Drehmomentmesser)
1 - Getriebeanordnung, 2 - Zahnkupplung zwischen Kompressor- und Turbinenwelle, 3 - Feststellbremse, 4 - Drehmoment-Meßeinrichtung

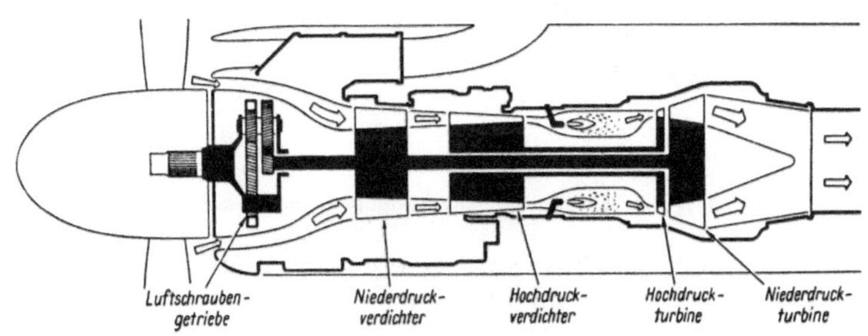

B i l d 15. Rolls-Royce „Tyne" (Schema)

Das gleiche Getriebe ist auch in der Bristol „Proteus 705" von 3830 PS vorhanden, das in dem bekannten Flugzeug „Britannia" eingebaut ist.

Das PTL-Triebwerk Allison „501 D-10" (mit der militärischen Bezeichnung T-56) von 3800 PS (B i l d 16) hat das Getriebe von der Turbine baulich getrennt, wodurch eine bessere Luftzuführung zur Turbine erzielt wird. Das Getriebe, das die Turbinendrehzahl von 3800 auf 1020 reduziert, hat eine Vorgelegestufe mit der Übersetzung 3,125 und eine Planetenstufe mit der Übersetzung 4,33. Auch hier wird der feststehende Teil des Planetentriebs zur Drehmomentmessung verwendet.

B i l d 16. Allison „501-D 10" (T-56)

Dieses Triebwerk ist z. B. in der Lockheed „Electra", und zwar auch in den beiden senkrecht startenden Jägern Convair XFY 1 T 40 mit 5580 PS und Lockheed XFY 1 T 54 mit 7600 PS eingebaut.

Die „Double Mamba" von Armstrong Siddeley mit 3100 PS ist ein Triebwerk mit zwei parallel geschalteten Turbinen.

Jede der beiden Turbinen treibt über Vorgelege auf je eine Propellerwelle, die über ein Umkehr-Vorgelegegetriebe miteinander verbunden sind und gegenläufig drehen (B i l d 17).

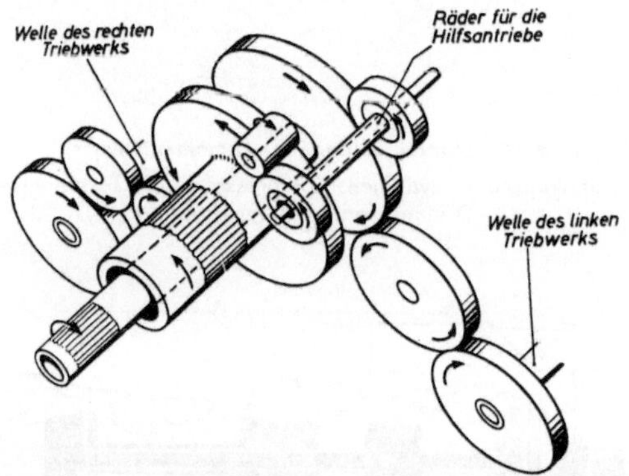

B i l d 17. Armstrong Siddeley „Double Mamba" (Schema)

Während die Übersetzung in diesen Vorgelegen 1,5 beträgt, ist sie in den dazugehörigen Planetengetrieben 6,9, so daß eine Gesamtübersetzung von 10,4 erreicht wird.

Wie oben erwähnt, bilden die Luftschrauben-Untersetzungsgetriebe nur einen Teil der getrieblichen Aufgaben in den Triebwerken. Die zusätzlichen Nebenantriebe für die Triebwerksgeräte und Flugzeuggeräte sind nicht minder wichtig. Bei den Strahltriebwerken sind die Nebenantriebe die einzigen getrieblichen Konstruktionsteile. Daß dieselben aber ganz beachtlich sein können, zeigen die Nebenantriebe der Rolls-Royce „Nene" (B i l d 18).

Der Antrieb der Ventilsteuerung (B i l d 19), also der 14 Schieber, im Bristol „Hercules" Doppelstern-Schiebermotor erfordert eine besondere getriebliche Ausbildung.

Außer den Nebenantrieben für die Triebwerksgeräte, wie Ventilsteuerung, Starter, Lader, Ölpumpe, Brennstoffpumpe und Tachometer, sind noch solche für die Flugzeuggeräte notwendig, wie Hydraulikpumpen, Generator für Bordnetz, Verdichter für Druckkabine und Vakuumpumpe für Kreiselgeräte.

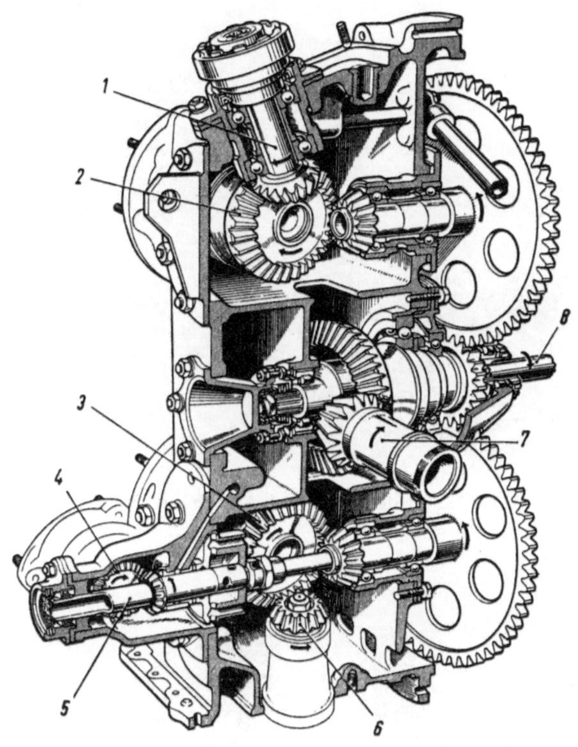

Bild 18. Rolls-Royce „Nene" (Nebenantriebe)
1 - Zu den Hilfsantrieben 1 : 0,421, 2 - Oberer Brennstoffpumpenantrieb 1 : 0,25, 3 - Unterer Brennstoffpumpenantrieb 1 : 0,25, 4 - Tachometer- und Generatorantrieb 1 : 0,25, 5 - Zentrifugal-Luftabscheiderantrieb 1 : 0,421, 6 - Ölpumpenantrieb 1 : 0,259, 7 - Starterantrieb 1 : 2,647 (ins Schnelle), 8 - Hauptantrieb vom Verdichterrad her.
Die Übersetzungswerte geben das Verhältnis der Verdichterraddrehzahl zur Wellendrehzahl an.

Bei einem Blick auf die letzte Rubrik der Tabelle (Bild 1) auf die Leistungen, die diese Triebwerke erzeugen, und die durch die Getriebe übertragen werden müssen, wird einem erst klar, welch ungeheuren spezifischen Beanspruchungen die Zahnräder und Getriebe ausgesetzt sind. Berücksichtigt man noch die bereits eingangs erwähnten Forderungen nach größter Sicherheit bei kleinstem Gewicht, so erkennt man die Schwierigkeit der Aufgaben, die an den Konstrukteur in gleicher Weise wie an den Fertigungsmann gestellt werden.

Der Konstrukteur geht zum äußersten Leichtbau über. Ein Beispiel dafür zeigen die beiden in einem Gehäuse vereinigten Winkeltriebe (Bild 20), bei denen Kegelräder doppelwandig, aber mit sehr dünnen Wänden ausgeführt sind, die bei geringem Gewicht doch eine genügende Steifigkeit besitzen.

Der V e r z a h n u n g s f a c h m a n n wird zur Vermeidung der Resonanz im Flugzeug die schwingungsfreieste und ruhigste Verzahnung bevorzugen. Man hat aus diesem Grunde mit gutem Erfolg eine Verzahnung angewandt, deren

B i l d 19. Bristol „Hercules" Antrieb der Schieber

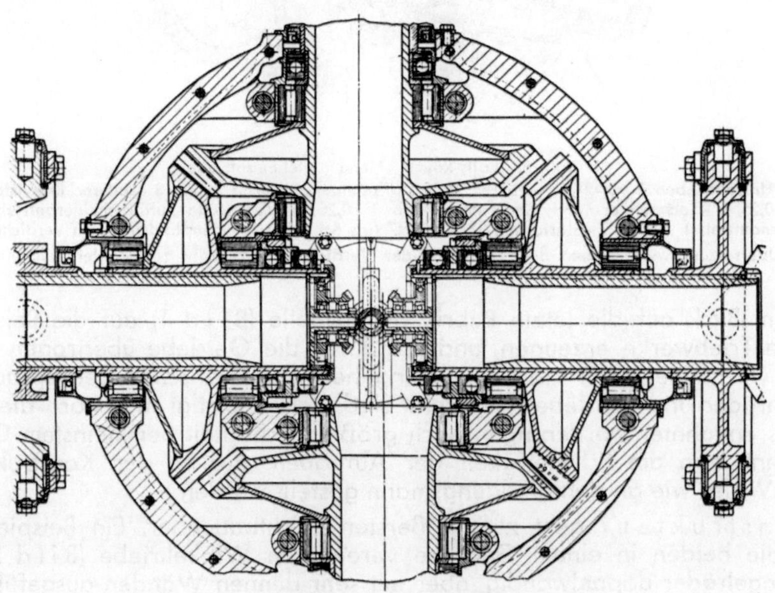

B i l d 20. Kegelrad-Leichtbau

Eingriffsdauer vor und hinter dem Betriebswälzkreis mindestens = 1 ist (Bild 21). Damit hat man die Drehmomentschwingungen, die durch die ungleichmäßigen Flankenreibungen entstehen, kompensieren können. Die Schrägverzahnung wäre u. U. auch hier ein Universalheilmittel.

Der Fertigungsmann muß besondere Vorkehrungen gegen Bruch und Anfreßgefahr treffen. Schon während des letzten Weltkrieges hat man in Deutschland die sog. „Ul-Abrundung" (nach Professor Ulrich) oder „Unterwühlung" mit gutem Erfolg angewandt, die einen Auslauf an der geschliffenen Flanke gestattet (Bild 22).

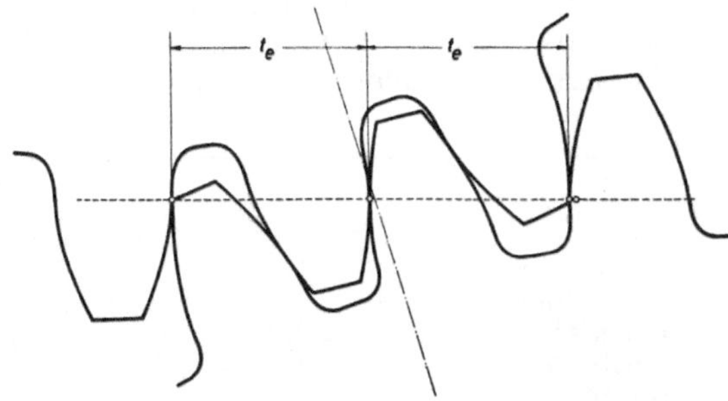

Bild 21. Hochverzahnung $\varepsilon \geq 2$

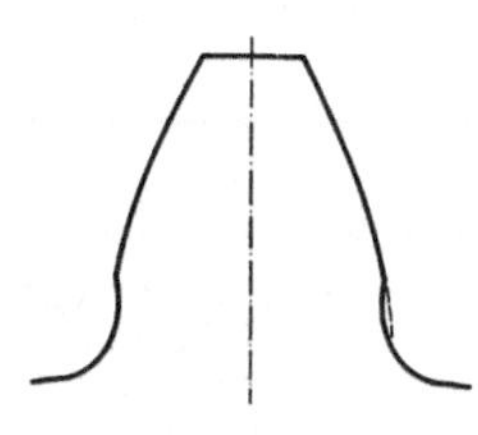

Bild 22. Zahnfußausrundung mit Protuberanzwerkzeug

Dieser etwas erweiterte Zahngrund wurde mit einem Spezialfräser gefräst und noch in weichem Zustand poliert, jedoch nach dem Härten nicht mehr geschliffen, um jegliche Schleifrisse zu vermeiden. Auch sämtliche Abrundungen an den dünnen Wandungen der Zahnkörper, an denen der Einsatz vor dem Härten abgedreht war, wurden sorgfältig poliert.

Nachdem bei den Amerikanern die Verkürzung der Zähne (Stumpf-Verzahnung) keinen Vorteil gebracht hatte, hält man auch dort die richtige Zurücknahme von Zahnkopf und Zahnfuß für wesentlich. Auch eine Längsballigkeit wird für günstig gehalten. Neuerdings stellt man die Fußausrundung mit sog. Protuberanzwerkzeugen her und festigt noch die Oberfläche durch Kugelstrahlen.

Mit diesen kurzen Ausführungen sollte ein allgemeiner Überblick über die heutigen Getriebe in Flächenflugzeugen gegeben werden. Es wurde gezeigt, daß es Untersetzungsgetriebe geben wird, solange es Propellertriebwerke gibt, und die gibt es wohl noch recht lange. Es wurde aber auch dargelegt, daß mit dem Propellergetriebe noch lange nicht alle Aufgaben für den Getriebekonstrukteur im Flächenflugzeugbau erschöpft sind.

Die Nebenantriebe stellen einen nicht unwesentlichen Teil des Triebwerkes dar, der in seiner Wichtigkeit nicht den übrigen Teilen nachsteht. Für den Getriebefachmann sind auch in der Zukunft noch genug Aufgaben vorhanden.

W. JUST

Hubschrauberrotoren und ihre Antriebe

Bekanntlich wird bei einem üblichen Flächenflugzeug der notwendige Auftrieb durch eine feste Tragfläche geliefert. Dagegen wird bei einem Hubschrauber der Auftrieb von einem oder mehreren Rotoren, d. s. große Luftschrauben mit etwa vertikaler Achse, erzeugt. Die Rotoren von Hubschraubern haben neben der Auftriebserzeugung noch zwei weitere Funktionen zu erfüllen, und zwar die des

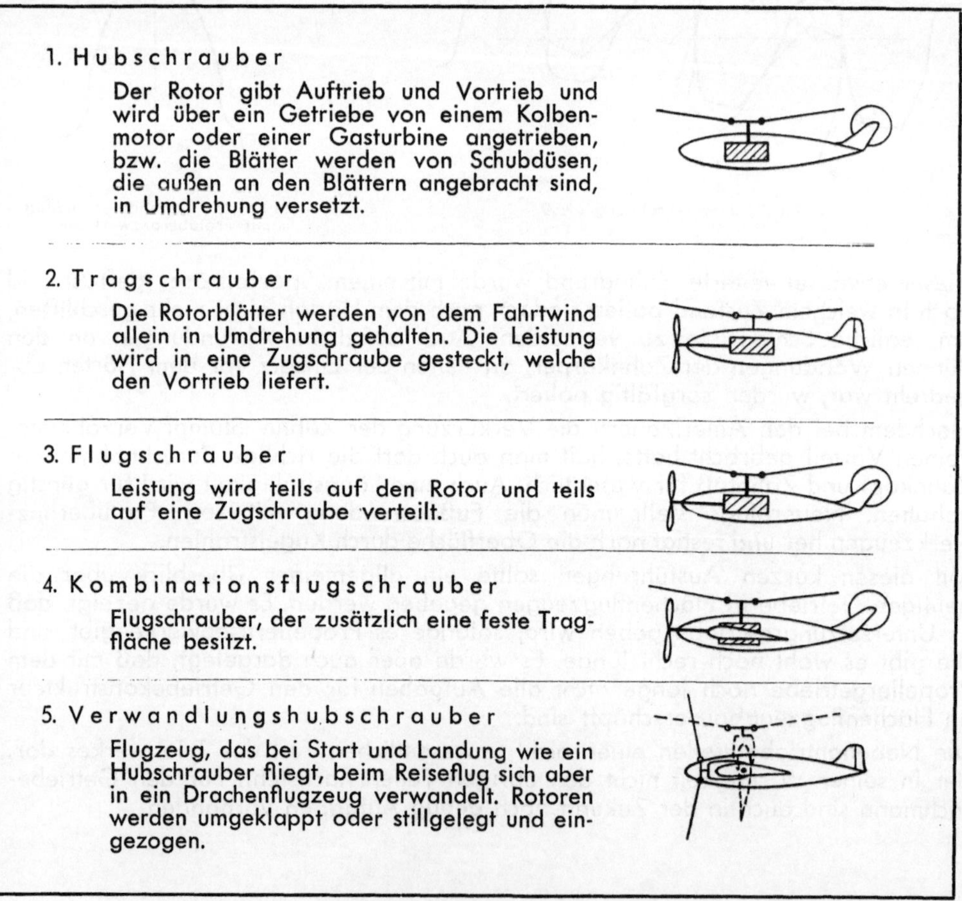

Bild 1. Die verschiedenen Arten von Drehflügelflugzeugen

Vortriebes und der Steuerung, während ja bei einem üblichen Flächenflugzeug der Vortrieb durch besondere Vortriebserzeuger wie Luftschrauben und Strahltriebwerke und die Steuerung auch durch besondere Flächen und Ruder bewirkt wird.

Die verschiedenen Arten von Drehflügelflugzeugen

Der Hubschrauber stellt ein Luftfahrzeug dar, das in die Klasse der Drehflügelflugzeuge gehört. Bekanntlich unterscheidet man folgende Arten von Drehflügelflugzeugen, bei denen die Antriebe und Antriebselemente auch sehr unterschiedlich sind, und zwar: Hubschrauber, Tragschrauber, Flugschrauber, Kombinationsflugschrauber, Verwandlungshubschrauber (Bild 1).

Bild 2. Motorhubschrauber Focke Fw 61

Hubschrauber

Ein Hubschrauber besitzt einen oder mehrere Rotoren, die von einer Kraftquelle angetrieben werden. Bei den meisten heute üblichen Hubschraubern erfolgt der Antrieb der Rotoren von einem Kolbenmotor oder einer Gasturbine über Verbindungswellen und Getriebe.
Bild 2 zeigt einen solchen Hubschrauber, die bekannte Fw 61. Man sieht hier, wie vom Motor, der vorn am Rumpf sitzt, über die beiden Fernwellen die beiden Rotoren angetrieben werden.
Die Blätter eines Hubschraubers können aber auch dadurch in Umdrehung versetzt werden, daß man außen an den Blättern sogenannte Schubdüsen anbringt, die jetzt direkt den Rotor drehen. Bild 3 zeigt einen solchen Strahlhubschrauber.

Tragschrauber

Ein Tragschrauber weist neben einem Rotor auch einen üblichen Zugpropeller auf, der jetzt vom Motor angetrieben wird. Der Rotor wird nur kurz vor dem Start vom Motor angetrieben, im Flug aber allein von dem Fahrtwind in Umdrehung gehalten. Der Zugpropeller überwindet alle Widerstände, und zwar den Widerstand des Rumpfes, der Leitwerke, der Anbauten und auch den Widerstand des Rotors, der in gewissen Fällen sehr beträchtlich ist. Der Tragschrauber wurde wesentlich früher zur Betriebsreife entwickelt als der Hubschrauber, er ist aber jetzt vom Hubschrauber, abgesehen von gewissen Spezialzwecken, vollkommen verdrängt worden, weil er nicht die Fähigkeit hat, in der Luft still zu stehen und senkrecht zu landen.
Bild 4 zeigt den bekannten Tragschrauber Cierva C-30.

Flugschrauber

Ein Flugschrauber besitzt wie ein Tragschrauber einen oder mehrere Rotoren und einen bzw. auch mehrere Propeller. Zum Unterschied zu einem Tragschrauber werden nicht nur die Zugpropeller, sondern auch die Rotoren vom Motor angetrieben. In der Verteilung der gesamten Motorleistung auf die Zugpropeller und die Rotoren besteht eine große Variationsmöglichkeit. Hubschrauber und Trag-

Bild 3. Strahlhubschrauber XA—6 der Firma American Helicopter Company

Bild 4. Tragschrauber Cierva C—30

schrauber sind also Grenzzustände des Flugschraubers. Mit einem Flugschrauber kann man etwas höhere Fluggeschwindigkeiten erreichen als mit einem Hubschrauber.
Bild 5 zeigt einen Flugschrauber; man sieht neben dem Rumpf zwei Motoren, die je eine Zugschraube und auch die Rotoren antreiben.

Kombinations-Flugschrauber

Ein Kombinations-Flugschrauber hat im Gegensatz zum normalen Flugschrauber noch eine feste Tragfläche, die im Vorwärtsflug fast den gesamten Auftrieb übernimmt. Auf diese Weise kann man noch höhere Geschwindigkeiten erreichen. Beim Start und bei der Landung wird die gesamte Leistung in die Rotoren gesteckt,

Bild 5. Flugschrauber GCA—2 A der Gyrodyne Comp., USA

während beim Reiseflug die Leistung in der Hauptsache auf die Zugschrauben übertragen wird. Der Rotor wird jetzt also nicht vom Motor, sondern wie bei einem Tragschrauber vom Fahrtwind angetrieben.
Bild 6 zeigt einen Kombinations-Flugschrauber.

Verwandlungs-Hubschrauber

Unter einem Verwandlungs-Hubschrauber versteht man ein Fluggerät, das für Start und Landung wie ein Hubschrauber fliegt, für den Reiseflug sich aber in ein Flächenflugzeug verwandelt.

Bild 7 zeigt einen Verwandlungs-Hubschrauber; hierbei sind für den Start und die Landung die Achsen der Rotoren nach oben gerichtet, geben also einen Schub nach oben, der für den Schwebeflug gleich dem Gewicht des Flugzeuges sein muß. Beim Reiseflug werden die Rotoren nach vorn geklappt, sie wirken jetzt als normale Zugschrauben, während eine feste Tragfläche den Auftrieb übernimmt.

Bild 8 zeigt ein Projekt eines interessanten Verwandlungs-Hubschraubers. Wir sehen hier auch einen Rotor, der lediglich für den Start und die Landung benötigt wird. Hat das Gerät eine gewisse Vorwärtsgeschwindigkeit erreicht, wird der Rotor dann stillgelegt und in den Rumpf eingezogen. Auf diese Weise kann man natürlich die denkbar höchsten Geschwindigkeiten erreichen. Während man mit einem normalen Hubschrauber aus aerodynamischen Gründen eine Geschwindigkeit bis höchstens 300 km/Std. erlangen kann, kommt man mit einem Verwandlungs-Hubschrauber mit schwenkbaren Rotoren (Bild 7) bis etwa 500 km/Std.

Bild 6. Kombinations-Flugschrauber Mc Donnell XV—1

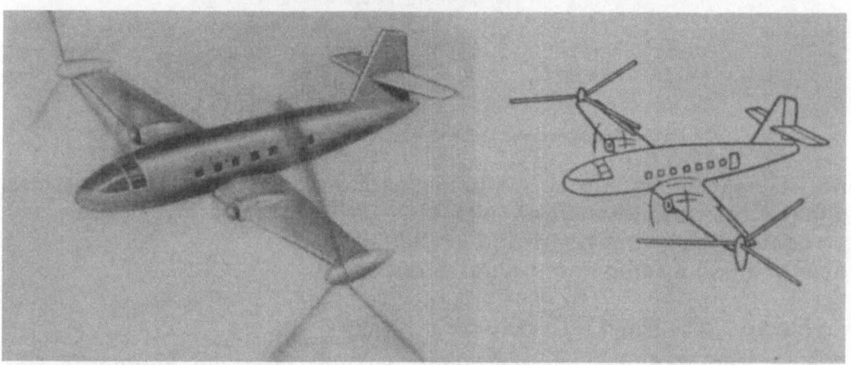

Bild 7. Projekt eines Verwandlungs-Hubschraubers mit schwenkbaren Rotoren

Ein Verwandlungs-Hubschrauber mit einziehbaren Rotoren kann Überschallgeschwindigkeit erreichen. Für gewisse Aufgaben, bei denen keine hohen Fluggeschwindigkeiten verlangt werden, werden die normalen Hubschrauber sich nach wie vor behaupten.

Die verschiedenen Antriebsmöglichkeiten

Die Antriebsmöglichkeiten eines Rotors sind sehr mannigfaltig. In Bild 9 sind die für einen Hubschrauber in Frage kommenden Antriebsmöglichkeiten zusammengestellt. Wir haben zuerst den sog. Wellenantrieb, bei dem ein Kolbenmotor oder eine Gasturbine über ein Getriebe die Rotorwelle und damit den Rotor antreibt. Bei dem Blattpropellerantrieb sitzt auf dem Rotorblatt selbst ein Kolbenmotor oder eine Gasturbine, die einen kleinen Propeller antreiben, der jetzt die Rotorblätter in Umdrehung versetzt. Dieser Blattpropellerantrieb hat sich aus mehreren Gründen bis jetzt nicht durchgesetzt. Zuletzt haben wir die Strahlantriebe, bei denen an den Blattenden Schubdüsen angebracht sind, welche die Blätter antreiben. Wir unterscheiden folgende Arten:

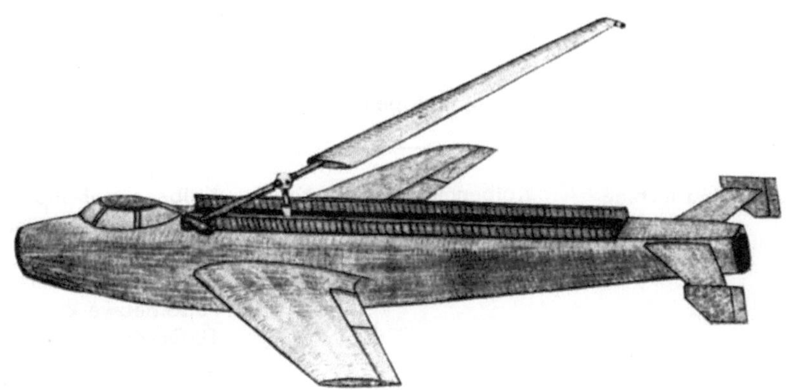

Bild 8. Projekt eines Verwandlungs-Hubschraubers mit einziehbarem Rotor

1. Im Rumpf ist ein Kolbenmotor eingebaut, der einen Verdichter antreibt. Der Verdichter gibt Druckluft, welche über den Rotorkopf durch die Blätter geleitet wird und an den Blattspitzen durch Düsen ausströmt. Vor den Düsen kann eventuell noch Brennstoff eingespritzt und mit der vom Kompressor kommenden Luft verbrannt werden (Doblhoff).
2. Die Druckluft wird von einem Freikolbenverdichter geliefert.
3. Eine Gasturbine im Rumpf liefert Druckluft, indem sie entweder einen besonderen Lader antreibt, oder indem aus dem Lader der Gasturbine Druckluft entnommen wird. In Bild 10 ist der Hubschrauber SNCASO 1220 "Djinn" gezeigt, der einen solchen Druckluftantrieb besitzt. Der Brennstoffverbrauch dieses Hubschraubers beträgt pro Stunde etwa 100 kg, während ein Hubschrauber mit Wellenantrieb und Kolbenmotor, z. B. das Muster Bell 47 G, nur etwa 35 kg pro Std. verbraucht. Da der Anschaffungspreis des "Djinn" nur etwa halb so groß ist wie der eines vergleichbaren Hubschraubers mit Kolbenmotor und die Preise für Überholungszeiten und Ersatzteile dieses Strahlhubschraubers wesentlich geringer zu stehen kommen, ist trotz des hohen Brennstoffverbrauches bei dem „Djinn" der Flugstundenpreis etwa halb so groß wie bei einem Motor mit Kolbenantrieb. Der Nachteil dieses Musters mit Druckluftantrieb besteht in der Hauptsache darin, daß mit solch einem Gerät nur verhältnismäßig kleine Reichweiten zu erzielen sind, etwa bis 200 km.
4. Staustrahltriebwerke. Diese Geräte enthalten keinerlei bewegliche Teile. Bei geringen Umfangsgeschwindigkeiten geben sie auch nur einen sehr kleinen

Schub, so daß der Rotor mit einer fremden Antriebsquelle erst auf eine gewisse Drehzahl gebracht werden muß.

Bild 11 zeigt einen Staustrahlhubschrauber, und zwar das Gerät Hornet der Firma Hiller.

5. Pulsotriebwerke (Argus-Schmidt-Rohre) mit Ventilen bzw. Klappen am Lufteintritt (verwendet bei der V 1). Diese Triebwerke geben im Gegensatz zu den Staustrahldüsen bei der Geschwindigkeit Null auch einen Schub (XH-26 "Jet Jeep").

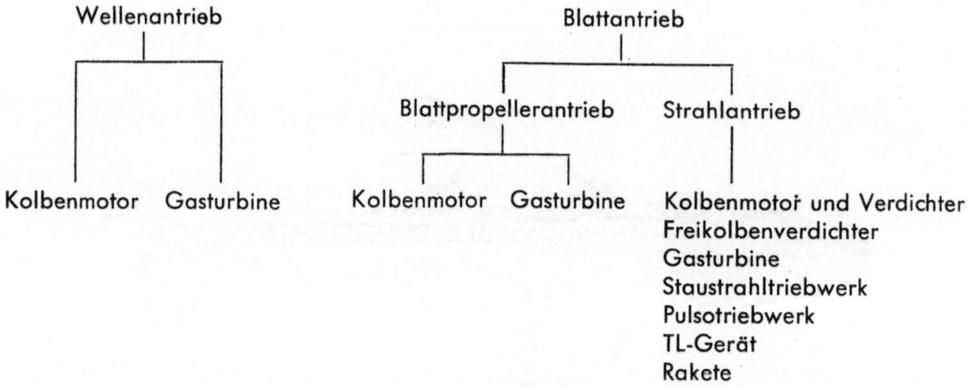

Bild 9. Die verschiedenen Antriebsmöglichkeiten eines Hubschrauberrotors

Bild 10. Hubschrauber SNCASO 1220 "Djinn"

6. Turbinenluftstrahltriebwerke (TL) an den Blattenden. Für diesen Zweck müßten besondere TL-Geräte entwickelt werden, da diese großen Zentrifugal- und Kreiselkräften unterworfen sind.

7. Raketen (Pulver- oder Flüssigkeitsraketen). Ihr Brennstoffverbrauch ist besonders hoch (KH-15 Kellett).

Alle Strahltriebwerke haben den Nachteil, daß sie einen hohen Brennstoffverbrauch haben und großen Lärm entwickeln. Bei dem Druckluftantrieb ist der Lärm noch am geringsten. Die Strahlhubschrauber benötigen aber kein Getriebe und keinen Drehmomentenausgleich, so daß sie viel billiger gebaut werden können als die Motorhubschrauber. Für die Verwendungszwecke, bei denen keine große Reichweite und Flugdauer verlangt werden, sind die Strahlhubschrauber den Motorhubschraubern überlegen.

Bild 11. Staustrahlhubschrauber "Hornet" der Firma Hiller

Die verschiedenen Drehmomentenausgleiche

Bei dem Wellenantrieb überträgt der Motor auf den Rotor ein beträchtliches Drehmoment, das sich auf den Rumpf abstützt. Der Rumpf würde sich entgegengesetzt zur Drehrichtung des Rotors drehen, wenn nicht noch ein zweites Drehmoment dieses Rotordrehmoment kompensieren würde. Es gibt zahlreiche Arten des Drehmomentenausgleiches, die wesentlich das Aussehen und die Konstruktion eines Hubschraubers bestimmen. Man kann z. B. Rotorpaare mit einander entgegengesetztem Drehsinn verwenden. Hierbei wirken die Momente auch in entgegengesetzten Richtungen und heben sich gegenseitig auf. Weiter kann man einen Rotor mit einer Ausgleichsschraube versehen usw. In Bild 12 sind in den Nummern 1 bis 13 die verschiedenen Möglichkeiten des Drehmomentenausgleiches gezeigt. Wir unterscheiden Drehmomentenausgleiche für 4 und 3 Rotoren, für 2 Rotoren und für 1 Rotor.

4 und 3 Rotoren

Nr. 1. 4 Rotoren, seitlich je ein koaxiales Paar mit einander entgegengesetztem Drehsinn.

Nr. 2. 4 Rotoren, seitlich je zwei in Tandemanordnung.

Nr. 3. 3 Rotoren.

2 R o t o r e n

Nr. 4. 2 Rotoren übereinander, die entgegengesetzten Drehsinn aufweisen. Dieses Prinzip wurde von zahlreichen Konstrukteuren gebaut und besonders von B r é g u e t verfolgt, konnte aber bis jetzt zu keiner Betriebsreife entwickelt werden, da sich die beiden Rotoren in gewissen Flugzuständen allzu stark stören.

Nr. 5. 2 nebeneinander liegende Rotoren. Dieses Prinzip wählten mehrere Konstrukteure wie O e h m i c h e n usw. Prof. F o c k e gelang es, nach dieser Bauart den ersten betriebssicheren Hubschrauber zu entwickeln, die bekannte Fw 61 (B i l d 2).

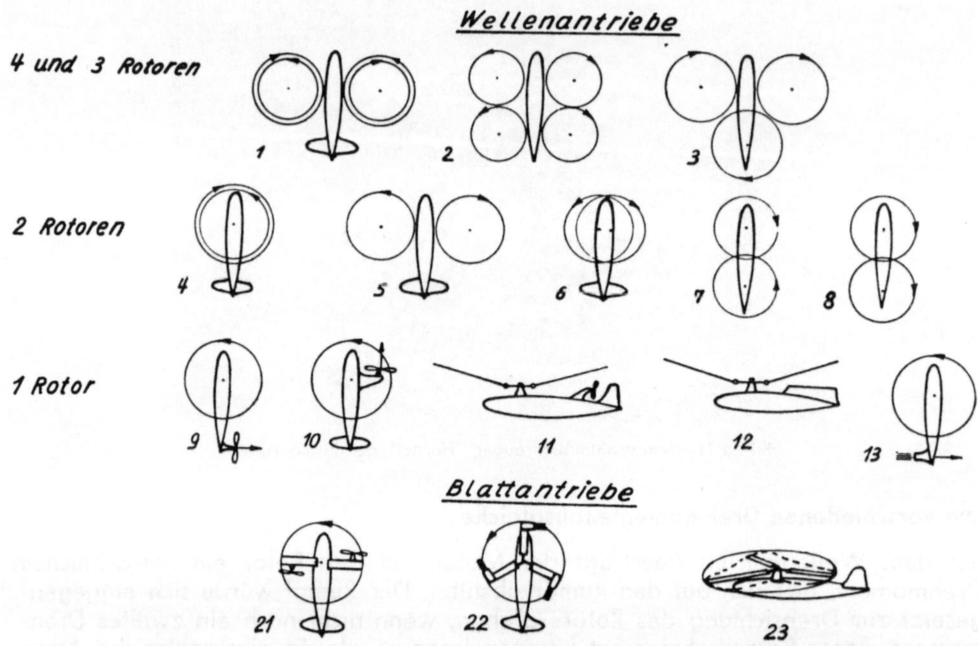

B i l d 12. Die verschiedenen Antriebsmöglichkeiten und Drehmomentenausgleiche

Nr. 6. Die Firma Flettner entwickelte diese Bauweise mit zwei sehr nahe nebeneinanderliegenden Rotoren, die sog. ineinanderkämmende Bauweise, s. das Muster Fl 282, B i l d 13. Die Firma Kaman baut z. Z. ihre Hubschrauber nach diesem Prinzip.

Nr. 7. 2 hintereinander liegende Rotoren. Diese Tandembauweise wendete als erster C o r n u (Frankreich) an. Von der amerikanischen Firma Piasecki wurde sie zu großer Betriebsreife entwickelt. B i l d 14 zeigt einen solchen Tandemhubschrauber, und zwar das Muster Bristol 173.

Nr. 8. Tandembauweise mit gleichem Drehsinn. Die beiden Rotorachsen sind gegeneinander geneigt, so daß die Seitenkomponenten der Schübe die Drehmomente ausgleichen.

1 Rotor

Nr. 9. Diese Konstruktion mit einer kleinen Heckschraube als Drehmomentenausgleich wurde zuerst von Baumhauer (Holland) angewendet. Der Seitenschub der Heckschraube gibt mit dem Hebelarm Heckrotor bis Schwerpunkt ein Drehmoment, welches das Rotordrehmoment kompensiert. Zahlreiche Firmen verwenden diese Bauweise, die sich ganz besonders bewährt hat. Bild 15 zeigt einen solchen Hubschrauber mit Heckrotor, und zwar das Muster Sikorsky S-55.

Bild 13. Hubschrauber Fl 282 der Firma Flettner mit ineinanderkämmenden Rotoren

Bild 14. Hubschrauber Bristol 173, Tandembauweise

Nr. 10. Drehmomentenausgleich durch kleine Seitenschraube.

Nr. 11. Anblasen eines schräggestellten Seitenleitwerkes durch den Strahl einer Hilfsschraube.

Nr. 12. Schräggestellte Flächen im Rotorstrahl, die aber für vollständigen Drehmomentenausgleich sehr groß sein müssen.

Nr. 13. Drehmomentenausgleich durch Heckstrahl. Bei Verwendung einer Gasturbine, die einen relativ starken Abgasstrahl aufweist, erscheint dieses Prinzip sehr aussichtsreich.

In 21 bis 23 sind die verschiedenen Blattantriebe gezeigt.

Nr. 21. Blattpropellerantrieb. Kleine Luftschrauben versetzen den Rotor in Umdrehung.

Nr. 22. Strahlantrieb. Die verschiedenen Möglichkeiten des Strahlantriebes wurden oben schon geschildert.

Bild 15. Hubschrauber Sikorsky S-55, Drehmomentausgleich mit Hilfe einer Heckschraube

Nr. 23. Bei diesem Blattantrieb werden die Rotorblätter in eine Schlagbewegung versetzt (Bewegung aufwärts und abwärts), wobei sie noch eine periodische Verdrehung um ihre Längsachse ausführen. Dieser Antrieb entspricht dem Antrieb bei Schwingenflugzeugen.

Von diesen zahlreichen Bauweisen haben sich bis jetzt besonders folgende bewährt:

Nr. 6. Ineinanderkämmende Bauweise.
Nr. 7. Tandembauweise.
Nr. 9. Bauweise mit Heckschraube.
Nr. 22. Strahlhubschrauber, Druckluftantrieb.

Man kann keineswegs eine bestimmte Bauweise allgemein als die beste bezeichnen, sondern für die verschiedenen Verwendungszwecke eignen sich jeweils nur bestimmte Bauweisen am besten.

Aufbau des Rotorkopfes

Die Rotorblätter werden mit der Rotordrehachse auf sehr verschiedene Weise verbunden. Ein starrer Blattanschluß, wie er bei den ersten Hubschraubern vorhanden war, hat sich aus mehreren Gründen nicht bewährt. Während im Schwebeflug und Senkrechtflug die an den Blättern angreifenden Luftkräfte bei jeder Stellung des Blattes bei seinem Umlauf um die Rotordrehachse dieselben sind, ist dies im Vorwärtsflug keineswegs mehr der Fall, denn auf der Rotorseite, bei der die Blätter dem Fahrtwind aus der Vorwärtsgeschwindigkeit entgegen laufen, haben wir größere Anströmgeschwindigkeiten an den Blättern als auf der anderen Rotorseite. Aus diesen Gründen ergeben sich also für den Vorwärts-

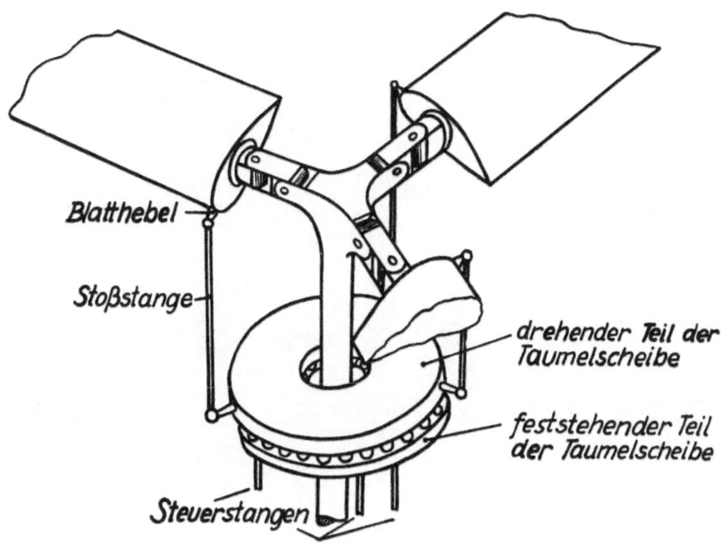

B i l d 16. Schema eines Rotorkopfes mit Schlag- und Schwenkgelenken

flug wechselnde Luftkräfte für die Rotorblätter und bei einem starren Blattanschluß auch ein größeres wechselndes Biegemoment an der Blattwurzel, das bald zu einem Ermüdungsbruch führen würde. Es gibt aber noch einen zweiten Grund gegen den starren Blattanschluß. Die gegen den Fahrtwind laufende Rotorseite liefert bei starrem Blattanschluß größere Kräfte als die andere Seite. Man bekommt also mit Fahrtaufnahme ein immer größeres Rollmoment, das steuerungsmäßig schwer zu beherrschen ist. Um diese Nachteile zu vermeiden, schloß de la C i e r v a als erster die Blätter über Gelenke an die Rotorachse an. Durch Einführung des sog. Schlaggelenkes mit horizontaler Achse kann dann das Blatt sich nach oben und unten bewegen, es führt die sog. Schlagbewegung aus (B i l d 16). Durch Anbringung eines „Schwenkgelenkes" mit vertikaler Achse hat das Blatt die Möglichkeit, sich nach vorn und hinten zu bewegen, es führt die sog. Schwenkbewegung aus.

Bei Vorhandensein von Schwenkgelenken müssen auch sog. Schwenkdämpfer eingebaut sein, damit sich keine gefährlichen Schwingungen ergeben, die besonders am Boden in Verbindung mit den elastischen Eigenschaften des Fahrwerkes auftreten können. Die Schwenkdämpfer werden zum Teil als Reibungsdämpfer, zum Teil auch als Hydraulikdämpfer ausgeführt. Es folgen jetzt einige Abbildungen über Rotorköpfe von Hubschraubermustern. Ein Rotorkopf besteht aus folgenden Bauteilen: die Elemente zum Anschluß der Rotorblätter, also die Schlaggelenke mit den Verbindungsteilen zur Rotorachse, die Schwenkgelenke mit den Schwenkdämpfern, die Blattanschlußbeschläge, bei manchen Konstruktionen

Bild 17. Rotorkopf des Musters Sikorsky S-55

auch die Übersetzung und Teile der Steuerung, falls sie mit im Kopf eingebaut sind, dann das Kopfgehäuse usw.
Bild 17 zeigt den Rotorkopf des Musters Sikorsky S-55. Man sieht hier (am besten am linken Blatt) die horizontale Schlagachse, die vertikale Schwenkachse, den hydraulischen Schwenkdämpfer, den Blattanschluß usw.
Bild 18 zeigt den Rotorkopf des Musters Bristol 171. Man sieht deutlich die Schlagachsen, die Schwenkachsen mit den Reibungsdämpfern und die Anschlüsse

Bild 18. Rotorkopf des Musters Bristol 171

der Blätter. Das Gebilde mit den gebogenen Armen, die sog. „Spinne", die auf dem Kopf sitzt, wird bei der Steuerung erläutert.
Bild 19 zeigt ebenfalls den Rotorkopf der Bristol 171 im aufgeschnittenen Zustand. Man sieht hier deutlich die doppelte Untersetzung, den Abgang des Heckrotorantriebes, den Blattanschluß usw.
In Bild 20 ist der Rotorkopf des Hubschraubers Hiller 360 gezeigt. Dieses Gerät hat den sog. halbstarren Blattanschluß, also ein durchgehendes Blatt mit nur einer Schlagachse in der Mitte (kardanische Aufhängung).
Bild 21 zeigt den Rotorkopf des Strahlhubschraubers SO 1220 "Djinn" (Druckluftantrieb). Man sieht das Verbindungsrohr, durch das die Luft vom Kompressor durch den Rotorkopf und die Blätter zu den Schubdüsen außen an den Blättern fließt. Die beiden Blätter sind nicht mit Schlaggelenken an dem Kopf befestigt, sondern durch Stahllamellen mit dem Kopf verbunden, die so elastisch sind, daß sie die Rolle von Schlaggelenken erfüllen.

Blattbauweisen

Die Rotorblätter werden nach sehr verschiedenartigen Bauweisen hergestellt.

Bauweise mit Stahlholm

Bild 22 zeigt ein Rotorblatt nach der Stahlholmbauweise. Der Rohrholm nimmt die Zentrifugalkräfte auf sowie die aus den Luft- und Massenkräften herrührenden Querkräfte, Biegemomente und Torsionsmomente. Auf dem Holm sind normalerweise Holzrippen befestigt. Das kann mit Hilfe von Metallschellen oder mit einer Aufleimleiste geschehen, wie es Bild 22 zeigt. Die Rippen sind mit Sperrholz überzogen. Der hintere Teil wird bei manchen Konstruktionen auch nur mit Stoff bespannt. Es gibt auch Blätter mit einem Stahlholm mit einer Außenhaut aus Stahlblech. Da der Schwerpunkt der einzelnen Blattschnitte etwa in 25 % der Blattiefe liegen muß, wird in der Blattnase meist ein Metallbeschlag oder eine Metalleinlage angebracht. Ist die Schwerpunktslage nicht richtig gewählt, so können sich gefährliche Blattorsionsmomente ergeben.

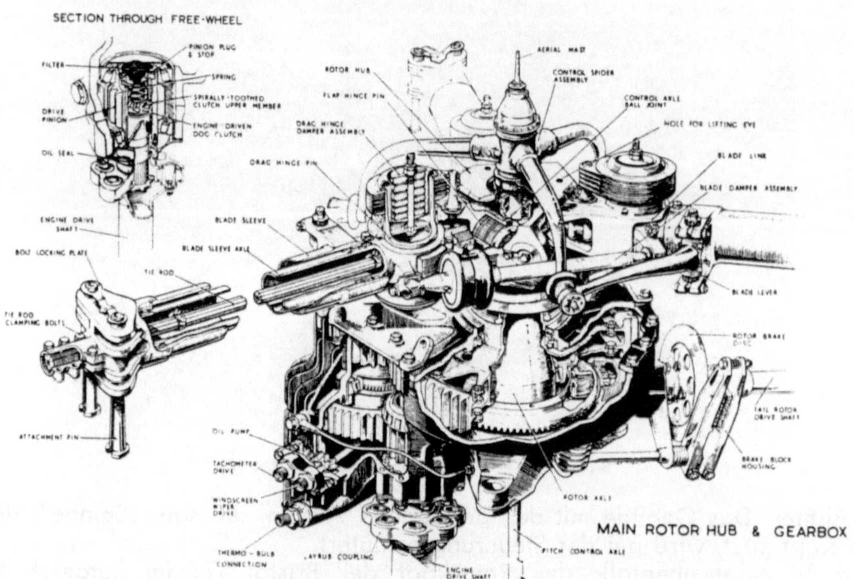

Bild 19. Rotorkopf des Musters Bristol 171, aufgeschnitten

Bild 20. Rotorkopf des Hubschraubers Hiller 360

Holzbauweise

Bild 23 zeigt das Rotorblatt des Musters Bristol 171, das aus Holz ausgeführt ist. Der lamellierte Holzholm liegt in der Nase, an dem Holm sind die Holzrippen angeleimt. Das gesamte Blatt ist mit Sperrholz überzogen. Der Anschlußbeschlag ist gut erkennbar. Die Muster Bell 47 G und Hiller UH - 12 B besitzen auch Holzblätter, die aber keine Rippen, sondern lamellierte Holzvollquerschnitte haben (Bild 24).

Bild 21. Rotorkopf des Strahlhubschraubers SO 1220 "Djinn"

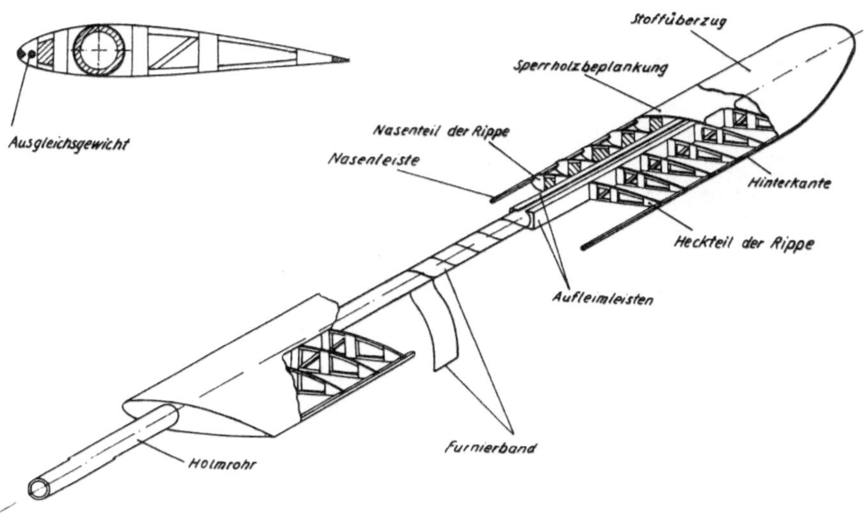

Bild 22. Blattbauweise mit Stahlholm

Metallbauweise gezogen

Das Muster SO 1220 "Djinn" besitzt ein Rotorblatt aus Leichtmetallbauweise (Bild 25). Der vordere Teil, durch den die Luft mit einem Druck von 2,7 atü strömt, ist mittels eines Schmiede- und Ziehprozesses hergestellt. Der hintere

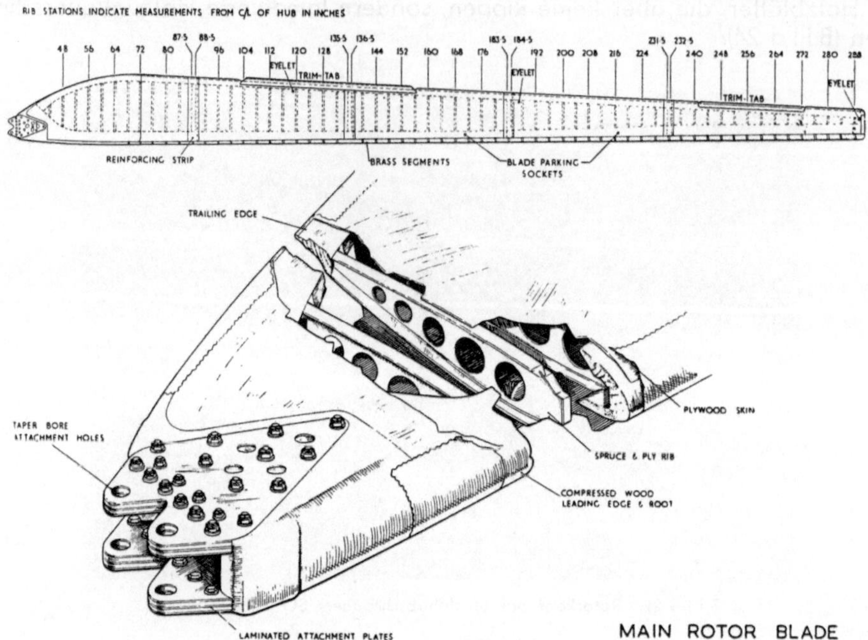

Bild 23. Rotorblatt des Musters Bristol 171, Holzbauweise

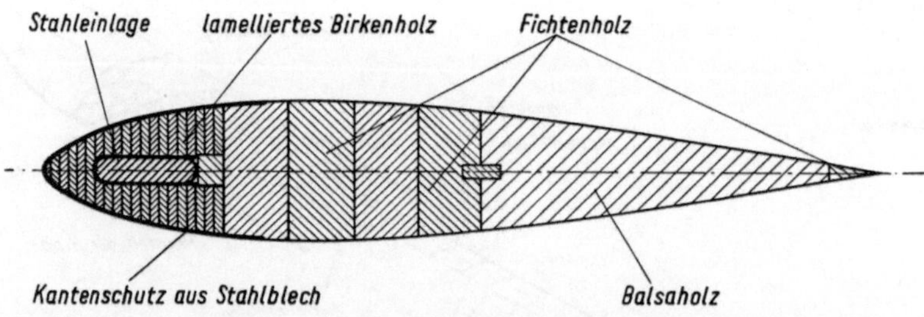

Bild 24. Rotorblatt des Musters Bell 47 G, Holzbauweise mit Stahlschiene

Teil, dessen Außenhaut aus sehr dünnem Blech besteht, das durch eine Füllmasse versteift wird, ist mit Hilfe eines Klaviersaitendrahtes befestigt.

Metallbauweise lamelliert

Die amerikanische Firma Prewitt hat die in Bild 26 gezeigte Metallbauweise zur besonderen Betriebsreife entwickelt. Vorn befindet sich ein Profilrohr, durch das zum Zwecke der Enteisung warme Luft geblasen werden kann. Das eigentliche Profilrohr wird von zahlreichen Lamellen dünnen Bleches gebildet, die gegeneinander und mit dem Profilrohr verklebt sind. Um die nötige Steifigkeit für die hintere Partie zu bekommen, ist ein weiteres Blech vorgesehen. Zwischen diesem Stützblech und den Profilblechen ist eine leichte Metallfüllmasse vorhanden.

Steuermechanismus des Rotors

Es sollen jetzt kurz die charakteristischen Antriebselemente der Hubschraubersteuerung betrachtet werden. Zur Steuerung wird ja bei den meisten Hubschraubern den Blättern ein periodischer Einstellwinkelverlauf aufgezwungen, wodurch

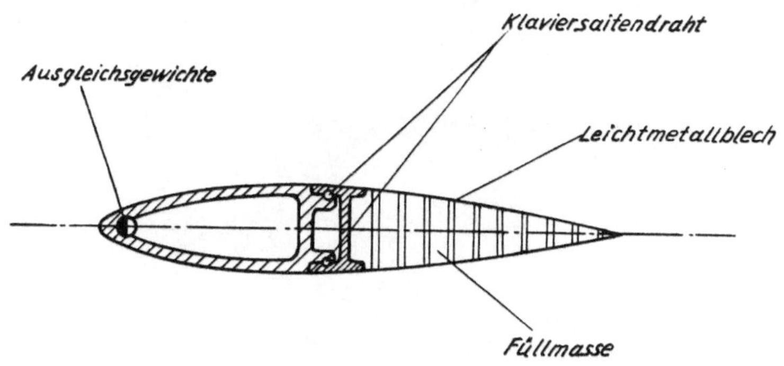

Bild 25. Rotorblatt des Strahlhubschraubers SO 1220 "Djinn", Leichtmetallbauweise, geschmiedet und gezogen

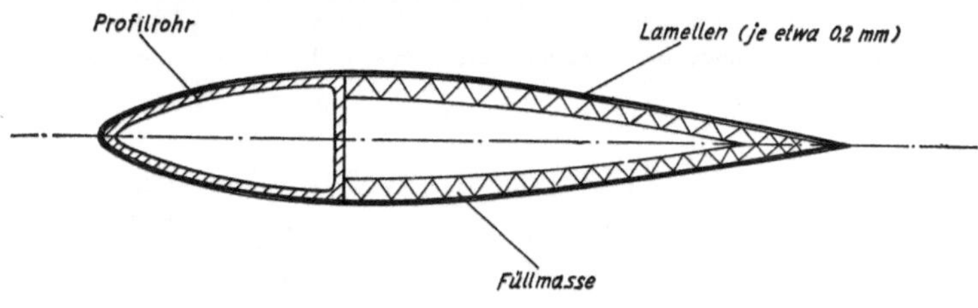

Bild 26. Rotorblatt in Metallbauweise, lamelliert

die Luftkräfte so beeinflußt werden, daß auf den Hubschrauber Momente ausgeübt werden, die man für die Steuerung benötigt. Bei den meisten Hubschraubern wird mit Hilfe einer Taumelscheibe die periodische Einstellwinkeländerung, das sog. „Winkeln" der Blätter, erzwungen, wie es in Bild 16 gezeigt ist. Die Taumelscheibe besteht aus einem feststehenden Teil und aus einem drehenden Teil. Der feststehende Teil ist über sog. Steuerstangen mit dem Steuerknüppel verbunden. Bei der Normalstellung des Steuerknüppels steht die Ebene der Taumelscheibe senkrecht zur Rotorachse. Durch Betätigung des Steuerknüppels nach vorn oder hinten (Längssteuerung) bzw. nach rechts oder links (Quersteuerung) wird die Taumelscheibe über die Steuerstangen schräg gekippt. Damit führen die sog. Stoßstangen, welche die Verbindung vom drehenden Teil der Taumelscheibe zum Blatt darstellen, eine Auf- und Abwärtsbewegung aus und zwingen so den Blättern eine periodische Einstellwinkeländerung auf. Durch diese Winkelbewegung der Blätter wird für die Längssteuerung der Rotorschub um einen gewissen Neutralpunkt nach vorn oder hinten und bei der Quersteuerung nach links oder rechts geschwenkt. In Bild 17, welches den Rotorkopf des Musters Sikorsky S-55 darstellt, ist deutlich die Taumelscheibe mit den Stoßstangen zu erkennen.

Bild 27. Motoreinbau beim Muster Hiller UH — 12 B, vertikale Kurbelwelle

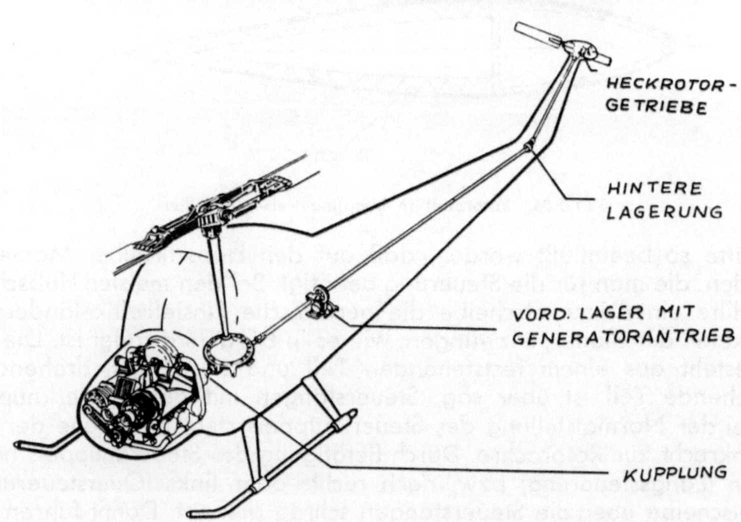

Bild 28. Motoreinbau beim Muster Cessna CH — 1, horizontale Kurbelwelle

B i l d 29. Motorenbau beim Muster Sikorsky S-55

B i l d 30. Triebwerkseinbau beim Muster SE 3130 "Alouette II"

Mit einer sog. Spinne kann man aber auch eine periodische Einstellwinkeländerung der Blätter erzeugen (B i l d 19). Wenn die Achse der Spinne parallel zur Rotorachse liegt, führen die Blätter kein Winkeln aus. Bei Kippen der Spinnenachse ergibt sich ähnlich wie bei der Taumelscheibe eine periodische Einstell-

B i l d 31. Triebwerkseinbau beim Muster SO 1220 "Djinn"

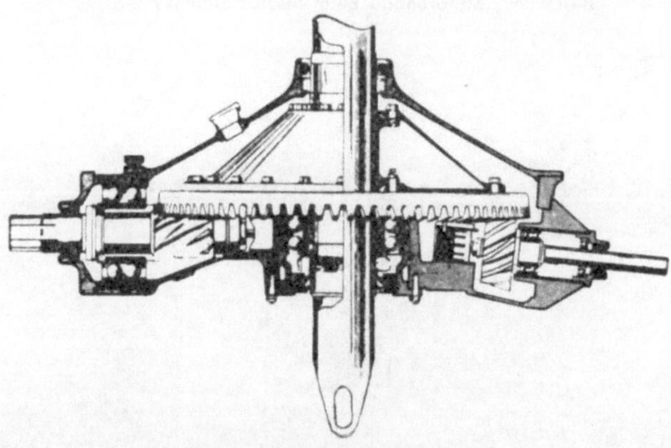

B i l d 32. Kegelradgetriebe des Musters Cessna CH — 1

winkeländerung der Blätter. Damit die Blätter diese Winkelbewegung ausführen können, müssen sie um die Holmachse drehbar gelagert sein. Diese Drehung kann durch Einbau eines Kugellagers oder Rollenlagers ermöglicht werden oder mit Hilfe eines Torsionsstabes, wie es bei dem Muster Bristol 171 (B i l d 19) der Fall ist.

Anordnung des Antriebes

Die Einbaulagen der Triebwerke sind bei Hubschraubern auch sehr mannigfaltig. Bild 27 zeigt den Motoreinbau bei dem Muster Hiller UH-12 B mit vertikaler Kurbelwelle. Bild 28 zeigt einen Einbau mit horizontaler Kurbelwelle bei dem

Bild 33. Planeten- und Stirnradgetriebe des Musters Sikorsky S-55

Bild 34. Getriebeeinbau beim Muster "Alouette II"

Muster Cessna CH-1. Man sieht hier auch deutlich den Antrieb des Heckrotors. Eine schräge Anordnung des Motors ist bei dem Muster Sikorsky S-55 gewählt (s. Bild 29). Der Motor ist im Rumpfbug untergebracht und durch Aufklappen von Türen gut zugänglich. Bild 30 zeigt die Anordnung der Gasturbine bei dem französischen Hubschrauber der Firma Sud-Est Aviation "Alouette II".

Der Strahlhubschrauber SO 1220 "Djinn" hat, wie oben geschildert wurde, einen Druckluftantrieb. Die Druckluft wird von einem überdimensionierten Lader einer Gasturbine erzeugt und über Rohrleitungen über den Rotorkopf und durch die Blätter außen zu den Düsen geführt (Bild 31).

Ausbildungsarten von Getrieben

Die Ausbildungen von Hubschraubergetrieben sind auch sehr unterschiedlich. Bild 19 zeigt eine Ausführung eines Stirnradgetriebes des Musters Bristol 171. Man sieht hier deutlich die beiden Untersetzungen, die zusammen etwa die Größenordnung 10 : 1 haben, denn die Motoren haben ja etwa eine Drehzahl von 3000 U/min und die Rotoren eine solche von etwa 300 U/min. Das Muster

Bild 35. Schneckengetriebe des Musters Flettner Fl 282

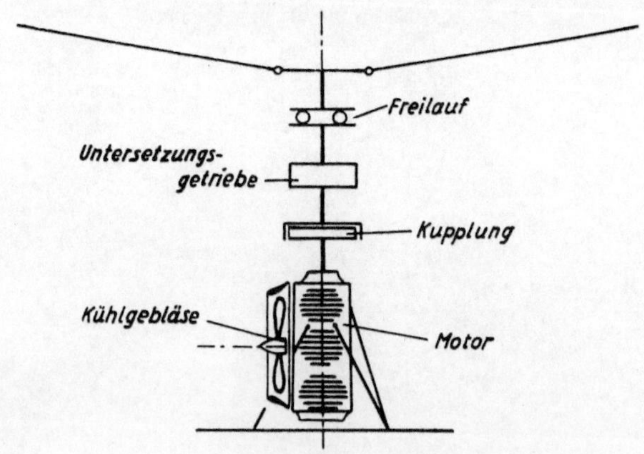

Bild 36. Antriebsschema des Rotors mit einem unter dem Rotor liegenden Motor. Vertikale Kurbelwelle

Cessna CH-1 (Bild 32), weist ein Kegelradgetriebe auf. In Bild 33 ist ein Schrägradgetriebe, verbunden mit einem Planetengetriebe (Sikorsky S-55), zu sehen. Das Muster Alouette II (Bild 34) weist ebenfalls ein Kegelrad- und Planetengetriebe auf. Bei dem Muster Flettner 339, das am Ende des Krieges projektiert wurde, sollte ein Doppelschneckengetriebe Verwendung finden. Interessant war hier die Einheit Motor-Getriebe-Rotor (Bild 35).

Übertragungswellen Motor—Rotor

Entsprechend der Anzahl der Motoren und Rotoren haben wir auch mehr oder weniger Übertragungswellen. Bild 36 zeigt einen Antrieb eines einmotorigen Hubschraubers mit einem Rotor. Über dem Motor liegen die Kupplung, das Untersetzungsgetriebe und der Freilauf.

Bild 37 zeigt einen Hubschrauberantrieb mit einem Motor und zwei Rotoren. Wir sehen hinter dem Motor die Kupplung und den Freilauf angeordnet und weiter die Verzweigungswellen zu den beiden Rotoren, die über Planetengetriebe angetrieben werden.

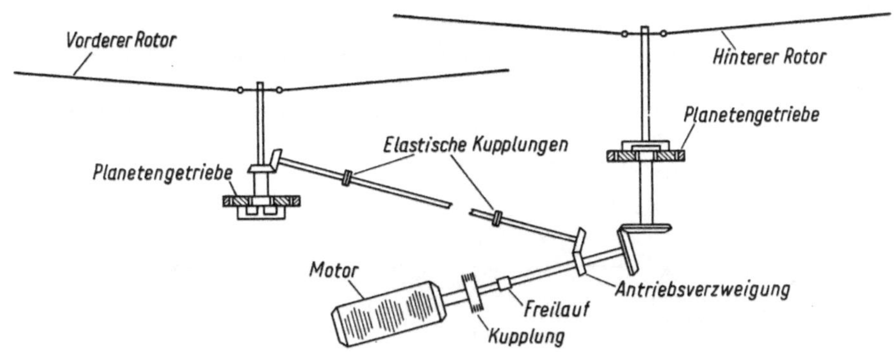

Bild 37. Antriebsschema eines einmotorigen Tandemhubschraubers

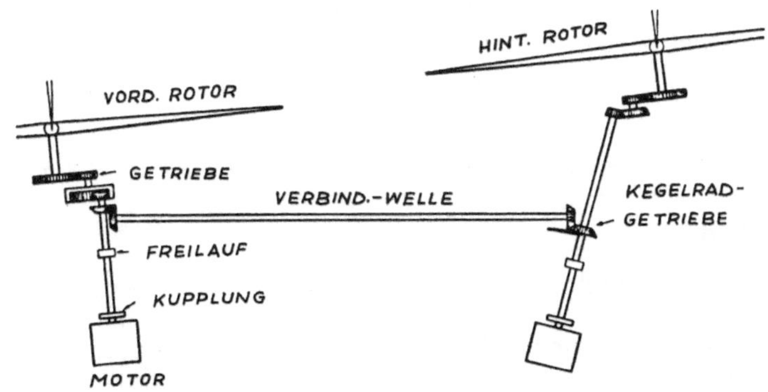

Bild 38. Antriebsschema eines Hubschraubers mit zwei Motoren und zwei Rotoren

Einen Hubschrauber mit zwei Motoren und zwei Rotoren zeigt B i l d 38. Bei diesem Antrieb ist die Verbindungswelle zwischen den beiden Rotoren sehr wesentlich. Ohne diese sog. Synchronisierungswelle würde dieser Hubschrauber bei einer Motorpanne in gefährliche Flugzustände geraten.
B i l d 39 zeigt eine Anordnung von einem Motor, der drei Rotoren antreibt. Wir sehen das Verzweigungsgetriebe mit den verschiedenen Antriebswellen.

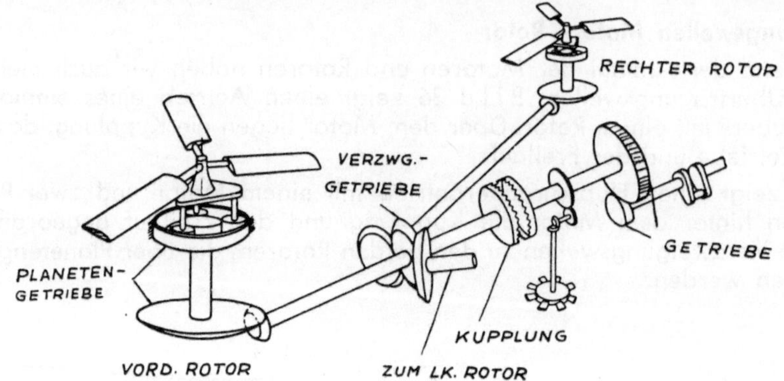

B i l d 39. Antriebsschema eines Hubschraubers mit einem Motor und drei Rotoren

B i l d 40 zeigt das Antriebsschema eines Hubschraubers mit zwei Motoren und drei Rotoren. Wir sehen auch hier die verschiedenen Verzweigungsgetriebe, Antriebswellen, Kupplungen und Freiläufe.

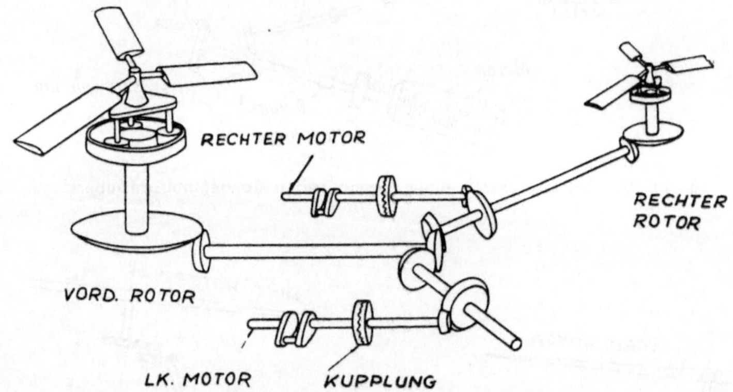

B i l d 40. Antriebsschema eines Hubschraubers mit zwei Motoren und drei Rotoren

Kupplung, Freilauf

Alle Hubschrauber mit Kolbenmotoren müssen eine lösbare Kupplung zwischen Motor und Rotor haben, damit das Anlassen ohne Schwierigkeiten erfolgen kann. Früher wurden diese Kupplungen von Hand eingerückt. Heute besitzen alle modernen Hubschrauber automatische Kupplungen, die bei einer gewissen Motordrehzahl, etwa 600—800 U/min, automatisch einkuppeln. Das Muster Hiller UH-12 B besitzt z. B. eine Quecksilberkupplung, bei der die Fliehkraft des Quecksilbers dazu ausgenutzt wird, Kupplungsbacken an die Kupplungstrommel zu drücken.

Die Einwellen-Gasturbinen benötigen bei normaler Außentemperatur keine Kupplung, da beim Anlaßvorgang der Rotor langsam an Drehzahlen aufholen kann und bei Laufen des Triebwerkes ohne Stöße beschleunigt wird. Da bei sehr tiefen Temperaturen aber das Anlassen des Triebwerkes selbst Schwierigkeiten bereitet, verwendet man oft auch bei Einwellen-Turbinen Kupplungen. Bei Zweiwellen-Turbinen ist in keinem Fall eine Kupplung nötig.

Damit bei plötzlichem Versagen des Triebwerkes der Rotor durch das Triebwerk nicht abgebremst wird, ist zwischen Motor und Rotor ein Freilauf eingeschaltet. Am günstigsten wäre es, wenn der Freilauf direkt vor dem Rotor angeordnet wäre. Das ist aber oft nicht möglich, da an dieser Stelle ein zu großes Drehmoment zu übertragen ist. Aus diesem Grunde wird der Freilauf unter oder in dem Getriebe angeordnet. Das sichere Funktionieren des Freilaufes ist lebenswichtig, denn ein Durchgehen eines Freilaufes würde für den Hubschrauber eine gefährliche Situation mit sich bringen, wenn nicht der Pilot diese Ursache sofort erkennt und den Hubschrauber durch Herunterschalten des Blatteinstellwinkels in den Autorotationszustand bringt.

Wie diese Ausführungen gezeigt haben, sind für den Konstrukteur auf den Gebieten der Getriebe, Antriebswellen, Kupplungen und Freiläufe für Hubschrauber noch viele Aufgaben zu lösen.

Aussprache

R e t t i g : Welches sind die Leistungsgrenzen der gezeigten Getriebekonstruktionen? Da es sich hauptsächlich um gehärtete Getriebe handelt, sind die Grenzleistungen doch offensichtlich Zahndruck und Fressen. Liegt man hier im Dauerfestigkeitsbereich oder auch im Zeitfestigkeitsbereich? Mit welchem Modul, Eingriffswinkel, Schrägungswinkel usw. wird dabei gearbeitet? Welche grundlegenden Arbeiten sind über diese Probleme überhaupt bekannt?

v. T h ü n g e n : Alle gezeigten Triebwerke sind ausländischen Ursprungs, in der Hauptsache englische und amerikanische Fabrikate. Natürlich sind über diese Triebwerke solche genauen Einzelheiten, wie hier gefragt, nicht bekannt.

L u t z : Große Flugzeugtriebwerke dieser Art, also PTL-Triebwerke, werden ja hauptsächlich für zivile Luftfahrt eingesetzt. Sie werden z. T. auch im Kargo-Verkehr der Luftwaffe, aber nicht in großen Stückzahlen gebraucht. Selbstverständlich benötigt der zivile Luftverkehr Triebwerke, die nicht nach jedem Flug überholt werden können. Der gezeigte Rolls-Royce „Dart" ist ein Triebwerk, daß in der Vickers Viscount zur Weltberühmtheit geworden ist. Die Überholungszeit des „Dart" betrug früher etwa 500 bis 700 Stunden, sie liegt heute schon bei über 1000 Stunden, wobei sich eine 1000-stündige Überholung aber keineswegs auf das Getriebe bezieht, sondern auf die Brennkammer.

B r u g g e r : Die Zahnfußfestigkeit von einsatzgehärteten Zahnrädern ist bei normaler Herstellung erheblichen Schwankungen unterworfen.

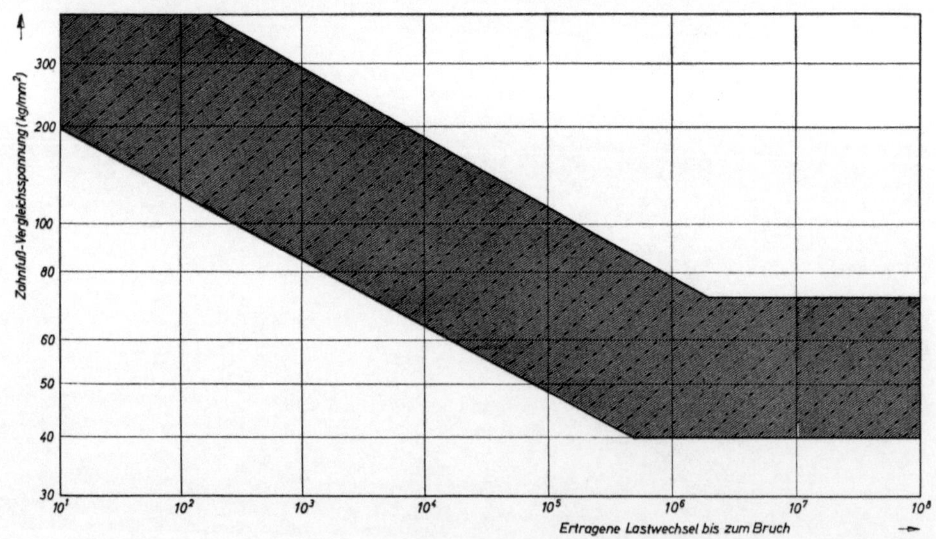

B i l d 1. Streufeld von Wählerpunkten einsatzgehärteter Zahnräder von m = 3; m = 4,5 und m = 5 in den Breiten von 10, 19, 24, 30 und 31 mm

Im Verlaufe von Jahren haben wir eine Menge genau belegter Versuchspunkte an laufenden Zahnradpaaren ermittelt, die gemäß Bild 1 in dem angelegten Streuband zu liegen kommen.

Für übliche Zahnradgetriebe kann demzufolge für die Bemessung nur die den Streubereich nach unten abgrenzende Wöhlerlinie benutzt werden.

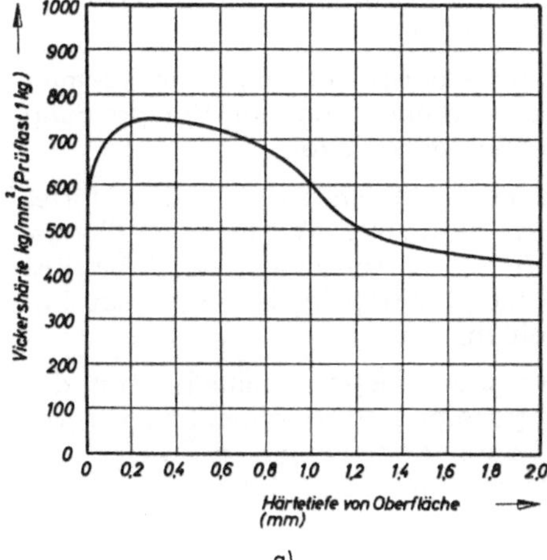

a)

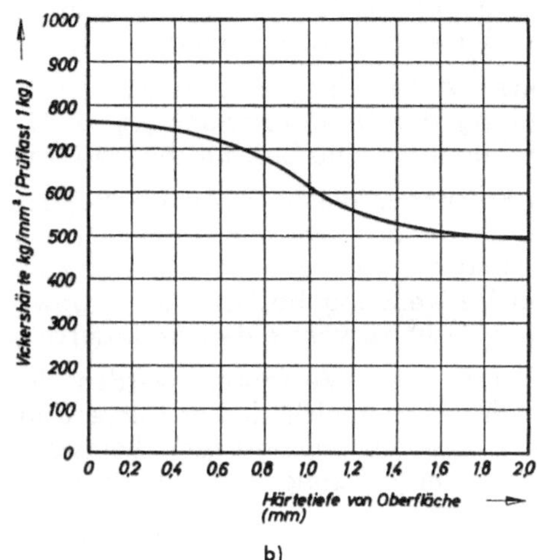

b)

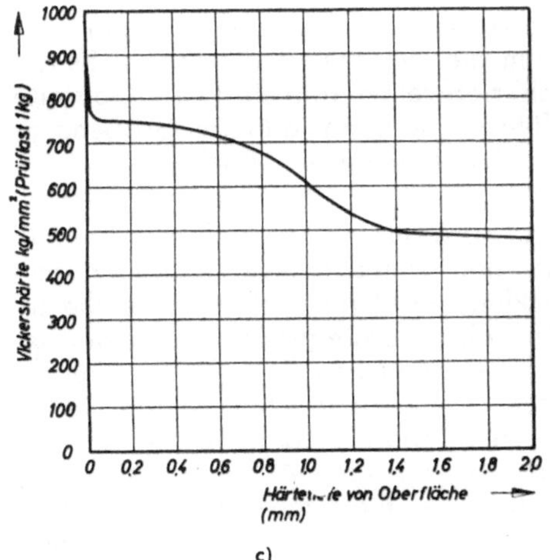

c)

Bild 2. Härteverlauf von der Oberfläche durch die Einsatzschicht gehärteter Zahnräder

a) Mangelhafter Verlauf, indem die Härte unterhalb der Oberfläche ihr Maximum aufweist. Ursache für Verringerung der Druckeigenspannung und dadurch geringere Biegefestigkeit

b) Härteverlauf von einwandfrei einsatzgehärteten Zahnrädern

c) Härteverlauf optimal gehärteter und kugelgestrahlter Zahnräder

Will man nun höchstbelastete Zahnräder mit höchster Werkstoffausnutzung erzeugen, so muß man in erster Linie diesen Streubereich von unten nach oben einengen. Es wird selbstverständlich vorausgesetzt, daß höchstbelastete Zahnräder aus legiertem Einsatzstahl mit genügend tiefer Einsatzhärtetiefe und genügend hoher Kernfestigkeit hergestellt werden, wie sie auch den Versuchswerten von Bild 1 zugrunde liegen.

Bei der Untersuchung der Zahnräder, die die Streuwerte zu Bild 1 geliefert haben, ist man auf einen bemerkenswerten Zusammenhang gestoßen zwischen der Biegeschwellfestigkeit und dem Härteverlauf von der Oberfläche durch die Einsatzhärteschicht. Es fiel auf, daß die unteren Belastungswerte immer einen Härteverlauf ähnlich Kurve a in Bild 2 aufwiesen, während die guten Festigkeitswerte einen Härteverlauf ähnlich Kurve b in Bild 2 zeigten. Wir wissen, daß die hohen Festigkeitswerte an einsatzgehärteten Zahnrädern zum größten Teil durch die Druckvorspannung der Einsatzschicht bedingt sind.

Einem Abfall der Härte in der äußeren Randzone entspricht aber eine Verminderung der Druckvorspannung, u. U. sogar eine Umkehrung der Vorspannung und dadurch eine beachtliche Verringerung der Bauteilfestigkeit.

In Erkenntnis dieser Zusammenhänge versucht man seit einiger Zeit, den Härteabfall an der Oberfläche zu verhindern durch bestimmte Wärmebehandlungsmaßnahmen, durch Verwendung bestimmter Stähle und, seit man weiß, daß selbst bei Verwendung besten Stahles gewisse Unhomogenitäten in der Gefügeausbildung nicht zu vermeiden sind, durch Kugelstrahlen.

Mit letzterem Verfahren werden die Druckvorspannungen unmittelbar an der Oberfläche ähnlich der in Kurve c in Bild 2 gezeigten Härteanhebung vergrößert. Die reproduzierbaren Belastungswerte liegen dann in jedem Fall an der oberen Begrenzungslinie des gezeigten Wöhlerschaubildes (Bild 1).

Auf diese Weise ist es möglich, mit relativ geringem Aufwand eine spürbare Anhebung der Bruchlast von Zahnrädern zu bekommen.

Lutz: Die Sorgen der englischen und amerikanischen Konstrukteure von PTL-Triebwerken bewegen sich im wesentlichen um die Untersetzungsgetriebe. Es gilt heute als besonderer Vorteil der reinen Strahltriebwerke, daß sie keine Getriebe benötigen. Solche Untersetzungsgetriebe führen aber in andere Größenordnungen und Aufgabenstellungen als im Maschinenbau bisher üblich.

Tränkner: Im Flugzeugbau ist ein großer Aufwand an mechanischen Mitteln notwendig, um die umfangreichen Leitungs- und Umformungsaufgaben durchzuführen. Man fragt sich, warum die Entwicklung nicht die Richtung wie die im allgemeinen Maschinenbau nimmt. Hier wird die Energiequelle unmittelbar an die Arbeitsorgane herangetragen und von einer zentralen Energieumformungsquelle auf einzelne Energiequellen abgeleitet. Dazu könnten die Möglichkeiten der Hydraulik und der Elektrik genutzt werden. Man wird natürlich auf den schlechten Wirkungsgrad und den großen gewichtsmäßigen Aufwand verweisen. Unter der Überlegung, welche Massen an Stahl bei mechanischen Triebwerken verwendet werden, könnte eine Entwicklung auf diesem Gebiet vielleicht nicht ganz aussichtslos sein.

Witt: Ich hatte leider Gelegenheit, bis 1954 an der Entwicklung von Triebwerken für Flugzeuge in Rußland teilzuhaben. Bei der Entwicklung besonders eines Getriebes von 4½ Tausend PS kam es besonders darauf an, die Einleitung der Kräfte in die Zahnräder möglichst gleichmäßig und zentrisch zu gestalten. Bei einem Sonnenrad z. B. ist es also wichtig, daß die Überleitung der Kraft von der Welle auf das Rad unbedingt in der Mitte erfolgt. Auch die Weiterleitung auf das Planetenrad muß möglichst so erfolgen, daß der Krafteingriff etwa konstant ist. Dies war nicht einfach zu erreichen. Es wurde z. B. die Krafteinleitung im Sonnenrad von der Mitte aus vorgenommen, das Planetenrad an den Rändern steif, in der Mitte sehr weich gehalten, so daß sich dadurch eine einigermaßen gleichmäßige Kraftverteilung ergab. Weiter wurde die Weiterleitung auf das äußere Planetenrad wiederum zentrisch vorgenommen, der Abgriff durch einen Außenring auch zentrisch, so daß auch dadurch eine gleichmäßige Kraftverteilung erreicht wurde.

In den Darstellungen von Herrn Dr. Winter müßten als weitere Faktoren die Art der Krafteinleitung und die Ausbildung des Zahnkranzes berücksichtigt werden.

Winter: Zu der Frage nach Literaturangaben über Belastungswerte von Flugzeuggetrieben möchte ich auf den Aufsatz von J. Bergère „Les Engrenages à grande Vitesse en Aviation" im Journal de la S.I.A. Aéronautique, Sept. 1952, S. 221, verweisen. Hier werden folgende Daten angegeben (die Hertzschen Pressungen gelten für Kraftangriff im inneren Einzeleingriffspunkt, die Zahnfußbeanspruchungen für reine Biegung mit Kraftangriff im äußeren Einzeleingriffspunkt):

1. Motorflugzeuge mit Propeller

a) Untersetzungsgetriebe zwischen Motor und Propeller: Motordrehzahl meist 2000/3000 U/min; Propeller: 800 ... 1000 U/min. Meist Geradverzahnung. Leistung 1000 ... 3000 PS. Achsabstand 200 ... 350 mm. Umfangsgeschwindigkeiten am Zahnrad 20 ... 35 m/s. Herstellungseingriffswinkel von 20° bis 26,5°. Hertzsche Pressungen: 80 ... 150, sogar bis 160 kg/mm². Belastung pro mm Zahnbreite: 50 ... 100 und 120 kg/mm. Zahnfußbeanspruchung 12 bis 25 kg/mm². Herstellungsmodul 4,5 bis 7; Zahnbreite 50 ... 100 mm. Bei Planetengetrieben und Kegelrädern ähnliche Beanspruchungen.

b) Übersetzungsgetriebe (ins Schnelle) zwischen Motor und Kompressor: Normalerweise 2-stufig, geradverzahnte Stirnräder. Kompressorleistung 100 bis 300 PS bei 25000 bis 30000 U/min. Eingriffswinkel 20 bis 26,5°; Umfangsgeschwindigkeiten 50 bis 80 m/s. Hertzsche Pressung 60 ... 100 kg/mm². Fußbeanspruchung 6 ... 12 kg/mm². Modul 2 ... 3, Zahnbreite 15 ... 35 mm. Den Nebenantrieb hat im allgemeinen Umfangsgeschwindigkeiten 15 ... 25 m/s, 100 bis 150 kg/mm² Hertzsche Pressung, Zahnfußbeanspruchung 7 ... 20 kg/mm², Modul 2,5 bis 4,5, Zahnbreite 20 ... 35 mm.

c) Getriebe für Hilfsantriebe, Pumpen usw.: ähnliche Verhältnisse.

2. Flugzeuge mit Propeller-Turbinen

Turbinendrehzahl 10000 bis 15000 U/min. Untersetzung durch Planetentrieb oder normales Vorgelege. Zahnraddaten ähnlich wie vorher beschrieben.

3. Nachrechnung auf Anfressen

$p \cdot v < 645$ kg/mm für Untersetzungsgetriebe, < 1300 für Kompressorgetriebe; es wurden aber ohne Schäden < 1670 erreicht; nach Straub $pvT < 8300$.

4. Ausgeführtes Beispiel

Rolls Royce Motor, Merlin 66. Untersetzung $z_2/z_1 = 44/21$, 1650 PS, 3000 U/min; Hertzsche Pressung im inneren Einzeleingriffspunkt $p = 131$, $v = 7{,}3$; $p \cdot v = 955$, $pvT = 15\,000$, Zahnfußspannung 17 kg/mm². Im selben Motor Kompressorantrieb: $p = 78$; $v = 18{,}5$; $p \cdot v = 1440$; $pvT = 8800$; Fußbeanspruchung 7,5 kg/mm².

5. Kopfrücknahme und Balligkeit

Kopfrücknahme (z. T. auch Fußrücknahme üblich). Gutes mittl. Maß: für Modul 6 bis 6,5, Eingriffswinkel 25°, Kopfrücknahme 0,015 mm an Ritzel und Rad, beginnend 3 mm unterhalb des Kopfes.

Ausgleich der Verformung von Wellen, Radkörper usw. durch Längsballigkeit; mittl. Maß: 0,004 ... 0,008 mm bei einer Breite von 25 mm.

A. CAMERON

Schwingungen in Schiffsgetriebe-Anlagen

(Übersetzung)

Der Hauptzweck dieses Berichtes liegt darin, ein Verfahren zur Schwingungsanalyse zu beschreiben, das nicht allgemein bekannt ist.

Für diese Aufgabe erhält man normalerweise eine Aufzeichnung der Schwingungen, um sie zu studieren und dann mit Hilfe eines Analysators eine Fourier-Synthese durchzuführen. Auf diese Weise können alle Komponenten der Schwingungen voneinander getrennt und als Vielfaches der Welle festgestellt werden.

Zunächst richtet man das Augenmerk auf diejenigen Glieder des mehr oder weniger komplexen mechanischen Systems, die einer erzwungenen Schwingung unterliegen. Dies läßt sich nach einer gewissen Zeit meistens von selbst dadurch erkennen, daß gewisse Teile der Anlage durch Ermüdung ausfallen. Der zweite und wichtigste Teil der Arbeit besteht darin herauszufinden, welcher Teil des Antriebes die Schwingung erzeugt, oder, mit anderen Worten, welches Maschinenteil die Energie liefert, die andere Teile zum Schwingen anregt. Eigenschwingungen werden im allgemeinen selten angetroffen, mit Ausnahme einer wichtigen Gruppe, die später behandelt wird: der Schwingung von Gleitlagern.

Die Kunst der Schwingungsanalyse liegt darin, von Teil 1 zu Teil 2 fortzuschreiten. Dies bedeutet, daß man, nachdem man die Frequenz der Schwingung gefunden hat, die folgende Frage beantworten muß: Was ist die Ursache der Schwingung, und woher erhält sie ihre Energie? In Schiffsgetrieben fallen die Energiequellen unter nicht mehr als 3 oder 4 Hauptgruppen. Das sind zunächst die Hochdruckturbinen (1) und die Niederdruckturbinen (2). Diese treiben die Ritzel der ersten Stufe an. In vielen Schiffen sind zweistufige Getriebe vorgesehen, so daß hier eine Zwischenwelle mit einem Rad der ersten Stufe und einem Ritzel der zweiten Stufe als Quelle (3) in Frage kommt. Schließlich können noch das Hauptrad und die Propellerwelle eine Schwingungsquelle (4) sein. Auf diese Weise kann jede der gegebenen Frequenzen, wie sie mit dem Analysator ermittelt wurden, durch eine der 4 Wellen verursacht sein. Sie ist dann ein Vielfaches von einer der vier Wellen. Die Schiffshilfsmaschinen, wie Dieselgeneratoren, können bei gestoppten Hauptmaschinen getrennt untersucht werden.

Die normale Methode der Frequenzanalyse ist in dem sehr speziellen Fall des Schiffsantriebes recht schwierig. Das Ritzel der Hochdruckturbine mag in einem typischen Fall 31 Zähne aufweisen. Die Zähnezahl im Großrad der ersten Stufe soll so gewählt werden, daß sie nicht ein einfaches Vielfaches der Ritzelzähnezahl beträgt, zum Beispiel 120 Zähne. In gleicher Weise kann das Ritzel der Niederdruckturbine 41 Zähne haben, was auch wieder nicht ein einfaches Vielfaches der Ritzelzähnezahl der Hochdruckturbine ist.

Haben wir z. B. eine Schwingungsfrequenz, die eine vermutete vierte Harmonische der Hochdruckzahnfrequenz ist, so kann sie ebenso gut auch eine dritte

Harmonische der Niederdruckzahnfrequenz sein, da ja hier zwischen den beiden nur 0,8% Differenz besteht. Nur sehr wenige Maschinenanlagen haben über einen gewissen Zeitraum eine bessere Konstanz als 1—2% der Drehzahl. Gerade in dieser Hinsicht ist das Verfahren, das von Yates beschrieben wird, von großer Bedeutung.
Anstatt alle Frequenzmessungen auf absolute Werte zu beziehen und die Fourier-Analyse zu benutzen, um die einzelnen Frequenzen auf die Wellendrehzahl zu beziehen, verwendet dieses Verfahren die Wellendrehzahl als Grundlage. Es bezieht alle Frequenzen als Harmonische auf die einzelnen Wellen.

Verfahren für die Analyse der harmonischen Oberschwingungen

Die allgemeine Schwingung wird entweder von einem Mikrophon im Maschinenraum oder von einem Schwingungsgeber aufgenommen, der an einem geeigneten Platz auf der Maschinenanlage angebracht ist. Sie wird dann einem Analysator zugeführt, der ein scharf abgestimmtes Filter darstellt. Dieser Analysator liefert dann eine einzelne Sinus-Schwingung. Ein elektrischer Zeitgeber befindet sich auf jedem Wellenzapfen oder innerhalb des Getriebekastens. Bei jeder Wellenumdrehung oder dann, wenn ein Zahn am Geber vorbeigeht, wird ein elektrischer Impuls erzeugt. Der Kontaktgeber ist sehr einfach. Im wesentlichen besteht er aus einer Spule um einen kleinen kräftigen Permanentmagneten. Jedesmal, wenn ein Zahn am Polschuh vorbeigeht, wird der magnetische Kreis geschlossen und eine Spannung erzeugt. Diese Spannung wird benutzt, um die Zeitbasis eines Kathodenstrahl-Oszillographen abzugeben. Sie entspricht dann der Zahn- oder Wellenfrequenz.
Wenn nun die Schwingung, deren Quelle unbekannt ist, auf die Röhre gelegt wird, ergibt sich ein vollkommen ruhiges Bild, sofern die unbekannte Frequenz eine Harmonische der Wellendrehzahl darstellt. Bezieht sie sich jedoch nicht auf die Welle, so wird das Bild mehr oder weniger schnell wandern. Diese Methode ist sehr empfindlich. Betrachten wir ein Ritzel mit 30 Zähnen, das mit 6000 U/min umläuft, und nehmen wir an, daß die Schwingung als eine vierte Harmonische der Zahnfrequenz vermutet wird, so würde das Bild 10 Sekunden lang stationär sein, und man hätte $1{,}2 \times 10^5$ Durchläufe des Bildes und auf diese Weise eine Genauigkeit der Bestimmung 1 : 120000. Es ist unwesentlich, ob während dieser Zeit die Drehzahl der Maschine leicht fällt, wenn die Zeitbasis von der Welle selbst genommen wird. Ist die Schwingung nicht eine Harmonische der Welle oder der Zahnfrequenz, so wird eine andere Welle ausgewählt, bis eine Übereinstimmung herbeigeführt ist. Man kann sich vorstellen, daß dieses Verfahren eine viel größere Genauigkeit liefert als die normale Fourier-Analyse. Sie ist außerdem sehr, sehr viel schneller.

Meßeinrichtung

Die Meßeinrichtung, die für diese Arbeit benötigt wird, besteht aus einem geeigneten Geber, einem Kathodenstrahl-Oszillographen und einem Analysator, der im wesentlichen ein trennscharfes Hörfrequenzfilter darstellt, das bis zu 20 kHz arbeitet.
Eine weitere Einrichtung hat Yates beschrieben. Yates vergleicht von sich aus die unbekannte Schwingung mit den Zeitimpulsen der 4 verschiedenen Wellen, und eine Neonröhre leuchtet dann auf, wenn eine der 4 Wellen mit der Schwingung in

Einklang steht. Diese Einrichtung ist natürlich aufwendig; man dachte daran, daß es doch möglich sein müßte, die Schwingungen auf einem Tonband aufzunehmen, um sie später im Laboratorium zu analysieren.

Die Einrichtung, mit der jetzt der Autor und eine elektronentechnische Firma beschäftigt ist, besteht aus einem ganz normalen tragbaren Zweispuren-Tonbandgerät. Der Geberstrom wird dazu benutzt, einen 20 kHz Trägerstrom zu modulieren, der dann auf der Tonspur festgehalten wird. Die Impulse des Zeitgebers sind auf der anderen Tonspur wiedergegeben. Um nur zwei Tonspuren benutzen zu müssen, werden die Zeitimpulse der Wellen nur für eine Welle auf einmal wiedergegeben oder aufgezeichnet. Dies bedeutet, daß der Geberstrom der Schwingung kontinuierlich aufgezeichnet wird und die Zeitimpulse von den vier Wellen nacheinander eingeschaltet werden. (Auf diese Spur kann übrigens der Bedienungsmann auch hineinsprechen und Bemerkungen niederlegen über die Bedingungen des Versuches, Maschinendrehzahl usw.) Im Laboratorium werden die einzelnen Abschnitte der Bänder zerschnitten und zu endlosen Bändern zusammengefügt, so daß jede Serie der Tonaufnahme mit Muße analysiert werden kann. Die 20 kHz der Trägerfrequenz dient als absolute Frequenz, so daß die Geschwindigkeit des Bandgerätes nicht auf das exakteste sein muß oder aufrechterhalten zu werden braucht. Diese Entwicklung befindet sich noch in einem Anfangsstadium, so daß Ergebnisse nicht vor Ablauf einer gewissen Zeit erwartet werden können.

Lagerzapfen-Schwingungen

Das eine bedeutendere Beispiel von Eigenschwingungen ist der Fall von Ölfilm-Wirbeln. Diese treten in Zahnrad- und Turbinenanlagen häufig auf, in der Hauptsache oder fast ausschließlich in den Lagern für die hohen Drehzahlen, und stehen nicht in einem konstanten Verhältnis zur Wellendrehzahl. Wenn sie auftreten, so sind sie sehr besorgniserregend, vor allem weil die Ursache dieser Wirbel nicht sehr gut bekannt ist.

Man kennt zwei Hauptrichtungen der theoretischen Behandlung dieser Wellenschwingungen. Die erste wurde veröffentlicht von Hummel, der bei Stodola arbeitete, und die zweite durch Robertson. Hummel betrachtete den Ölfilm als eine Feder. Jede plötzlich aufgebrachte Last verursacht, daß der Film um ein weniges dünner wird, da er ja eine Federkonstante aufweist. Wenn man annahm, daß diese Feder in Resonanz zu der Masse der Welle lag, so konnte die Eigenfrequenz errechnet werden. Die mathematische Behandlung erfordert eine komplexe Variable, und überraschenderweise erkannte Hummel nicht, daß in einem gewissen Abschnitt die Gleichung durch die Quadratwurzel einer komplexen Zahl gelöst werden konnte. Auf diese Weise ist es möglich, daß die Analyse über den ganzen Bereich des Exzentrizitätsverhältnisses ausgedehnt werden kann, d. h. von der Lage, die sich ergibt, wenn die umlaufende Welle die Last Null hat (Exzentrizitätsverhältnis = 0), bis zu der Bedingung, bei der die Last unendlich groß oder die Drehzahl gleich Null ist (Exzentrizitätsverhältnis = 1). Die Lösung wird auch noch durch die Wahl der Grenzbedingungen kompliziert. Diese Frage ist ein wenig akademisch, da sie nicht zu irgendeiner größeren Differenz in den ermittelten Werten der Frequenzen im Resonanzbereich führt.

Hummels Ergebnisse führen dazu, daß die Schwingungsfrequenz einer reinen Zahl n gleich ist, multipliziert mit $\sqrt{g/r}$, wobei g die Gravitätskonstante und r das

Radialspiel darstellt. Unter Verwendung der bekannten Werte der Sommerfeldschen Variablen und des Exzentrizitätsverhältnisses ist es möglich, die Frequenzzahl n über dem Exzentrizitätsverhältnis darzustellen.

Die zweite Näherungsmethode beruht auf der Untersuchung der Kontinuität des Ölflusses im Lager. Sie ergibt, daß die Schwingungsfrequenz annähernd die Hälfte der Wellendrehzahl ist.

Diese beiden Bedingungen hat Cameron zusammengefügt und gezeigt, daß beide gemeinsam vorliegen müssen, oder daß man beiden Genüge tun muß, um den Lagerzapfen zum Schwingen zu bringen. Dies bedeutet, daß sowohl die Bedingung nach Hummel (Frequenz ist gleich n $\sqrt{g/r}$) auf der Grundlage der Elastizität des Ölfilmes als auch die Bedingung nach Robertson, wonach die Frequenz der halben Wellendrehzahl entspricht, zur gleichen Zeit auftreten müssen. Der Wellenzapfen wird nur dann zum Schwingen kommen, wenn die Schwingungsfrequenz f gegeben ist durch

$$f = \frac{\text{Wellendrehzahlfrequenz}}{2} = n \sqrt{\frac{g}{r}}.$$

Wir haben eine Vorrichtung gebaut, um diese Theorie zu prüfen. Die Ergebnisse sind in dem Bild zu sehen. Die stark ausgezogenen Kurven sind die theoretisch errechneten Kurven nach der veröffentlichten Arbeit, und diese sind mit den Ergebnissen der Versuche in Vergleich gesetzt. Die Frequenz ist aufgetragen als dimensionslose Frequenzzahl n über dem gemessenen Exzentrizitätsverhältnis. Es ergab sich, daß sich die Schwingungsfrequenz über einen beträchtlichen Bereich erstreckt. Sie erschien in der Tat als eine relativ flach abgestimmte Schwingung, wie man sie gewöhnlich im Rundfunk vorfindet. Wir waren deshalb lediglich in der Lage, die Schwingungsgrenzen zu bestimmen. In unserem vorliegenden Prüfgerät war es schwierig, höhere Frequenzen zu erreichen, da sich Turbulenz ergab. Zum ersten Mal ist es jedoch möglich geworden zu zeigen, daß bei hohen Drehzahlen die Schwingung aufhört. Ob es möglich ist, die Lager so zu konstruieren, daß sie ober-

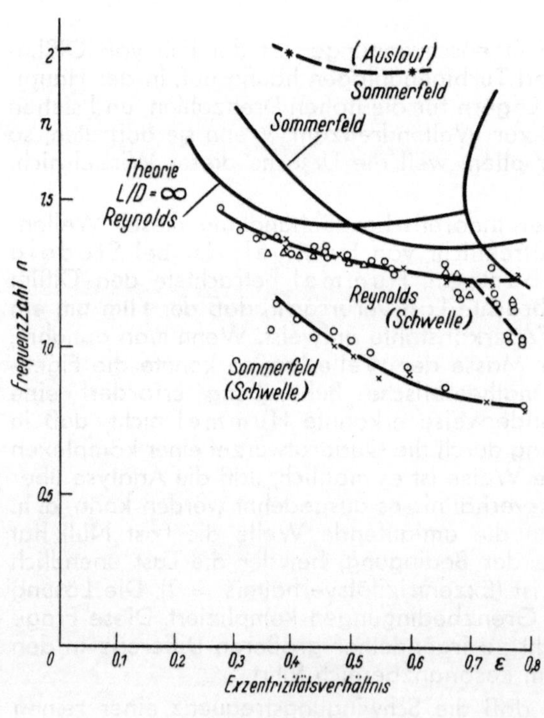

Bild 1. Sommerfeld-Kurven

halb ihres kritischen Ölwirbels arbeiten, in gleicher Weise wie die Wellen von Turbinen oberhalb ihrer kritischen Eigenfrequenz, ist eine Angelegenheit, die wir noch zu untersuchen haben.

Es zeigt sich, daß Theorie und Versuch recht gut übereinstimmen. Unter Verwendung der erhaltenen Ergebnisse und der Theorie ist ein Lager entwickelt worden, bei dem die natürliche Frequenz (Grundfrequenz) einige 20 % höher ist als bei einem normalen Lager. Dies ist oftmals von großem Nutzen in den Fällen, in denen die Wellenzapfen in dem oberen Bereich der Betriebsdrehzahlen zum Schwingen kommen.

Schrifttum:

Yates, H. G.: Trans. North East Coast Inst. Eng. & Shipbuilders 1949 Bd. 65, S. 225.

Yates, H. G.: Proc. I. Mech. Eng. 1955, Bd. 168.

Hummel, C.: VDI-Forschungsheft Nr. 287 (1926).

Robertson, D.: Phil. Mag. 1933, Bd. 15, S. 113.

Cameron, A.: Engineering 1955, Bd. 179, S. 237.

Aussprache

Burckhardt: Wir haben früher die Erfahrung gemacht, daß oberhalb der Sommerfeldschen Zahl von 0,5 diese Schwingungen unter normalen Voraussetzungen nicht möglich sind. Wie hängt der neue Kennwert bzw. die Kurve mit der Sommerfeldschen Zahl zusammen? Ist das schon einmal ausgerechnet und aufgezeichnet worden?

Cameron: Das Diagramm zeigt, daß bei allen Werten ungefähr zwischen 0,2 und 0,8 des Exzentrizitätsverhältnisses Schwingungen auftraten. Der Wert der Sommerfeldschen Zahl bestimmt natürlich das Exzentrizitätsverhältnis.
Ich würde sehr gern die genauen Daten des von Ihnen erwähnten Versuches nach meiner Theorie durchrechnen. Ich habe die Theorie mit ungefähr sechs Fällen von Wellenschwingungen, über die mir berichtet worden ist, vergleichen können, und ich bin immer begierig, auch von anderen Fällen zu hören.

Tränkner: Ich glaube, das zuerst von Herrn Dr. Cameron angegebene Verfahren, durch Analyse und Abgleich mit einer bestimmten Drehzahl eine Schwingung zu untersuchen, hat auch dann Wert, wenn man nicht mehrere Geber mit verschiedenen Drehzahlen hat, sondern nur eine Schwingung untersucht und dabei Störungen vorhanden sind. Wenn es gelingt, diese Störungen bewußt mit verschiedenen Drehzahlen auszustatten, dann wird man die störende Schwingung erkennen können. Die eine Schwingung, die besonders interessiert, kann dann störungsfrei untersucht werden. Ich denke jetzt nicht an irgendein Zahnradgetriebe oder einen Motor, sondern z. B. an Spezialmaschinen, bei denen Fundament- oder Motorschwingungen vorkommen. Ist 1 die Schwingung, die untersucht werden soll, 2 die Motorschwingung, 3 die Fundamentschwingung, 4 vielleicht eine bei der Übertragung bekannte Eigenschwingung, dann können alle Schwingungen ausgeschaltet werden, und nur die Schwingung 1 wird untersucht.

Cameron: Wahrscheinlich habe ich das nicht richtig klargemacht. Da dieser Analysator zwischen 0 und 20 kHz verstellbar ist und durch das ganze Spektrum geht, kann jede große Schwingung für sich herausgenommen und getrennt untersucht werden. Zum Beispiel kann man auf einem Schiff in zwei Stunden bei einem gewissen Lauf alle Hauptschwingungen herausfinden.
Meistens sieht man sofort, ob die Schwingungen gefährlich sind. Es gibt nur einige Hauptschwingungen, die gewöhnlich die Störungen verursachen. In einigen Fällen muß allerdings das ganze Spektrum analysiert werden.

Lutz: Ich glaube, es besteht nicht die geringste Diskrepanz zwischen den beiden Rednern. Herr Prof. Tränkner wollte das ja nur auf ein ganz allgemeines Niveau bringen, was Herr Dr. Cameron am Beispiel des Schiffsgetriebes erklärt hat.

Tränkner: Ich wollte die Nützlichkeit noch etwas weiter auswerten.

R e t t i g : Es wurden die Ansätze von H u m m e l und von R o b e r t s o n erwähnt. Inwieweit liegen Ergebnisse vor, wie sich Lagerschwingungen auf Zahnflankenschäden auswirken, welche Kräfte z. B. entstehen, in welcher Größenordnung diese liegen, und wie sind solche Schäden konstruktiv zu vermeiden?

C a m e r o n : Ich habe einen Fall untersucht — es handelte sich um ein Handelsschiff, die Ritzel der ersten Stufe mit 6000 U/min. Die Wellen waren normal gelagert, aber es war ein Fehler im Lager: der Durchmesser betrug 6″ = 15 cm, und das Lagerspiel war 3 bis 4 : 1000 anstatt 1 bis 2 : 1000. Und deshalb kamen diese Lagerschwingungen hinein, und sofort waren die Ritzel abgefressen.

Wir wissen nicht genau, warum Fressen auftrat, aber ich denke, die Ursache war, daß die Schwingung des Ritzels die Parallelität der Wellenachsen änderte. Auf diese Weise würde die ganze Last zunächst auf ein Wellenende konzentriert, und dann auf das andere. Dies könnte das Fressen verursacht haben.

An diese Erklärung haben wir erst einige Zeit später gedacht. Die Ritzel wurden dann neu geschnitten, und es wurden neue Lager mit einem Lagerspiel von 1,5 : 1000 eingesetzt. Danach war das Getriebe einwandfrei.

B a r t e l : Nach H u m m e l sind Ölfilme elastisch. Es interessiert hier vielleicht die Angabe des Kompressibilitätsfaktors. Bei gasfreiem Spindelöl oder auch Zylinderöl haben wir einen Kompressibilitätsfaktor von etwa $6 \cdot 10^{-5}\left(\frac{1}{\text{atm}}\right)$. Sobald man Gase oder Luft im Öl hat, steigt der Kompressibilitätsfaktor stark an, z. B. auf 7 bis $12 \cdot 10^{-5}\left(\frac{1}{\text{atm}}\right)$. Das Gas oder die Luft ist dabei fein im Öl gelöst, etwa so wie Kohlensäure in Selterwasser. Sobald das Gas am sogenannten Gasentlösungspunkt austritt, steigt der Kompressibilitätsfaktor sehr stark an. In diesem Gebiet können u. U. Zahnräder arbeiten, wenn sie in Schaum laufen.

H. STRELOW

Zusammenhänge zwischen Geräusch und Herstellverfahren bei Getrieben

Einleitung

Die in den letzten Jahren gestiegenen Herstellgenauigkeiten der Zahnräder haben wohl den maßlichen Austauschbau bei Getrieben von den kleinen bis zu den mittleren Abmessungen erleichtert, die wesentlichen Schwierigkeiten zur Beseitigung des Laufgeräusches aber sind im großen und ganzen geblieben. Da die Anforderungen an die Laufruhe eines Getriebes stetig steigen, wird immer wieder gefragt, was schon bei der Herstellung der Räder berücksichtigt werden sollte, um nicht erst am fertig montierten Getriebe festzustellen, daß es mit einem zu großen Geräusch läuft. Diese Ausführungen sollen dazu beitragen, die Zusammenhänge zwischen Geräusch und Herstellverfahren auf Grund statischer Messungen nach dem Zweiflanken-Wälzverfahren zu klären.

Entstehung des Geräusches

Zahlreiche Faktoren sind an der Entstehung des Zahnradgeräusches in Form von Schwingungen beteiligt. Da die durch das Getriebe hervorgerufenen Schwingungen noch von Schwingungen der Antriebs- und Abtriebsmaschinen beeinflußt werden, ist die Beurteilung über die Entstehung des Geräusches sehr schwierig, zumal sich die Schwingungen je nach der Eigenschwingungszahl der einzelnen Faktoren noch durch Resonanz verstärken können [1, 2].

In der Regel lassen sich aus den Geräuschspektren drei verschiedene geräuschbestimmende Frequenzen entnehmen, nämlich:

die Drehfrequenz $f_n = \frac{n}{60}$ und deren Harmonische,
d. h. Betriebsdrehzahl dividiert durch 60,

die Zahneingriffsfrequenz $f_z = \frac{n \cdot z}{60}$,
d. h. Betriebsdrehzahl multipliziert mit der Zähnezahl des Rades dividiert durch 60,

und — sofern die Räder nach dem Wälzfräs- oder Wälzschleifverfahren hergestellt sind —

die Maschinenantriebsfrequenz $f_m = \frac{n \cdot z_{Schnecke}}{60}$,
d. h. Betriebsdrehzahl des Rades multipliziert mit der Zähnezahl des Antriebsschneckenrades der Verzahnmaschine dividiert durch 60.

Die nachfolgenden Ausführungen sollen einen Beitrag zu der Entstehung und Beseitigung des Geräusches bilden, welches durch die Zahneingriffsfrequenz f_z verursacht wird.

Im einfachsten Falle besteht ein Getriebe aus 2 Zahnrädern mit Wellen und dem Gehäuse, in welchem die Zahnräder gelagert sind. Bei Drehung der Räder bilden sich Schwingungssysteme, die durch Impulse zu Schwingungen angeregt werden und meistens als Körperschall auf das Gehäuse übertragen und von diesem als Luftschall abgestrahlt werden. Bei theoretisch richtig ausgelegter Verzahnung sind die hauptsächlichsten Impulserreger

Reibungskräfte, welche sich bei jedem Eingriffswechsel in Größe und Richtung ändern. Sie würden auch bei völlig fehlerfreien Zahnrädern auftreten und sind wesentlich mitbestimmend für die Lautstärke sowie für das Spektrum des Geräusches,

die Verzahnungsfehler an dem unbelasteten Rad,

Veränderungen der Form und der Lage der Zähne der Räder im Betriebszustand infolge der dynamischen Einwirkungen.

Welche Mittel stehen nun zur Verfügung, um die Ursachen des Geräusches zu beeinflussen und möglichst zu beseitigen?

Bei geradverzahnten Stirnrädern wird versucht, durch Vergrößerung des Überdeckungsgrades auf mindestens 2 den Reibungsverlauf günstig zu beeinflussen. Eine wesentliche Verringerung der Reibungskraftänderung tritt aber erst durch die Schrägverzahnung ein, da hier die an einer Flanke auftretenden Reibungskräfte ständig einander entgegengerichtet sind und sich zum Teil aufheben. Inwieweit diese konstruktiven Maßnahmen zur Verringerung der Reibungskraftänderungen noch fertigungsseitig unterstützt werden können, z. B. durch Erhöhung der Oberflächengüte der Flanken, dürfte erst dann interessant sein, wenn — wie nachstehend begründet wird — die von Zahn zu Zahn gleichmäßig wiederkehrenden Zahnflankenformfehler makrogeometrischer Größe beseitigt sind.

Die bisherigen Beobachtungen

Nach den bisherigen Untersuchungen von Schlesinger [3] und neuerdings von Hagen [4] zeigt sich, daß z. B. die Flankenrauheit der nach dem Maag-Verfahren geschliffenen Zahnräder, deren geräuscharmer Lauf bekannt ist, größer ist als die nach dem Formschliffverfahren (Minerva-Verfahren) hergestellten Räder, welche bekanntlich zu einem geräuschvolleren Lauf neigen.

Ähnlich liegen die Verhältnisse auch bei einer Gegenüberstellung von geschabten zu formgeschliffenen Rädern.

Offensichtlich ist die Mikrogestalt nicht so sehr für das Geräusch, wohl aber für den Verschleiß verantwortlich.

Einen großen Einfluß auf die Geräuschbildung scheinen die makrogeometrischen Formfehler der Zahnflanke auszuüben, die als kleine Evolventenfehler anzusprechen sind. Ihr Einfluß ist nach den Reibkraftuntersuchungen von Dietrich [2] und den Geräuschmessungen von Zink [1] sogar wesentlich, wenn sie periodisch auftreten.

Durch eine statische Erfassung der makrogeometrischen Zahnflankenformfehler wäre es sicherlich möglich, Zusammenhänge zwischen ihrem Vorhandensein und dem Geräusch zu ziehen. Diese Vermutung wird auch durch folgende Beobachtungen erhärtet:

Wie schon erwähnt, geben Zahnräder nach dem Formschleifverfahren (Minerva-Verfahren) oftmals ein Geräusch mit hohen Frequenzen, dagegen ein mit Maag-Kreuzschliff hergestelltes Radpaar ein Geräusch mit niedrigen Frequenzen.

Getriebe mit einem störenden singenden Ton werden künstlich, d. h. durch Nacharbeit, mit kleinen Verzahnungsfehlern versehen, um ein geringeres Geräusch zu erhalten.

Entgegen den theoretischen Überlegungen bringt eine Vergrößerung des Rundlauffehlers oftmals eine Geräuschverringerung.

Messung der makrogeometrischen Zahnflankenform

Auf Grund der zuvor gemachten Beobachtung des Geräuschverhaltens Maag- zu Minerva-geschliffenen Rädern wäre anzunehmen, daß jedem Herstellverfahren charakteristische Merkmale in bezug auf die makrogeometrische Zahnflankenform zu eigen sind.

Wäre es also möglich, die makrogeometrische Zahnflankenform und gleichzeitig ihren periodischen Verlauf von Zahn zu Zahn statisch meßtechnisch zu erfassen und ihr Vorhandensein nachzuweisen, so könnten schon bei der Herstellung der Zahnräder Maßnahmen eingeleitet werden, um die Geräuschursachen zu vermeiden, ja es ließe sich der Aufbau der Verzahnmaschinen so gestalten, daß vor allem keine periodischen Fehler entstehen.

Die Absicht, die periodischen Flankenformfehler als Welligkeitsmessungen von Zahn zu Zahn mittels Oberflächen-Meßgeräten ermitteln zu wollen, würde nicht den tatsächlichen Gegebenheiten beim Lauf der Räder entsprechen, da hier die Zahnflanke in ihrer gesamten Zahnbreite mit der Flanke des in Eingriff befindlichen Rades in Berührung steht, während durch eine Oberflächenmessung nur eine Linie senkrecht zur Achse des Rades bzw. eine sehr kleine Fläche beurteilt wird. Dadurch ist es zu erklären, daß Schlesinger [3] keinen Zusammenhang zwischen der Oberflächenrauheit der Zahnflanken und dem Geräusch fand, da z. B. — was in der Regel auch tatsächlich der Fall — Räder mit Maag-Schliff mit ihrer größeren Flankenrauheit ein kleineres Geräusch erzeugen als die nach dem Formschliff hergestellten Räder mit ihrer kleineren Flankenrauheit. Die verschiedenen Zahnrad-Einzelfehlermeßverfahren schieden daher aus, weil hier meistens nur eine punktförmige Antastung erfolgt.

Der Verlauf der Zahnflankenform auf ihrer gesamten Zahnbreite läßt sich am einfachsten und schnellsten durch Sammelfehlermeßverfahren beurteilen. Indem die beiden zu prüfenden Räder gegeneinander abgewälzt werden, läßt sich, wie Bild 1 zeigt, die gemeinsame örtliche und gleichzeitige Auswirkung mehrerer Einzelfehler auf die Lage und Form der Zahnflanken feststellen.

Man unterscheidet das Einflanken- und das Zweiflankenmeßverfahren. Bei der Einflankenprüfung kommt von jedem Zahn, wie im späteren Betriebszustand der Räder, jeweils nur eine Flanke mit der Gegenflanke in Berührung, während bei der Zweiflankenprüfung die beiden Räder spielfrei eingreifen, so daß jeweils beide Flanken der Räder, also insgesamt 4 Flanken, das Meßergebnis beeinflussen. Die Einflankenprüfung kommt somit dem Betriebszustand am nächsten. Ihr wäre, theoretisch gesehen, in Verbindung mit der einfacheren Auswertung der Meßergebnisse der Vorzug zu geben.

Die Voraussetzung zur Feststellung etwaiger vorhandener charakteristischer Wälzdiagramme für die einzelnen Herstellverfahren ist jedoch nur dann gegeben, wenn bei der Einflanken-Wälzprüfung die Räder sowie die Reibscheiben, die das fehlerfreie Vergleichsgetriebe bilden, vollkommen frei von jeglichen Rundlauf- und sonstigen makrogeometrischen Formfehlern sind. Diese Forderungen zur Benutzung des Einflanken-Wälzverfahrens sind nach dem heutigen Stande der Technik mit der

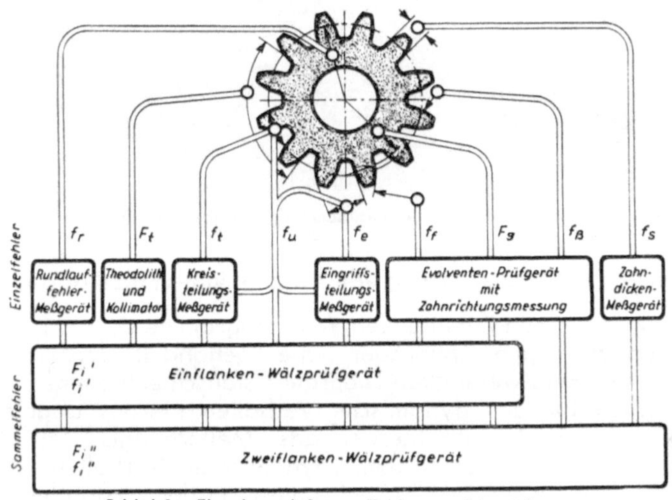

Bild 1. Einzel- und Sammelfehler an Stirnrädern

notwendigen Genauigkeit nicht zu erfüllen. Es wurde schließlich die Zweiflanken-Wälzprüfmethode verwandt, da bei diesem Meßverfahren die Auswirkungen des Rundlauffehlers usw. ohne Einfluß auf die gesuchten makrogeometrischen Formabweichungen der Zahnflanken sind. Dieser Vorteil des Zweiflanken-Wälzprüfverfahrens erschien wichtiger als der Nachteil, daß das Meßergebnis die Fehler von insgesamt 4 Flanken aufnimmt.

Wichtig ist weiterhin die Tatsache, daß das Zweiflanken-Meßverfahren das Verfahren ist, das am meisten verwendet wird, und somit die Möglichkeit besteht, die Ergebnisse dieses Beitrages auf breitester Basis anzuwenden.

Da von Anfang an klar war, daß die gesuchten Fehler bzw. Abweichungen noch nicht die Größenordnung von 1 μ erreichen würden, mußte ein Gerät verwendet werden, welches noch Bruchteile dieses Wertes reproduzierbar aufzunehmen und in ausreichender Vergrößerung zu registrieren gestattete. Die Wahl fiel deshalb auf ein Gerät gemäß Bild 2, dessen garantierte Wegumkehrspanne in Verbindung mit dem Feinmeßschreiber bei einer 1000fachen Fehlervergrößerung und bei einer Reproduzierbarkeit von etwa 0,2 μ, insgesamt nicht größer als etwa 0,3 μ ist. Erreicht wird diese geringe Umkehrspanne durch den auf Federn gelagerten Meßschlitten, dessen Reibungswiderstände praktisch „0“ sind. Mitentscheidend war weiterhin, daß bei diesem Gerät der die Drehung einleitende Aufnahmedorn spielfrei und höhenverschiebbar gelagert ist, so daß die Räder in verschiedenen Höhenüberdeckungen geprüft werden konnten, ohne daß sie vom Aufnahmedorn entfernt zu werden brauchten, wodurch Lageveränderungen der zu untersuchenden Räder von einer zur anderen Prüfung vollkommen vermieden werden. Schließlich vermeiden die zylindrischen Schäfte der Aufnahmedorne die Gefahr des Taumelns der Räder.

Bild 2. Zweiflanken-Wälzprüfgerät für Stirnräder mit schreibendem Feintaster „Graphotest“

Statische und dynamische Auswertung von Zweiflanken-Wälzdiagrammen

Bevor die charakteristischen Zweiflanken-Wälzdiagramme der nach verschiedenen Herstellverfahren erzeugten Zahnräder näher behandelt werden, sei zunächst erläutert, was aus einem Zweiflanken-Diagramm statisch entnommen werden kann, und welche Folgen für das dynamische Verhalten hieraus abgeleitet werden können. Unter „statisch“ soll hierbei das Meßergebnis der Zweiflanken-Wälzprüfung zweier Räder, unter dem „dynamischen Verhalten“ die geräuschmäßigen Auswirkungen während des Laufes dieser Räder verstanden werden.

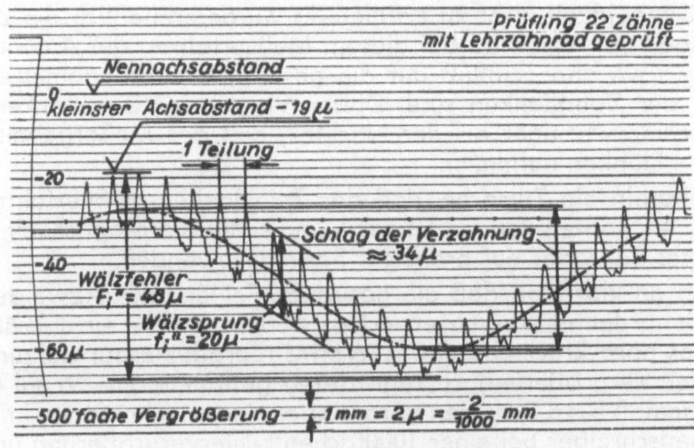

Bild 3. Zweiflanken-Wälzdiagramm I

Das Zweiflanken-Wälzdiagramm (Bilder 3 und 4) ist die graphische Darstellung der Achsabstandsschwankung zweier unter gleichbleibender Kraft sich spielfrei drehender Räder. Die Achsabstandsschwankungen werden durch die gemeinsame örtliche und gleichzeitige Auswirkung mehrerer (z. B. in Bild 1 nur für Stirnräder aufgeführter) Einzelfehler auf die Lage und Form der Zahnflanke zu der Drehachse

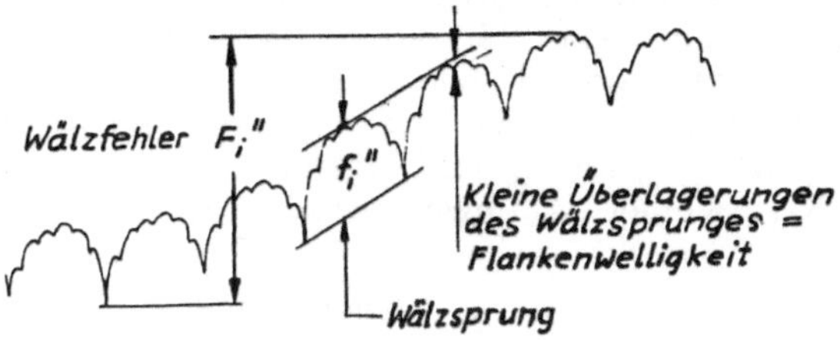

Wälzfehler F_i''

f_i''

Kleine Überlagerungen des Wälzsprunges = Flankenwelligkeit

Wälzsprung

Differenz der Eingriffsteilungen: $\Delta t_e \approx 2 f_i'' \cdot \sin \alpha_0$

$\approx 0{,}52\, f_i''$ *) bei $\alpha_0 = 15°$

$\approx 0{,}68\, f_i''$ *) bei $\alpha_0 = 20°$

*) genau bei Rad-Zahnstangen-Eingriff

Bild 4. Zweiflanken-Wälzdiagramm II

des zu prüfenden Rades beim Eingriff gegen ein Lehrrad — oder aber zweier zu prüfender Räder — erzeugt. Die Größe der Schwankung des Achsabstandes ist dann ein Maß für die Größe des statischen Fehlers, der entweder an einem Feintaster beobachtet oder in Form von Wälzdiagrammen aufgezeichnet wird. Da hierbei die Summe mehrerer Einzelfehler angezeigt wird, spricht man auch von der Ermittlung des Sammelfehlers.

Infolge des spielfreien Eingriffs berührt das Lehrrad innerhalb des Eingriffsbereiches die durch die verschiedenen Einzelfehler am meisten hervorstehenden Teile der Rechts- und gleichzeitig auch die am meisten hervorstehenden Teile der Linksflanken des Prüflings. Die Achsabstandsschwankung kann sich also zu einem Teil durch die Fehler der tragenden Rechts- und zu einem Teil durch die Fehler der tragenden Linksflanken zusammensetzen. Da sich die Fehler der Rechts- bzw. Links-

Herstellverfahren mit periodischen Merkmalen

zum Beispiel: Normales Wälzfräsen
Normales Wälzschleifen
Formschleifen

Herstellverfahren mit nichtperiodischen Merkmalen

zum Beispiel: Diagonal-Wälzfräsen
Stoßen mit Schneidrad
Stoßen mit Kammstahl
Schaben
Wälzteilschleifen

Bild 5. Aufteilung der Herstellverfahren

flanken stetig oder unstetig über den Eingriffsbereichen der Teilungen ändern, unterliegt der Achsabstand der Räder entsprechenden Schwankungen.

Sind die zulässigen Fehler der Rechts- und bzw. oder der Linksflanke größenmäßig bekannt, so läßt sich hieraus nach Zieher [5] die Achsabstandsschwankung zeichnerisch ermitteln. Umgekehrt ist es aber nicht möglich, aus einem Zweiflanken-Diagramm die Fehler nach Art und Größe getrennt für die linke bzw. rechte Flanke zu entnehmen, da sich die Fehler für die beiden Flanken infolge Fehlens einer Gesetzmäßigkeit je nach Lage der Fehler addieren bzw. subtrahieren können. Rückschlüsse können nur auf den Verlauf der Flankenformfehler der einzelnen Flanken geschlossen werden, sofern die Diagramme von Teilung zu Teilung gleich sind, wie z. B. auf Bild 6 unter „A" jeweils gezeigt. Da hier die Summe der Fehler

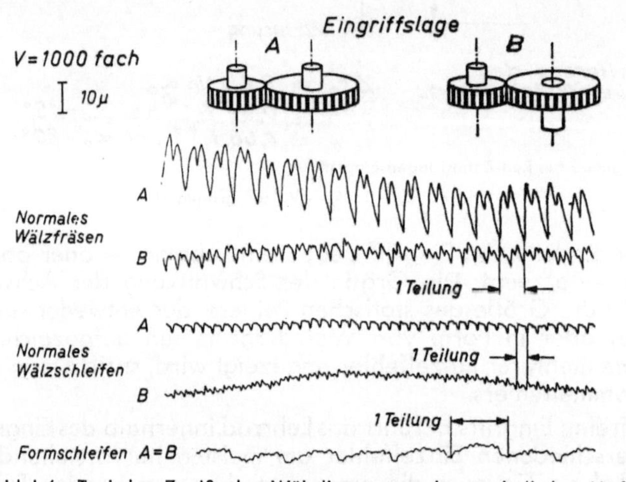

Bild 6. Typische Zweiflanken-Wälzdiagramme der periodischen Verfahren

von 4 Flanken gleich ist, kann hieraus gefolgert werden, daß der Fehlerverlauf der Rechts- bzw. Linksflanken von Zahn zu Zahn eines Rades gleich, also periodisch ist. Die größte Achsabstandsschwankung innerhalb einer Zahnteilung wird — wie in Bild 3 dargestellt — mit Wälzsprung f_i'' bezeichnet. Diese einzelnen Wälzsprünge werden bei einer Radumdrehung durch den mehr oder weniger großen Rundlauffehler (Schlag) der Verzahnung zu der Führungsachse des Rades zu dem Wälzfehler F_i'' überlagert. Die Begriffe Wälzsprung f_i'' und Wälzfehler F_i'' sind in DIN 3960, ihre zulässige Größe für die 12 Zahnradqualitäten in DIN 3961—67 festgelegt.

Aus den Diagrammen läßt sich als ausgemittelter Kurvenzug der Schlag der Verzahnung in seiner wahren Größe entnehmen. Nur unter der Voraussetzung, daß Prüfling und Lehrrad die gleiche Zähnezahl aufweisen, läßt sich aus dem Wälzsprung f_i'' auch noch der Unterschied der beiden Eingriffsteilungen Δt_e in seiner wahren Größe [6] wie folgt berechnen:

$$\Delta t_e = 2 f_i'' \sin \alpha_0 \text{, d. h.}$$

$$\Delta t_e = 0{,}68 f_i'' \text{ bei } 20^\circ \text{ Eingriffswinkel oder}$$

$$\Delta t_e = 0{,}52 f_i'' \text{ bei } 15^\circ \text{ Eingriffswinkel.}$$

Hieraus folgt als Unterschied der beiden Eingriffswinkel $\Delta\alpha_0$ in Minuten bis max. ± 30 min.

$$\Delta\alpha_0 = \frac{2{,}1877\, f_i''}{m},$$

wenn f_i'' in μ und m in mm eingesetzt werden.

Wenn sich also aus dem Wälzsprung f_i'' die wahre Größe des Unterschiedes der Eingriffsteilung nur in den seltensten Fällen berechnen läßt, so ist seine genaue Erfassung — wie später noch dargelegt wird — bedeutend wichtiger als die des Wälzfehlers F_i'', da der Wälzsprung letzten Endes einen wesentlichen Anteil an der Entstehung des Geräusches ausübt.

Der kleinste Achsabstand, bei dem die Räder laufen ohne zu klemmen, kann auch noch aus dem Zweiflanken-Wälzdiagramm gemäß Bild 3 entnommen werden.

Werden die Achsabstandsschwankungen mit genügender Vergrößerung, z. B. 1000fach, auf einem Gerät mit einer geringen Wegumkehrspanne ($< 0{,}3\,\mu$) aufgenommen, so sind die Kurven des Wälzsprunges noch von kleinen Schwingungen überlagert. Diese kleinen Schwingungen sind die schon seit längerer Zeit gesuchten — von Dietrich [2] bisher nur indirekt durch Reibungskraftmessungen angenommen — kleinen Flankenformfehler makrogeometrischer Größe, die als Flankenwelligkeit bezeichnet werden sollen.

Die weiteren Ausführungen zeigen, welchen Einfluß diese Flankenwelligkeit besonders dann auf die Geräuschbildung hat, wenn sie periodisch auftritt. Es erscheint daher notwendig, diese zusammen mit dem Wälzfehler und Wälzsprung in die Normen einzubeziehen.

Um die dynamischen Auswirkungen aus den statischen Meßwerten des Zweiflanken-Wälzdiagrammes ableiten zu können, müssen die Verhältnisse auf die im Gehäuse eingebauten Räder übertragen werden. Diese lassen sich aber im Rahmen dieser Ausführungen nur so weit berücksichtigen, als hier davon ausgegangen werden muß, daß der Achsabstand nicht wie bei der Prüfung entsprechend den Verzahnungsfehlern schwanken kann, sondern unveränderlich, also fest ist.

Übersetzt auf einen festen Achsabstand, erzeugen die Wälzsprünge f_i'' bei gleichförmigem Antrieb des einen Rades zunächst eine Beschleunigung und anschließend eine Verzögerung des zweiten Rades innerhalb einer Drehung um eine Zahnteilung. Der Unterschied zwischen Beschleunigung und Verzögerung wird um so größer, je größer der Wälzsprung ist. Die Übersetzung wird also ungleichförmig, sie wird pulsierend. In Verbindung mit den unvermeidbaren Reibungskräften, die sich bekanntlich ebenfalls bei jedem Eingriffswechsel in Größe und Richtung ändern, werden die Zähne und damit der Radkörper in Schwingungen versetzt, die letzten Endes als Luftschall vom Gehäuse als Geräusch abgestrahlt werden.

Je nach der Art der Fehler können die Übersetzungsschwankungen stoßweise, z. B. bei Teilungsfehlern, oder aber periodisch auftreten, sofern periodische Zahnformfehler bzw. Welligkeiten vorliegen. Bei einer stoßweisen Übersetzungsschwankung werden in den schwingungsfähigen Systemen gedämpfte Eigenschwingungen angeregt, die ein schlagartiges Geräusch zur Folge haben.

Besonders aber für das Ohr unangenehm sind die Auswirkungen von periodischen Zahnformfehlern bzw. Welligkeiten, da diese die Eigenschwingungen immer wieder in gleichen Rhythmen von neuem anstoßen, die sich bei Resonanz der weiteren schwingungsfähigen Systeme noch aufschaukeln können. Auch wenn keine geeigneten Resonanzverhältnisse dafür vorhanden sind, können sich kleine periodische Zahnformfehler im Geräusch sehr stark bemerkbar machen, vor allem bei niedriger Belastung.

Die Auswirkungen des aus dem Wälzfehler F_i'' ermittelten Schlages bewirken eine im Takte der Räderdrehung periodische Beschleunigung und Verzögerung der getriebenen gegenüber der treibenden Welle. Es entstehen also Schwingungen entsprechend der Drehfrequenz oder deren Harmonischen, die sich leicht feststellen und verhältnismäßig leicht beseitigen lassen.

Typische Zweiflanken-Wälzdiagramme der verschiedenen Herstellverfahren

Die Zweiflanken-Wälzdiagramme der in verschiedenen Herstellverfahren verzahnten Radpaare zeigen, wie anschließend näher erläutert werden soll, daß sich die verschiedenen Herstellverfahren in zwei charakteristische Gruppen aufteilen lassen, nämlich in Herstellverfahren mit periodischen und Herstellverfahren mit nichtperiodischen Merkmalen.

Unter einem Herstellverfahren mit periodischen Merkmalen ist ein Verfahren zu verstehen, bei dem Flankenformfehler bzw. -welligkeiten bei einer Reihe von Zähnen hintereinander oder auch mehrmals in gleichen Abständen auftreten. Eine in dieser Hinsicht aufgenommene Aufteilung zeigt Bild 5. Hiernach würden das normale Wälzfräsen und normale Wälzschleifen sowie das Formschleifverfahren (Minerva-Verfahren) zu den Herstellverfahren mit periodischen Merkmalen rechnen. Die übrigen Verfahren, wie Diagonal-Wälzfräsen — was jedoch nicht näher untersucht werden konnte, da es erst vor geraumer Zeit entwickelt wurde —, das Schaben, Stoßen mit Schneidrad und mit Kammstahl und das Schleifen auf Kolb-, Maag- und Niles-Maschinen zu den nichtperiodischen Verfahren zählen.

Diese Feststellung wurde auf Grund folgender Meßergebnisse getroffen:

Bei dem normalen Wälzfräsen bzw. Wälzschleifen mittels schneckenartiger eingängiger Werkzeuge wird bei jeder Umdrehung des Werkzeuges ein Zahn fertiggestellt. Dabei erzeugen stets gleiche Schneidenteile des Werkzeuges gleiche mehr oder weniger fehlerhafte Flankenteile des Rades. Die in der Eingriffslage „A" aufgenommenen Zweiflanken-Wälzdiagramme des Bildes 6 bestätigen voll die durch die Kinematik der Maschine gegebenen Verhältnisse, d. h. die durch Zahnformfehler bedingten Wälzsprünge wiederholen sich von Zahn zu Zahn in Form und Größe und sind somit periodisch.

Auf Grund der im vorigen näher behandelten Erklärung wird dieses Radpaar in der Eingriffslage „A" zu einem geräuschvollen Lauf neigen. Vollkommen andere Wälzsprungformen treten dann auf, wenn ein Rad gewendet, die Prüfung also in der Eingriffslage „B" erfolgt. Statt der in der Eingriffslage „A" festgestellten gleichmäßigen Wälzsprungform von Teilung zu Teilung ist diese nunmehr vollkommen unregelmäßig. Zugleich ist die Größe des Wälzsprunges kleiner, meistens bedeutend kleiner geworden. Durch die Unregelmäßigkeiten ist nunmehr das Entstehen einer Resonanzschwingung nicht möglich bzw. erschwert. Im Gegensatz zu der Eingriffslage „A" wird daher in der Eingriffslage „B" ein wesentlich geringeres Laufgeräusch zu erwarten sein. Der Unterschied zwischen den beiden Eingriffslagen ist durch verschieden große Flankenformfehler der beiden Flanken zu erklären, ein typisches Merkmal des Wälzfräsverfahrens. In Abhängigkeit der Radlage werden einmal die Flankenformfehler addiert und ein andermal subtrahiert. Geklärt werden konnte bisher noch nicht, weshalb bei der Subtraktion der Fehler, also bei den kleineren Wälzsprüngen, auch immer die für den geräuscharmen Lauf so wichtige Ungleichmäßigkeit der Diagrammform auftritt. Diese charakteristischen Merkmale des normalen Wälzfräsverfahrens treten auch, wenn auch in bedeutend kleineren Maßen, wie ebenfalls das Bild 6 zeigt, bei dem normalen Wälzschleifen auf.

Die gefährlichen periodischen Fehler von Teilung zu Teilung treten, wie das Diagramm in Bild 6 zeigt, erwartungsgemäß auch bei formgeschliffenen Rädern auf. Aber die Anzahl der schwingungsfähigen Wellen ist beträchtlich höher. Während bei wälzgefrästen Flanken höchstens etwa 4, meistens ungleichmäßig große Wellen beobachtet wurden, die größenmäßig als Flankenformfehler anzusprechen sind, weisen die Flanken der formgeschliffenen Räder eine wesentlich höhere Anzahl, aber meistens gleichmäßig große Wellen auf — bis zu etwa 15 bei m = 3 —, die infolge ihrer makrogeometrischen Größe die eingangs erwähnte, bisher noch nicht meßtechnisch erfaßte Welligkeit darstellt.

Die größere Anzahl der auf den Flanken periodisch verteilten Wellen kann eine Erklärung dafür abgeben, weshalb besonders die formgeschliffenen Räder zu Geräuschen mit hohen Frequenzen, aber kleinen Amplituden neigen.

Nach den Erläuterungen über die Geräuschneigung der Herstellverfahren mit periodischen Merkmalen sollen nunmehr die Verfahren mit den nichtperiodischen Merkmalen gemäß Bild 7 behandelt werden.

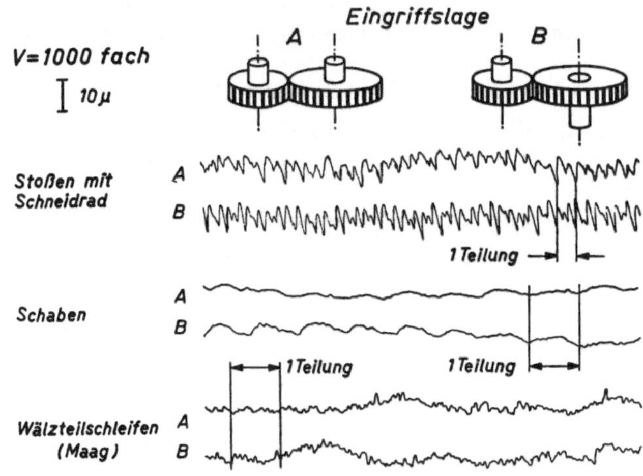

Bild 7. Typische Zweiflanken-Wälzdiagramme der nichtperiodischen Verfahren

Alle Diagramme zeigen in beiden Eingriffslagen keine periodischen Fehler von Teilung zu Teilung.

Die unregelmäßig verteilten Fehler bzw. Welligkeiten sorgen dafür, daß die Schwingungen, die entstehen möchten, im nächsten Augenblick schon wieder ge- bzw. zerstört werden. Die Herstellverfahren mit den nichtperiodischen Merkmalen neigen also nicht zu Impulsen, ihr geräuscharmer Lauf ist bekannt.

Zusammenfassend kann also festgestellt werden:

> Maßlich hochgenaue und richtig korrigierte Zahnräder allein geben nicht die Voraussetzung zu einem geräuscharmen Lauf.
>
> Wesentlichen Einfluß auf die Geräuschbildung haben von Zahn zu Zahn gleichmäßig, also periodisch auftretende kleine Fehler und Welligkeiten der Zahnflanke.

Nicht bei allen geradverzahnten Rädern lassen sich die jedem Herstellverfahren charakteristischen Wälzdiagramme feststellen. Die eindeutigen Kurvenzüge — so wie sie die „A"-Diagramme des Bildes 6 zeigen — sind nur dann zu erwarten, wenn sich die Verzahnungsmaschine nicht nur statisch, sondern auch dynamisch in einem einwandfreien Zustand befindet. Die durch die Abnutzung entstehenden größeren Spiele an Lagerungen und Getrieben überlagern den kinematischen Ablauf der Maschine im freien Spiel der auftretenden Kräfte vollkommen unregelmäßig, so daß die charakteristischen Diagramme nicht mehr bzw. nur sehr schwer erkennbar entstehen können. In vollem Umfang lassen sich auch sinngemäße Parallelen zu dem Verhalten von Formschleifmaschinen und auf die Brauchbarkeit der Schleifscheibe ziehen. Die auf etwa $0{,}2\,\mu$ genau übereinstimmende Gleichmäßigkeit der Diagramme der Wälzsprünge des Formschliffes gemäß Bild 6 läßt auf eine dynamisch einwandfreie Schleifmaschine und auf eine Schleifscheibe mit hoher Formbeständigkeit schließen. Eine Schleifscheibe mit hoher Formbeständigkeit ist zweifelsohne für die Herstellung von hochgenauen Rädern, z. B. Lehrzahnrädern wichtig. Andererseits wäre denkbar, daß eine Scheibe mit nicht so hoher Formbeständigkeit durch Ausbröckeln einzelner Körner die so gefürchtete Gleichheit von Flanke zu Flanke stört und somit einen geräuschärmeren Lauf in Aussicht stellt.

Geräuscharme Paarung durch verschiedene Herstellverfahren

Auf Grund dieser Feststellungen sind also die Verfahren mit nichtperiodischen Merkmalen geräuschmäßig im Vorteil gegenüber den Verfahren mit periodischen

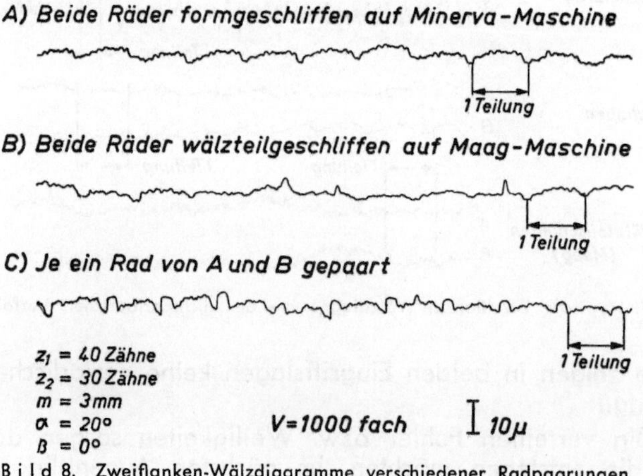

Bild 8. Zweiflanken-Wälzdiagramme verschiedener Radpaarungen

Merkmalen. Demgegenüber stehen aber wieder wirtschaftliche Vorteile der Verfahren mit periodischen Merkmalen. In dem Bestreben, möglichst geräuscharme und möglichst billige Getriebe herzustellen, liegt also der Gedanke nahe, Räder mit verschiedenen Herstellverfahren miteinander zu paaren. Hierdurch werden die Vorteile der einzelnen Verfahren am besten ausgenutzt. Bild 8 zeigt eine solche Kombination. Das Diagramm „A" zweier formgeschliffener Räder zeigt die stete Wiederholung der Fehler, während bei den zwei nach Maag geschliffenen Rädern gemäß Diagramm „B" keine Wiederholung der Fehler von Teilung zu Teilung festzustellen ist.

Wird nun ein formgeschliffenes Rad mit einem nach Maag geschliffenen Rad gepaart, so ergibt sich die unter „C" gezeigte Kurve. Wie erwartet, ist nunmehr eine Ungleichheit von Teilung zu Teilung festzustellen, Schwingungsimpulse können sich nicht bilden: diese Radpaarung läuft daher ruhiger als zwei formgeschliffene Räder. Als Folgerung für die Praxis wäre also festzustellen:

> Ein geräuscharmer Lauf von zwei Zahnrädern ist dann zu erwarten, wenn mindestens ein Rad durch ein Verfahren mit nichtperiodischen Merkmalen hergestellt ist.

So ergibt sich nunmehr die Frage, welches von den beiden Rädern, das Groß- oder das Kleinrad, durch ein Verfahren mit nichtperiodischen Merkmalen hergestellt werden sollte.

Zur Beantwortung dieser Frage sind zwei Punkte zu berücksichtigen, nämlich die Höhe der Verzahnkosten und die typischen Merkmale der einzelnen Herstellverfahren.

In der Regel lassen sich nach dem heutigen Stand der Technik Präzisions-Zahnräder durch Verfahren mit periodischen Merkmalen am billigsten herstellen. Da hierbei die Verzahnkosten annähernd proportional mit der Zähnezahl des Rades verlaufen, sollte also das Rad mit der größeren Zähnezahl durch ein Verfahren mit periodischen Merkmalen verzahnt werden.

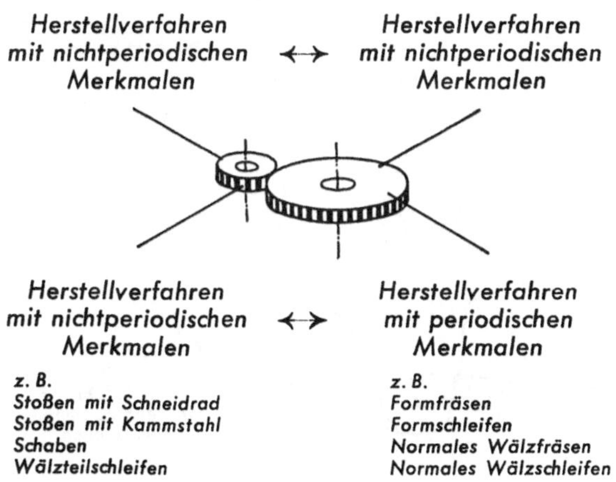

Bild 9. Geräuscharme Paarung von Zahnrädern durch verschiedene Herstellverfahren

Andererseits bilden die Vorteile der Verfahren mit nichtperiodischen Merkmalen die notwendige Ergänzung für das Verzahnen des Kleinrades. Die Vorteile sind in der größeren Herstellgenauigkeit der insbesondere bei den kleinen Zähnezahlen auftretenden größeren Krümmung der Zahnflanken zu sehen, die durch die ausreichend hoch wählbare Hüll-Schnitt- bzw. Hüll-Schliffanzahl bedingt ist.

Es zeigt sich also, daß die einzelnen Herstellverfahren nicht nebeneinanderlaufen, sondern sich in idealer Weise ergänzen.

Einfluß des Schlages auf das Geräusch — Manuelle Nacharbeit einzelner Zähne

Die Praxis weiß immer wieder von Fällen zu berichten, in denen bei Zahnrädern mit periodischen Merkmalen — entgegen der üblichen Auffassung — eine Vergrößerung des Rundlauffehlers eine Verringerung des Geräusches zur Folge hatte. Um die wesentlich unterschiedlichen Ursachen dieses Falles gegenüber dem üblichen, bei welchem durch eine Verringerung des Rundlauffehlers auch eine Verringerung des Geräusches eintritt, hervorzuheben, sei zuvor kurz der übliche Fall behandelt.

Wenn infolge des Rundlauffehlers eines der beiden oder beider Räder ein Klemmen einzelner Zähne auftritt, so entsteht an diesen Zähnen im Takte der Räderdrehung ein mehr oder weniger hartes Reibgeräusch. Die Ursache dieses Geräusches ist daher auch schnell zu erkennen, da es sich um maßliche Fehler handelt: entweder ist der Schlag eines der beiden oder beider Räder zu groß oder der Achsabstand zu klein. Eine Verringerung bzw. Beseitigung des Geräusches läßt sich in diesem Fall, der sowohl bei Zahnrädern mit periodischen als auch mit nichtperiodischen Merkmalen auftreten kann, durch eine Verringerung des Rundlauffehlers oder eventuell auch bei kleineren Rundlauffehlern durch eine Vergrößerung des Achsabstandes erreichen. Wesentlich interessanter ist der Fall, der nur bei Zahnrädern mit periodischen Merkmalen zu beobachten war, bei dem durch eine Vergrößerung des Rundlauffehlers eine Verringerung des Geräusches eintreten kann.

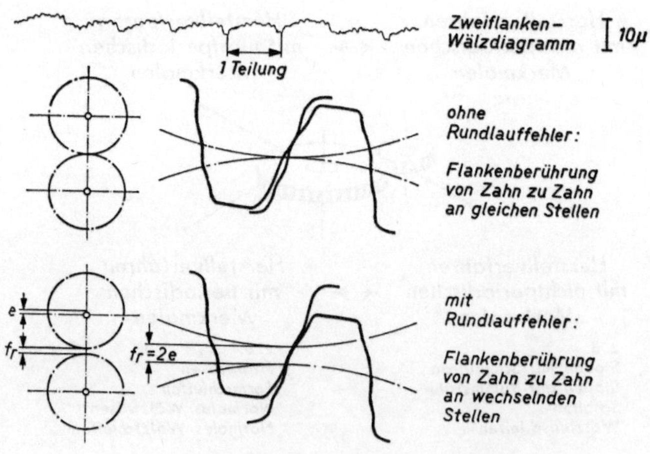

Bild 10. Auswirkung des Rundlauffehlers

Bild 10 zeigt wieder das Zweiflankendiagramm eines nach dem Formschleifverfahren (Minerva) hergestellten Radpaares. Dieses neigt bekanntlich auf Grund der von Teilung zu Teilung periodisch wiederkehrenden Zahnformabweichungen zu Geräuschen. Werden diese beiden Räder mit ihren sehr geringen Rundlauffehlern eingebaut, so ist aus den schon erwähnten Gründen mit einem geräuschvollen Lauf zu rechnen, da die periodischen Flankenformfehler voll wirksam werden. Baut man eines dieser Räder oder auch beide aber mit einem Rundlauffehler versehen ein, so erfolgt die Berührung von Zahn zu Zahn an stetig wechselnden Flankenteilen. Hierdurch ist die Gleichmäßigkeit gestört: die Impulse sind nicht mehr stetig, sondern verschieden, so daß auch durch Resonanz keine Verstärkung mehr auftreten wird. Das Getriebe läuft geräuschärmer.

Die gleiche Begründung wäre auch für den Fall gegeben, in dem manuelle Nacharbeiten an einzelnen Zähnen durchgeführt werden, um eine Verminderung des Geräusches zu erzielen. In allen Fällen werden nur die periodisch auftretenden Zahnformfehler gestört.

Die Verhältnisse bei der Schrägverzahnung

Nur bei Geradverzahnungen können die jedem Herstellverfahren charakteristischen Diagramme entstehen, da die Flankenberührung jeweils parallel zur Radachse erfolgt. Bei Schrägverzahnungen verläuft die Flankenberührung jedoch nicht parallel zur Radachse, sondern wandert schräg vom Zahnkopf zum Zahnfuß.

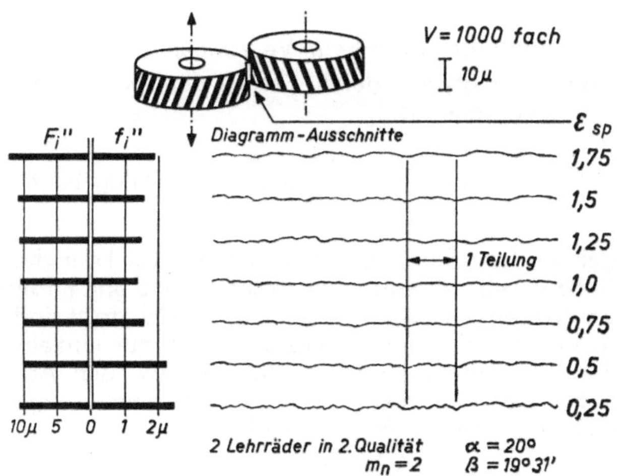

Bild 11. Auswirkung verschiedener Sprungüberdeckungen auf Zweiflanken-Wälzdiagramme

Dabei werden die charakteristischen Zahnflankenformfehler und Welligkeit in Abhängigkeit der Sprungüberdeckung verändert, wie **Bild** 11 zeigt. Durch die gleichzeitig über und unter dem Wälzkreis wirkenden entgegengesetzt gerichteten Reibungskräfte wird ein die Gleichförmigkeit der Bewegung störendes Moment vermieden, so daß die Gefahr der Geräuschbildung durch Reibkraftänderungen stark vermindert ist. Diese Vorteile der Schrägverzahnung kommen jedoch nur dann voll zur Geltung, wenn das Zahntragen auf der ganzen Zahnbreite erfolgt. Die Praxis zeigt jedoch, daß infolge mangelnder Genauigkeit der Räder als auch ihrer Lagerungen die Vorteile der Schrägverzahnung meistens nicht voll ausgenutzt werden, da diese Mängel nicht ein Tragen auf der ganzen Zahnbreite zulassen. Während bei geradverzahnten Rädern die mangelnde Erfüllung der theoretischen Voraussetzung in erster Linie nur einen größeren Verschleiß zur Folge haben wird, tritt bei Schrägverzahnungen in erster Linie eine Geräuschsteigerung ein und erst in zweiter Linie ein größerer Verschleiß. Deshalb erfordert die Schrägverzahnung engere Toleranzen und damit gegenüber der Geradverzahnung erhöhte Aufwendungen sowohl bei den Rädern als auch bei den Gehäusen, sofern möglichste Geräuscharmut gefordert wird.

Bei den Rädern sind außer den schon bei der Geradverzahnung aufgeführten Mängeln bei der Schrägverzahnung noch folgende zu nennen: nichtübereinstimmende Schrägungswinkel, besonders bei breiten Rädern infolge Werkzeugabnutzung (Wälzfräsen!) entstehende leicht konische Form und der in seinen Auswirkungen besonders unangenehme Taumelfehler, der eine in seiner Größe stets veränderliche Sprungüberdeckung nach sich zieht.

Unter Taumelfehler soll in diesem Zusammenhang die vollkommen ungesetzmäßige Kombination der Zahnrichtungsfehler verstanden werden, der folgende Ursachen zugrunde liegen können:

Nichtseitenschlagfreies Aufspannen des Radkörpers zum Verzahnen,

Verspannen des Radkörpers infolge makrogeometrischer Fehler seiner Auflagefläche,

Schlagender Aufnahmedorn beim Verzahnen,

Verzug des Radkörpers durch Freiwerden von inneren Spannungen während des Verzahnens,

Verzug durch Härten,

Verzug des Radkörpers einschließlich Seitenschlag beim Aufbringen des Rades auf seine Welle.

Während nicht genaue Schrägungswinkel und die leicht konische Form noch als Maschineneinstell- bzw. Herstellfehler zu betrachten sind und infolge ihrer Gesetzmäßigkeit an allen Zähnen gleich bzw. annähernd gleich groß sind, sich nach ihrer Erfassung durch eventuelle Einzelfehlermessungen an nur einzelnen Zahnflanken noch während der Herstellung beseitigen lassen bzw. den Abweichungen der Lagerung angepaßt werden können, würde der vollkommen ungesetzmäßig verlaufende Taumelfehler zu seiner Erfassung die Messung sämtlicher Zahnflanken erforderlich machen.

Abgesehen davon, daß die Beurteilung auf die Brauchbarkeit eines Rades bei Kenntnis der einzelnen Flankenfehler praktisch unmöglich ist, wäre dieses Verfahren auch aus wirtschaftlichen Gründen unanwendbar.

Die zur Zeit einzige und zugleich wirtschaftlichste Methode zur Erfassung des Taumelfehlers ist in der Zweiflanken-Wälzprüfung in mehreren verschiedenen Größen der Sprungüberdeckung gegeben. Aus den Unterschieden der dabei aufgenommenen Wälzdiagramme ist eine Trennung der Fehler nach Zahnrichtungs- und Zahnformfehlern möglich. Einige Beispiele erläutern diese Möglichkeit:

Die Auswirkungen auf den Wälzfehler und den Wälzsprung für verschieden große Sprungüberdeckungen zeigt **Bild 11**. Interessant für unsere Betrachtungen sind nur die Wälzsprünge in bezug auf ihre Größe und Form von Teilung zu Teilung. Bei der sehr geringen Sprungüberdeckung von $\varepsilon_{sp} = 0{,}25$ tritt eine zur Radachse fast parallele Flankenberührung auf. Sie erfolgt also fast wie bei Rädern mit geraden Zähnen. Daher tritt, wie zu erwarten, die Flankenwelligkeit des Wälzsprunges besonders hervor. Die sonst in ihrer Tendenz gerade verlaufende Wälzsprungkurve läßt darauf schließen, daß keine Flankenformfehler vorliegen. Mit steigender Sprungüberdeckung verschwindet die Flankenwelligkeit mehr und mehr, bis bei einer Sprungüberdeckung von $\varepsilon_{sp} = 1{,}75$ die Wälzsprungkurve nur noch aus einer der Teilung entsprechenden Welle besteht, deren Amplitude gleich dem Wälzsprung $= 1{,}9\,\mu$ beträgt. Da aus dem Diagramm für die Sprungüberdeckung $\varepsilon_{sp} = 0{,}25$ keine Flankenformfehler festzustellen waren, können nur Unterschiede im Schrägungswinkel zwischen Rad und Gegenrad die der Teilung entsprechende Welle erzeugt haben. Da der Schrägungswinkelunterschied nur sehr gering ist, wird höchstens bei unbelastetem Getriebe ein geringes Geräusch auftreten, während bei belastetem Getriebe die Zahndurchbiegung sofort ein vollkommenes Flankentragen auf der ganzen Zahnbreite zulassen wird, wodurch ein geräuscharmer Lauf eintreten dürfte.

Solche Unterschiede in der Kurvenform des Wälzsprunges treten dann auf, wenn die Schrägungswinkelunterschiede größer sind als die Zahnform- und Teilungsfehler. Diese Gegebenheiten sind meistens bei Rädern mit geschliffenen Flanken zu finden, die auf Maschinen hergestellt wurden, bei denen die Schrägungswinkeleinstellung nach Gradskala und Nonius erfolgen muß. Diese Mittel allein gestatten keine ausreichend genaue Einstellung des Schrägungswinkels. Es muß daher die Maschineneinstellung um die durch eine bzw. mehrere Einzelfehlermessungen ermittelten Abweichungen vom Sollwert korrigiert werden. Erfolgt aber das Verzahnen auf Maschinen, bei denen der Steigungswinkel durch Wechselräder und Spindel erzeugt wird, so treten die Steigungswinkelunterschiede vollkommen in den Hintergrund, zumindest dann, wenn Rad und Gegenrad auf der gleichen Maschine verzahnt werden. Dafür schieben sich aber oftmals insbesondere bei wälzgefrästen

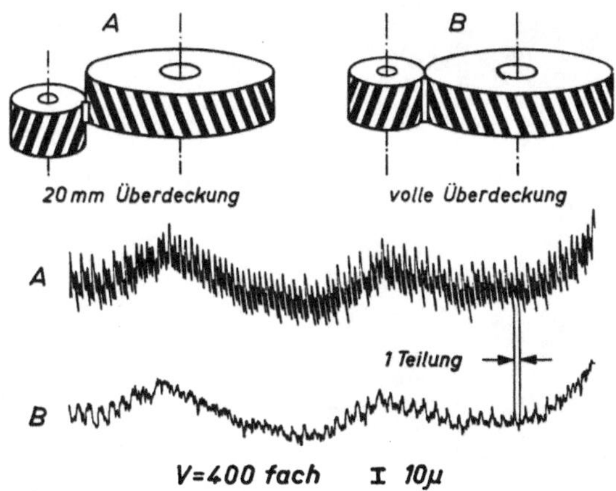

Bild 12. Auswirkung der Überdeckungsgrößen auf Zweiflanken-Wälzdiagramme

Rädern die Zahnformfehler in den Vordergrund, wie nachstehendes Beispiel zeigt. Bild 12 zeigt Diagramme eines schrägverzahnten Radpaares mit 20 mm = „A" Diagramm und voller Sprungüberdeckung = „B"-Diagramm, was einem Flankentragen auf nur 1/3 bzw. voller Zahnbreite entspricht. Die unterschiedlichste Größe des Wälzsprunges dieser beiden Diagramme ist allein auf Zahnformfehler gemäß Diagramm „A" zurückzuführen. Auf Diagramm „B" werden die Zahnformfehler infolge Flankentragens auf voller Zahnbreite zum größten Teil überdeckt. Würde dieses Radpaar so eingebaut werden, daß die Flanken auf der ganzen Zahnbreite tragen, so wäre mit einem geräuscharmen Lauf zu rechnen. Ergeben die Einbauverhältnisse jedoch nur eine 20 mm große Sprungüberdeckung, so ist in Anlehnung an die zu Bild 6 gegebene Auswertung mit einem geräuschvollen Lauf wegen des großen und periodisch über zwei Teilungen wiederkehrenden Wälzsprunges zu rechnen. Würde nun in der Regel das größere Rad noch mit einem Taumelfehler — erzeugt durch Seitenschlag — eingebaut werden, so werden die Diagramme in ihren Wälzsprüngen im Rhythmus der Drehfrequenz des großen Rades zwischen einem Maximum entsprechend dem „A"-Diagramm und einem Minimum entsprechend dem „B"-Diagramm schwanken, wodurch wieder mit einem geräuschvollen Lauf zu rechnen ist.

Die Zweiflanken-Wälzprüfung schrägverzahnter Räder sollte daher in verschiedenen Sprungüberdeckungen erfolgen, um Zahnrichtungsunterschiede zwischen Rad und Gegenrad sowie Zahnformfehler und Abweichungen von der zylindrischen Form ermitteln zu können.

Prüfung der Räder

Zahlreiche, in dem vorigen Abschnitt näher aufgeführte Faktoren beeinflussen noch die Genauigkeit der Verzahnung nach deren Fertigstellung, insbesondere die Zahnrichtung. Deshalb sollte, sofern höhere Ansprüche an die Verzahnung gestellt

Bild 13. Zweiflanken-Wälzprüfgerät für Schneckentriebe

werden, zumindest der Fertigschnitt bzw. -schliff möglichst erst dann erfolgen, wenn der Radkörper mit seiner Lagerung fest verbunden ist.

Die Abnahmeprüfung dieser kompletten Räder, also mit ihren Achsen, ist aber nur dann sinnvoll, wenn sie hierbei so gehaltert werden, wie sie späterhin auch eingebaut werden, also in ihren Lagerstellen. Nur so läßt sich einwandfrei die Güte der Verzahnung bestimmen, die späterhin beim Lauf wirksam ist.

Die Halterung zwischen Spitzen ist nur für eine Zwischenkontrolle zu empfehlen, um lediglich eine Verzahnbearbeitung zu überprüfen, sofern diese ebenfalls

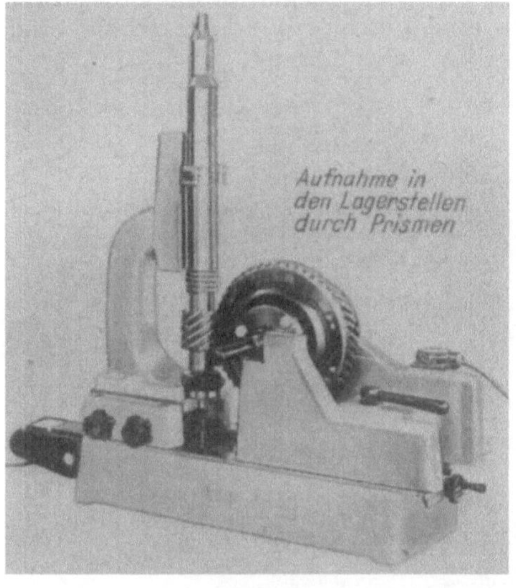

Bild 14. Zweiflanken-Wälzprüfgerät für Schneckentriebe

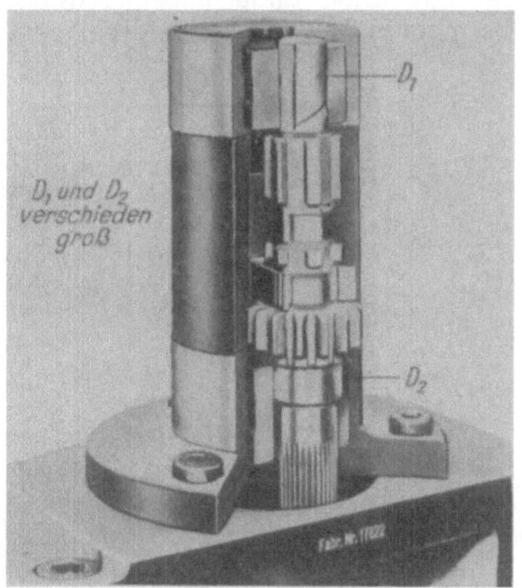

Bild 15. Aufnahme in den Lagerstellen durch offene Lagerschalen

Bild 16. Zweiflanken-Wälzprüfgerät für Schneckentriebe

zwischen Spitzen erfolgte, z. B. beim Schaben. Es kann hierbei nur geprüft werden, ob die verwendete Maschine bzw. das Werkzeug die Forderungen erfüllt.

Die Bilder 13 bis 17 zeigen einige Beispiele für die Aufnahme der Räder in ihren Lagerstellen. Die Aufnahme kann — sofern das Gewicht nicht zu groß ist — in Prismen erfolgen, wie es die Bilder 13 und 14 zeigen. Stört aber z. B. eine Schmiernut die einwandfreie Prismenanlage, oder haben die Lagerstellen verschiedene Durchmesser, so ist die Aufnahme, wie Bild 15 zeigt, in offenen Lagerschalen vorzunehmen. Die Halterung großer und schwerer Räder erfolgt am sichersten durch Lagerschalen, die im Prüfgerät, wie Bild 16 zeigt, in Prismen gespannt werden. Die Lagerschale bildet im einfachsten Falle eine geschlossene Lagerschale oder aber gemäß Bild 17 eine geteilte.

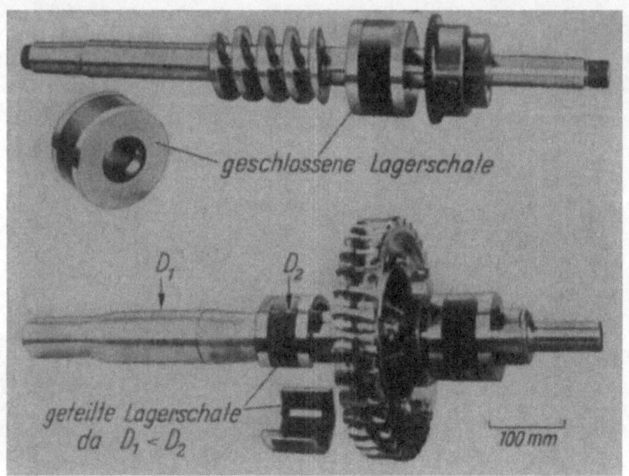

Bild 17. Aufnahme in den Lagerstellen durch Lagerschalen

Forderungen an die Zahnradprüf- und -meßgeräte

Vielfach werden Zahnradmeßgeräte als Instrumente angesehen, für welche Künstler gebraucht werden, um sie zu bedienen. Sache des Herstellers muß es aber sein, sie so zu bauen, daß auch der durchschnittliche Fachmann, ja vielleicht sogar angelernte Leute sie einwandfrei bedienen können, um das gewünschte hochwertige Endprodukt zu erhalten. Schließlich sollen die Geräte noch ein formschönes Aussehen sowie auch eine zweckentsprechende Oberflächenbehandlung aufweisen. Die Konstruktion der Geräte sollte außerdem weitgehendst das Abbesche Meßprinzip berücksichtigen, um ein Optimum an Meßgenauigkeit zu erreichen und eine Betriebszuverlässigkeit bei hoher Leistungsfähigkeit und Einfachheit in der Bedienung aufzuweisen, die dem Bedienenden, selbstverständlich bei richtiger Handhabung, volle Sicherheit für die erzielten Meßergebnisse gibt.

Die selbstverständliche Forderung nach der vollen Sicherheit für die Meßergebnisse setzt hohe Stabilität des Meßgerätes, genaue Führungen, äußerst geringe Reibung und Spielfreiheit in der Lagerung der Teile, die die Fehlerbewegungen aufnehmen, übertragen, anzeigen und gegebenenfalls registrieren, voraus [7, 8].

Die Meßsicherheit und damit die Güte des Zahnradprüfgerätes werden im wesentlichen von der Reproduzierbarkeit der Meßergebnisse und von der Größe der Umkehrspanne bestimmt. Der Grundsatz, je besser die Reproduzierbarkeit und je kleiner die Umkehrspanne, um so höher der Wert des Meßgerätes, gilt im besonderen Maße für Zahnradprüfgeräte, z. B. Evolventen-, Zahnrichtungs-, Ein- und Zweiflanken-Wälzgeräte, da bei diesen die gesuchte Fehlergröße nicht durch ein einmaliges Antasten, wie z. B. bei einer Längenmessung, ermittelt wird, sondern diese stets in der Richtung und Größe um einen ausgemittelten Wert pendelt.

Die Meßunsicherheit verschiedener auf dem Markt befindlicher Zahnradprüfgeräte ist so unterschiedlich, daß im Normblatt DIN 3961, Toleranzen für Stirnradverzahnungen nach DIN 867, Erläuterungen, unter Abschnitt 4 — Anwendung der Toleranzen und Prüfung — folgender Hinweis aufgenommen werden mußte:

> Um Schwierigkeiten bei der Abnahme der Zahnräder zu vermeiden, sind alle Einzelheiten zwischen dem Hersteller und dem Abnehmer zu vereinbaren, z. B. welche Prüfung bei der Abnahme vorgenommen werden soll, welche Geräte (Art und Fabrikat) hierzu verwendet werden sollen, ob die des Herstellers oder die des Bestellers.

Unter Berücksichtigung der vielfältigen Forderungen gestattet das Gerät nach Bild 2 die Wiederholbarkeit, also die Reproduzierbarkeit der Meßergebnisse auf etwa $0{,}2\,\mu$ bei einer Umkehrspanne von etwa $0{,}3\,\mu$, wobei diese Werte nicht nur unabhängig von der Belastung des Meßschlittens, sondern auch für die gesamte Lebensdauer des Gerätes bestehen bleiben. Die oftmals sehr kleine Toleranz der Verzahnfehler verlangt eine baldige Festlegung der kennzeichnenden Eigenschaften eines Zahnradprüfgerätes, vor allen Dingen nach Umkehrspanne und Reproduzierbarkeit.

Die hohe Empfindlichkeit der Zahnradmeßgeräte erfordert eine möglichst schnelle und laufende Überprüfung. Diese wird vorteilhaft mit Eichnormalen, z. B. Normal-Evolvente, und bzw. oder in Verbindung mit Prüfstücken vorgenommen. Die Prüfstücke sollen mit verschieden großen, genau definierten Fehlern versehen sein, um die Feststellung der Umkehrspanne zu ermöglichen. Durch eine laufende Überprüfung mit den Eichnormalen bzw. Prüfstücken und nachträglichen Vergleich der jeweils aufgenommenen Diagramme läßt sich der jeweilige Zustand der einzelnen und verschiedenen Prüfgeräte untereinander beurteilen. Voraussetzung für diese einfache Methode ist jedoch die Festlegung des Meßdruckes, eines einheitlichen Vergrößerungsmaßstabes sowie der Diagrammlänge in Abhängigkeit der Güte der Verzahnung bzw. der Größe des Moduls. Deshalb sollten diese Werte genormt werden.

Zusammenfassung

Durch die Theorie über die Entstehung des Zahnradlaufgeräusches schon geklärt und durch Reibkraftuntersuchungen und Geräuschmessungen bereits nachgewiesen, haben neben anderen Fehlern kleine Zahnflankenformfehler an der Entstehung des Geräusches einen großen Anteil. Ihr Einfluß ist sogar wesentlich, wenn sie periodisch auftreten. Durch statische Messungen nach dem Zweiflanken-Wälzprüfverfahren wurden die wirksamen Zahnflankenformfehler makrogeometrischer Art erstmalig maßlich an geradverzahnten Rädern ermittelt, die je nach dem Herstellverfahren periodisch auftreten können oder nicht. Hierdurch lassen sich die Herstellverfahren in zwei Gruppen aufteilen: solche mit periodischen und solche mit nicht periodischen Merkmalen. Geräuscharme Getriebe lassen sich dadurch erreichen, daß zumindest ein Rad durch ein Verfahren mit nichtperiodischen Merkmalen hergestellt ist.

Eine größere Laufruhe ist durch Verwendung der Schrägverzahnung gegeben. Die volle Ausnutzung ihrer Vorteile ist jedoch nur dann gegeben, wenn alle Flanken auf der gesamten Zahnbreite tragen. Die Schrägverzahnung erfordert höhere Aufwendungen als die Geradverzahnung sowohl bei der Herstellung der Räder als auch der Lagerung. Äußerst unangenehme Auswirkungen haben Taumelfehler und verschränkte Achsen zur Folge. Die Prüfung der möglichst kompletten Räder, also mit ihren Achsen, ist nur dann sinnvoll, wenn sie bei der Prüfung so gehaltert werden, wie sie späterhin auch eingebaut werden, d. h. in ihren Lagerstellen.

Eine zielsichere Fertigung setzt höchste Stabilität und Genauigkeit der Prüfgeräte voraus. Neben der genauen Achsenlage ist die Kenntnis der Wegumkehrspanne wesentlich, die ein Maß für die Güte und damit der Wertigkeit vor allem eines Zahnradprüfgerätes ist. Die hohe Empfindlichkeit der Prüfgeräte erfordert eine laufende und schnelle Überprüfung. Vorteilhaft wird sie durchgeführt mit Eichnormalen in Verbindung mit Prüfstücken, die mit verschieden großen bekannten Fehlern versehen die Feststellung der Umkehrspanne ermöglichen.

Schrifttum:

[1] Zink, H.: Geräuschmessungen an Zahnradgetrieben des allgemeinen und Schiffsmaschinenbaues. Schriftenreihe Antriebstechnik Bd. 16. Verlag Friedr. Vieweg & Sohn, Braunschweig.

[2] Dietrich, G.: Reibungskräfte, Laufruhe und Geräuschbildung an Zahnrädern. Deutsche Kraftfahrtforschung, Heft 25, VDI-Verlag 1939.

[3] Schlesinger, G.: Practical Application of Surface Finish. American Machinist, January 13 (1949), S. 101—110.

[4] Hagen, W.: Die Oberflächengüte feinbearbeiteter Zahnflanken. VDI-Z. **98** (1956), Nr. 8.

[5] Zieher, G.: Die Einzelfehler von Evolventen-, Stirn- und Kegelrädern im Fehlerschaubild der Ein- und Zweiflankenwälzprüfung. Werkstattst. u. Masch.-Bau **42** (1952), S. 242—248.

[6] Berndt, G.: Zahnradprüfung mit dem Zweiflanken-Abrollgerät. Z. f. Instrumentenkunde **64** (1944), S. 2 u. f.

[7] Thiemig: Erfahrungen mit Verzahnungsprüfgeräten im Betrieb. VDI-Z. **97** (1955), Nr. 7, S. 221—225.

[8] Dreyhaupt, W.: Zweiflanken-Prüfung von Zahnrädern. Klepzigs Anzeiger Nr. 5, 64. Jahrg., Mai 1956, S. 148—152.

S. G. KLEMMING

Schaben großer Zahnräder

In den letzten Jahren hat man ziemlich oft in der Fachpresse der großen Industrieländer von den Problemen des Schabens gelesen. In den meisten Fällen werden die Prinzipien und Erfahrungen beim Schaben von Auto- und Traktor-Zahnrädern in sehr großen Stückzahlen erwähnt.

In diesem Referat soll versucht werden, einige Erfahrungen vom Stand der Technik beim Schaben von Zahnrädern zu geben, die größenmäßig oberhalb dieser kleinen Zahnräder liegen.

Es gibt natürlich viele Prinzipien bei der Bearbeitung, die sich nicht mit der Größe der Zahnräder verändern. Es kommen aber mit steigendem Modul, Durchmesser und Zahnbreite Probleme dazu, die das Schaben komplizierter machen. Man fragt sich zuerst, auf welchen Gebieten der Großgetriebetechnik heute geschabt wird. Nach meinen Erfahrungen werden heute besonders in Turbinengetrieben die Zahnräder geschabt, und in USA und England ist seit mehreren Jahren eine Anzahl großer Schabemaschinen bei den Turbinenfirmen in Betrieb, einige mit einer Kapazität bis etwa 5,5 m Durchmesser. In den letzten Jahren sind auch in der Getriebeindustrie in USA mehrere mittelgroße Schabmaschinen in der Größe 1200—1600 mm aufgestellt worden, die für die Herstellung von schnellaufenden Industriegetrieben eingesetzt sind. Die Entwicklung der Schabtechnik hat sich nach dem Kriege vielleicht nicht rapide entwickelt. Man muß doch erkennen, daß die in den letzten Jahren gemachten Erfahrungen für die Ausnutzung des Schabens die Tür für die Hersteller auf dem Gebiet der allgemeinen Getriebetechnik geöffnet haben. Hier spielt die Entwicklung der Meßgeräte für die großen Zahnräder eine bedeutende Rolle. Man fragt sich, warum überhaupt geschabt wird. Erfahrungsgemäß steigen die Ansprüche der Kunden auf Geräuschfreiheit und Laufruhe bei Getrieben aller Art mehr und mehr.

Das Schaben erfordert jahrelange Erfahrung, ergibt aber bei großen wie bei kleinen Zahnrädern erhebliche Verbesserungen der Qualität.

Bei ASEA, Stockholm, arbeiten seit einigen Jahren Schabmaschinen, die Größen bis ungefähr 1600 mm Durchmesser bearbeiten können, und natürlich stammen viele Erfahrungen von dort gemachten Versuchen und Produktionsresultaten. Ich will also nicht behaupten, daß ich die heutige Lage des Schabens auf sämtlichen Gebieten der Getriebetechnik kenne. Ich will nur in aller Bescheidenheit etwas von den Erfahrungen mitteilen, die wir und andere Firmen auf dem Gebiet „Schaben" gemacht haben. Die Schabmaschinen werden für Zahnräder für schnellaufende Turbinengetriebe, Minenhebezeuge, Papiermaschinen usw. benutzt.

Bearbeitungsprinzipien

Obering. Rogg, München, hat sich in einem Aufsatz in der VDI-Zeitschrift vom März 1956 „Beitrag zur Frage des Zahnradschabens" sehr eingehend mit der Frage der kleinen Zahnräder befaßt.

In diesem Zusammenhang will ich also nicht den ganzen Schabevorgang wiederholen, als Hintergrund für diesen Bericht aber einige Prinzipien festlegen.

Das Schaben ist ein Schlichtvorgang zum Verbessern der Verzahnung und folgt auf eine Schruppbearbeitung durch Abwälzfräsen oder Stoßen.

Das Werkzeug ist ein Rundschabmesser. Bei großen Zahnrädern werden die zahnstangenförmigen Werkzeuge überhaupt nicht verwendet. Das Werkzeug ist prinzipiell wie ein Zahnrad ausgeführt mit demselben Modul wie das Werkstück. Längs der Zahnflanke ist das Schabmesser mit mehreren radialen Nuten versehen, die bei der Bearbeitung als Schneidekanten wirken. Das Schabmesser arbeitet im Eingriff mit dem Werkstück, hat aber einen anderen Zahnschrägungswinkel, und das ergibt einen Kreuzungswinkel. Im Prinzip bekommt man ein Schraubwälzgetriebe (Bild 1).

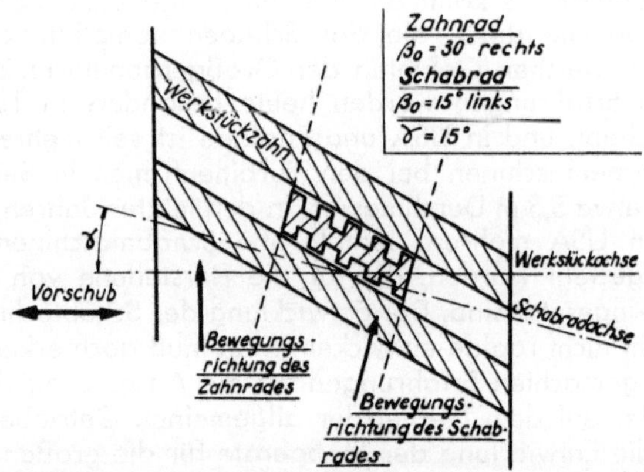

Bild 1. Zahnrad und Schabrad im Eingriff. Tangentialebene zum Teilzylinder

Die Schnittwirkung wird durch die Relativbewegung der Schabmesser-Schneidekante zur Werkstückflanke erzeugt. Man bekommt zum Wälzgleiten in den Rotationsebenen auch ein Schraubgleiten in Richtung der Achsen. Bild 2 zeigt Zahnrad und Schabmesser im Eingriff, Bild 3 ein Schabmesser in Seitenansicht. Die Breite des Schabmessers ist beim Schaben großer Zahnräder im allgemeinen sehr klein im Verhältnis zur Zahnbreite des Werkstückes, und um die Zahnflanke bearbeiten zu können, ist eine Vorschubbewegung von dem Schabmesser der Zahnflanke entlang erforderlich.

Gerade in dem großen Breitenunterschied zwischen Schabmesser und Werkstück liegt eine beträchtliche Schwierigkeit, ein gutes Schabresultat zu bekommen, weil das Werkzeug zwangsfrei schneidet, d. h. man kann riskieren, daß das Schabmesser sozusagen entgleist.

Bei großen Zahnrädern ist das Parallelschaben das bis jetzt einzig benutzte Verfahren, d. h. Schabmesser und Werkstück verlaufen bei der Bearbeitung parallel zueinander. Als Kreuzungswinkel hat man 8 bis 16° als günstig gefunden. Es ist erfahrungsgemäß so, daß mit steigendem Winkel die Schnittbedingungen besser werden (auch hier gibt es natürlich eine Begrenzung), aber gleichzeitig

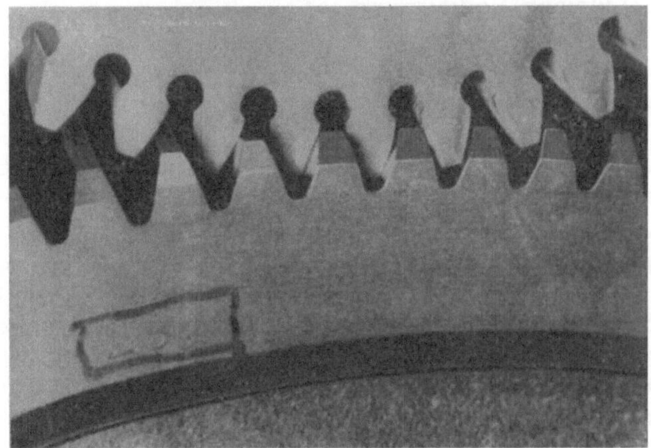

Bild 2

Bild 3

wird die Steuermöglichkeit des Schabmessers in der Zahnschräge des Werkstückzahnes schlechter. Ein Optimum liegt bei einem Kreuzungswinkel von ungefähr 13 bis 14°. Ich komme später auf diese Frage zurück.

Die beiden anderen Methoden, das Diagonalschaben und das Tangentialschaben, d. h. tangential zur Werkstückachse, werden nur bei kleinen Zahnbreiten und Durchmessern verwendet. Beim Diagonalschaben liegt die Bewegungsrichtung des

Werkstückes oder des Schabrades in einem Winkel zur Werkstückachse, dem „Diagonalwinkel". Die Erklärung des Diagonalschabens ist in dem vorgenannten Aufsatz sehr gründlich gegeben. Es ist hier die Rede von hochproduktiven Schabmethoden mit wesentlich kürzeren Bearbeitungszeiten als beim Parallelschaben. Die Rüstzeiten werden aber in diesem Falle nach Angaben so viel länger, daß bei Fertigung in kleineren Stückzahlen das Parallelschaben sich doch bewährt, auch bei kleinem Raddurchmesser.

Einzelheiten der Werkzeuge und Maschinen

Das Schabmesser ist, wie schon erwähnt, wie ein Zahnrad ausgebildet. Um ein gutes Resultat beim Schaben zu bekommen, müssen bestimmte Voraussetzungen hinsichtlich Zahnform und Eingriffsverhältnisse gelten.

Das Schabmesser muß denselben Modul und innerhalb gewisser Korrekturmaße denselben Eingriffswinkel wie das zu schabende Werkstück haben. Dazu muß die Zahnform des Schabmessers der Zähnezahl des Werkstückes angepaßt werden. Wie schon erwähnt wurde, muß man dazu einen Kreuzungswinkel zwischen Schabmesser und Werkstück von 6 bis 16° benutzen. Extrem geben wir 3 bis 18° an. Der günstigste Winkel hängt vom Material, Eingriffswinkel als auch Größe des Zahnschrägungswinkels ab.

Man sieht aus diesen Tatsachen, daß es kein Universalschabrad gibt, mit dem sich alle Werkstückzähnezahlen und beliebige Profilverschiebungen mit gleich gutem Schabresultat in Bezug auf die Form der Zahnflanke erzielen lassen. An sich sollte es bedeuten, daß man für jedes neue Zahnrad ein spezielles Schabrad beziehen müßte. So wird es ja auch bei Serienfabrikation gemacht und unter gewissen Umständen auch bei der Herstellung von Turbinengetrieben. Man sucht die günstigsten Bearbeitungsbedingungen für das Schabrad bei einem besonderen Werkstück und erreicht im allgemeinen das Optimale. Die Fälle, in denen die Verzahnung des Werkstückes unter diesen Bedingungen geändert werden muß, um eine Anpaßmöglichkeit mit einem Schabrad zu bekommen, sind erfahrungsgemäß sehr selten.

In der Maschinenindustrie mit kleinen Stückzahlen hat sich so allmählich ein „Jobbing System" ausgebildet, das ursprünglich auf amerikanische Erfahrungen zurückgeht.

In diesem System ist jedes Schabmesser einem bestimmten Zähnezahlbereich angepaßt worden. Die Berechnung der Flankenformkorrektur ist von den Herstellern nicht bekanntgegeben, und man muß für das Nachschärfen die Profile für jedes Schabmesser selbst bestimmen und kopieren, wenn man diese Erfahrung nicht besitzt.

Die Breite der Schabmesser liegt zwischen 25 und 32 mm, und es lohnt sich nicht, zu größeren Breiten zu gehen, weil doch die schneidende Fläche (theoretisch punktförmig) sehr klein ist.

Bild 4 zeigt das System, das bei ASEA benutzt wird. Dieses System hat sich während der letzten Jahre sehr gut bewährt. Als die Einführung der Schabmethode bei ASEA zur Diskussion stand, wurde die Werkzeugfrage, d. h. die Werkzeugkosten, wie sie zuerst aufgestellt wurden, als nicht akzeptabel betrachtet, weil die Totalkosten sehr hoch lagen. Die Vereinfachung durch ein praktisches System wurde als notwendig angesehen, auch wenn ein Risiko dann und wann besteht, daß die Approximation des Systems zu Flankenformfehlern führt, die in der Praxis nicht tragbar sind. Bis jetzt haben wir die Flankenformfehler, die wir bekommen haben, auf andere Fehlerquellen zurückführen wollen, z. B. allzu große Fehler bei der Schruppbearbeitung.

Einfluss des Schrägungswinkels:

Schabrad	Für Zahnräder mit Schrägungswinkel:
0°	5°–15° Rechts und Links
	(3°–18°) –"–
12° Rechts	0°–7° Links
	(0°–9°) –"–
	17°–27° –"–
	(15°–30°) –"–
12° Links	0°–7° Rechts
	(0°–9°) –"–
	17°–27° –"–
	(15°–30°) –"–

Einfluss der Zähnezahl:

Modul	Zähnezahl des Zahnrades			
	Bereich 1	Bereich 2	Bereich 3	Bereich 4
(0,7) — 1,25	13 — 22	≥ 20		
(1,25) — 2	14 — 18	17 — 34	≥ 25	
(2) — 3	14 — 18	17 — 29	≥ 27	
(3) — 4	15 — 17	17 — 26	23–40	≥ 35
(4) — 12	15 — 17	17 — 25	24–37	≥ 35

Bild 4. Schabräder, ASEA „Jobbing System"

Für Zahnräder mit 13 Zähnen oder weniger, z. B. Pumpenrädern, werden Spezialwerkzeuge angeschafft. Ein Schrägungswinkel über 30° wird von uns überhaupt nicht geschabt. Wir haben es einfacher gefunden, die vorkommenden Konstruktionen zu ändern, als teure Spezialwerkzeuge anzuschaffen.

Insgesamt haben wir im Bereich von 1 bis 12 Modul 17 verschiedene Modulgrößen. Das ergibt nach dem System 171 verschiedene Schabmesser. In Wirklichkeit haben wir eine reduzierte Anzahl, etwa 140 Stück, weil wir von Modul 3 bis 12 nur wenige Schabmesser im Bereich unter 18 Zähnen besitzen.

Bei einem Durchschnittspreis von etwa 1200 DM bedeutet es für einen Satz 170 000 DM und mit einem Reservesatz zusammen 340 000 DM. Wir haben aber keineswegs diese Kosten auf einmal bezahlen müssen. Der Bereich hat sich erst so allmählich mit steigender Ausnutzung der Methode vergrößert, und wenn man die Jahreskosten der Schabmesser mit denen der Wälzfräser und Hobelkämme usw. für einen entsprechenden Schlichtschnitt vergleicht, sieht man, daß sie bei derselben Produktion nicht höher liegen. Um das Nachschleifen der Schabmesser ökonomisch zu gestalten, haben wir die Zähnezahlen der Werkzeuge normiert, so daß wir mit einer reduzierten Anzahl Teilscheiben auskommen. Dazu haben wir für unsere Abnahmekontrolle Herstellungstoleranzen aufgestellt, die nach DIN ungefähr bei Qualität 4 liegen, teilweise etwas feiner. Es wäre bestimmt mehr über die Ausführung und Einzelheiten der Schabmesser zu sagen. Das ist aber ein Kapitel für sich (B i l d 5).

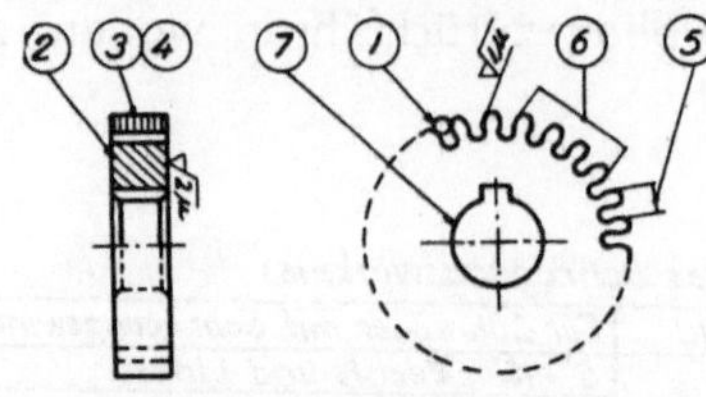

Nr.	Meßgröße (Meßvorgang)	Durchmesser 7″	9″	12″	14″
		Modul 1–2,75	3–5,5	6–8	9–12
		Fehler in μ			
1	Radialer Rundlauffehler (gemessen mit Meßdraht)	12	15	20	20
2	Axialer Rundlauffehler (gemessen an der Planfläche)	10 μ auf 100 mm Radius			
3	Maximale Abweichung des Zahnschrägewinkels (bezogen auf Radbreite)	6	8	10	12
4	Profilfehler	4	5	5	6
5	Teilungsfehler	3	4	6	5
6	Maximale Abweichung der Zahnweite	8			
7	Bohrungsdurchmesser	H 5			

Weitenmaß, gemessen über n Zähne

m	1	1,25	1,5	1,75	2	2,25	2,5	2,75	3	3,5	4	4,5	5	5,5	6	7	8	9	10	12
n	22	18	15	12	11	10	9	8	10	8	8	6	5	5	7	5	5	5	5	4

B i l d 5.

Maschinen

Die modernen Schabmaschinen für große Zahnräder werden in den meisten Fällen als Horizontalmaschinen ausgeführt (B i l d 6 und 7).

Die andere Type, die Vertikalmaschine, ist bei einigen Konstruktionen in Kombination mit einer Räderfräsmaschine ausgeführt, mit verschiedenen Antrieben für den Tisch beim Schaben und Fräsen und verschiedenen Köpfen ausgerüstet.

Die meisten Maschinen sind aber als reine Schabemaschinen ausgeführt. Im Prinzip arbeiten beide Typen, die horizontalen und die vertikalen Maschinen, in derselben Weise, und man kann darüber streiten, welche Maschinentype die beste ist. Ich glaube, daß jede Firma die Wahl mit Hinsicht auf die vorkommenden

Bild 6

Bild 7

Zahntypen treffen muß. Wir hatten beim Einkauf unserer großen Schabemaschinen folgende Gesichtspunkte zu berücksichtigen:
Wir wollen in erster Linie sämtliche Ritzel schaben, in zweiter Linie die Zahnräder bis zu dem maximalen Durchmesser. Dazu wollen wir am Schabkopf eine horizontale Meßfläche für unsere Kontrollmaßnahmen bei der Bearbeitung haben und dazu in einfachster Weise Rad und Ritzel so legen, daß sie ineinandergreifen wie im Getriebe. Außerdem wollten wir eine Crowning-Vorrichtung anbauen,

die wir eventuell in Kombination mit einer Korrekturbremse leicht und übersichtlich betätigen können. Wir haben eine horizontale Maschine nach diesen Überlegungen gewählt.

Einzelheiten über die Maschinenkonstruktion. Im Gegensatz zu kleineren Schabemaschinen treibt die Arbeitsspindel mit dem Werkstück das Schabrad. Die Spindelgeschwindigkeiten erhält man bei den meisten Maschinen durch Austauschräder. Die verschiedenen angegebenen Seitenvorschübe des Schabrades geschehen auch durch Austauschräder. Die Maschinen, die jetzt auf den Markt gebracht werden, sind durchgehend sehr stabil gebaut. Das Bett ist in einem Stück ausgeführt, um die richtige Stabilität zu geben und die gewünschte Genauigkeit zu erreichen. Ohne diese Stabilität verändert sich der Abstand zwischen Schabrad und Werkstück und dadurch die Schnittbelastung. Das Werkstück dreht sich zwischen Spitzen für Gewichte bis ungefähr 300 kg. Bei höheren Gewichten geht man zu Stützlager über. Hinter dem Werkstück bewegt sich der Schabkopf, kräftig ausgeführt mit Breitbahnführung. Die Bewegung des Kopfes in Längsrichtung kann durch verstellbare Anschläge begrenzt werden. Gewisse Maschinentypen bis ungefähr 1200 mm Durchmesser können mit einer Crowning-Ausrüstung (Balligkeit) versehen werden, was oft von Bedeutung sein kann. Die Balligkeit bekommt man z. B. durch eine Bewegung des Tisches, aber auch durch eine radiale Zusatzbewegung des Schabkopfes nach einer Lehre. Die radiale Zuführung des Schabmessers wird bei den modernsten Maschinen nach jeder Hin- und Herbewegung automatisch durchgeführt, und die Größe des Vorschubes wird im voraus eingestellt. Bei den größeren Maschinen geschieht die Zuführung manuell, und die Größe der Radialbewegung wird auf einer Meßuhr abgelesen.

Der Schabmesserkopf wird mittels einer Winkelskala mit Nonie auf den auf der Werkstückzeichnung angegebenen Schrägungswinkel eingestellt.

Verschiedene Typen von Maschinen werden mit einer Bremsvorrichtung ausgerüstet, welche auf die Werkzeugspindel einwirkt.

Sehr oft bekommt man den Schnittdruck durch einen radialen Vorschub des Schabmessers gegen das Werkstück. Mit der Bremse soll aber die Möglichkeit gegeben werden, ein Einflankenschaben durchzuführen. Die Normalausführung war bis jetzt eine mechanische Bremse mit zwei Bremsbacken. Eine Veränderung des Bremsmomentes geschieht durch Zusammenpressung von zwei Druckfedern mittels Bolzen von Hand. Durch die Reibung entsteht aber Wärme, die allmählich den ganzen Schabkopf aufwärmt und so langsam zu Variationen im Bremsmoment führt. Man bekommt dadurch Ungenauigkeiten in der Flankenrichtung.

Man sucht, diese Aufwärmung durch eine Zufuhr von Kühlöl zu reduzieren, was doch sehr fraglich ist.

Ein Patent von Hadcroft und Towle hat die Frage durch eine elektrische Bremse gelöst, die durch Widerstände ein leicht veränderliches Bremsmoment zuläßt, entweder nach einem durch „tripdegs" eingestellten Programm oder bei Handbetätigung. Ich komme später auf die Notwendigkeit des „Selective"-Schabens durch eine veränderliche Bremsvorrichtung zurück. Bild 8 zeigt eine Bremsvorrichtung von mechanischer Type.

Gewisse Typen von großen Maschinen sind mit zwei Schabmesserköpfen ausgerüstet, so daß man bei Pfeilzahnrädern die beiden Bahnen gleichzeitig bearbeiten kann. Die Handhabung wird aber hierdurch mehr kompliziert und beim „Selective"-Schaben beinahe unmöglich, und viele Maschinen sind meines Wissens nicht gebaut worden.

Bild 8

Bearbeitungsverfahren

Bevor ich zu den Bearbeitungsverfahren übergehe, will ich zuerst etwas von der Vorbearbeitung der Zahnräder vor dem Schaben sagen.

Die Vorbearbeitung der Zähne wird durch Abwälzfräsen oder Stoßen durchgeführt. Die Werkzeuge können erfahrungsgemäß bei kleineren Modulen kein normales Bezugsprofil mit 2,25 · Modul erhalten. Es besteht immer bei diesen Zahnhöhen ein Risiko, daß die Werkzeuge Fußkontakt bekommen, so daß Werkzeugzähne abbrechen oder ungünstige Kanten im Zahngrund entstehen.

Nach amerikanischen Vorschlägen haben wir in den ersten Jahren ein Bezugsprofil mit Protuberanz eingeführt.

Bild 9 zeigt unser normales Bezugsprofil und die alte Ausführung mit Protuberanz.

Seit einem Jahr arbeiten wir mit einem etwas abgeänderten Bezugsprofil. Die Zahnhöhe ist in den beiden Fällen mit kleinen Ausnahmen gleich für die verschiedenen Module $x = 0{,}4$ bei Modul 1 und $x = 0{,}25$ bei Modul 6. Wir sind aber von der Protuberanz abgegangen und haben statt dessen Winkel α etwas verkleinert.

Bild 10 zeigt die Profilform eines vorgefrästen Zahnrades mit den beiden verschiedenen Profilformen. Die Ursache, weshalb wir von dem Protuberanzfräsen abgegangen sind, ist, daß die Protuberanz nach kurzer Anwendung längs dem hinterschliffenen Zahn durch den ungünstigen Schneidwinkel abgenutzt wird und ungünstige Schabverhältnisse mit sich führt, d. h., wenn man bei der Vor-

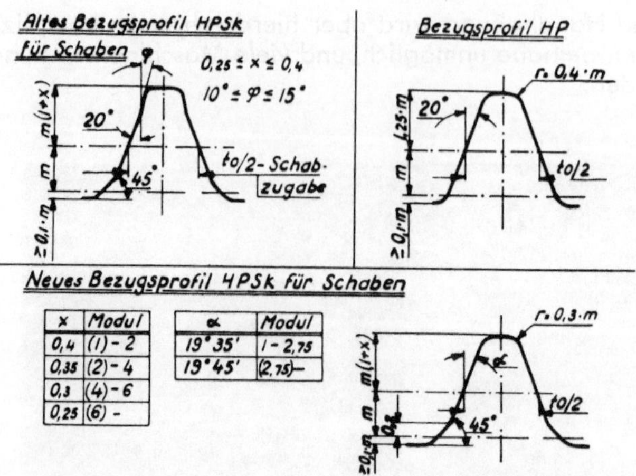

x	Modul
0,4	(1) - 2
0,35	(2) - 4
0,3	(4) - 6
0,25	(6) -

α	Modul
19° 35'	1 - 2,75
19° 45'	(2,75) -

Bild 9. Bezugsprofile von einigen Verzahnwerkzeugen, ASEA

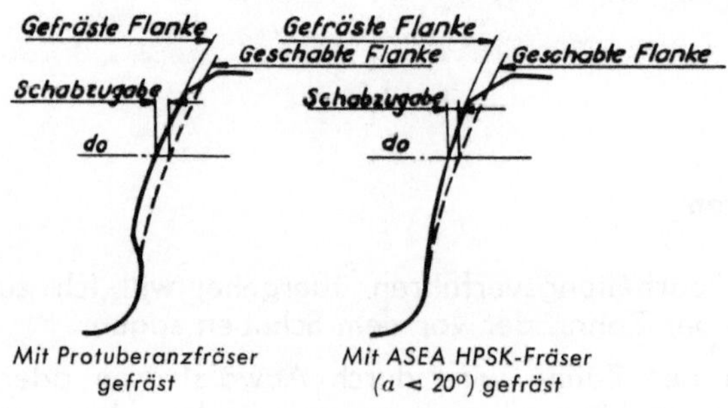

Bild 10. Profilnorm des gefrästen Zahnrades

bearbeitung keinen Freischnitt bekommt, schneidet das Schabmesser im Zahngrund viel zu hart, und man erhält eine scharfe Übergangszone.

Wie aus den Bildern hervorging, hat das Bezugsprofil einen Kopfkantenbruch von 45°. Nach unserer Erfahrung ist dieser sehr günstig. Man bekommt nämlich leicht einen aufgepreßten Grat am Zahnkopf ohne Kantenbruch. Er muß aber so klein wie möglich gehalten werden und hängt von der Zähnezahl und der Profilverschiebung ab. Eine Approximation ist bei Einzelfertigung notwendig, um die Anzahl Schruppfräser reduzieren zu können.

Eine andere Ursache für den Kopfkantenbruch ist folgende: Das Schabmesser zeigt oft eine Tendenz, hauptsächlich gegen den Kopf des Zahnes zu schneiden, was zu einem unruhigen Schnittverlauf führt. Schlechte Oberflächengenauigkeit und Entgleisung aus der korrekten Spirale können dann die Folge sein. Das beste Resultat bekommt man, wenn die Schabzugabe nach dem Kopf leicht abnimmt. Unser Profil ist also in dieser Beziehung nicht 100 %. Weil aber die Schabzugabe sehr klein ist, wird das Verhältnis durch den Kopfkantenbruch günstiger.

Im allgemeinen muß man es als sehr vorteilhaft betrachten, wenn das Zahnrad beim Schaben so aufgesetzt wird, wie es im Getriebekasten läuft, d. h. auf die eigene Welle. Diese Methode wird ja von selbst hervorgerufen, wenn man auf dem Prüfstand der Getriebe zu einer Verbesserung der Laufeigenschaften gezwungen wird (Bild 11, 12, 13 und 14).

Bild 11

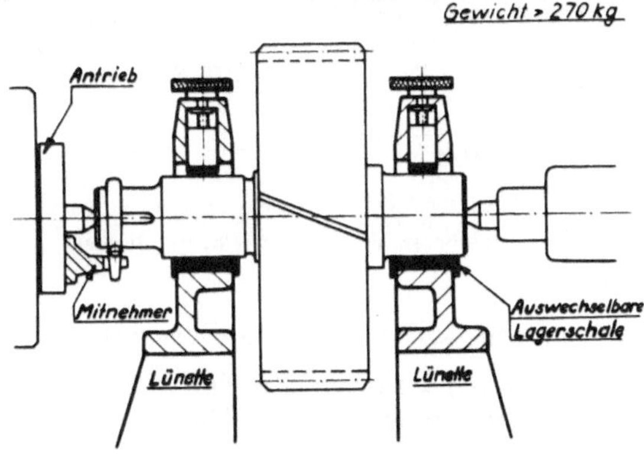

Für Zahnräder, die aus verschiedenen Gründen ohne Welle geschabt werden müssen, kommen verschiedene Dorntypen zur Verwendung wie Mutterdorn, Steckdorn und Spannpilz.

Ein Prinzip bei diesen Dornen ist, dieselben Ausgangsflächen für die Zentrierung zu benutzen wie beim Vorfräsen. Schwere Zahnräder über 270 bis 300 kg werden in auswechselbaren Lagern geschabt. Für diese Zwecke muß man eine Serie von Lagerschalen mit Standardwellendurchmesser anschaffen.

Bild 13

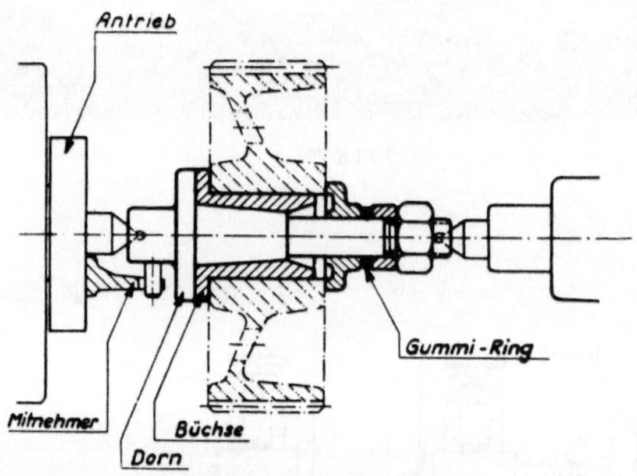

Bild 14. Schabdorn mit auswechselbaren Büchsen

Über die Schabzugaben möchte ich auch einige Gesichtspunkte erwähnen.

Die Zugabe je Zahn ist nach Rogg eine lineare Funktion mit 0,035 mm bei Modul 1,5, bei Modul 4 = 0,06 mm und bei Modul 6 = 0,08 mm. Diese Maße werden als Maximalwerte angegeben.

Die Maximalwerte nach amerikanischen Angaben sind etwa 20 bis 50 % höher. Nach unseren Erfahrungen braucht man sehr selten größere Zugaben als die von Rogg angegebenen Werte.

Normal geben wir die Hälfte dieser Zugabe für das Schaben und übernehmen natürlich gleichzeitig ein Risiko, daß wir ein wenig unter die angegebene Zahnweite kommen können. Dies geschieht auch dann und wann, um die Zahnflanke rein zu bekommen.

Beim Schaben wird eine Umfangsgeschwindigkeit von etwa 120 m/min von den verschiedenen Maschinenherstellern angegeben. Amerikanische Firmen geben 90 bis 120 m/min an. Die Daten sind u. a. vom Werkstückmaterial abhängig.

Der Seitenvorschub wird zu 0,25 mm pro Umdrehung des Werkstückes als günstig festgelegt. Wenn man höher geht, bedeutet es im allgemeinen eine schlechtere Oberflächengüte. Bei ASEA haben wir die Werte für Umfangsgeschwindigkeit = 120 m/min und einen Vorschub für sämtliches gebrauchte Material von 0,25 mm mit gutem Resultat verwendet. Bei größerem Schrägungswinkel (25 bis 30°) haben wir dagegen den Vorschub oft heruntersetzen müssen.

Die Anzahl Schnitte, d. h. Hin- und Herbewegungen des Schabmesserschlittens, ist bei verschiedenen Zahnrädern, Material und Materialzugaben sehr verschieden.

Ein Versuch läuft seit einiger Zeit, die günstigste Anzahl Schnitte bei Material mit 60 bis 100 kg/mm² Festigkeit zu finden. Wir sind zur Faustformel gekommen: Anzahl Schnitte = die totale Schabzugabe in Hundertstel von mm + 2 Schnitte ohne Radialvorschub (sogenannte Ausgleichsschnitte). Bei Modul 1 z. B. bedeutet das 6 Schnitte und bei Modul 8 = 10 Schnitte. Der Radialvorschub wird ungefähr 0,015 mm/Schlag in diesem Falle.

Amerikanische Quellen geben einen Radialvorschub von 0,025 bis 0,05 mm/Schlag an. Man kann aber annehmen, daß diese Daten für leicht bearbeitbare Einsatzstähle gültig sind. Man kann besonders bei großen Radialvorschüben eine beträchtliche Federung in dem Werkzeug und den Werkstückzähnen feststellen. Die Ausgleichsschnitte genügen oft nicht ganz, in diesen Fällen die Federungen auszugleichen.

Wir haben schon festgestellt, daß das Schaben ein Schlichtvorgang ist, und man fragt sich, was man mit dieser Methode mehr erreichen kann als mit einem Schlichtschnitt in einer Räderfräsmaschine oder Stoßmaschine. Bevor man eine neue Methode wie das Schaben überhaupt in Betracht zieht, muß man die Vor- und Nachteile kennen. Der größte Vorteil ist meiner Meinung nach nicht die reduzierte Bearbeitungszeit, die man mit dem Schaben erreichen kann. Eine Verkürzung ist nämlich vorhanden, die aber bei kleinen Stückzahlen oft durch Aufspannzeiten aufgefressen wird, welche dagegen bei einer Fertigbearbeitung in der Schruppmaschine nicht notwendig wären.

Der Vorteil liegt darin, daß man durch die Möglichkeit der Justierung der Flankenform, der Zahnschräge und Oberflächengüte beim Schaben eine Verbesserung der Laufeigenschaften der Zahnräder bekommt, und es gibt auch die Möglichkeit, die Teilgenauigkeit und den Rundlauf zu verbessern, aber bei ungenügender Vorbearbeitung auch zu verschlechtern. Nehmen wir als Ausgangspunkt ein Zahnrad, das mit normaler Sorgfalt gemacht worden ist, so kann dieses Zahnrad durch verschiedene Verfahren und Kniffe verbessert werden. Die Flankenformgenauigkeit hängt u. a. von dem Schabmesser ab. Die Genauigkeit der Flankenform und die Oberflächengenauigkeit hängen oft mit den Ausgleichsschnitten (ohne Radialvorschub) zusammen. Die Qualität des Schneidöles hat auch einen nicht zu vernachlässigenden Einfluß. Zum Beispiel weisen englische Versuche darauf hin, daß dünne Öle vom Lard-Typ nicht verwendbar sind, dagegen dickere EP-Öle mit Schwefelzusatz sehr gute Oberflächen geben. Hier spielt die Schmierungsfrage eine große Rolle, mehr als die Kühlfrage, besonders bei den Ausgleichsschnitten. Man muß vorsichtig sein, daß man nicht zu viele Schnitte bekommt. Oft wird die Flankenform nach vielen Schnitten nicht besser, denn meistens bekommt man so allmählich eine Einbuchtung unter dem Teilkreis als eine Tendenz zu einer beginnenden Abnutzung.

In USA und England unterscheidet man zwischen Normalschaben und „Selective"-Schaben.

Normal bekommt man den Schnittdruck dadurch, daß das Messer radial gegen das Werkstück vorgeschoben wird. Das Schabmesser hat also mit seinen beiden Flanken Kontakt mit den Zahnflanken. Diese Methode ergibt oft ein ausreichendes Resultat. Man muß aber erkennen, daß bei kleinen Kreuzungswinkeln, z. B. 5°, eine größere Anpreßkraft vom Werkzeugzahn gegen die Zahnradflanke absolut erforderlich ist als bei großen Winkeln, z. B. 15°. Es wird bei Diskussionen für und gegen die Schabemethode behauptet, daß man Oberflächenspannungen in das Werkstück hineinbekommt, und zwar 90° zu den Spannungen im Betriebszustand, d. h. in der Axialrichtung. Das ist auch nach englischen Versuchen, die Darlington in „Transactions" vom Institute of Marine Engineers veröffentlicht hat, bestätigt worden. Nach anderen Quellen hängt das damit zusammen, unter welchen Bedingungen geschabt wurde.

Beim „Selective"-Schaben wird jede Zahnflanke für sich bearbeitet. Es geschieht, wie schon erwähnt, im allgemeinen durch eine Bremse, die auf die Schabmesserwelle einwirkt. Durch diese Methode kann man den Schrägungswinkel zu einem gewissen Grade verändern, um ein Ritzel dem Zahnrad anzupassen.

Es gibt alternative Verfahren, um ein „Selective"-Schaben zu erreichen. Statt zu bremsen, so daß das Schabrad nur an einer Flanke schneidet, werden Schabmesser verwendet, die nur an einer Seite radiale Schneidnuten besitzen. Erfahrungsgemäß bekommt man ein Klemmen der Späne an der anderen Kontaktseite in der Zahnlücke. Diese Methode hat sich m. W. nicht durchgesetzt.

Eine andere patentierte Methode ist, Schabmesser mit einer axiellen Form wie ein Uhrglas auszuführen. Die konkave Form paßt sich einer berechneten Spirale an und soll bewirken, daß das Schabmesser nicht sozusagen entgleist, z. B. durch die wellenförmigen Fehler der Zahnflanke.

Meine Überzeugung ist, daß die Entwicklung gegen eine leicht veränderliche elektrische Bremse mit guter Wärmeableitung geht. Diese Bremse kann z. B. gegen die Zahnenden kräftiger bremsen und in dieser Weise die mechanischen Crowning-Ausrüstungen ersetzen.

Eine Veränderung des Flankenwinkels kann man bei großen Zahnbreiten nur innerhalb kaum meßbarer Größen durch Winkelveränderungen am Schabkopf durchführen.

Wir haben es für notwendig gefunden, systematische Messungen durchzuführen, zuerst auf kleinen Durchmessern und Zahnbreiten, die meß- und bearbeitungstechnisch leichter zu beherrschen sind. Als wir so allmählich eine Plattform schaffen konnten, haben wir größere Durchmesser und Zahnbreiten angegriffen.

Für die Winkeleinstellung des Schabkopfes haben wir eine Referenzfläche geschaffen, und darauf wird ein Winkeleinstellgerät mit Libelle, z. B. ein Clinometer von Watts mit einer Ablesegenauigkeit von 10 Sekunden, aufgestellt. Wenn der Schabkopf eingestellt ist, wird das Schabmesser in eine Zahnlücke des Werkstückes geschoben und das Anliegebild mit Farbenanstrich an einigen Stellen der Zahnbreite geprüft. Ist das Bild gut, kann das Schaben durch Radialvorschub durchgeführt werden. Ist das Bild schlecht, muß man „selective" schaben.

Die sehr genaue Einstellung des Winkels wird, soweit ich weiß, bei vielen Firmen nicht als notwendig betrachtet. Wir haben es aber als ein nützliches Verfahren gefunden, um die Vorbearbeitung des Werkstückes beurteilen zu können. Dazu kommt, daß Rad und Ritzel in derselben Weise eingestellt werden können. Dadurch wird auch die Voraussetzung der Austauschmöglichkeit geschaffen.

Man wird oft gefragt, in welcher Größenordnung die Qualität durch Schaben verbessert werden kann. Diese Frage exakt zu beantworten, ist beim „Jobbing System" unmöglich, weil es eine Approximation ist. Nach Messungen zu urteilen, kann die Flankenform toleranzmäßig um rund 20 bis 50 % verbessert werden. Der Teilungssprung zeigt ungefähr dieselben Werte. Wir haben systematische Meßergebnisse bekommen, die 30 %ige Verbesserungen zeigen. Man kann auch bei Serienherstellung durch Schaben leichter eine bestimmte Zahndickentoleranz als durch Fertigfräsen erreichen. Eine Zweiflankenabrollprüfung zeigt nach unseren Erfahrungen eine wenigstens 30 %ige Verbesserung. Die Resultate in Form von Laufruhe und Verminderung des Geräusches sind aufmunternd, und viele Probleme in Form von nachträglichem Putzen von makrogeometrischen Fehlern sowohl axial wie radial über die Zahnflanke kommen nicht so oft vor.

Die Oberflächengüte beim Schaben wird oft beim Vergleich mit einer gefrästen Oberfläche als schlecht angesehen. Fotografien mit ~ 1000-fachen Vergrößerungen zeigen beim Schaben eine ziemlich zerschnittene Oberfläche. Wir haben mehrere Oberflächenmessungen àn Zahnrädern aus der Produktion gemacht, die auf 3 bis 5 μ Oberflächenrauhigkeit in axialer Richtung und 2 bis 4 μ in radialer Richtung zeigen.

Die Tatsache steht aber fest, daß auch mit 2 bis 3 Ausgleichsschnitten ein feines Rillenmuster entsteht. Nach einigen hundert Stunden Betrieb scheint die Oberfläche aber mehr ausgeglättet zu sein.

Unsere Resultate zeigen eine wesentliche Verbesserung der Zahnradqualität. Es ist aber die Frage, wo man vor dem Einführen des Schabens qualitätsmäßig lag. Die Forderungen beim Herstellen von Präzisionsgetrieben sind schon im Anfangsstadium sehr groß. Die Radkörper müssen sehr genau vor dem Abwälzfräsen oder Stoßen hergestellt sein. Planlauf und Rundlauf müssen beim Verzahnen innerhalb sehr kleiner Toleranzen liegen. Die Abwälzfräser bzw. Stoßwerkzeuge müssen genau sein, und die Abwälz- und Stoßmaschinen dürfen gewisse Fehlergrenzen für Teilungs- und Summenteilfehler nicht überschreiten.

Das Gesamtresultat kann selbstverständlich nicht immer gut sein. Wir kontrollieren sämtliche Verzahnungswerkzeuge als Abnahmekontrolle. Die Werkzeuge und ihre Spindel haben ja einen großen Einfluß auf die Evolvente. Ein Wälzfräser kann unbedingt sämtliche Toleranzen einhalten, solange er neu ist, und gute Bearbeitungsresultate aufweisen. 50 % verbraucht, kann derselbe Fräser bei einer Kontrollbearbeitung eine veränderte Evolvente am Werkstück aufweisen, trotz einer laufenden Kontrolle nach jeder Schärfung auf Teilgenauigkeit usw. Ob es an einem veränderten Hinterdrehwinkel, Spirale oder etwas anderem liegt, kann oft schwer herauszufinden sein.

Die Fehler sind vielleicht in 50 % der Fälle da, aber das genügt, um die Qualität bei hochtourigen Getrieben zu gefährden.

Man kann vielleicht bei dem Abwälzfräsen von Turbinengetrieben in klimatisierten Räumen mit in jedem einzelnen Fall spezialkontrollierten Wälzfräsern zu sehr guten Durchschnittswerten in Bezug auf Genauigkeit kommen. Das läßt sich in einer Getriebewerkstatt mit gemischter Herstellung aus ökonomischen und praktischen Gründen nicht machen.

Gerade aus diesem Grunde ist es leichter, eine höhere Qualität durch Schaben zu erhalten.

Es ist nach unserer Erfahrung nicht notwendig, sowohl Ritzel wie Zahnrad zu schaben. Es gibt viele, die sich in erster Linie für das Schaben von Ritzeln ausrüsten. Wir sind diesen Weg gegangen. Es ist erfahrungsgemäß oft schwerer, Ritzel als Räder zu verzahnen, wenn man eine hohe Qualität erreichen will. Diese Tatsache hängt mit Werkzeug und Bearbeitungsmethoden zusammen. (So liegt z. B. ein Zahnrad viel stabiler auf der Aufspannvorrichtung als ein Ritzel, das oft zwischen Spitzen oder Lager bearbeitet wird. Die Stabilität der Gegenstände und die Einstellgenauigkeit des Wälzfräsers spielt hier eine Rolle.)

Je größer das Zahnrad, desto größer werden die Schwierigkeiten zu schaben, weil die Kontrolle der Verzahnung schwerer wird.

Wenn sowohl Zahnrad wie Ritzel geschabt werden, was natürlich die beste und endgültige Lösung ist, wenn man das Schaben einmal angefangen hat, ist es praktisch ratsam, erst das Zahnrad zu schaben. Das Ritzel wird nachträglich bearbeitet und dem Zahnrad durch „Selective"-Schaben angepaßt.

Die Entwicklung der Zahnradbearbeitung zu höherer Präzision geht Hand in Hand mit der Entwicklung auf dem Gebiet der Zahnradmeßgeräte und Meßmethoden. Das Schaben ohne Meßmöglichkeiten ist ein „Herumfummeln im Dunkeln", und gerade die Schabmethode hat die Entwicklung der modernen Meßgeräte für die Kontrolle von Flankenform und Zahnschräge ohne Zweifel hervorgerufen. Man kann ja leicht verstehen, daß man bei einer Methode, die für Feinkorrektur der Zähne eingesetzt wird, auch die Feinheiten der Zähne und ihre Veränderung beim Schaben messen muß.

Bei Massenherstellung oder wenigstens Serienfabrikation von Zahnrädern kann man bei den ersten Rädern oft Experimente machen, um nachher ohne viel Messen die Serie herstellen zu können.

Bei einem „Jobbing System" muß man direkt auf das Ziel gehen, und am besten wird das durch Messen vor, evtl. während und nach dem Schaben gemacht.

Es dauert viele Jahre, bevor eine neue Methode wirklich läuft, und ohne Meßmöglichkeiten dauert es noch länger. Im folgenden einige Punkte, die unsere Erfahrungen ergeben haben.

1. Beim Schaben, besonders beim „Selective"-Schaben, muß man den Zahnschrägungswinkel und seine Veränderung beim Schaben in erster Linie messen können.
   Die Messung muß möglichst ohne Veränderung der Lage des Werkstückes in der Maschine gemacht werden.

2. Man muß die Evolvente messen können, in erster Linie nach dem Schaben, wenn möglich auch während des Schabens.

In USA und England hat man bei verschiedenen Herstellern direkt an die Maschine ein Gerät für die Messung der Zahnschräge gebaut, ein Axial-Pitch-Meßgerät. Bild 15 zeigt solch ein Gerät.

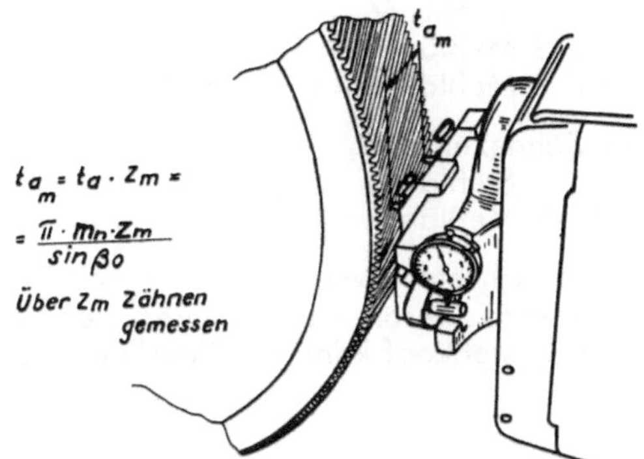

Bild 15. Gerät zum Messen der Achsteilung

In den letzten Jahren ist man aber mehr und mehr davon abgegangen, diese Instrumente anzubauen, und zwar deshalb, weil die Meßunsicherheit nach unseren Informationen zu groß war. Man kann zwar die Abweichung der Zahnschräge durch die eingestellten Meßkugeln auf Abstand t_a feststellen, man weiß aber nicht, wie die Zahnflanke sich wellenförmig zwischen den Kugeln verändert, d. h., ob sich eine der Kugeln auf einem Hügel oder im Tal befindet.

Um jede denkbare Möglichkeit für Messungen zu besitzen, haben wir an demselben Schlitten wie dem Schabkopf eine Referenzfläche geschaffen.

Um die ganze Flanke oder Teile davon ohne Drehung des Radkörpers messen zu können, haben wir ein Meßgerät machen lassen, das nach dem Erzeugungsgrad mißt, d. h. die Tangente zum Grundzylinder. Bild 16 zeigt das Instrument im Prinzip.

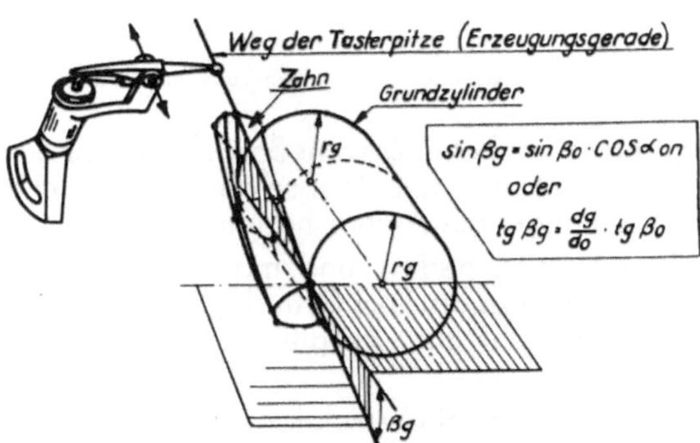

Bild 16. Messen des Zahnschrägungswinkels β_g zum Bestimmen der Zahnschräge

Die Meßlängen bei verschiedenen Zahnschrägungswinkeln und Modulen gehen aus folgenden Angaben hervor:

β = 10° und Zähnezahl 70
bei Modul 3 Meßlänge = 108 mm
bei Modul 8 Meßlänge = 336 mm

β = 20° und Zähnezahl 66
bei Modul 3 Meßlänge = 51 mm
bei Modul 8 Meßlänge = 134 mm

β = 30° und Zähnezahl 138
bei Modul 3 Meßlänge = 29 mm
bei Modul 8 Meßlänge = 78 mm

Die Meßlänge verändert sich sehr wenig mit steigender Zähnezahl. Bild 17 zeigt ein Übersichtsbild vom Gerät. Der Schlitten des Gerätes wird auf die Referenzfläche gestellt. Der Meßkopf kann mit Sinuslineal auf Winkel β eingestellt

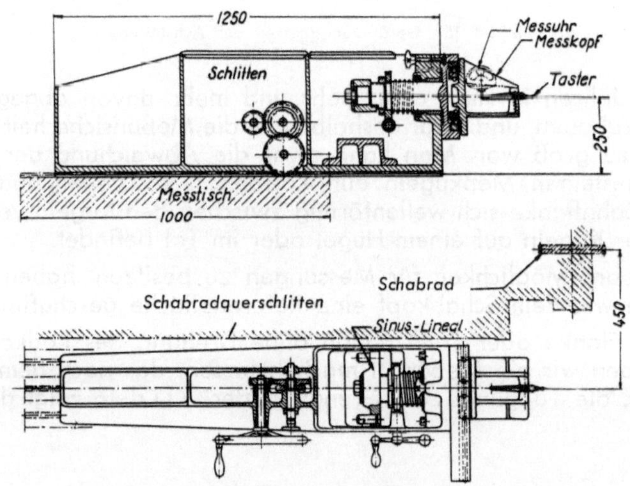

Bild 17. Meßschlitten einer Zahnradschabmaschine

werden und gleitet auf einer Rollkette. Das Meßergebnis muß ausgewertet werden, denn man mißt in Wirklichkeit nicht nur Zahnschrägungswinkel, sondern bekommt auch „tip relief" und Profilungenauigkeiten herein.

Die Meßlänge ist oft nicht lang genug, und man muß bei breiten Zähnen und großen Schrägungswinkeln mehrmals zum Grundzylinder zurückkehren. Mit einem Schreibgerät kann man aber sehr gute Vergleichsmöglichkeiten für die einzelnen Zahnräder bekommen.

Es gibt bei einigen Schabmaschinenkonstruktionen einen verstellbaren Lagerbock für das Gegenrad, so daß man eine Zweiflankenrollprüfung durchführen kann.

Ein Abrollen mit Blauanstrich kann in dieser Weise schnell eventuelle Mängel im Kontaktbild zeigen, und es ist ja doch Zweck der Übung, durch eine mechanisierte Teilmethode ein möglichst 100 %iges Kontaktbild zu geben.

Aus praktischen Gründen sind die Kontrollmöglichkeiten direkt in der Maschine vorzuziehen. Die Kontrollmethoden müssen so einfach und klar sein, daß der Mann an der Schabmaschine selbst messen und selbst die Meßresultate auswerten kann. Wenn diese Möglichkeiten nicht geschaffen werden, müssen die Erfahrungs- und Bearbeitungsresultate darunter leiden.

Die anderen Methoden in Sondermeßmaschinen müssen von Spezialisten bedient werden und sind dafür da, das Endresultat oder Reklamationen zu untersuchen. Ganz allgemein muß man feststellen, daß die Schabmethode nur sehr wenige spezielle Forderungen bei der Konstruktion von Zahnrädern stellt. Einige konstruktive und bearbeitungstechnische Gesichtspunkte sind jedoch zu erwähnen:

Die Materialfrage spielt beim Schaben eine große Rolle. Man bewegt sich im Bereich von Stählen mit 60 bis 110 kg/mm² Festigkeit. Bei ASEA sind Zahnräder zwar bis 120 kg/mm² Festigkeit und etwa 360 H_B Härte geschabt worden. Im allgemeinen liegen jedoch die Materialien bei 60 bis 100 kg/mm² Festigkeit, d. h. etwa 180 bis 330 H_B.

Nach amerikanischen Erfahrungen ist die Härte 320 H_B das Optimale bei Serienfabrikation.

Unsere Materialwahl ist zwar in keiner Weise mit Hinsicht auf verbesserte Schabeigenschaften gewählt, sondern aus Erfahrungsgründen, die mit Verschleißeigenschaften zusammenhängen. Dagegen suchen wir möglichst die weicheren Stähle, die dann und wann auftreten, wegzunehmen, weil die Späne sich in den radialen Nuten der Schabmesser festsetzen. Wenn man die Materialien mit über 110 kg/mm² schabt, muß man unbedingt die günstigeren Kreuzungswinkel wählen.

Der Zahnschrägungswinkel ist bei ASEA mit 30° als Maximalwert angegeben. Dieser Wert ist bei unserem „Jobbing System" praktisch ein Maximum, denn 18° Kreuzungswinkel soll, wenn möglich, nicht überschritten werden. Sonst kann man natürlich bei größeren Zahnschrägungswinkeln Spezialwerkzeuge anschaffen. Um aber bei einem „Jobbing System" optimale Resultate beim Schaben zu bekommen, muß es als sehr vorteilhaft angesehen werden, die günstigsten Zahnschrägungswinkel für die Konstrukteure zu geben.

Wir geben es in folgender Weise:

0° Schabmesser	8 bis 16° links und rechts optimal 13° links optimal 13° rechts
12° Schabmesser	4° links bis 4° rechts 20 bis 28° links optimal 1° rechts optimal 25° links
12° Schabmesser	4° rechts bis 4° links 20 bis 28° rechts optimal 1° links optimal 25° rechts.

Ungünstig sind bei unserem System die Winkel

5 bis 7° links und rechts
17 bis 19° links und rechts.

Besonders bei schnellaufenden Präzisionsgetrieben sind diese Erfahrungen bestimmt von Bedeutung.

Die Eingriffszahl muß so gewählt werden, daß sie über 1 liegt. Wie in einem Getriebe eine zu niedrige Eingriffszahl auf die Laufeigenschaften einwirkt, so ist ein ruhiges Schaben davon abhängig.

Bei Pfeilzahnrädern muß man einen Abstand zwischen den beiden Bahnen haben, um einen freien Auslauf für das Schabmesser zu erhalten. Der Abstand liegt bei ungefähr 30% von dem beim Abwälzfräsen mit normalen Abwälzfräsern nach DIN.

Eine praktische Bedeutung hat die Ausrechnung des Abstandes zwischen den Bahnen nicht für gefräste Zahnräder, aber bei vorgehobelten Zahnrädern, z. B. nach dem Sykes-Verfahren, die man als letzten Arbeitsgang schaben will.

Die versenkten Zentren sind bei den Normen im allgemeinen viel zu klein, um ein Schaben zwischen Spitzen zu ermöglichen. Wir haben größere Zentren einführen müssen, die auf Durchmesser, Gewicht und Schnittdruck bei der Bearbeitung Rücksicht nehmen.

Dazu müssen die versenkten Zentren eine gute Präzision in Bezug auf Winkelgenauigkeit, Rundheit und Oberflächengüte aufweisen.

Zusammenfassung

Wenn jemand die Absicht hat, eine Schabemaschine anzuschaffen, muß er sich darüber klar sein, daß er einen Fünfjahresplan startet, besonders wenn er große Zahnräder schaben will.

Die Massenhersteller von geschabten Kraftwagengetrieben bekommen oft ihre Schabwerkzeuge und Vorrichtungen mehr oder weniger von den Schabmaschinen- und Werkzeugherstellern zusammengestellt.

Die Werkzeuge mit erforderlichen Profilkorrekturen usw. werden von den Werkzeugherstellern nachgeschliffen. Bei den Firmen, die ein „Jobbing System" anwenden müssen, ist dieses System unmöglich.

Man muß sich ganz ernsthaft in die Theorie des Schabens vertiefen, um die Kapazität, Werkzeuge und Maschinenausrüstung richtig ausnutzen zu können.

Es dauert immer eine lange Zeit, neue Methoden durchzuführen. Beim Schaben dauert es länger als sonst, weil so viele Varianten eine Rolle spielen.

Ich sehe in der Schabemethode eine Möglichkeit, die Qualität der großen Zahnräder zu verbessern, durch normales Schaben oder durch „Selective"- Schaben. Die Methode ist außerdem ziemlich produktiv.

Die Methoden, die man entgegenstellen kann, sind Fräsen oder Stoßen unter Sonderbedingungen oder Schleifen. Sonst muß man die noch an vielen Stellen verwendeten Methoden Läppen mit Glaspulver oder Carborundumpaste oder Putzen mit Feile anwenden, um das Tragbild zu verbessern.

Hier bedeutet das Schaben eine Mechanisierung der Korrekturarbeit.

F. POHL

Das Messen großer Zahnräder

Unter „großen Zahnrädern" sollen im folgenden Bericht solche Zahnräder verstanden werden, deren Durchmesser, über 600 mm hinausgehend, bis zu einigen 1000 mm reicht.

Für Räder mit Durchmessern bis zu 1000 mm gibt es noch einige ortsfeste Meßgeräte, in denen die zu prüfenden Räder auf Dornen, zwischen Spitzen oder mit ihren Achszapfen aufgenommen werden können, so z. B. das Evolventen- und Zahnschrägeprüfgerät PH 100 der Firma Maag, das Zweiflanken-Wälzprüfgerät Typ 121 der Firma Schoppe und Faeser. Aber auch diese Geräte sollen hier nur erwähnt werden, ohne näher auf sie einzugehen. Die folgenden Ausführungen sollen sich nur mit den Geräten befassen, die wegen der Abmessungen der Meßobjekte so ausgebildet sind, daß nicht die Räder in ihnen aufgenommen, sondern umgekehrt die Meßgeräte an die Räder heran- oder auf sie aufgesetzt werden. Auch hierbei soll davon abgesehen werden, auf solche Meßverfahren und -geräte einzugehen, die in gleicher Form auch bei kleinen Rädern in Anwendung sind, wie z. B. die Hand-Meßgeräte für die Kreis- und Eingriffsteilung, sowie die verschiedenen Verfahren zur Messung der Zahndicke.

Dieser Bericht ist also auf die drei Meßgrößen beschränkt, deren Genauigkeit gerade für diejenigen Getrieberäder großer Abmessungen von großer Bedeutung ist, an die heute die größten Genauigkeitsforderungen gestellt werden, nämlich die Getrieberäder für schnellaufende Turbinengetriebe und die Teilräder der Verzahnmaschinen, auf denen sie erzeugt werden. Diese drei wichtigen Meßgrößen sind: die Kreisteilung, die Zahnform und die Zahnrichtung.

Bei der Kreisteilung ist neben der Gleichmäßigkeit des Teilungsverlaufes, also der innerhalb enger Toleranzen gleichen Größe aller Teilungen, vor allem der Summenteilfehler, der aus der Aufeinanderfolge einer Anzahl von Teilungen mit kleinen Fehlern gleichen Vorzeichens entsteht, gerade für die erwähnten Teilräder der Verzahnmaschinen von größter Wichtigkeit.

Bild 1 zeigt ein für die Prüfung der Kreisteilung großer Zahnräder entwickeltes Meßgerät in der Meßstellung an einem Teilschneckenrad. Seine Bauart und Wirkungsweise sind bekannt. Das Gerät stützt sich in der Meßstellung auf einem zur Verzahnung laufenden Kreise, etwa dem Fußkreise, ab, der ja bei einem gefrästen Rade zur Verzahnung läuft. Besser ist es natürlich noch, es auf einem in der Verzahnmaschine laufend zur Verzahnung angearbeiteten Bezugszylinder abzustützen. Zwei über zwei Winkelhebel auf zwei empfindliche Feintaster mit $^1/_{1000}$ mm Anzeige wirkende Tastkörper berühren die Flanken zweier benachbarter oder bei entsprechender Einstellung auch um eine gewisse Anzahl von Teilungen auseinanderliegender Zähne in Teilkreisnähe. Man stellt die Taster beim Anfangsintervall beide auf Null. Dann stellen die Differenzanzeigen bei den folgenden Intervallen deren Abweichungen von dem beliebig gewählten Anfangsintervall dar. Bildet man den arithmetischen Mittelwert aller gemessenen Teilungen bzw. Intervalle um das ganze Rad herum und subtrahiert ihn von den Einzelmeßwerten, dann erhält man die Teilungsfehler der einzelnen Teilungen bzw. Intervalle. Ihre fortlaufende Addition unter Berücksichtigung der Vorzeichen ergibt den Summenteilfehler.

Bild 1. Kreisteilungsmeßgerät für große Zahnräder (Schiess AG.)

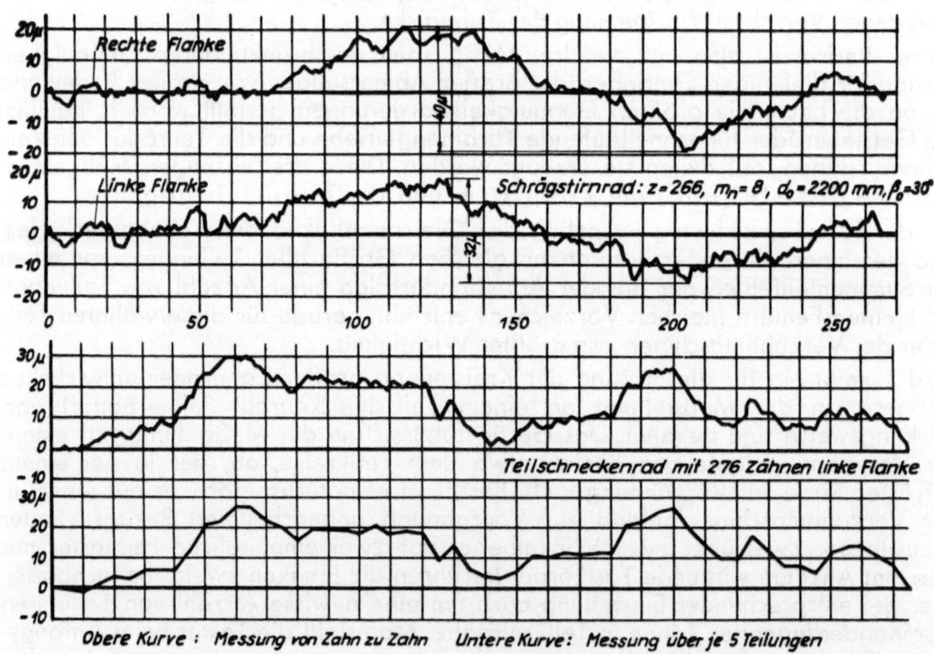

Bild 2. Aus Einzelteilungsmessungen errechnete Summenteilfehler großer Zahnräder (nach Messung von Schiess AG.)

B i l d 2 zeigt die Auftragung einiger in dieser Weise ermittelter Summenteilfehler. Die beiden oberen Kurven stellen die Summenteilfehlerkurven der Rechts- und Linksflanken des gleichen großen Zahnrades mit 266 Zähnen dar, errechnet aus den Einzelteilfehlern einer Messung von Zahn zu Zahn.

Die beiden unteren Kurven sind die Auftragungen der Summenteilfehler der gleichen Flanken eines großen Teilschneckenrades, errechnet einmal aus den Meßwerten einer Messung von Zahn zu Zahn und zum zweiten Mal aus einer Messung über je 5 Teilungen.

In beiden Fällen ist die außerordentlich gute Übereinstimmung der Kurven sowohl im Verlauf als auch in der Größe des Gesamtteilfehlers (größten Summenteilfehlers zwischen zwei beliebigen Zähnen am Rad) bemerkenswert.

Man muß dabei bedenken, daß es sich um mehrere hundert Meßwerte in der Größenordnung von wenigen μ handelt, die einzeln abgelesen und rechnerisch ausgewertet sind. Ähnlich übereinstimmende Meßergebnisse können bei sorgfältigster Durchführung der Messung auch dann erhalten werden, wenn an einem breiten Rade die gleiche Flanke in verschiedenen Höhen gemessen wird.

Für die Erzielung derartiger zuverlässiger Meßergebnisse, die erst in jüngster Zeit erreicht werden konnten, ist die einwandfreie Ausführung des Meßgerätes (Lagerung der Winkelhebel, empfindliche Feintaster mit minimaler Umkehrspanne, Starrheit der Stützen) ebenso Voraussetzung wie die äußerste Gewissenhaftigkeit und Sorgfalt bei der Durchführung der Messung (genaue Ausrichtung von Rad und Gerät zueinander, damit die Meßebene rechtwinklig zur Radachse ist, Ebenheit der Auflagefläche für das um das Rad herumzuführende Gerät usw.). Ein weiterer äußerst wichtiger Umstand ist die richtige, der Oberflächengüte des zu messenden Rades angepaßte Form der Meßtaster. Kleine Kugeln sinken bei rauhen Flanken in die örtlichen Oberflächenunebenheiten ein und verursachen große Streuungen in den Meßwerten. Erst die Wahl von Meßkörpern mit genügend großen Krümmungsradien (Kalotten) bis zu ebenen, plattenförmigen Tastkörpern erbrachte zufriedenstellende Ergebnisse und wiederholbare Messungen.

Eben diese starken, früher nicht vermeidbaren Streuungen des aus den Einzelteilungsmessungen errechneten Summenteilfehlers sind der Anlaß zu dem Vorschlage gewesen, die Summenteilfehlerkurven wenigstens in einigen Punkten durch eine absolute Winkelmessung mittels Theodolit und Kollimator zu kontrollieren. Bedenkt man aber, daß eine Winkelsekunde etwa das Äußerste an Genauigkeit darstellt, das man bei diesem Meßverfahren als Mittel aus mehreren Messungen des gleichen Wertes erreichen kann, so bedeutet dies bei einem Rade mit 2000 mm Durchmesser bereits eine Meßunsicherheit von 5μ. Da aber, wie B i l d 2 zeigt, bei Rädern dieser Größe heute fabrikatorisch bereits Gesamtteilfehler in der Größe von nur 25 bis 40μ und darunter erreichbar sind, bedeuten diese 5μ bei Rädern solcher Größe bereits eine nicht unerhebliche Meßunsicherheit, die kaum nennenswert geringer ist als die des vorher beschriebenen Meßverfahrens.

Für die M e s s u n g d e r Z a h n f o r m hat es für große Zahnräder lange an geeigneten Geräten gefehlt. Man kann bei den in der Literatur gemachten Vorschlägen und den ausgeführten Meßgeräten etwa drei Typen unterscheiden:

1. Verfahren, die von einer koordinatenmäßigen Vermessung des Profiles ausgehen,

2. Verfahren und Geräte, welche die — nach ihrem Sollwert rechnerisch zu bestimmende — Abweichung des Zahnprofils von einer geometrisch einfachen Bezugslinie messen,
3. Verfahren und Geräte, die den Meßtaster auf der Sollevolvente bzw. einer anderen beliebig einstellbaren Evolvente führen und so unmittelbar die Abweichungen der Flankenprofile von diesen Evolventen messen.

Zu 1. Der Vorschlag, das Zahnprofil großer Zahnräder, die sich in den verfügbaren Evolventenprüfgeräten nicht mehr aufnehmen lassen, auf einem Lehrenbohrwerk koordinatenmäßig zu vermessen, ist aus der sowjetrussischen Literatur einmal bekannt geworden. Ein in der gleichen Richtung liegender Vorschlag, ebenfalls russischer Herkunft, sieht vor, eine Zahnlücke des zu messenden großen Rades mit einem geeigneten Gipszement, dessen Zusammensetzung angegeben wird, in einer kleinen Gießform auszugießen und die Flanken eines Querschnittes des so erhaltenen Lückenprofiles unter einem Werkstattmikroskop koordinatenmäßig zu vermessen und mit den errechneten Sollwerten zu vergleichen.

Bei dem ersten Verfahren ist die Grenze der möglichen Radgröße durch die verfügbaren Koordinatenbohrwerke natürlich bald erreicht. Bei dem zweiten Verfahren wird man, selbst wenn die verwendete Gipsmischung einen sehr formtreuen Abguß ergibt, eine allzu große Genauigkeit nicht erwarten können. Sie wird in der Literaturstelle zu 15μ angegeben. Dennoch wird man dieses Verfahren in Fällen, wo gar keine anderen Meßmöglichkeiten vorhanden sind, als eine brauchbare Notlösung ansehen können.

Bild 3. Zahnformprüfgerät für große Zahnräder (David Brown)

Bild 3 stellt ein Gerät der englischen Firma David Brown dar, das ebenfalls von der punktweisen Messung nach Koordinaten Gebrauch macht. Das Gerät wird mit drei Kugelfüßen, die in die Zahnlücken hineingestellt werden, auf das Zahnrad aufgesetzt. Es ist mit einem Horizontalschlitten und einem von diesem getragenen Vertikalschlitten versehen, die beide mit Feinstellschrauben auf $^1/_{10000}''$, d. i. $2{,}5\,\mu$, eingestellt werden können. Der Vertikalschlitten trägt einen Taster, dessen Stellung von einem Feinzeiger ebenfalls auf $^1/_{10000}''$ angezeigt wird. Der Taster wird zunächst am Außendurchmesser an der Kopfkante eines Zahnes zur Berührung gebracht und der Feinzeiger dabei auf Null gestellt. Sodann wird dieser mittels der Feinstellschrauben nach vorausberechneten Koordinaten in horizontaler und vertikaler Richtung an einer Reihe von Flankenpunkten zur Berührung gebracht. Die Abweichungen dieser Flankenpunkte von ihrem Sollort sind am Feinzeiger abzulesen. Das Gerät ist geeignet für Räder von 450 bis 5000 mm Durchmesser.

Zu 2. Meßgeräte für die Zahnform, die das zu messende Zahnprofil mit einer geometrisch einfachen Bezugslinie vergleichen. Derartige einfache Bezugslinien sind die Gerade und der Kreis.

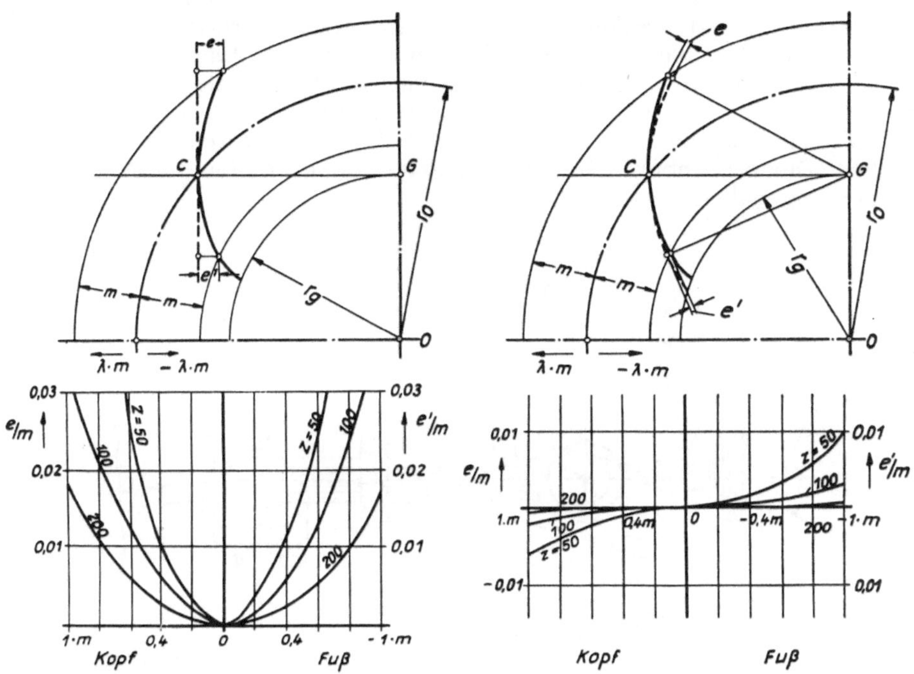

Bild 4. Abweichungen der Evolvente von der Tangente und vom Krümmungskreis der Flanken am Teilkreis (nach Toshio Aida)

In Bild 4 ist die Abweichung der Evolvente

a) von ihrer sie im Schnittpunkt mit dem Teilkreis (Wälzpunkt) berührenden Tangente,

b) von ihrem Krümmungskreis im Wälzpunkt

dargestellt. Die in den oberen Skizzen mit e bzw. e' bezeichneten Abweichungen der Kopf- und Fußflanken für Modul 1 sind für beide Fälle unten als Kurven über dem radialen Abstande vom Teilkreis mit der Zähnezahl als Parameter aufgetragen. Man erkennt aus dieser Darstellung zweierlei:

a) Die Abweichungen sind um so kleiner, je größer die Zähnezahl des Rades ist. Das ist klar, da mit zunehmender Zähnezahl sowohl die Krümmung selbst als auch die Krümmungsänderung innerhalb der Flanken abnehmen.

b) Die Abweichungen der Flanke vom Krümmungsradius betragen nur einen Bruchteil derjenigen von der Tangente.

Daraus folgt, daß man bei Rädern mit kleinen Zähnezahlen in jedem Falle und bei Rädern mit großer Zähnezahl im Falle der Messung gegenüber der Tangente die in den Kurven dargestellten Abweichungen rechnerisch berücksichtigen muß, denn erst die Unterschiede der gemessenen Profilwerte gegenüber diesen Kurvenwerten stellen die wirklichen Evolventenfehler dar.

Ein Gerät nach dem Verfahren der geraden Bezugslinie ist vom Mechanical Engineering Research Laboratory in Glasgow entwickelt worden. Dieses Gerät hat eine T-förmige Grundplatte, die mit drei verstellbaren Kugelfüßen, die in Zahnlücken eingesetzt werden, ähnlich wie das oben beschriebene Gerät von David Brown ausgerichtet wird. Ein in Richtung der Flankentangente in einer zur Radachse rechtwinkligen Ebene geradlinig verschobener Taster überträgt seine Ausschläge im Maßstab 10 : 1 auf eine berußte Glasplatte. Diese wird durch Projektion 50fach vergrößert mit der im Maßstab 500 : 1 aufgezeichneten Sollkurve verglichen. Die erreichbare Gesamtgenauigkeit dieses Meßverfahrens wird zu etwa 2,5 μ angegeben.

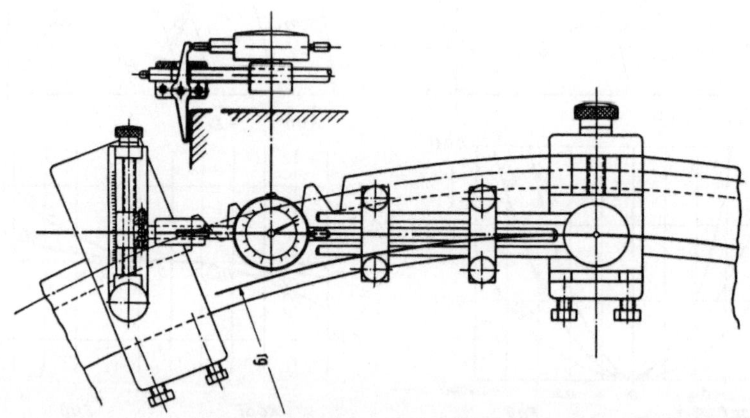

Bild 5. Schema eines Zahnformprüfgerätes für große Zahnräder (nach Toshio Aida)

Bild 5 zeigt ein von dem japanischen Professor Aida an der Universität Tokio und seinen Mitarbeitern entwickeltes Meßgerät, das den Abstand der Evolvente vom Krümmungskreis im Wälzpunkt mißt. Am Radkranz ist ein Halter verklemmt, der auf einem radial einstellbaren Schlitten den Lagerzapfen für einen in seiner Länge einstellbaren Schwenkarm trägt. Der Schwenkarm trägt an seinem anderen Ende einen Winkelhebel, dessen eines Ende mit einer Tastkugel an der Zahnflanke anliegt, und dessen anderes Ende auf einen Feintaster wirkt. Die Schwenkbewegung um seinen Lagerzapfen wird dem Hebel durch eine an seiner Verlängerung angreifende Stellschraube erteilt. An Stelle des Feintasters könnte natürlich auch eine Schreibeinrichtung treten.

Bei großen Rädern mit verhältnismäßig kleinen Modulen (Turbinengetrieberädern) und dementsprechend hohen Zähnezahlen sind die Abweichungen der Evolvente vom Krümmungskreis im Wälzpunkt innerhalb des Flankenprofiles so gering, daß man sie u. U. ganz vernachlässigen kann. Die Anzeigen des Feintasters stellen also in diesem Falle mit hinreichender Genauigkeit unmittelbar die Profilfehler der Flanken dar. Die erforderlichen Einstellgenauigkeiten für den Krümmungsmittelpunkt auf dem Grundkreis und die Länge des Krümmungshalbmessers (Schwenkarmlänge bis zum Tastpunkt des Winkelhebels an der Flanke) liegen in durchaus einhaltbaren Grenzen.

Zu 3. Geräte zur Prüfung der Zahnform, die unmittelbar die Abweichung des Zahnprofiles von einer Evolvente messen. Diese Geräte führen den an der Zahnflanke entlanggleitenden Meßtaster in der bei den ortsfesten Geräten üblichen Weise auf der Evolvente des Sollgrundkreises oder des Istgrundkreises.

Bild 6 zeigt schematisch ein Evolventenprüfgerät mit Wälzlineal, das auf einen Schwenkarm aufgesetzt ist, der in einem an der Ständerführung einer Wälzfräsmaschine festgeklemmten Lagerkörper gelagert ist. Das Gerät wird durch einen

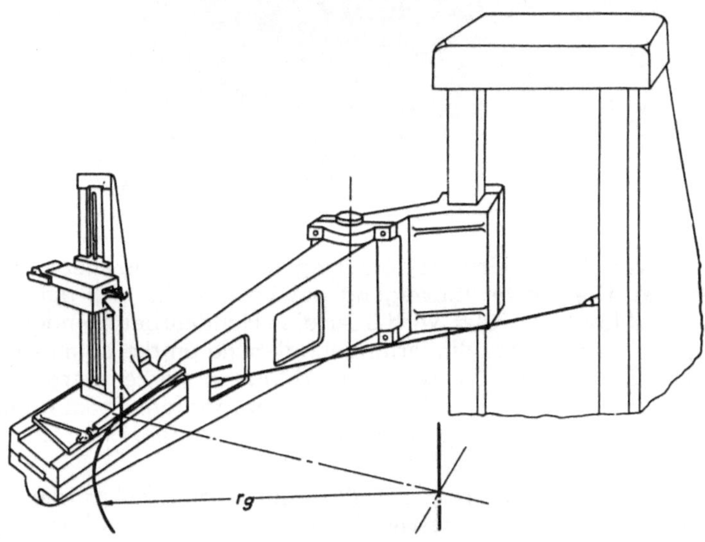

Bild 6. Schema eines Evolventenprüfgerätes für große Zahnräder (nach einem englischen Patent von David Brown & Sons)

Federzug mit seinem Wälzlineal gegen einen am zu prüfenden Rade angearbeiteten Grundzylinder oder eine mit ihm lösbar verbundene Grundkreisscheibe gezogen. Läßt man den Maschinentisch langsam umlaufen, dann nimmt der Grundzylinder bzw. die Grundkreisscheibe das Lineal reibungsschlüssig mit, und der in der Grundzylindertangentialebene an die Zahnflanke des Rades angestellte Meßtaster wird auf der Sollevolvente des Rades geführt. Das von ihm beaufschlagte Schreibgerät zeichnet das übliche Evolventendiagramm auf.

Das Schema ist einem englischen Patent der Firma David Brown & Sons entnommen.

Bild 7 zeigt das neue Evolventen-Prüfgerät für große Zahnräder der Firma Maag, Zürich, das für Räder bis zum Durchmesser von 4500 mm geeignet ist. Das Gerät besteht aus einer Tragplatte, die auf der Stirnfläche des zu prüfenden Rades befestigt wird. Auf dieser Tragplatte, die überwiegend aus einem unmagnetischen Werkstoff besteht, wird ein Grundkreissegment zentrisch zur Radachse ausgerichtet und festgespannt. Die Tragplatte dient gleichzeitig als Auflage und Führung eines Wälzlineals, an dem in Längsrichtung verstellbar ein Träger für das Meß- und Schreibgerät angeordnet ist. Dieser Träger kann in der Höhe verstellt werden.

Bild 7. Evolventenprüfgerät für große Zahnräder (Maag)

Der Reibungsschluß zwischen Grundzylindersegment und Wälzlineal wird elektromagnetisch bewirkt. Die Schwenkbewegung des Lineals, das sich am Grundkreissegment reibungsschlüssig abwälzt, wird über eine Handkurbel, Spindel und Mutter angetrieben. Der in der Grundzylindertangentialebene an die zu messende Zahnflanke angestellte Taster überträgt seine Ausschläge in starker Vergrößerung auf das durch einen Schnurzug und ein Reibgetriebe proportional zum abgewickelten Grundkreisbogen bewegte Schreibpapier. Das aufgezeichnete Diagramm entspricht dem üblichen Prüfbild der Standgeräte.

Bild 8 zeigt das Evolventen-Prüfgerät PGZ für große Zahnräder der Firma Klingelnberg. Es ist wie das eben beschriebene transportabel und wird auf das zu prüfende Rad aufgesetzt. Es arbeitet jedoch nicht mit einem Grundkreissegment, sondern leitet die Bewegung des Meßtasters auf der Evolvente von der Abrollung einer Wälzrolle in einem am zu prüfenden Rade fest vorgesehenen Bezugszylinder her.

Die schematische Darstellung des Bildes 9 läßt die Wirkungsweise des Gerätes am besten erkennen. Wie aus der Draufsicht auf der linken Bildseite zu erkennen ist, besteht das Gerät aus einer als Meßtisch bezeichneten Tragplatte, die mit wälzgelagerten Rollen auf der Radstirnfläche läuft und durch einen ebenfalls mit Laufrollen versehenen Stützbalken nochmals auf dieser abgestützt ist. Durch ein Dreiecksgestänge aus Rohren, das dem Raddurchmesser angepaßt werden kann und durch eine Spannvorrichtung elastisch auseinandergespreizt wird, wird der Meßtisch mittels im Bezugszylinder laufender Rollen konzentrisch zu diesem Zylinder auf der Radstirnfläche im Kreise geführt. Auf gleicher Achse mit einer der im Meßtisch gelagerten, im Bezugszylinder laufenden Rollen sitzt eine Wälzrolle gleichen Durchmessers, an der sich das durch eine im Bilde nicht dargestellte Federung angepreßte Wälzlineal des Meßaufsatzes reibungsschlüssig abwälzt. Dieses Wälzlineal ist an einem in tangentialer Richtung geführten Wälzschlitten befestigt. Die Bewegungseinleitung geschieht an diesem Wälzschlitten durch die

Bild 8. Evolventenprüfgerät PGZ für große Zahnräder (Klingelnberg)

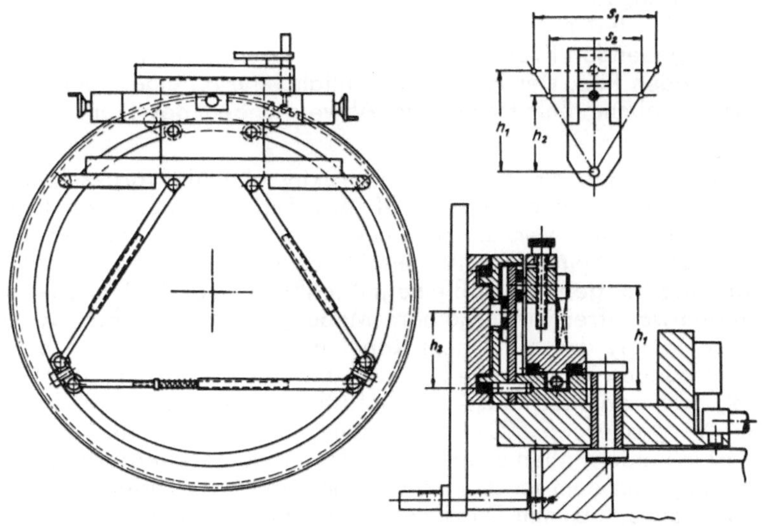

Bild 9. Schema des Evolventenprüfgerätes PGZ für große Zahnräder (Klingelnberg)

dargestellten Handräder über Spindel und Mutter. Über die Wälzrolle am Lineal und die im Bezugszylinder sich abwälzende gleichachsige Wälzrolle wird die tangentiale Verschiebung des Wälzschlittens in eine gleich große Drehung des ganzen Gerätes im Bezugszylinder umgesetzt. Daher beschreibt jeder in der Linealebene liegende Punkt des Wälzschlittens eine Evolvente des Bezugszylinders relativ zum ruhenden Rad. Ein am Wälzschlitten befestigter, in der Linealebene (= Tangentialebene des Bezugszylinders) an die Zahnflanke angestellter Taster könnte daher, wenn der Bezugszylinder den Durchmesser des Radgrundkreises hätte, unmittelbar zur Prüfung der Evolvente dienen.

Um nicht an diese Bedingung gebunden zu sein, d. h., um nicht für die Führung des Meßgerätes einen vom Grundkreisdurchmesser des Rades abweichenden, in gewissen Grenzen größeren oder kleineren Bezugszylinder benutzen zu müssen, wird der Meßtaster, wie aus dem Querschnitt ersichtlich, nicht auf dem Wälzschlitten, sondern auf einem zweiten, am Meßaufsatz geführten Schlitten befestigt. Dieser eigentliche Meßschlitten erhält seine Bewegung von einem Gleitstein, der in einem Führungsschlitz eines an seinem unteren Ende im Meßaufsatz drehbar gelagerten Hebels sitzt. In einen zweiten Führungsschlitz auf der anderen Seite dieses Hebels greift ein zweiter Gleitstein ein. Dieser ist durch einen Zapfen mit einem Schlitten verbunden, der in einem auf dem Wälzschlitten befestigten Ständer höhenverstellbar geführt ist. Der Schlitten und damit auch der Gleitstein können unter Verwendung eines Endmaßes genau in der Höhe eingestellt werden.

Mit dieser Einrichtung ist man in der Lage, dem Meßschlitten eine größere oder kleinere Bewegung zu erteilen, als sie der Wälzschlitten macht. Da einer bestimmten Verschiebung des Wälzschlittens bei gegebenem Bezugszylinder eine Drehung des Gerätes um einen bestimmten Winkel entspricht, bedeutet dies, daß dann der Meßschlitten mit dem Taster einen Weg zurücklegt, der dem diesem Drehwinkel zugeordneten Umfangsbogen eines größeren oder kleineren Kreises als der Bezugskreis entspricht. Jeder Punkt des Meßschlittens in der Tangentialebene des sich so jeweils ergebenden Kreises durchläuft daher eine Evolvente dieses Kreises relativ zum ruhenden Rad. Der in der Tangentialebene an eine Flanke des Rades angestellte Taster nimmt unmittelbar die Abweichungen des Flankenprofils von dieser Evolvente auf.

Der Bezugszylinder kann ein am Rad konstruktiv ohnehin vorgesehener Innenzylinder sein, wenn er in den durch das Meßgerät gegebenen Grenzen liegt. Besser ist es natürlich, auf der Verzahnmaschine einen zur Verzahnung laufenden Zylinder anzuarbeiten. Seine Oberflächengüte braucht nicht übertrieben hoch zu sein; die Erfahrung hat gezeigt, daß eine mit mäßigem Vorschub sauber gedrehte Zylinderfläche einwandfrei wiederholbare Meßergebnisse gibt. Es wird entweder ein elektrischer Taster, der mit einem Kabel mit dem zugehörigen elektrischen Schreibgerät verbunden ist, das eine Reihe schaltbarer Vergrößerungsstufen bis zu 500 : 1 zuläßt, oder ein mechanischer Feintaster und ein mechanisches Schreibgerät mit der Vergrößerung 500 : 1 verwendet. Die Abszisse des geschriebenen Diagrammes ist in beiden Fällen proportional dem abgewickelten Grundkreisbogen. Bild 10 gibt einige mit dem mechanischen Schreibgerät geschriebene Diagramme eines Rades von etwa 1600 mm Durchmesser wieder. Die oberen Kurven sind von den Rechts- und Linksflanken des gleichen Rades aufgenommen. Links wurde der Istgrundkreis eingestellt. Er wird ebenso wie bei den kleineren Standgeräten mit einstellbarem Grundkreis dadurch ermittelt, daß man die Einstellung des Gerätes sucht, bei der die geschriebene Prüfkurve waagerecht liegt. Rechts wurde der eingestellte Grundkreis, vom Istwert ausgehend, stufenweise um je 0,88 mm nach oben und unten verstellt. Die zunehmende Schräglage der Prüfkurven zeigt, wie das Gerät auf diese Verstellung reagiert, die man in ihrer Größe in Anbetracht der

Größe des Rades nicht überschätzen darf. Sie entspricht, nach den bekannten Formeln umgerechnet, nur einer Eingriffswinkeländerung von etwa 5 Winkelminuten.

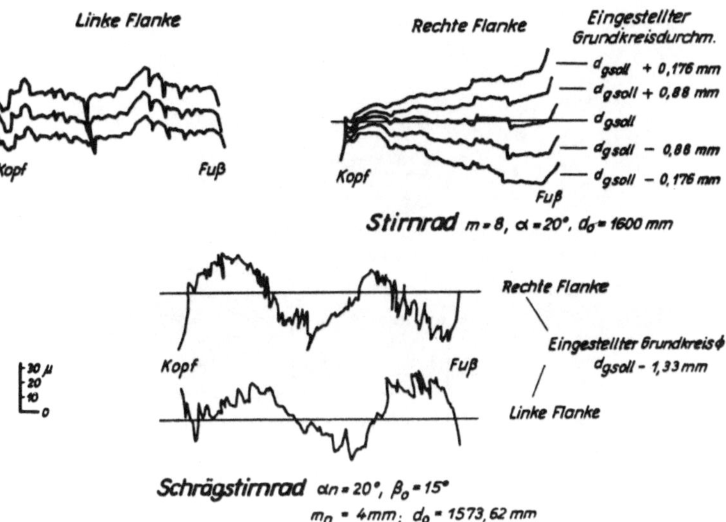

Bild 10. Evolventenprüfdiagramme des Evolventenprüfgerätes PGZ mit mechanischem Schreibgerät 500 : 1 (Klingelnberg)

Die beiden unteren Diagramme sind von den Rechts- und Linksflanken eines großen Schrägzahnrades mit recht schlechter Zahnform genommen.

Es seien als letzte noch die Verfahren und Geräte zur Prüfung der Zahnrichtung, also des Längsverlaufes der Zahnflanken, kurz besprochen.

Hier ist nicht nur die richtige Größe des Schrägungswinkels wichtig, sondern gerade bei den verhältnismäßig breiten Turbinengetrieberädern auch ein von Wellen freier Verlauf der Flankenlängslinien. Solche Wellen im Flankenlängsverlauf sind in erster Linie die Folge von periodischen Übertragungsfehlern in den Getriebezügen der Verzahnmaschinen, vorzugsweise im Vorschubantrieb der Wälzfräsmaschinen. Sie werden aber auch bereits durch geringe Temperaturschwankungen während des viele Stunden dauernden Fräsvorganges verursacht.

Bild 11 zeigt ein zur Prüfung des Flankenlängsverlaufes auf Welligkeit im Mech. Eng. Res. Laboratory in Glasgow entwickeltes Gerät. Das Gerät besteht aus einer dreieckigen Grundplatte, die in der Meßstellung mit zwei Kugelfüßen in einer Lücke und mit einem dritten Fuß auf dem Kopf eines benachbarten Zahnes aufsitzt. Eine Tastkugel ist in der Mitte zwischen den beiden Stützkugeln an einem drehbar gelagerten Hebel befestigt und wird mit Federkraft an die zu prüfende Zahnflanke gezogen. Die zur Zahnflanke senkrechten Bewegungen der Tastkugel werden auf einen mit einer Diamantspitze versehenen Schreibhebel übertragen, der sie mit 20facher Vergrößerung auf einer berußten Glasscheibe aufzeichnet. Zum Messen wird das Gerät längs der Zahnlücke verschoben, wobei die Glasscheibe durch eine Reibrolle in Umdrehung versetzt wird. Die Glasscheibe mit dem erhaltenen Diagramm wird nach Beendigung der Messung durch Projektion stark vergrößert und ausgewertet.

Bild 11. Welligkeitsmeßgerät für große Zahnräder (Mechanical Engineering Research Laboratory, Glasgow)

Mit dem Gerät lassen sich Welligkeiten bis zu einem μ herab feststellen.
Die Größe des Schrägungswinkels selbst kann mit ihm natürlich nicht gemessen werden.
Im gleichen Laboratorium in Glasgow ist ein Gerät zur Messung der Axialteilung entwickelt worden, das an dieser Stelle erwähnt sei, weil sich aus der Beziehung:

$$t_a = t_0 \cdot \mathrm{ctg}\, \beta_0$$

aus der gemessenen Axialteilung der Schrägungswinkel am Teilzylinder des Rades leicht errechnen läßt. Bild 12 zeigt dieses Gerät. Das Gerät arbeitet mit zwei vor Beginn der Messung mit Endmaßen genau auf den Wert der Axialteilung oder eines Vielfachen von ihr eingestellten Meßkugeln. Die eine der Kugeln ist am

Bild 12. Axialteilungsmeßgerät (Mechanical Engineering Research Laboratory, Glasgow)

Gehäuse des Gerätes fest, die andere sitzt am einen Ende eines Hebels, der um eine senkrechte Achse schwingen kann und mit seinem anderen Arm gegen den Amboß einer Mikrometerschraube unter Federkraft anliegt. Bei der Einstellung des Kugelabstandes wird das Gerät auf eine Justierplatte aufgelegt und mit einer Wasserwaage so ausgerichtet, daß sich die Mittelpunkte der Meßkugeln genau in einer waagerechten Ebene befinden. Dann wird das Gerät an das horizontal gelagerte Rad herangebracht, und die Meßkugeln werden in zwei entsprechende Zahnlücken eingeführt. Mittels der Mikrometerschraube wird dann der Abstand der Kugelmittelpunkte so lange geändert, bis die Wasserwaage des Gerätes wieder einspielt. Die Messung wird auf der anderen Seite des Rades wiederholt, und das Mittel der gemessenen Abweichungen vom eingestellten Grundwert ist der gesuchte Fehler.

Die erreichbare Meßgenauigkeit wird für eine Meßlänge von 150 mm und eine Flankenwelligkeit unter 3μ zu etwa 5μ angegeben.

Eine Möglichkeit der unmittelbaren Messung des Schrägwinkels besteht darin, eine ebene Meßfläche von genügender Länge an die Zahnflanke des Schrägzahnrades anzulegen und ihre Winkelstellung zur Radachse zu messen. Dieses Verfahren kommt bei dem Gerät zur Messung der Zahnschräge bei großen Zahnrädern der Firma Maag, Bild 13, zur Anwendung. An einem kräftigen Balken mit ebener Grundfläche, der auf die als Bezugsfläche dienende Stirnfläche des Rades aufgelegt wird, ist der Meßkopf angebracht. Dieser besitzt am vorderen Ende einer sehr

Bild 13. Zahnrichtungsprüfgerät für große Zahnräder (Maag)

sorgfältig gelagerten Achse eine ebene Meßfläche, die genau parallel zur Drehachse verläuft; am hinteren Ende sitzt auf der Achse ein genauer Teilkreis. Die ebene Meßfläche legt sich längs einer in der Grundzylindertangentialebene des Rades verlaufenden Erzeugenden der Zahnflanke an diese an. Da die Drehachse zur Meßebene parallel ist, braucht ein genauer Abstand nicht eingehalten zu werden, und der sich einstellende Winkel ist der Schrägungswinkel am Grundzylinder des Rades (β_g). Der Winkel kann im Okular auf 2″ abgelesen werden.

Bild 14 ist eine Ansichtszeichnung der Weiterentwicklung des vorher besprochenen Evolventen-Prüfgerätes PGZ für große Zahnräder von Klingelnberg. Dieses Gerät ermöglicht, außer der Evolvente auch die Zahnschräge zu messen, also die Zahn-

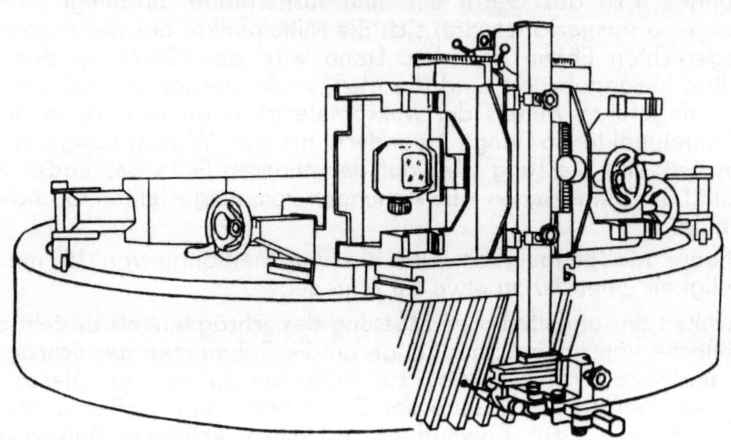

Bild 14. Evolventen- und Zahnrichtungsprüfgerät PGZ für große Zahnräder (Klingelnberg, neue Bauart)

flanken sowohl in Richtung des Zahnprofils als auch in der Längsrichtung abzufahren. Der Grundaufbau des Gerätes ist der gleiche wie bei dem oben beschriebenen Gerät (**Bild 8**), jedoch ist der Meßaufsatz ein anderer.

Die Konstruktion und Wirkungsweise dieses Meßaufsatzes ist aus dem in **Bild 15** gezeigten schematischen Querschnitt zu ersehen. Außer dem Wälzschlitten sind

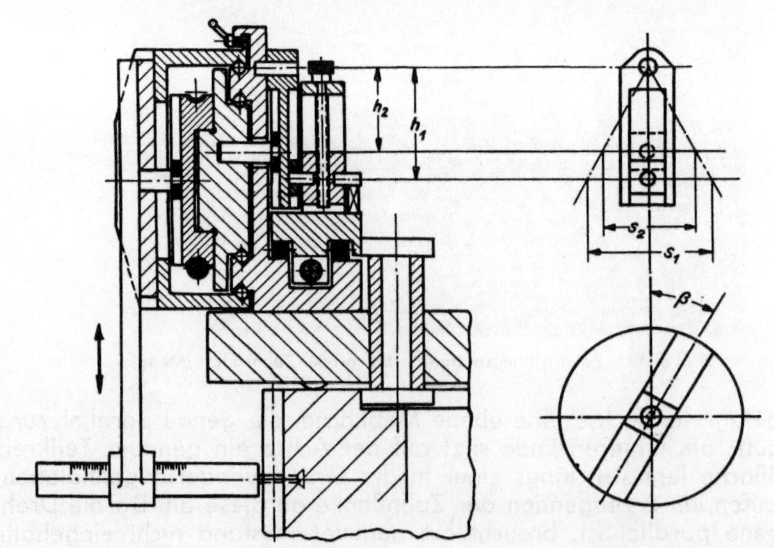

Bild 15. Schema des Evolventen- und Zahnrichtungsprüfgerätes PGZ für große Zahnräder (Klingelnberg, neue Bauart)

hier anstatt des einen in tangentialer Richtung an dem winkelförmigen Grundkörper des Meßaufsatzes geführten Schlitten deren zwei vorhanden, von denen der eine den anderen umschließt. Außerdem wird auf dem äußeren Schlitten noch ein weiterer Schlitten in vertikaler Richtung, also parallel zur Radachse, geführt. Er kann mit dem in der Ansicht sichtbaren Handrad über Zahnstange und Ritzel auf und ab bewegt werden. Bis zu dem inneren Schlitten ist die Anordnung genau die gleiche wie bei dem vorhin beschriebenen Gerät mit dem einzigen Unterschied, daß hier der die stufenlose Grundkreiseinstellung ermöglichende Schwenkhebel mit den Gleitsteinen an seinem oberen Ende gelagert ist. Zum Prüfen der Evolvente wird der Tragarm mit dem Feintaster auf dem umschließenden Schlitten um das für das zu prüfende Rad erforderliche Maß seitlich von der Gerätmitte befestigt, und die Prüfung der Evolvente erfolgt genau so wie vorhin beschrieben, da der äußere Schlitten vom inneren mitgenommen wird.

Auf dem inneren Schlitten ist eine Scheibe mit einer Kulissenführung gelagert, die mittels Schnecke und Schneckenrad auf einen Winkel gegenüber der Senkrechten eingestellt werden kann. Die Winkeleinstellung ist über eine Projektionsoptik in einem Einblickfenster auf der Frontseite des Gerätes auf 2″ ablesbar. Ein Kulissenstein, der auf einem im Vertikalschlitten festen Bolzen drehbar gelagert ist, greift in die Kulissenführung ein. Zum Prüfen der Zahnschräge wird der Tragarm mit dem Meßtaster auf dem Vertikalschlitten befestigt und der umschließende Tangentialschlitten mittels einer Klemmschraube mit dem Grundkörper des Meßaufsatzes fest verklemmt. Die Meßbewegung wird am Vertikalschlitten eingeleitet. Dieser nimmt bei seiner Verschiebung parallel zur Radachse den inneren Tangentialschlitten entsprechend dem eingestellten Kulissenwinkel mit, der seinerseits über den Hebel mit den beiden Steinen den Wälzschlitten verschiebt. Über die Wälzrollen am Wälzlineal und im Bezugszylinder wird dem Meßgerät die zur Verschraubung des Meßtasters längst der Sollschraubenlinie am Rad erforderliche Drehung erteilt. Ist das Gerät z. B. von einer vorangegangenen Evolventenprüfung her auf den Grundkreis des Rades eingestellt, dann muß an der Kulisse der Grundschrägungswinkel β_g des Rades eingestellt werden. Der Meßtaster selbst

Bild 16. Zweiflanken-Wälzprüfeinheit zum Messen an der Maschine (Schoppe & Faeser)

kann natürlich auf jedem beliebigen Radius an die Flanke angestellt werden. Der Vorschub des Schreibpapiers wird bei der Zahnschrägeprüfung von der Vertikalbewegung hergeleitet. Das geschriebene Diagramm läßt in einer Schräglage die Abweichung des Schrägungswinkels vom Soll und in seinem Verlauf die Welligkeit der Zahnflanken und je nach dem verwendeten Taster bis zu einem gewissen Grade auch ihre Oberflächenrauhigkeit in Längsrichtung erkennen.

Abschließend sei auf die Möglichkeit zur Durchführung einer Sammelfehlerprüfung auch an so großen Rädern hingewiesen. Bild 16 zeigt die Zweiflanken-Wälzprüfeinheit der Firma Schoppe & Faeser, angesetzt an ein in der Maschine aufgespanntes Rad. Bei der Durchführung dieser Prüfung ist man an das Vorhandensein der entsprechenden Lehrräder gebunden. Man braucht ja zum mindesten für jeden anderen Modul und jeden anderen Schrägungswinkel ein Lehrrad.

Um hier eine Erleichterung zu beschaffen, hat die Firma Schieß eine an der Lyra der Wälzfräsmaschine zu befestigende Aufnahme für die Wälzprüfeinheit geschaffen, die es gestattet, diese gegenüber der Radachse in einem genauen Winkel einzustellen. Dadurch kann man ein im Schrägungswinkel von dem des zu prüfenden Rades innerhalb gewisser Grenzen abweichendes Lehrzahnrad gleichen Normalmoduls für die Abrollprüfung verwenden. Diese erfolgt dann unter leicht geschränkten Achsen von Lehrrad und Prüfling, also unter Punktberührung der Flanken.

Aussprache

Kollmann: In dem Vortrag von Herrn Strelow wurde darauf hingewiesen, daß gewisse Unterschiede bezüglich des Geräusches bestehen, je nachdem, ob mit Maag- oder Minerva-Schliff gearbeitet wird. Bei dem Minerva-Schliff sollen hohe, beim Maag-Schliff niedrige Frequenzen zu hören sein. Tatsache ist ja, daß die hohen Frequenzen dem menschlichen Ohr bzw. vor allem für den menschlichen Organismus sehr unangenehm sind. Worauf ist nun die Empfindung eines leiseren oder kleineren Geräusches zurückzuführen, nachdem bei der einen Schlifform nur die höheren, bei der anderen Schlifform die niedrigeren Frequenzen wirksam werden?

Strelow: Bei dem Maag-Schliff sind die Amplituden in der Regel größer als bei dem Minerva-Schliff. Es ist richtig, daß die Frequenz das Unangenehme ist. Die Amplituden beim Minerva-Schliff sind in der Regel geringer, aber das Geräusch ist dem Ohr unangenehmer.

Broersma: Bis vor wenigen Jahren wiesen Zahnräder, die mit einem idealen, d. h. fehlerfreien Wälzfräser auf Wälzfräsmaschinen hergestellt werden, als Folge von Maschinenfehlern und äußeren Einflüssen (Zerspanungsbedingungen, Temperaturänderungen usw.) folgende Fehler auf:

1. Teilungsfehler,
2. fehlerhafte Zahnschrägungswinkel,
3. wellige Zahnflanken,
4. Oberflächenfehler.

Den Einfluß von Temperaturänderungen kann man ausschließen. Man kommt dann zur Produktion (und Montage) von Rädern und Ritzeln in einem temperaturkontrollierten Raum.

Es gibt heute neuere Entwicklungen von Fräsmaschinen, deren Entwurf und Bau aus einer engen Zusammenarbeit zwischen Räderfräsmaschinenfabrik und Zahnradfabrik geboren sind. Man hat an den auf den neuen Fräsmaschinen hergestellten Getrieben gefunden, daß die obengenannten vier Fehlerquellen wesentlich unter die strengsten, bisher bekannten Normen hinunterzudrücken sind.

Oberflächenfehler sind mit guten Fräsern zu vermeiden. Es hat sich nämlich gezeigt, daß die Rauhigkeit, anstatt mit der Bearbeitungsdauer größer zu werden, mindestens gleichbleiben kann. Vergleicht man die Rauhigkeit am Anfang der Schlichtarbeit einer Bandage mit der am Ende, so ist eine Abnahme der Rauhigkeit festzustellen (s. Beitrag Löbell). Leistungsmessungen an Fräsern haben als Ergebnis gezeigt, daß mit der Zeit die benötigte Leistung während des Fräsens abnimmt.

Zur Kontrolle der Güte der Räder erfolgt neben Teilungsmessungen eine Überprüfung der Tragbilder von Rad und Ritzel durch Tuschieren. Dazu werden Rad und Ritzel in einen Meßbock eingelegt, wo sie in der theoretisch richtigen Lage (richtiger Achsabstand, parallele Achslage) gepaart werden.

Der Kunde wird heute immer mehr verwöhnt und verlangt bei der Kontrolle auf dem Meßbock im allgemeinen ein hundertprozentiges Tragbild, oft unabhängig davon, ob im Getriebekasten während des Betriebs noch Verformungen auftreten können, die das Tragbild beeinflussen. Dabei geben die Lager im Kasten noch die Möglichkeit freier Einstellung. Eine optimale Flächenparallelität beim Eingriff ist dabei leicht zu erreichen. Der Erfahrung nach ist jedenfalls am besten das Resultat im Meßbock als maßgebend zu akzeptieren.

Beim Schleifen war mit modernen Maschinen bisher bei einer gewissen Kunstfertigkeit 100 % Tragen zu erzielen. Beim Fräsen sind solche Ergebnisse bis vor kurzem noch nicht ohne Nacharbeit erzielt worden. Die Verhältnisse lagen wegen der großen Schrägungswinkel (bis zu 30°) und wegen der schlechteren Oberflächengüte auch schwieriger. Als Nachbearbeitungsverfahren kamen Feilen, Läppen, Schaben in Frage. Dabei wird u. a. die einwandfreie Evolvente einem gut aussehenden Tragbild geopfert, ohne daß man bis jetzt weiß, was eigentlich wichtiger ist.

Wie schon angedeutet, konnten auf neuen Wälzfräsmaschinen in letzter Zeit Räder gefräst werden, bei denen keine Nacharbeit notwendig ist. Dies zeigte sich durch die Tuschierproben. Mit dem Zweck, das Tuschierproblem zu untersuchen, ist vor kurzem ein Farbdickenmesser entwickelt worden (Bild 1). Man bewegt dieses Messer 10 cm entlang der Zahnoberfläche. Tuschieranstrich wird im Hohlkörper gesammelt. Das von 10 cm Zahnlänge abgenommene Volumen ist ein Maß für die Dicke. Man liest die Dicke sofort an der Unterseite ab. Beim Auftragen

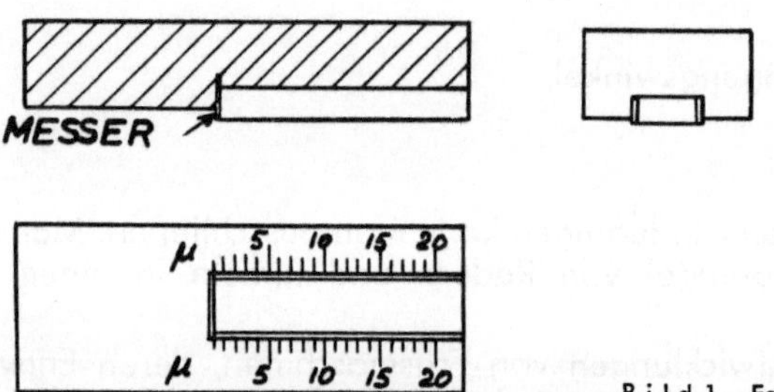

Bild 1. Farbdickenmesser

von Tusche in einer Dicke von 4 bis 5 μ ergab sich ein mittlerer Traganteil von etwa 65 %, bei einer Tuschdicke von 8 bis 10 μ ein Traganteil von etwa 78 %, bei einer Schichtdicke von etwa 15 μ ein Traganteil von etwa 95 %. Dabei muß man bedenken, daß in einem großen Getriebe z. B. der Kleinstwert mitgeführter Ölfilmdicke zwischen Ritzel und Rad in der ersten Stufe über 20 μ und in der zweiten Stufe über 60 μ beträgt. Überdies fordern die strengsten Bedingungen bisher ungefähr 60 bis 70 % Traganteil. In Bild 2 findet man ein Beispiel eines Tragbildes von einem auf Hochgenauigkeitsmaschinen gefrästen Ritzel.

Es gibt Länder, in denen man — weil sich die Belegschaft gegen die gleitende Arbeitswoche weigert, in fünf bis sechs Tagen aber ein Rad fertig sein muß — gezwungen ist, ein schnelles Fräsverfahren mit ziemlich fraglichem Resultat und deswegen nachher ein schnelles "shaving"-Verfahren anzuwenden, um eine Verbesserung zu erreichen.

Bild 2. Tuschierresultat ohne Nacharbeit — Sekundär-Ritzel auf Hauptrad. Ritzel und Rad auf zwei verschiedenen neuen Maschinen gefräst

Nach englischen Erfahrungen kann "shaving" Ermüdungserscheinungen in der Oberfläche der Zähne zur Folge haben. Beim "shaving" sind Kristalle herausgezogen worden. Die Ermüdung des Materials hat die üblichen Folgen. Darlington hat darüber in einem Vortrag im Institute of Mechanical Egineers im Februar 1956 berichtet.

Löbell (eingereicht): Bei der Abnahme großer Zahnräder für Turbinengetriebe wird u. a. die Teilungsgenauigkeit des Rades durch Bestimmung der Abschnittsteilungsfehler und der Einzelteilungsfehler bestimmt. Die Genauigkeitsforderungen sind dabei ziemlich hoch; so sind z. B. bei einem Rad mit Modul 5 für den Einzelteilungsfehler nur etwa 10 μ zugelassen. Die Messungen werden im allgemeinen mit einem Gerät durchgeführt, wie es Bild 1 zeigt: zwei Feintaster sind auf einer Grundplatte montiert, die sich mit Anschlägen gegen das Meßobjekt abstützt. Ihre Fühler sitzen auf entsprechenden Zahnflanken auf. Die Taster messen die Längendifferenzen zwischen entsprechenden Teilungen, wobei der eine als Null-Instrument dient, während am zweiten die Meßwerte abgelesen werden.

Zwei Dinge beeinflussen nun vor allem die Genauigkeit und Richtigkeit der Messung:

1. die Anlageflächen der Taster an den Zahnflanken,
2. die Flächen, an denen das gesamte Gerät abgestützt wird.

Wir hatten in den vergangenen Monaten Gelegenheit, im Rahmen der Abnahme von gefrästen großen Rädern verschiedene Versuche durchzuführen, und ich möchte stichwortartig ein paar Ergebnisse mitteilen.

Zu Punkt 1. Die Anlageflächen der Taster am Rad, d. h. an den Zahnflanken: Ihre Güte wird beeinflußt durch Welligkeit und Rauheit. Die Rauheit der Zahnflanken hängt wesentlich vom Zerspanungsvorgang und vom Verschleißzustand des Fräsers ab. Dr. Hagen hat vor Jahresfrist in der VDI-Zeitschrift über

B i l d 1. Teilungsmeßgerät

umfangreiche diesbezügliche Versuche berichtet (B i l d 2), die ergaben, daß die Rauheit der Zahnflanken in Richtung des Fräservorschubes, d. h. also mit zunehmendem Verschleiß des Fräsers, zunimmt. Bei den von uns untersuchten Zahnrädern wurde festgestellt, daß im allgemeinen keine Vergrößerung der

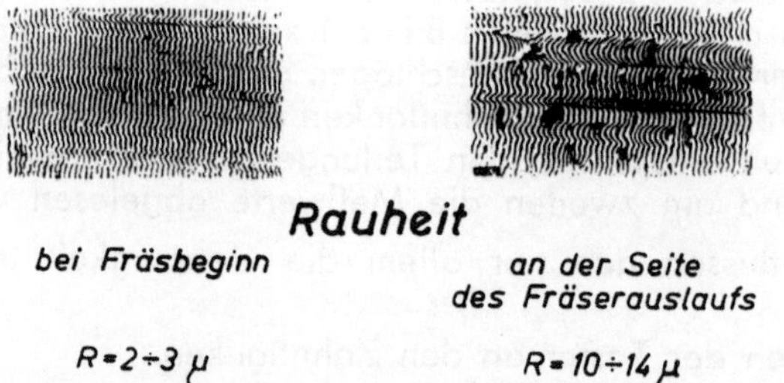

B i l d 2. Abhängigkeit der Rauheit vom Fräserverschleiß (nach Dr. H a g e n)

Rauhtiefe auftritt, sondern im Gegenteil in einzelnen Fällen die Rauheit in Richtung des Vorschubes abnimmt (B i l d 3).

Die Frage ist: Woher kommt das? Die Messungen der Eingriffsteilung des verwendeten Fräsers vor und nach dem Schlichtschnitt zeigen, daß praktisch kein Verschleiß vorlag, vielmehr, daß der Fräser durch den Schnittvorgang gleich-

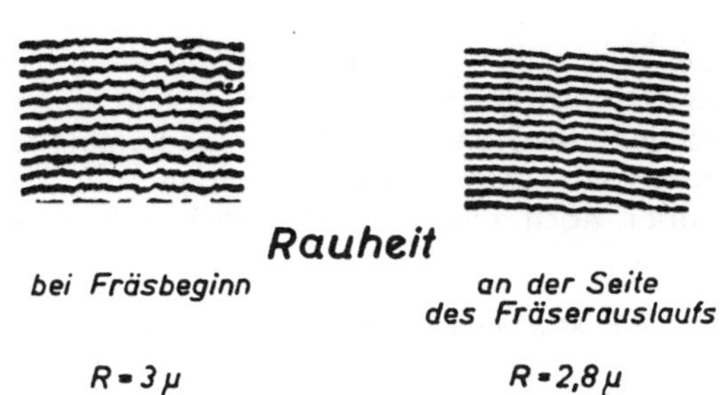

Bild 3. Abhängigkeit der Rauheit vom Fräserverschleiß (neue Messung)

mäßiger geworden war (Bild 4). Dies ist möglicherweise auch die Erklärung für die Verbesserung der Oberflächengüte.

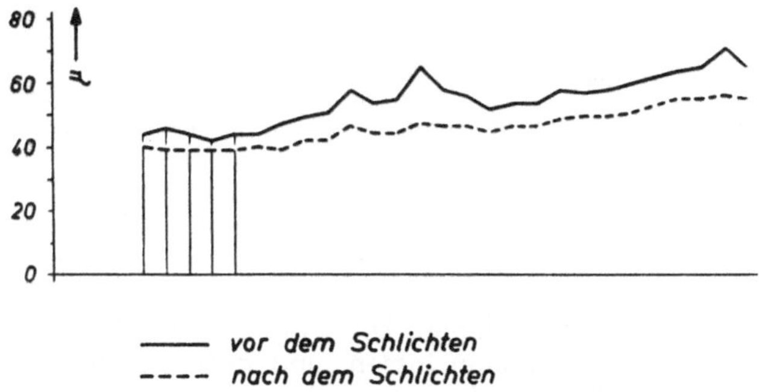

Bild 4. Messung des Fräserverschleißes (Eingriffsteilung t_e)

Zu Punkt 2. Die Flächen, an denen das Teilungsmeßgerät abgestützt wird: Üblicherweise stützt man das Teilungsmeßgerät am Zahnkopf ab. Nun sind die Bandagen großer Räder meist nur in einem groben Schnitt überdreht, so daß keine sauberen Anlageflächen vorhanden sind. Man schleift deshalb — ungern — vor dem Schlichtschnitt einen oder mehrere Prüfbunde am Radumfang an, so daß eine saubere Anlagefläche für das Meßgerät vorhanden ist. Versuche zeigen, daß diese Prüfbunde nach dem Schlichten nicht mehr genau rundlaufen. Der Rundlauffehler ist verursacht durch den Bearbeitungsvorgang, durch Ausgleich von Spannungen im Material und in der Aufspannung usw. Das gilt um so mehr bei Referenzflächen, die schon vor dem Schruppschnitt am Radkörper angebracht werden.

Als weitere Möglichkeit kann die Teilungsmessung so durchgeführt werden, daß das Teilungsmeßgerät ohne Abstützung am Rad jeweils in konstanten Abstand von der Drehachse gebracht wird, einfach dadurch, daß es fest am Maschinenständer befestigt wird. Dieser wird gegen eine 1/1000-Uhr auf das Rad zugefahren. Dabei erzielt man sehr gute Ergebnisse, die wesentlich anders aussehen können als die bei Abstützung am Zahnkopf erhaltenen (Bild 5). Diese Methode ist leider für die Praxis wegen des zu großen Zeitaufwandes — einen Ständer von einigen Tonnen auf ein μ genau zu verfahren, kostet Zeit — und wegen des Maschinenverschleißes nicht brauchbar; der Ständer wird für eine komplette Teilungsmessung u. U. ebenso oft verfahren wie sonst in einem halben Jahr. Die von uns untersuchten Räder boten aber noch eine weitere, nachträglich sehr naheliegende

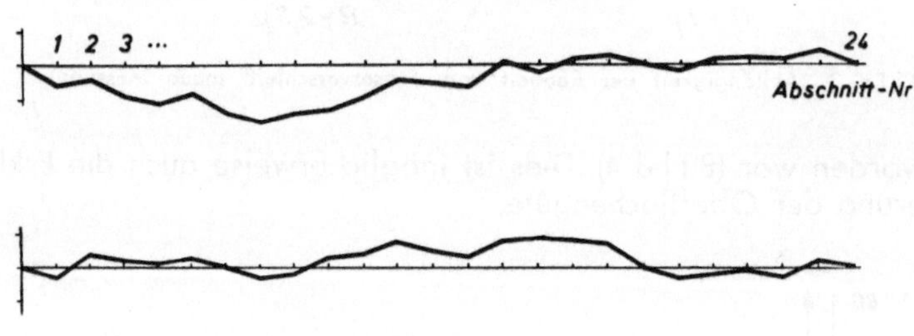

Bild 5. Teilungsmessungen. Abhängigkeit der Meßergebnisse von der Abstützung des Meßgerätes

Möglichkeit, das Teilungsmeßgerät abzustützen: die Abstützung im Zahngrund. In manchen Firmen wird der Zahngrund im Schlichtschnitt mitgefräst; man hat dort eine gute Oberfläche, die mit der Verzahnung läuft und deshalb mindestens für Teilungsmessungen geeignet ist, die einer Überprüfung der von der Maschine erzielten Teilungsgenauigkeiten dienen. Die Versuche zeigten, daß sich so gute und richtige Meßergebnisse erzielen lassen, und daß sich diese Ergebnisse nur geringfügig von denen unterscheiden, die bei Messung in konstantem Abstand von der Drehachse gewonnen werden.

Zusammenfassung

Beim Messen großer gefräster Zahnräder ist man wesentlich abhängig vom Vorhandensein einer guten Anlagefläche für die Taster und einer guten Fläche für die Abstützung des gesamten Meßgerätes, die zudem mit der Verzahnung laufen soll. Versuche an Rädern, die auf neuen Maschinen gefräst waren, ergaben:

1. Bei Vorliegen günstiger Zerspanungsbedingungen muß keine Verschlechterung der Flankenoberfläche auftreten.
2. Es hat sich bewährt, den Zahngrund im Schlichtschnitt mitzufräsen und das Teilungsmeßgerät am Zahngrund abzustützen, da man damit die Gewähr hat, an einer guten, mit der Verzahnung laufenden Fläche anzustützen.

Ritter: Große Zahnradgetriebe sind so kostspielig, daß Ausschuß hierbei schon gar nicht vorkommen darf. Die meßtechnische Überwachung der gesamten Verzahnungsvorgänge ist deshalb dauernd vorzunehmen, ganz besonders bei gehärteten und geschliffenen Rädern von 1 bis 4 und noch mehr Metern Durchmesser. Zunächst erfolgt die vollständige Fertigstellung eines Großzahnrades, erst dann wird die Verzahnung vorgenommen.

Über die meßtechnischen Probleme wäre noch viel zu sagen. Die Aussprache über manche Probleme ist wichtig, denn die Herstellung großer Zahnräder gewinnt ständig an Bedeutung, wobei nicht nur weiche, sondern auch geschabte und genauestens gefräste, gehärtete, geschliffene, nitrierte usw. Räder eine große Rolle spielen.

Im Namen einer Anzahl von Ausländern bleibt mir wiederum die angenehme Pflicht, den Veranstaltern, Rednern und Berufskollegen herzlichst zu danken für das im Rahmen dieser Tagung reichlich Gebotene. Wir vermissen diesmal einen uns lieb gewordenen Wissenschaftler und Gefährten in der Zahnradtechnik, Herrn Prof. N i e m a n n , den wir bestens grüßen.

K o l l m a n n : Wir stehen am Schluß einer Fachtagung aus einem Gebiet der Technik, das einen wesentlichen Faktor im Wirtschaftsleben darstellt. Die große Zahl der Teilnehmer drückt das wohl deutlich genug aus. Ich möchte vor allem den Herren danken, die sich aus dem Ausland hierher bemüht und mit ihren interessanten Referaten und Diskussionsbeiträgen zum Gelingen dieser Veranstaltung beigetragen haben.

Die große Zahl der Teilnehmer ist aber auch Ausdruck des verpflichtenden Interesses, mit dem die führenden Ingenieure den heutigen fachlichen Aufgaben gegenüberstehen in dem ehrlichen Bestreben, das Gute durch das Bessere zu ersetzen. So bringen diese Tagungen Anregungen zu neuem Schaffen, den Austausch von wertvollen Erfahrungen und — zweifellos von besonderer Wichtigkeit — den persönlichen und menschlichen Kontakt unter den Kollegen.